환경 위생학

공석기 著

 21세기사

머리말

어느덧 계절의 여왕 5월도 거의 다 지나가는 것 같다. 나의 연구실에도 벌써 더운 공기 흐름이 일고 있다.

그동안 수많은 강의와 연구를 하면서 인간의 모습을 선현의 말씀으로 많이 생각하여 보았다. 나는 악성 루트비히 판 베토벤의 "학문과 예술만이 인간을 신성에 이르게 한다"는 말에 동의한다. 그러나 학문과 예술을 다룰 때에 당사자의 태도와 자세가 중요하다. 그것은 루트비히 판 베토벤 등 인류사에서 위대한 여러 인물들이 그랬던 것처럼 나약한 인간 존재에서, 인간의 운명을 절대적으로 그의 섭리에 간직하고 있는 신의 모습을 닮으려고 하는 모습으로 설명할 수 있다. 영적인 차원에서 인간은 절대적으로 소중한 존재이다. 그러나 인류의 사회에서 발생하는 여러 가지 비극적인 일들을 보면 인간의 모든 모습은 영적인 모습처럼 그렇게 위대하지는 않다는 것이다. 이런 점에서 평소의 경건훈련 차원의 자세가 중요하다고 할 수 있다.

인류사에 있어서 산업혁명이 환경위생에 미친 영향이 대단히 크다. 근 세기 영국에서 시작되었던 산업혁명(AD. 1760~1840)은 그 전 세기로부터 우리 인류의 숙명으로서 우리 인류에게 처참하게 가져다주고 있었던, 질병에 의한 사망, 기근·기아에 의한 사망, 전쟁에 의한 사망으로부터 해방을 위한 것이었다. 그리고 이것은 필연적이고 혁명적으로 궐기될 수밖에 없었고 우리 인류 생존을 위한 본능적 사건이었다. 이 산업혁명은 세계 인류의 물질적 풍요로움을 가져다주는 산업화의 시초이었다. 그러나 이 산업화는 인구증가, 도시로의 인구집중 도시화 등의 과정을 통하여 환경오염의 극심한 현상을 유발하였다.

확률의 수학법칙 중에서 큰수의 법칙을 생각해 본다. 주사위에서 지정한 숫자나 카드에서 에이스나 킹이 나올 확률을 알기 위하여 주사위나 카드를 계속 던져보면 통계적 확률은 큰수의 법칙에 따라 수학적 확률에 근사적으로 일치하게 된다. 어떤 이의 생리적 수치들이 질병을 낳는다는 진단을 결정하기가 모호할 때 이 큰수의 법칙이 매우 유용하다. 이 확률이론이 프랑스의 볼레즈 파스칼과 피에르 드 페르마가 17세기 중엽 도박을 위한 카드놀이에서 확률적으로 승리하는 의견을 나누면서 수학적으로 정립되기 시작했다.

현재 제 4차 산업혁명의 바람이 불고 있다. 이 4차 산업혁명의 상징이 빅 데이터 등이다. 특별히 이 빅 데이터를 지목할 수밖에 없다. 이 빅 데이터는 병리시스템에서 작용하는 생리기능과 관련하는 생리적 수치의 자료이다. 이 빅 데이터를 코딩화하고 고용량 전자 계산 기능 수퍼 컴퓨터의 보건 및 병원통계 프로그램에 입력하면 인류의 건강문제를 관리하는데 효율적으로 이용될 수 있다. 무병장수의 100세대가 앞 당겨지는 또 하나의 커다란 혁명이다.

4차 산업혁명을 거치면 이제 제 5차, 6차 등의 산업혁명이 있을 것이다. 인류의 건강문제에 지대한 영향을 미치게 될 이 산업혁명들은 영국에서 비롯된 1차 산업혁명처럼 인류에게 커다란 위해요소가 될 것 같지는 않다. 왜냐하면 일찍이 볼레즈 파스칼이 그의 저서 팡세(Pensées)에서 "인간은 위대한 존재이다"라고 간파하였기 때문이다. 볼레즈 파스칼 그는 위대한 수학자이자 신학자였다.

국제연합(United Nations) 산하 환경계획기구(UNEP)가 환경을 자연환경과 사회환경으로 구분하고 자연환경을 물리 화학적 환경과 생물학적 환경으로 구분하고 사회환경을 인위적 환경과 사회적 환경으로 구분한다.

위생은 그리이스 신화에 등장하는 아폴로 신의 아들 아에스쿨라피스의 딸 하이지에이아가 건강의 신으로 숭배되면서 이 하이지에이아(Hygieia)의 용어가 서양에서 최초로 위생을 뜻하게 되었다. 이후 주후 130년과 200년 사이에 생존하여 활약하였던 이탈리아의 의학자 갈레누스가 하이진(Hygiene)이라는 용어를 위생으로 사용하기 시작하면서 이 하이진이 위생을 뜻하게 되었고 오늘날까지 그대로 사용되고 있다. 갈레누스란 유럽애서 약용식물을 뜻한다. 동양에서는 중국의 고전인 장자(莊子)에 위생(衛生)이라는 용어가 처음 등장한다. 위생을 사람의 행복한 삶을 위하여 건강을 관리한다는 뜻으로 풀이할 수 있다. 이런 점에서 위생을 흔히 보건위생으로 인식하기도 한다. 학문

체계에서 보건위생은 절대적이다. 교육은 홍익인간을 위해 존재한다.

환경위생을 국제연합(United Nations) 산하 세계보건기구(WHO, World Health Organization)의 환경위생전문위원회(Expert Committee on Environmental Sanitation)에서 [인간의 신체발육·건강 및 생존에 유해한 영향을 미치거나 미칠 가능성이 있는 인간의 물질적 생활환경에 있어서의 모든 요소를 관리하는 것(Environmental sanitation means, the control of all those factors in man's physical environment which exercise or may exercise a deleterious effect on his physical development, health and survival)]으로 정의한다.

이러한 관점에서 이 책이 편집되었으며 평소 학교에서 학생들에게 가르쳐 왔던 내용들 중심으로 1장을 환경, 2장을 건강과 질환, 3장을 환경위생, 4장을 이화학적 환경요소, 5장을 생물적 환경요소, 6장을 인공적 환경요소, 7장을 사회적 환경요소로 나누어 편집하였다.

근대적 개념에서 우리나라 국민의 건강문제를 실제적으로 다루는 위생기술 개발 및 동 기술의 장려가 지난 1894년 대한제국이 위생국을 설치하는 행정적 사실에서 찾아볼 수 있다. 우리나라는 급격한 산업화로 인한 공해문제가 국민건강을 심각한 위해상황에 도달하게 할 것임을 예상하고, 지난 1966년 처음 공해방지법을 제정한 이후 환경보전법과 환경보건법 등 여러 가지 관련 법규들을 후속으로 제정하여 시행하고 있다. 이러한 관점에서도 본서가 집필되었으며 앞으로 환경위생분야의 교양 및 전공 기초 교과목의 교재로 활용될 수 있으리라 본다.

그리고 이 책에서 미비되는 점들이 발견된다면 서슴없는 지도편달을 바라마지 않으며 많은 분들께서 그 분들의 학문 연구 분야에 정수적 도움이 되기를 바라마지 않는다.

끝으로 집필내용에 많은 도움을 주신 동학의 제현께 감사드리며 아울러 출간에 협조를 아끼지 않으신 21세기 출판사 임직원 여러분께 심심한 사의를 표하는 바이다.

목 차

part 3   환경위생

part 4   이화학 환경요소

part 5 생활 환경요소

part 6 인공 환경요소

part 7 사회 환경요소

1 »

환경

1-1 인간과 환경

  환경을 "주체를 둘러싸고 있는 객체, 사물", "생물을 둘러싸고 있는 외위 가운데 생물의 생활에 영향을 미치는 모든 것", "생물이 생활을 영위하는 공간"으로 정의할 수 있다.

  인간 삶의 목적이 행복추구에 있다. 인간은 먼 태고 적부터 지금까지 그들 나름대로의 행복을 얻기 위하여 필사의 노력을 기하고 있다.

  사람을 중심으로 본 환경을 "인간 및 인간 활동을 둘러싸고 있는 주위의 상태"로 정의할 수 있다. 인간은 이러한 "인간 및 인간 활동을 둘러싸고 있는 주위의 상태"와 상호간 조화를 통하여 행복을 얻고자 한다.

  근 세기 영국에서 시작되었던 산업혁명(AD. 1760~1840)은 그 전 세기로부터 우리 인류에게 가져다주었던 숙명으로서 우리 인류에게 처참하게 가져다주고 있었던, 질병에 의한 사망, 기근·기아에 의한 사망, 전쟁에 의한 사망으로부터 해방을 위한 것이었다. 그리고 이것은 필연적이고 혁명적으로 궐기될 수밖에 없었던 우리 인류 생존을 위한 본능적 사건이었다. 그리고 이 산업혁명은 세계 인류의 물질적 풍요로움을 가져다주는 산업화의 시초이었다. 그러나 이 **산업화는 인구증가, 도시로의 인구집중 도시화**[표 1] 등의 과정을 통하여 인간 환경오염의 극심한 현상을 유발시켰다. 이 인간 환경오염 현상을 규명하기 위하여 UN에서는 인간 환경을 다음과 같이 구분 [표 2]하여 살펴보고 있다.

[표 1] 환경오염의 원인

- 인구증가(increase of human population)
  - 2차 대전까지 대국의 기준, 국력의 크기로 평가
- 산업화(industraliization)
  - 산업혁명 이후 200년 동안 국가의 부와 번영의 상징
- 도시화(urbanization)
  - 문명의 보금자리, 풍요와 안녕의 기름진 땅

[표 2] 인간 주위의 환경

환경	■ 자연환경	(1) 물리화학적 환경 : 공기, 물, 소리, 도지, 빛 (2) 생물학적 환경 : 생명체(미생물, 식물, 동물)
	■ 사회환경	(1) 인위적 환경 : 도시편의 구조시설, 주거시설, 댐 및 저수지 등 (2) 사회적 환경 : 정치, 경제, 종교, 교육, 인구 등

1-1-1 인간과 환경의 상호작용 비판

환경과 인간의 관계 특수성은 상호작용에 있다. 일찍이, 크레망(Clement) 등 여러 학자들은 "인간의 생명활동은 환경과의 상호작용을 통하여 이루어진다."라고 설파한 바 있으며 베리코모너(Berrycomonor) 등 여러 학자들은 "쌍방 개체군 생존을 위하여 갖는 상호부조(interdependence)의 특성이 있다"라고 설파하였다. 오덤(Odum)같은 이는 이러한 상호관련성을 계량화하여 도시생태계에 적용하여 설명하기를 도시를 움직이는 주체가 시민들이고 이 시민들이 생명체이니만큼 도시를 살아있는 유기체로 보는 것이 당연하다고 주장하였다. 그리하여 Odum은 지난 1971년 도시를 타급 영양적 생태계 모델로 설명하기에 이르렀다.

인간주위의 환경이 [표 1]의 내용과 같고 인간과 환경사이에는 상호작용의 특수성이 있으니만큼 인간 환경오염 현상을 명확히 규명하기 위해서는 인간환경의 오염현상을 다음과 같이 비판해 볼 필요가 있다.

[표 3] 인간과 환경의 상호작용 및 비판

자연환경	인구증가 제한, 인간활동 영역과 형태를 제약
↑↓	* 균형화
인간	자연계의 형태와 속성을 변화시킴(인구증가, 기업활동 급증, 환경파괴, 오염)
인위적 환경	인간으로 하여금 그 환경에 적용하도록 제약하는 역할
↑↓	불균형화
인간	인간상호간 경쟁을 유발하는 인간의 본성으로 각종 환경오염 유발
사회환경	인간과 인간, 인간과 환경, 환경과 환경 사이에서 마찰과 불화가 일어나지 아니하도록 조정, 억제
↑↓	* 가장 불균형화
인간	인간 집단의 욕구에 의해 생성되는 비인간화

1-1-2 환경적으로 건전하고 지속적인 개발

　인류는 현명하였다. 근래 100여년 전 부터 우리에게 닥쳐왔던 불행한 사건들 : 그것들은 우리 인간환경의 비극적 오염 상황이 지루하게 계속되고 있었던 동서이념의 양극 체제 하에서도 인류는 현명함을 잃지 않았던 것이다. 지난 1972년 스웨덴 스톡홀름에서 개최되었던 유엔 인간환경회의가 바로 그 증거가 된다.

　이 인간환경회의의 의제는 인간환경 보전과 개선을 위하여 전 세계에 그 시사와 지침을 부여하는 공동의 원칙이었다. 동 년 아프리카 케냐에서는 환경분야에 있어서 국제협력을 촉진하기 위하여 국제연합 총회 산하에 환경관련 종합조정기관으로서 국제연합환경계획(United Nations Environment Program) 기구가 설치되었다. 이 기구의 주요 활동은 인구증가, 도시화, 환경과 자원에 관한 영향분석 및 환경생태에 대한 연례보고서를 작성하는 것이었다. 이 기구가 발표한 나이로비 선언은 인간본연의 자세에서 출발하였던 스웨덴 스톡홀름 선언을 그 바탕으로 하고 있으며 이 선언은 토양침식, 사막화, 동물남획, 산림채벌 등으로 지구의 생명 보호능력이 돌이킬 수 없이 저하되고 있다는 인식을 바탕으로, 기본적인 생태학적 작용ㆍ생명보호체계ㆍ생물 종의 다양성 유지를 주목적으로 하고 있는 지난 1980년의 [세계환경보전전략]이라는 구체적 행동계획을 낳고 있다. 이러한 인류의 [인간환경의 보전과 개선]을 위한 일련의 행동들은 지난 1992년 브라질 리오데자네이로의 [환경과 개발을 위한 국제연합 회의]로 연결되고 있는데 이 회의의 개요가 다음 [표 3]의 내용과 같다.

　이 브라질 리오데자네이로의 [환경과 개발을 위한 국제연합 회의]가 우리 인류에게 가져다주는 의미가 아주 중요하다. 그 만큼 지구촌 전체 나라 대표들이 거의 참석하였을 뿐만 아니라 비정부기구(NGO, non-government organization) 대표들도 거의 총 망라하여 참석하였던 우리 인류사의 획기적인 사건이었기 때문에 그러하고 앞으로 우리 인류 자손들이 영원히 살아가야할 지구의 [인간환경의 보전과 개선]이 절대적으로 필요하기 때문에 더욱 그러하다. 이 브라질 리오데자네이로의 [환경과 개발을 위한 국제연합회의]는 "지구협약(EARTH SUMMIT)"으로 부르는 리우선언(Rio Declaration)을 낳았고 이 선언에는 행동강령으로서 의제 21(Agenda 21)을 담고 있다. 이 의제 21은 오늘날의 지구 환경문제와 개발문제를 분석하여 지속가능하게 발전할 수 있는 사회로 만들어 인류의 삶을 향상시켜 누구든지 안락한 삶을 영위할 수 있도록 하기 위하여 고안되었다.

[표 4] 환경과 개발에 관한 UN 협의(1992)

회의	환경과 개발 국제연합 회의(UNCED), 리오 데 자네이로, 1992년 6월 3일~14일
공식 명칭	지구 협약
주빈 국	브라질
참석한 정부숫자	총 178개국(114개국은 국가원수 또는 정부수반 참석)
회의주관 비서장	모리스 F. 스트롱, 캐나다
주최자	UNCED 사무국
주요 주제	환경과 지속적인 개발
참석한 비정부기구 숫자	비정부기구 대표 약 2400명; 비정부기구 토론회에 참석한 17000명의 사람들
체택한 문서	의제 21, 환경과 개발의 리우 선언, 기후변화협약·생물다양성협약·산림원칙
향후 이행 계획	지속가능한 개발을 위한 위원회; 지속가능한 개발을 위한 기관 간 위원회; 지속가능한 개발을 위한 고위 자문위원회
이전 회의	인간 환경을 위한 국제연합 회의, 스톡홀름(1972)

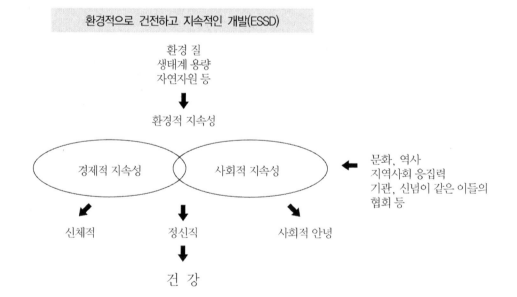

[그림 1] 지속성과 건강사이의 포괄적 관계성

1. 물질의 생물지구화학적 순환

환경오염물의 정화 원리는 궁극적으로 오염물질을 지구가 본래 지니고 있는 영양물질의 생
물지구화학적 순환으로 귀환시키는 것이다.

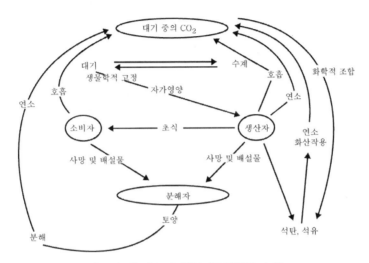

[그림 2] 탄소의 생물지구화학적 순환

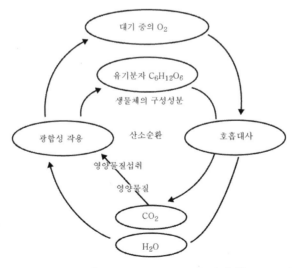

[그림 3] 산소의 생물지구화학적 순환

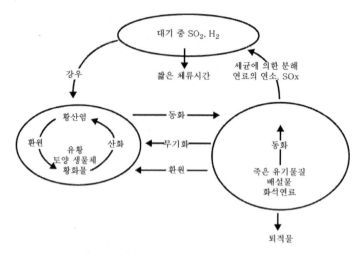

[그림 4] 유황의 생물지구화학적 순환

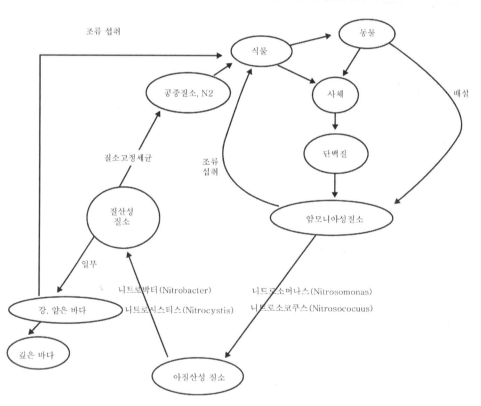

[그림 5] 질소의 생물지구화학적 순환

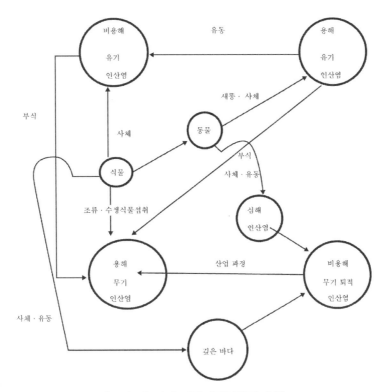

[그림 6] 인의 생물지구화학적 순환

2 >>

건강과
질환

인간은 누구나 건강하고 오래 살기를 바란다. 건강을 유지하고 향상하는 데에는 개인의 노력 외에도 개인의 생활양식, 생활습관, 경제상태, 정치체제, 교육 및 과학수준 등에 의해 많은 영향을 받는다.

인류의 평균수명은 지난 1933년 33세, 1940년 47세, 1950년 57세, 1970년 63세, 1985년 68세, 1990년 70세, 2000년 77세, 2005년 77.4세이고 전 세계의 인구는 서기 1년 약 2억 5천만 명, 1650년 약 5억 명, 1830년 약 10억 명, 1930년 약 20억 명, 1975년 약 40억 명, 1987년 약 50억 명, 2000년 약 62억 명으로 2025년에는 약 84억 7천만 명, 2050년에는 약 100억 명이 될 것으로 보고 있다. 이는 그만큼 식량문제가 해결되고 보건의료서비스 수준 또한 발달했다는 것을 뜻한다.

국민의 건강은 경제와 같이 그 나라의 성쇠를 좌우한다. 국민 건강을 유지하고 증진하는 데에 보건 및 의료 전문가와 기타 보건활동에 직간접적으로 관계있는 다른 분야(행동과학, 사회학, 심리학, 생물학, 인간공학 등)의 활발한 참여가 있어왔다.

과거 건강에 대한 생각은 "다만 병들 지 않고 허약하지 않은 상태"로서 사망률, 질병율이 줄면 건강수준이 향상된 것으로 파악하였다. 건강의 영어식 표현이 헬스(Health)이다. 이 Health는 완전무결을 뜻하는 영어의 홀(whole)로서 헤일(Hale)에서 온 할(Hal)과 완전무결하게 만들다를 뜻하는 힐(Heal)에서 유래한다.

국민 건강상태는 경제 상태와 같이 그 나라의 성쇠를 좌우한다. 그러므로 건강을 유지하고 증진하는 데에는 보건 및 의료 전문가와 기타 보건활동에 직·간접적으로 관계있는 다른 분야(행동과학, 사회학, 심리학, 생물학, 인간공학 등)가 꾸준히 그 역할을 다해 왔다.

1. 고대

희랍의 의학에서 찾는다. 즉, "4개의 체액(혈액 · 점액 · 담즙 · 흑 담즙)이 서로 조화를 이루어 구성된 아름다운 이상적 신체를 만든다"는 것이다.

2. 중세 암흑시기

질병을 천벌 혹은 천형(天刑)으로 생각하고 운명적으로 수용할 수밖에 없다고 생각하였다.

3. 근대

구미각국의 약육강식의식에서 찾아볼 수 있다. 즉, "육체적으로 건강한 힘이며, 건강한 육체를 유지하므로 생명을 연장시키게 되고, 부를 도출케 하는 힘"이라는 것이다.

4. 현대

(1) 세계보건기구(WHO, World Health Organization)의 정의

• 1948년도 헌장

"단순히 질병이 없고 허약하지 않을 뿐만 아니라 신체적, 정신적, 또한 사회적으로 안녕한 완전무결한 상태"

• 1957년도 실용적 정의

"유전적 · 환경적으로 주어진 조건아래에서 적절한 생체기능을 유지하고 있는 상태"

• 1974년도 총체성(wholesomenes)과 건강의 긍정적인 질적 측면에서 정의

"개인을 부분의 합으로 보기보다는 전체로서 인간을 보고 환경이라는 맥락 내에 건강을 놓고, 건강을 생산적이고 창조적인 삶과 연결시킴"

• 1998년도 영적 건강을 추가한 정의

"건강은 단순히 질병이 없거나 허약하지 않은 상태만을 의미하는 것이 아니라 신체적 · 정신

적ㆍ사회적, 그리고 영적 안녕이 완전한 역동적 상태"

피쉬(Fish)와 셸리(Shelly)는 1983년에 인간의 영적 안녕을 역설하였다. 즉, "개인의 신앙유무와는 상관없이 인간의 궁극적 관심사가 되는 것으로서 인간에게는 자기 삶의 의미와 목적을 발견하고, 타인과 절대자의 관계에서 사랑과 관심을 주고받으며, 자신과 타인을 용서하고 용서를 받고자 하는 기본 욕구가 있다."이다.

(2) 파리 세계인권선언(1948)

"인간은 누구나 날 때부터 건강을 향유할 권리가 있으며, 국가사회는 이러한 권리를 보장할 의무를 지닌다"로서 이는 대부분의 세계 자유주의 국가 헌법에 "국민의 건강은 국가가 보장한다"라고 기록하게 되는 계기가 되었다.

(3) 대한민국 헌법 32, 34조

"모든 국민은 인간다운 생활을 할 권리를 가지며, 국가는 사회보장 증진에 노력할 것과 생활능력이 없는 국민은 법률이 정하는 바에 의해 국가의 보호를 받으며, 혼인의 순결과 보건에 관하여 국가의 보호를 받는다"하여 사회보장과 의료보장에 대해 분명히 밝히고 있다.

2-1-2 시대별 건강개념

1. 근대

신체개념의 건강이다. 19세기 말 전 세계는 건강을 육체적 질병의 반대로 생각했다. 이때 건강을 상실한다는 것은 극단적으로 급성 전염병에 의해 사망하는 것으로 간주하였듯이 신체와 정신은 분리된 것인데 신체는 기계와 같아서 인간의 지식으로 변조가 가능하며 정신은 신의 몫으로서 과학적 지식이 될 수 없다 생각하였다. 따라서 육체 중심의 건강 개념이 대부분 기계고장과 같이 조직 또는 세포수준의 형태적, 생화학적 변화로 설명되었다.

2. 현대

심신개념의 건강이다. 인류는 19세기 중엽부터 건전한 정신은 건전한 신체에서 비롯된다고 보았는데 이는 정신과 신체를 분리할 수 없다는 개념으로서 이 기계론적 설명이 혈압, 당뇨병 등의 다원인 질병을 의학적 지식으로 설명할 수 없도록 만들고 있었다. 특정한 이상은 없으나 환자자신은 매우 불편하였으므로 후유증 발현 등이 건강 상실의 주요 원인이 되었다. 오늘날, 고혈압, 당뇨병은 정신신체가 동일 한 것임을 증명하는데 이는 환경변화가 육체적, 정신적 적응에 영향을 준다는 것을 뜻한다.

생활개념의 건강이다. 건강이란 신체적, 정신적 및 사회적 안녕의 완전한 상태를 말하며 인간은 사회적 유기체로서 질병은 본인을 불편하게 할뿐만 아니라 사회생활도 불편하게 한다.

생활수단개념의 건강이다. 이는 세계보건기구(WHO, World Health Organization)의 과거 건강에 대한 정적개념(1948년 헌장)이 동적개념(1957년 정의)으로 변화한 것에서 찾아볼 수 있다. 즉, 안녕(well-being) 대신 평형적 생활(well balanced life)을 강조하고 일상생활은 개개인의 건강잠재력과 건강위해요소의 평형에 의존함을 뜻한다. 생활수단의 건강개념은 건강요소로서 ①건강잠재력(긍정적 요소) : 영양상태, 면역상태, 스트레스 적응능력, 자율요법(self-care), 독자적 의사결정 등 ②건강위해요소(부정적 요소) : 스트레스(stress), 이화학적 요인(환경), 전염병, 담배, 술, 약물남용 등을 든다.

3. 최근

건강과 질병은 이분법으로 볼 수 없고 동일선상에 있다는 것이다. 즉, 건강수준이 점차 낮아지면 질병으로 이행하며 생활방식이 개선되면 건강수준이 향상되고 생활방식이 나빠지면 건강수준이 하강하여 질병에 걸린다는 것이다. 신체적 건강에는 적성(physical fitness)개념이 있어서 훈련을 통해 지구력, 근력, 민첩성, 반응속도 등이 향상되어 건강해 질 수 있다고 한다.

그리고 안녕(well-being) 개념이 있다. 이는 신체적, 정신적으로 기분이 좋고, 상쾌하여 스스로 주관적으로 건강하다는 느낌을 갖는다는 것이다. 예를 들어 미국에서 통증의학에 관하여 대단한 관심을 가지고 있는 것이 그 증거가 된다.

최근에는 정신과 육체는 밀접히 연관되어 있음을 강조하고 건강은 우리의 노력과 생활방식 개선으로 더 나은 상태로 증진시킬 수 있다고 하여 이른바 [건강증진개념과 용어가 탄생하였다. 이 건강증진 개념에 관한 것으로 1986년 오타와(OTTAWA) [건강증진 개념 헌장]이 있다.

이 헌장은 건강증진을 다음과 같이 설명하고 있다. 즉, "건강은 생활의 목표가 아니라 일상생활을 영위하는 활력소·수단으로 이해되어야 한다"인데 이는 현재의 건강상태에서 더 나은 건강상태로 증진됨으로써 우리 몸의 모든 기능이 정상화되어 질병에 걸리지 않는다는 적극적인 개념이다.

2-1-3 시대별 건강개념 모델

1. 생의학적 모델

인간을 기계로 생각하였다. 질병이란 기계의 부품이상으로 생각하였다.

2. 생태학적 모델

병인, 숙주, 환경 세 가지가 균형을 이룰 때 건강하다고 하였다.

3. 사회생태학적 모델

숙주요인과 외부환경, 개인행태 세 요소가 조화를 이룰 때 건강하다고 하였다.
숙주요인은 질병에 대한 감수성을 뜻하고 외부환경은 생물환경과 사회적 환경, 물리·화학적 환경을 이른다. 개인행태는 개인의 건강에 대한 습성이다.

4. 1948년 세계보건기구 모델

신체적 건강과 정신적 건강, 사회적 건강, 영적건강이 조화를 이룰 때 건강하다고 하였다.

5. 1974년 캐나다 보건부 장관 모델

환경요인과 생활습관 요인, 유전요인 같은 내적 요인으로서 인체생리요인, 보건의료시스템이 조화를 이룰 때 건강하다고 하였다.

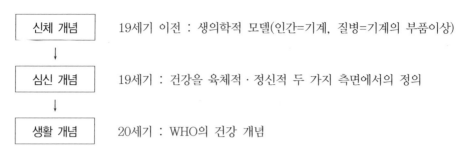

신체 개념	19세기 이전 : 생의학적 모델(인간=기계, 질병=기계의 부품이상)
심신 개념	19세기 : 건강을 육체적 · 정신적 두 가지 측면에서의 정의
생활 개념	20세기 : WHO의 건강 개념

[그림 7] 건강개념의 시대적 변천

2-1-4 건강증진 개념

1. 세계보건기구(WHO)의 오타와 헌장

세계보건기구(WHO)는 1986년 건강증진에 관한 제 1차 국제회의에서 건강증진 개념 헌장 (1986년 오타와 헌장)을 발표하였다. 내용은 "건강증진은 생활의 목표가 아니라 일상생활을 영위하는 활력소 · 수단(Health promotion is the process of enabling people to increase control over, and to improve, their health) "이다. 이는 현재 건강상태에서 더 나은 건강상태 로 증진시켜 우리 몸의 모든 기능이 정상화되어 질병에 안 걸리게 하는 적극적인 개념인 것으 로. 타의가 아닌 스스로 건강을 관리할 수 있는 능력을 배양하는 것을 뜻한다. 즉, 건강관리를 위한 패러다임으로서 사고관의 변화를 요구하는 것이다.

2. 건강증진모형

(1) Tanahill의 건강증진모형

1980년대 중반에 역설하였다. "예방, 보건교육, 건강보호의 세 가지 개념이 하나의 원으로 각자의 영역을 갖고 있고 이들 영역이 서로 겹친다"이다. 이 모형은 오타와 헌장의 행동강령 설정에 매우 유용하였다.

(2) Pender의 건강증진모형

1996년에 "개인과 집단의 안녕수준을 증가시키고 개인의 자아실현이나 성취를 유지·증진 시키는 방향의 활동"이다. 건강증진 행위를 신체적 질병예방 뿐만 아니라 자아실현, 건강에 대한 책임, 대인관계, 영양관리, 스트레스 관리 등 다양한 측면을 강조하였다.

3. 건강증진 국제회의

건강증진이 1974년 캐나다에서 처음 공식적으로 발표되기 시작하였다. 이 건강증진이란 "사람들이 스스로 건강을 관리하고 향상시키는 능력을 증진시키는 과정" "개인의 생환습관 개 선뿐만 아니라 환경 및 사회적 여건의 개선까지 포함"을 뜻하였다. 건강증진사업의 발전과 흐 름의 시초를 1974년 캐나다 보건부 장관에 의해 발표된 보고서 발행에서 본다. 1974년에 발행 된 캐나다 보건부 장관 보고서의 핵심은 "건강의 결정요인을 올바른 생활방식"이었다. 이후 세계보건기구는 1978년 카자흐스탄(Kazakhstan, Republic of Kazakhstan) 알마티(Alma-ati) 에서 "치료중심의료에서 예방을 강조"하는 이른바 알마티 선언을 하였다.

1986년 캐나다 오타와에서 건강증진을 "개인생활 개선에 한정시키지 않고 사회적 환경의 개 선을 포함하는 것을 재확인" 으로 정립하였다. 이 오타와 회의가 제1차 건강증진 국제회의이 다. 차례별 건강증진 국제회의의 개요가 다음과 같다.

(1) 제1차 건강증진 국제회의

1986년 캐나다 오타와에서 개최.
건강증진에 대한 정의, 주요 접근전략, 활동영역 및 활동방안에 관한 기본 방향을 제시

(2) 제2차 건강증진 국제회의

1988년 오스트레일리아(Australia) 애들레이드(Adelaide)에서 개최.
오타와 회의에서 제기되었던 건강증진 수단으로서 건강을 위한 공공정책이 더욱 강조되고 구체화되어 보건정책수립을 지원하기 위한 사회적 노력을 강조.
여성건강을 지원하는 정책, 영양, 음주 및 금연정책, 지지적인 환경조성 등을 정책대안으로 내어 놓음.

(3) 제3차 건강증진 국제회의

1991년 스웨덴(Sweden) 선즈볼(Sundsvall)에서 개발도상국들이 참석한 가운데 개최함.
건강 지원적인 환경조성을 주제로 사회환경 조성을 위한 방법이 논의됨.

(4) 제4차 건강증진 국제회의

1997년 인도네시아(Indonesia) 자카르타(Jakarta)에서 "21세기를 향한 건강증진"을 슬로건으로 하여 개최함.
건강은 인간 기본권의 하나이고 사회·경제적 개발에 필수적인 것이며, 건강증진은 보건개발에 필수적인 요소임을 확인.

(5) 제5차 건강증진 국제회의

2000년 멕시코(Mexico)의 멕시코시티(Mexico City)에서 "건강격차 감소"를 주제로 하여 개최함.
사회적, 구조적으로 보건자원의 접근이 어려워서 생기는 인구집단 건강상태의 불평등성 해소 방안에 대한 사회적·정치적인 논의가 이루어 짐.

(6) 제6차 건강증진 국제회의

2005년 태국(Thailand) 방콕(Bangkok)에서 방콕헌장(Bangkok charter) 발표. 방콕헌장에는 "오타와헌장에 명시된 건강증진 정의에 건강 결정요인을 스스로 조절할 수 있는 능력을 높이고, 그들의 건강을 향상시키는 과정"임을 재확인.

(7) 제7차 건강증진 국제회의

2009년 케냐(Kenya) 나이로비((Nairobi)에서 "건강수행 역량 격차 해소를 통한 건강증진과 개발"을 주요 의제로 개최함.

(8) 제8차 건강증진 국제회의

2013년 핀란드(Finland) 헬싱키(Helsinki)에서 "모든 정책에서 건강"이 주요 의제였음. 주요 내용은 건강체계의 지속 가능성, 건강의 사회적 결정요소들에 관한 권고사항의 실시, 비감염성 질환의 예방과 관리, 국제연합 새천년 개발 목표에 대한 검토였음.

(9) 제9차 건강증진 국제회의

2016년 중국(China) 상하이(Shanghai)에서 "모두의 건강과 건강을 위한 모든 것"을 주요 의제로 하여 개최하였음. 주요 내용은 [건강도시 2016 상하이 선언문] 채택임: 지속가능한 발전의 본질이 되는 것은 "건강"과 "웰빙"임을 인식, 지속가능한 발전을 위한 모든 활동을 통해 건강증진을 달성하는 것이었음.

2-1-5 학자들의 건강관

버나드(Bernard)는 그의 저서 실험의학서설에서 건강이란 "외부환경의 변동에 대하여 내부환경의 항상성이 유지된 상태"라 하였고 와일리(Wylie)는 건강이란 "유기체가 외부환경조건에 부단히 잘 적응해 나가는 상태"라고 하였다. 유명한 의사이자 학자인 시거스트(Sigerst)는 건강을 "자연과 문화. 습관과의 제약아래에서 일정 리듬 속에 살고 있는 우리들의 신체가 생활상의 요구에 잘 견디고 여러 생활조건의 변화에 대하여 일정범위 내에서 신속히 적응할 수 있도록 내부 제기관의 조화와 통일이 유지되는 상태"라 하였고 미국 사회학자이자 구조기능론자인 파슨즈(T. Parsons)는 건강이란 "각 개개인이 사회적인 역할과 기능, 임무를 효과적으로 수행할 수 있는 최적의 상태"라 하였으며 뉴만(Neuman)은 세계보건기구의 정의와 유사하게 건강이란 "인간의 모든 자질, 기능, 능력이 신체적으로나 정신적으로 또는 도덕적으로 최상의 상태에 도달해있고 완전히 조화된 상태"라 하였다. 윌슨(Wilson)은 건강을 "주관적으로 보아서 행복하고 성공적인 생활을 영위하는 인체의 상태"로 설명하였다.

2-1-6 건강상태 변화

건강상태는 완전한 건강(perfect health), 건강(normal health), 불건강(ill health), 질병(disease), 사망(death) 상태로 구분하여 설명한다. 완전한 건강(perfect health)이란 이제까지 설파된 개념을 모두 충족하는 건강을 이르며 건강(normal health)이란 통계적 지표로 이르는 건강을 말한다. 불건강(ill health)이란 ①비전문가 판단에 의한 신체 이상 상태 ②의학적으로도 아프고 개인적으로도 아픈 것을 말하는데 불건강이란 평소 지니는 병으로서 영어식 표현이 illness(병)와 sickness(상병)이다. illness란 주관적인 병을 뜻하며 sickness란 사회적 차원의 병 그리고 인간관계에서 오는 화병 등을 뜻한다. 질병이란 ③전문가 판단에 의한 신체이상의 객관적 확정 ④객관적으로 보아서 생물학적으로 문제가 있는 질병을 뜻하며 사망이란 심폐 기능과 뇌기능이 완전히 멈춘 상태를 뜻한다.

2-1-7 건강 원리

1. 신체적 건강

근대 신체개념의 건강을 참고한다. 건강을 신체적 질병의 반대현상으로 생각한다. 신체와 정신은 분리된 것으로서, 신체는 기계와 같고 인간의 지식으로 변조가 가능하다. 그리고 정신은 신의 몫으로서 과학적 지식이 될 수 없다고 생각한다. 따라서 육체 중심의 건강 개념이 대부분 기계고장과 같이 조직 또는 세포수준의 형태적, 생화학적 변화로 설명한다.

Oxford 영어사전을 보면 건강은 신체적 기능이 적절하게 효과적으로 된 건전한 상태로 정의되고 있는데 이는 환경조건의 변화에 따라 신체적 기능이 적응하여 효과적으로 수행됨을 뜻한다. 즉, 건강이란 적응력을 말하며, 적응력이 결함되면 질병에 걸린다는 뜻이다. 의사(medical doctor)는 건강을 철저하게 개인위생 관점에서 본다. 즉, 신체검사 결과 생리적 측정치가 정상범위에 있느냐 벗어났느냐에 따라 건강이 좋다 나쁘다가 결정된다. 이는 협의의 건강개념이 된다.

2. 정신적 건강

정신적 성인이란 자신의 행동을 자신이 책임지는 사람이고 성숙한 이성과 만족할 만한 관계를 유지하는 사람이며 자녀양육을 책임지는 사람이다.

사전적 의미에서 성인이란 이미 성년이 된 사람을 말한다. 즉, 성년이란 ①사람의 심신이 완전히 발달되어 한 개인으로서 독립적 행위, 능력이 있다고 인정하는 시기 ②만 20세가 지난 사람을 말한다.

현대의 성인은 다음 도해(diagram)와 같은 생활을 한다.

문명사회	생활의 복잡화→간접적 욕구 충족
	예) 식량 확보 : 사냥 대신→ 돈을 벌음→ 식량 구입 싸우고자 하는 본능→ 주먹질 대신→ 법적 해결 또는 투서
문명발달	신체적, 정신적 긴장을 가져오는 새로운 환경출현 → 이 환경에 적응하기 위한 생존경쟁 → 늘 긴장하고 부담 느낌

그러므로 정신적 성인이란 정신적 건강을 잘 유지하는 사람 즉, 발달하는 문명사회에 잘 적응하여 자기 자신의 욕구 및 환경 사이에서 적절히 균형을 이루는 사람이라 할 수 있다.

(1) 정신장애

행동이상(行動異常, Behavioral abnormalities)을 낳는 장애를 말한다.
① 정신발육 지연→박약 · 치매 · 우둔
② 신경증 : 신경쇠약, 불안신경증, 히스테리 신경증, 공포 신경증. 강박 신경증
③ 정신질환(Psychosis)

- SPR(Schizophrenia, 정신분열증)
- MDP(Mental Disorders of Psychomotor, bipolar disorder, 조울증)
- 성격장애 → 편집형 · 분열성 · 반사교적 · 변태성 · 알콜중독 등

(2) 정신건강 원리

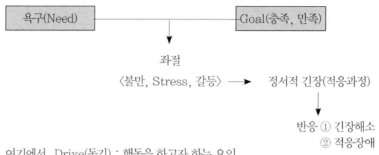

여기에서, Drive(동기) : 행동을 하고자 하는 요인
stress : alarm reaction 갈등 : 2개 욕구 양립시

1) 욕구(Need)

사람에게는 5단계 기본욕구가 있으며 고차적인 욕구를 충족시키려면 그보다 하급적인 욕구가 충족되어야 한다.

〈5단계 기본 욕구〉

① 생리적 욕구

기아 · 갈등 · 피로 · 성 · 수면 · 배설 · 동통(疼痛) 등의 충동을 해소하고 신체적 안녕상태를 유지하고자 하는 것이다.

② 안전의 욕구

- 외상을 입지 않고 안전하게 살고자 하는 것이다.
- 어른보다 어린이들이 더욱 뚜렷하다.
- 신경질적인 사람 : 어린이같이 안정욕구가 강함. 늘 천재지변, 인류의 안전 걱정

③ 애정의 욕구

- 욕정과 소유의 욕구
- 애인, 처, 남편 등이 없을 때 뚜렷이 나타난다.
- 성과 애정은 별개이다. 성적 행동은 두 가지 모두 관여한다.
- 애정의 욕구는 사랑을 주고받음이며 여기에는 사회적 제약이 많다.
- 애정의 욕구가 불 충족될 경우 정서적 부작용을 낳는다.

④ 자기존경의 욕구

- 자기 자신을 존중하고 남으로부터 존경을 받으려는 욕구
- 이것이 충족되면 자신감이 생기고 자신이 유용한 존재라 느낀다.
- 이것이 충족되지 않으면 열등감, 용기를 잃는다.

⑤ 사회적 승인의 욕구

● 이상 4단계의 욕구가 충족되면 마지막으로 자기 필생사업을 성취시켜 사회적으로 승인 받으려는 욕구가 생긴다.

2) 목표(Goal)

사람은 삶의 목표가 있어야 하며 선천적 소인과 환경요인을 고려하여 현실적으로 목표를 세워 실천해 가야 할 것이다.

가. 적응현상

정신적 적응과정 현상

① 상대를 피해서 충족

② 맞서 싸워서 극복

③ 타협하는 방법

이상은 자아의 기능이다.

나. 적응과정

① 동기

● 기본적 욕구 충족 및 목표달성을 위해 행동함이고 행동을 하고자 하는 요인이 동기(Drive)이다.

● 의시적인 것과 무의식적인 것이 있다.

● 욕구충족이 되지 않으면 스트레스 · 욕구불만 · 갈등 · 불안 · 근심 · 걱정 · 행동장애(정신장애)를 유발한다.

② 도해(Diagram)

동기 → 스트레스 · 욕구불만 · 갈등 → 정서적 긴장 → 반응
반응 : 성공적 수행 → 긴장해소, 만족(적응)
좌절 → 불만족(욕구불만) → 갈등(쌍립욕구)
방어작용 → 적응
↓
무의식적 심리기전임

3) 방어 및 적응 기전(Mechanism)

① 자기 애적(愛的) 방어기전

- 부정(dinial) · 왜곡 · 투사(投射, projection ; 비난을 타인에게 전가시킴. 예를 들어 시험 실패를 선생님 탓으로 전가하는 것)

② 미성숙한 방어기전

- 심기증(Hypochondriasis, 건강염려증)

- 수동 · 공격적, 행동 · 퇴행 : 이는 내향성 성격으로 공격의 화살을 자신에 돌리는 것과 같다. 어린애 같은 행동. 오줌 싸는 행동 등으로 볼 수 있다. 환상을 신체화하는 것이다.

③ 신경증적 방어

- 전치 · 억제 · 격리 · 합리화 : 이는 자기행동과 조건을 정당화시키는 것에서 찾아 볼 수 있다. 친구가 새 자동차를 사면 아직 새 차임에도 불구하고 나도 그 자동차를 사는 것과 같다.

- 반응형성 · 억압 : 공포, 수치, 죄악, 굴욕감 등 불유쾌한 과거를 무의식적으로 잊으려는 행동. 예를 들어 전쟁터에서 겪었던 몸서리치는 경험을 생각하기 꺼려한다.

- 도피 : 불유쾌한 환경으로부터 벗어나려한다. 실수가 두려워 여러 사람을 기피한다.

- 대상(compensation) : 간접적으로 만족을 얻는 행위. 아버지가 미워서 개를 발로 걷어찬다.

- 동일시(identification) : 영웅숭배, 우수선수 숭배 등

④ 성숙한 방어기전

- 승화 : 정신적 에너지를 성적, 에너지, 예술, 운동, 취미 등 다른 곳으로 전환한다.

- 유모어

- 도덕적 현상

⑤ 스트레스

- 생체에 가해지는 여러 상해(傷害) 및 자극에 대하여 체내에서 일어나는 비 특이적 생물 반응으로 캐나다의 내분비학자 한스 셀리에(Hans Selye)가 처음으로 명명하였다. 자극 호르몬인 아드레날린이나 다른 호르몬이 혈중 내로 분비되어 우리 몸을 보호하려고 하며 위험에 대처해 싸우거나 그 상황을 피할 수 있는 힘과 에너지를 제공한다. 보통은 건강에 좋지 않은 영향을 끼치나 적당하면 오히려 신체와 정신에 활력을 준다. 인체유익 스트레스(Eustress)와 인체무익 스트레스(Distress)로 본다.

- 스트레스를 받으면 욕구충족, 신체내부 항상성 유지 및 신경기능 변화초래

- 가벼운 스트레스→성공적 극복→적응능력 향상
- 심한 스트레스→적응 못하고 고민 상태에 빠짐

⑥ 욕구불만
- 욕구충족이 안된 경우
- 내적 요인 : 신체적 결함, 질병, 외상, 공포증 등 자기 자신에 의한 욕구불만 요인
- 외적 요인 : 사회적 규범, 도덕관념 등
- 욕구불만 또는 스트레스 받을 경우 적개심, 공포감, 불안감 유발→투쟁, 단념, 타협, 관심 유치 등의 행동을 보인다.
- 욕구불만의 정도가 심할 경우→정서반응이 강하여 때로는 사회적으로 용납되지 않는 행동을 한다.

⑦ 갈등(Conflict)
- 두 개의 욕구가 양립할 때 동시에 충족될 수 없다.→어느 한쪽을 택하지 않을 수 없는 심리상태
- 무의식 갈등과 의식적 갈등으로 나뉜다.
  * 행동장애 : 갈등에 의한 것이다.
  사람은 누구나 갈등을 느낌. 그러나 대부분 적응이 잘 되어서 장애없이 생활한다.

(3) 정신건강 파탄

1) 유전적 요인
- XY 염색체 배열
- SPR(정신분열증), MDP(조울증)는 외부의 자극이 심할 경우 발병
- 정신병적 성격(psychopatic personality)
- 강박 신경증, 불안 신경증
- 심기증, 천치(天癡, 다운 증후군 환자), 치매, 저능아 등은 유전인자(DNA)가 중요→이들 환자는 DNA 검사를 실시한다.

2) 신체적 요인
- 신체조직의 기능장애→뇌졸중, 뇌의 노화 등으로 오는 정싱질환
- 사회 환경적 요인 : 대인관계

(4) 정신장애

행동의 이상은 열등감, 불안감, 신경과민 등으로서 신체정신장애로 취급한다.

1) 장애를 낳는 순서

강요(Pressure) : 예를 들어 학업에 대한 부모의 강요(외적 강요)
자기 스스로 노력(내적 강요) → 정도가 지나치면 행동장애

↓

정신신체 장애 : 심한 스트레스 → 긴장상태 지속 → 기능장애 유발
예) 천식증, 편두통, 소화성 궤양, 대장염, 체중장애 등

↓

파탄 : 긴장 상태가 심하고 신경질적 소인이 있을 때→신경기능 파탄

↓

우울증 : 낙담과 슬픔의 정서 상태이며 약간 기분이 않 좋은 상대를 이름
→ 절망상태까지 다양

↓

자살 : 심한 심리적 충격, 우울증에 거렸을 때 많이 발생

자살에는 4가지 유형이 있다.

① 충동적 자살행위

② 삶의 보람을 잃었을 때 자살행위

③ 신체적 중병을 앓을 때 자살행위

④ 의지전달 위한 자살행위가 그것이다.

미국정신의학회(American Psychiatric Association)의 조증삽화(Manic episode)

진단기준 : 정신장애진단 통계편람[DSM-IV-TR]

A. 비정상적으로 의기양양하거나, 과대하거나 과민한 기분이 적어도 1주간 (만약 입원이 필요하다면 기간과 상관없이) 지속되는 분명한 기간이 있다.

B. 기분 장애의 기간 도중 다음 증상 가운데 3가지 이상이 지속되며(기분이 과민한 상태라면 4가지), 심각한 정도로 나타난다.

① 팽창된 자존심 또는 심하게 과장된 자신감

② 수면에 대한 욕구 감소 (예: 단 3시간의 수면으로도 충분하다고 느낌)

③ 평소보다 말이 많아지거나 계속 말을 하게 됨

④ 사고의 비약 또는 사고가 연달아 일어나는 주관적인 경험

⑤ 주의 산만 (예: 중요하지 않거나 관계없는 외적 자극에 너무 쉽게 주의가 이끌림)

⑥ 목표 지향적 활동의 증가(직장이나 학교에서의 사회적 또는 성적인 활동) 또는 정신운동성 초조

⑦ 고통스런 결과를 초래할 쾌락적인 활동에 지나치게 몰두 (예: 흥청망청 물건 사기, 무분별한 성행위, 어리석은 사업투자)

C. 증상이 혼재성 삽화의 진단 기준을 충족시키지 않는다.

D. 기분 장애로 인한 직업적 기능이나 일상적 사회 활동, 대인관계에서의 뚜렷한 손상을 막고 자신이나 타인에게 해를 입히는 것을 방지하기 위해 입원이 필요할 정도로 기분 장애가 심각하거나 정신증적 양상이 동반된다.

E. 증상이 물질(예: 약물 남용, 투약, 또는 기타 치료)이나 일반적인 의학적 상태(예: 갑상선 기능 항진증)의 직접적인 생리적 효과로 인한 것이 아니다.

3. 사회적 건강

(1) 원리

1) 효(孝) · 원만한 인간관계

사회적 건강은 부부관계, 자녀관계, 대인관계 등 인간관계의 문제이다. 인간관계가 원만하려면 우선 가정 내 가족관계가 건강하여야 한다. 건강한 가족관계는 효(孝)에서 시작한다. 효(孝)란 부모를 즐겁게 해드리는 것이다. 부모님이 오래 사시는 것은 건강하게 사시는 것이어야 한다. 부모님을 자주 찾아뵙고 인사드리는 것이 부모님이 오래 사시게 하는 비결이다.

2) 겸손

대인관계에서 힘을 가지려면 겸손해야 한다. 그러면 갈등이 없어진다. 그러나 실천이 어렵다. 겸손의 실천은 모든 물을 품에 안고 받아들이는 바다와 같은 것이며 아름답고 힘이 있는 것이다.

3) 신(信) · 말조심 · 자녀교육

대인관계에서 힘을 갖는 것은 타인으로부터 내가 얼마나 신뢰 받는가의 문제이다. 한자로 신(信)은 사람의 말이라는 뜻이고 말을 조심하라는 뜻이다. 명심보감에는 "혀는 자기목을 자르는 칼이다"라고 적혀있다. 말조심하면 감정악화와 갈등(conflict)이 생기지 않는다. 이는 올바른 자녀교육에서 시작한다. 올바른 자녀교육이란 ①부모 본인들이 못한 한을 풀려고 하지 말고 아이들 특기에 맞추어 교육 ②이성적으로 일관성 있는 교육 : 이는 부모가 기분 나쁘면 혼내고, 기분 좋으면 그냥 놓아두는 행위를 하지 말라는 뜻이며 이런 올바르지 않은 교육은 자녀들의 가치형성을 저해한다. ③상과 벌을 뚜렷이 구분해서 주는 것 ④상을 주는데 인색해서는 안 되는 것이다.

(2) 사회적 건강의 의학적 소견

1) 생각, 감정, 행동의 조화와 일치

정신은 생각과 감정을 낳고 행동을 결정한다. 정신건강의 척도가 생각, 감정, 행동의 조화와 일치에 있다. 성인이라면 누구나 생각, 감정, 행동이 조화하고 일치한다. 생각은 대뇌피질에서 생긴다. 감정은 외부로부터 영향을 받으면 즉시 행동하게 하는 것이다. 먼저 즉시 행동하고 생각은 나중에 한다. 예를 들어 친구가 내게 나의 잘못을 지적하면 기분이 나

빠진다. 그러나 후에 생각하면 친구의 말이 옳았었다고 판단하는 것과 같다. 정신과의 환자는 생각, 감정, 행동이 각각 따로 이루어진다.

2) 부드러움

삶의 상징이 부드러움에 있다. 딱딱한 것은 죽음을 상징한다. 어린이들은 신체의 70%가 수분이다. 그래서 생각, 감정, 행동이 부드럽다. 60~75세 사람들은 55%만이 수분이다. 그래서 생각, 감정, 행동이 굳어진다. 사람이 사망했다는 것은 모든 것이 굳어져서 딱딱해지는 것을 뜻한다.

3) 용서

용서란 욕심을 갖지 않고 타인을 부드럽게 용납하는 것이다.

사람은 일과 후 저녁때 내가 과연 겸손하였었나? 말의 실수와 감정적 태도가 없었나? 부드러웠나? 등을 계속 반성 실천하는 것이 건강한 사람의 모습이다. 신체와 정신의 건강을 유지하여 사회적 건강을 이루려면 ①독서하고 ②운동을 하면 좋다.

(3) 사회생활

사람이 사회생활 한다는 것은 법과 질서와 도덕이 존재하는 사회 속에 들어가서 타인과 협조하며 공존하는 것을 뜻한다. 그러므로 사람에게는 대인관계가 중요하다.

1) 성장과 경험

신생아는 오직 모친에 의존하여 성장한다. 그러다가 영, 유아가 되면 가족과 주위의 사람을 인식한다. 사람이 더욱 성장하면 이웃과 사회를 인식한다. 사람의 건강한 사회생활은 성장 중에 가진 적절한 경험에 있다. 예를 들어 새(조류)는 그냥 움직이는 물체를 따라 가는 것이 성장하는 중에 가진 적절한 경험이 되는 것과 같다.

우리나라는 과거에 대 가족제도가 일상화 되어 있었으므로 형제사이의 관계에 있어서 어떤 것이 자기 역할인가를 잘 인식하였다.

현재의 핵가족 제도는 부모로 하여금 자녀를 과보호하게 만든다. 과보호는 자녀에게 잘못된 가치관을 가르칠 수 있다. 요즘 아이들은 같은 또래와 어울릴 기회가 적고 잘못된 입시제도로 아이들은 공주병이나 왕자병을 앓고 있다.

사회생물학 차원에서 부모는 자녀가 자라면 독립시켜야 한다. 자녀를 계속 데리고 있으려 함은 자녀로 하여금 독립심을 결여시키게 하여 사회생활을 잘 못하게 하는 결과를 낳는다.

1. 건강수준

F. G. Clark의 삼원론으로 설명할 수 있다. 삼원론이란 "병인(agent), 숙주(host), 환경(environment)이 서로 평행을 이룰 때 건강을 유지 한다"를 말한다.

병인, 숙주, 환경에 대한 설명이 다음과 같다.

① 병인 : 병원체, 병원소
  - 외계에서의 생존 및 생식능력
  - 숙주에로의 침입 및 감염능력
  - 질병을 일으키는 능력
  - 전파의 난이성

② 숙주 : 침입, 숙주의 감수성(면역)
  - 생물학적 요인(연령 · 성별 · 종족 · 면역 등 선천성 요인)
  - 형태 요인(직업 · 개인위생 · 생활습관 등)
  - 체질적 요인(선천적 · 후천적 저항력 · 건강 및 영양상태 등)

③ 환경 : 탈출, 전파, 신숙주내 침입
  - 생물적 환경(병원체가 기생 전파할 수 있는 환경)
  - 물리적 환경(기후 · 지형 · 직업 · 주거 이외 인간 생활과 관련된 환경)
  - 사회 경제적 환경(인구분포 · 사회구조 · 문화권 및 경제수준 등)

2. 그 외의 건강수준 이론

(1) T. F. Hatch

"완전한 건강에서 죽음에 이르는 과정은 환경에 대한 생체조절계의 파탄이다"

E. G. White : NEW START 운동이론

"영양(nutrition), 운동(exercise, 물(water), 햇빛(sunlight), 절제(temperance), 공기(air). 휴식(rest), 믿음(trust) 등이 잘 조화되면 건강이 향상된다"

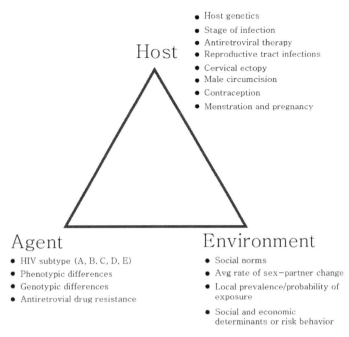

Host
- Host genetics
- Stage of infection
- Antiretroviral therapy
- Reproductive tract infections
- Cervical ectopy
- Male circumcision
- Contraception
- Menstration and pregnancy

Agent
- HIV subtype (A, B, C, D, E)
- Phenotypic differences
- Genotypic differences
- Antiretrovial drug resistance

Environment
- Social norms
- Avg rate of sex-partner change
- Local prevalence/probability of exposure
- Social and economic determinants or risk behavior

[그림 8] F. G. Clark 삼원론

3. 지역사회의 건강수준 지표

① 조(粗)(보통)사망률(crude death rate)

사망수준을 나타내는 가장 기본적인 지표로 연간의 총사망자수를 당해 년도의 주민등록에 의한 연앙인구로 나눈 수치를 1,000분비로 나타낸 비율임. (연간 사망자수/인구)×1,000. 여기에서 연앙인구(年央人口)란 그 해의 중간인 7월 1일을 기준으로 하는 인구수를 말한다.

② 영아사망률(infant mortality rate)

(연간 영아사망자 수/연간 출생아 수)×1,000

연간 태어난 출생아 1,000명중에 만1세 미만에 사망한 영아수의 천분비로서 건강수준이 향상되면 영아사망률이 감소하므로 국민보건 상태의 측정지표로 널리 사용되고 있다. 영아(嬰兒, infant)란 생후 1년 미만의 아기(baby)를 말한다.

③ 모성사망률((maternal mortality rate)

(연간 모성 사망자 수/연간 출생아 수)×1,000

④ **유아사망률(乳兒死亡率)**

출생한 아이 1,000명 가운데 생후 1세 미만에 사망한 유아의 수를 비율로 나타낸 것. 유아
(乳兒)란 젖먹이를 말하고 또 다른 유아(幼兒)란 생후 1년부터 만 6세까지의 어린아이를
말한다.

⑤ **평균여명(expectation of life)**

어떤 시기를 기점으로 그 후 생존할 수 있는 평균 연수. 같은 조건의 사람들이 그 뒤로 산
햇수를 모두 합하여 그 사람 수로 나누어서 산출한다.

(예) 이 병이 걸린 후의 평균 여명은 3년이다

⑥ **평균수명** : 0세의 평균여명 또는 출생직후의 평균여명

⑦ **비례사망지수(PMI)** : 전 사망에 대한 50세 이상의 사망을 백분율로 표시한 것.

⑧ **사인별 사망률(死因別 死亡率)**

전체 사망자수에 대한 사인별 사망자수를 백분비로 나타낸 것이다.

각국의 보건수준을 세계보건기구(WHO)의 보건수준 지표로 평가한다. 세계보건기구
(WHO)의 보건수준 지표가 다음과 같다.

★ **WHO의 보건수준 지표**

- 일반 지표 : 비례사망지수+평균여명+조사망률+유아사망률+사인별 사망률
- 종합 건강지표 : 조사망률+비례사망지수+평균수명
- 특수 건강지표 : 전염병 사망률+의료봉사자수+병상수

질병은 디스(Dis)와 이즈(Ease)의 합성어이다. 이는 편안하지 않음을 뜻한다.

현대에는 만성 비전염성 질병으로서 환경성 질환(ERD, Environmentally Related Disease)을 중요하게 다룬다. 환경성 질환은 운동부족, 스트레스, 과 영양 등과 같은 생활습관 병 때문에 생기는데 본인의 나쁜 생활습관을 인지하고 있으면 그 나쁜 생활습관과 반대로 실행함으로써 환경성 질환에 걸리지 않는다.

그리고 통계적 질병이 있다. 통계적 질병이란 수축기 혈압(sbp) 140, 이완기 혈압(dbp) 90이 정상임에도 불구하고 혈압이 각각 190, 150임에도 불구하고 평소 아무 탈 없이 건강하게 생활하는 사람이면 이 사람은 통계적 질병에 걸린 것으로 생각할 수 있다.

여기에서 미국의 고혈압 지침서 JNC 7을 참고하여 보면 JNC 7이란 ① National Committee on Prevention, Detection, Evaluation, and Treatment of High Blood Pressure(고혈압의 예방, 발견, 진단 및 치료에 관한 미국합동위원회)의 제7차 보고서이자 미국 고혈압지침서를 말한다. 이 지침에는 통계적 질병 개념이 함축되어 있다. 고혈압 지침서 JN-7 발행과 함께 미국의 관상동맥 질환(CHD, coronary heart disease) 연구를 동시에 살펴볼 수 있다. 이 연구는 Framingham, PROGRAM, LRC-CPPT, MRFiT 등에서 CHD의 위험요인을 조절 후에 HDL(high density lipprotein)이 매 0.1mm/L증가 시 CHD위험은 10% 감소한다고 한다. CHD는 A형 성격에 많다. A형 성격은 aggressive(긍극적), competitive(경쟁적), ambition(야심적), restless(안절부절)의 속성이 있다.

2-2-1 질병의 정의

개체가 받은 자극과 스트레스(stress)에 대한 적응기전에 파탄이 생겨서 구조나 기능에 장애가 초래된 상태를 말한다. 즉,

★ Stressor(스트레스를 주는 기구)→Stress(환자가 받는 것→Eustress(인체 유익 스트레스)→Distress(인체 무익 스트레스)

★ Stressor
감염, 더위, 추위, 재해와 이변, 기아 등 : 신체적 stressor
- 빈곤, 대인관계, 작업불만, 조롱, 학업불량, 부채, 파혼 등 : 정신적 stressor

호르몬이란 동물체 내의 특정한 선(腺)에서 형성되어 체액에 의하여 체내의 표적기관까지 운반되어 그 기관의 활동이나 생리적 과정에 특정한 영향을 미치는 화학물질을 말한다. 스트레스를 받으면 분비되는 호르몬이 부신피질 자극호르몬(ACTH, adreno cortico tropic hormone)이다. 즉, 일반적으로 스트레스와 같은 위협 상황이 오면 몸은 그러한 위협에 대항하기 위해 에너지를 생산해 내야 한다. 따라서 신체의 신경계 중 교감 신경계가 활동을 시작하고 부신(adrenal gland)에서 에피네프린(epinephrine), 노르에피네프린(norepinephrine), 스테로이드(steroid) 계열의 호르몬이 분비된다. 코르티솔은 부신 피질에서 분비되는 스테로이드 호르몬으로 포도당의 대사에 영향을 주기 때문에 글루코코티코이드(glucocorticoid)라고도 한다. 시상하부의 실방핵(PVN, paraventricular nucleus)이 실질적으로 코르티솔의 분비를 조절한다. 시상하부의 실방핵은 CRF(corticotropin-releasing factor)를 분비하고 이것이 뇌하수체(pituitary gland)를 자극하여 부신피질 자극호르몬(ACTH, Adreno Cortico Tropic Hormone)을 분비시킨다. 이 호르몬은 혈액을 타고 부신 피질로 이동하여 혈액 중으로 코르티솔 분비를 증가시킨다.

부신껍질에서는 코르티노이드라고 총칭하는 스테로이드 호르몬이 만들어진다. 이것들은 모두 생명유지에 불가결한 것이며, 그 중에서도 중요한 것은 알도스테론((aldosterone, 무기질 코르티코이드), 코르티코스테론(corticosterone) · 코르티솔 · 코르티손(cortisone, 당질 코르티코이드) 등이다. 이것들은 각각 염류의 대사(나트륨이온의 유지, 칼륨이온의 배출)나 당질의 대사(혈당의 형성) 등을 조절한다. 스트레스 상태에 있을 때 등 신체적 또는 정신적인 부담이 크면 코르티노이드의 분비는 증대한다.

코르티손이나 화학처리를 받은 어떤 종류의 스테로이드는 관절염 · 피부질환 · 염증 등의 질병에 유용한 치료약이 될 수 있다는 것이 밝혀졌다. 코르티코이드의 형성이나 분비는 뇌하수체에서 분비되는 폴리펩티드 호르몬인 부신피질자극 호르몬(ACTH)에 의하여 피드백이 이루어진다.

구급 의료에 사용하는 아드레날린(adrenaline, $C_9H_{13}NO_3$)은 부신수질(副腎髓質, adrenal medulla, 피질심부에 있음. 둥근 세포 괴나 동아줄과 같은 짧은 세포 색을 만들고 있는 신경관에서 유래한 수질세포)의 호르몬으로 별칭은 에피네프린인데 이 아드레날린은 혈당의 상승작용, 심장박동 출력 증가작용이 있다

알도스테론 등은 부신피질에서 분비되는 호르몬으로 부신피질 자극호르몬에 의해 조절되며 탄수화물과 무기질 대사에 주로 관여한다.

부신피질 자극호르몬, 스테로이드가 분비되면 인체가 긴장(근육긴장상태)하고 스트레스가 해소되면 나른하고 피로를 느낀다. 이때 휴식을 취하여야 한다. 정신보건에서는 스트레스를 얼마나 잘 이용하느냐가 매우 중요하다. 그리고 유해요인이란 건강을 저해시키는 나쁜 요인을 말한다.

2-2-2 질병 발생요인과 관리

1. 질병 발생의 3요소

① 병인(agent factors) · 병원체(agent)

② 숙주(宿主, host)

③ 환경(environment)

2. 질병발생의 3대 요인과 상호관계

① 역학적 삼각형(epidemiologic triangle) 모형설

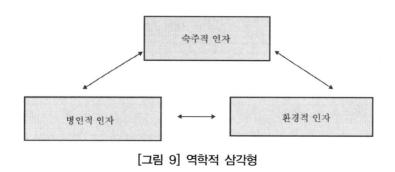

[그림 9] 역학적 삼각형

② 거미줄 형(web of causation)

질병은 어느 특정한 요인에 의하여 발생하는 것이 아니라, 병원체의 존재 하에 해당 질병의 발생과 관계되어 있고 거미줄처럼 서로 연관되어 있는 여러 가지 요인들이 복잡한 상호관계로 얽혀져서 발생한다. 맥마흔(McMahon)과 그의 동료들이 주창한 것으로서 복잡한 원인 요소의 네트워크 중 차단이 가능한 몇몇 단계를 차단하면 해당 질병의 예방이 가능하다는 설. 특히, 비전염성 질환의 발생을 이해하는 데 편리하다.

③ 수레바퀴 형(wheel model)

[그림 10] 역학적 수레바퀴형

1. 감수성기(stage of susceptibility)

질병요인들로 인한 질병발생 가능 시기. 숙주의 면역강화

예) 피로, 급만성 알콜중독→폐염 유발가능

고지혈증(Hypercholesterolemia)→관상동맥질환(CHD, coronary heart disease) 유발가능

2. 증상발현시기(presymptomatic stage)

병적변화가 일어나는 시기

예) 관상동맥성 심장질환 증세 전 죽상변화가 일어나는 것

악성종양 출현 전의 전암성(premalignancy, precancerous) 변화

3. 임상질환기(stage of clinical disease)

해부학적 또는 기능적으로 변화가 생겨서 뚜렷한 임상증상이 나타나는 시기

4. 장해기(stage of disability)

개인의 신체적·정신적·사회적 활동에 제한된 기능을 나타나는 시기

전염병(infectious disease)이란 원충(原蟲, protozoa, 원생동물), 진균(眞菌, fungus), 세균(細菌, bacterium), 스피로헤타(spirochaeta), 리케차(rickettsia), 바이러스(virus, 비루스) 등의 병원체에 감염된 인간이나 동물로부터 직접적으로, 또는 모기·파리와 같은 매개동물이나 음식물·수건·혈액 등과 같은 비동물성 매개체에 의하여, 간접적으로 면역이 없는 인체에 침입하여 증식함으로써 일어나는 질병을 이른다. 병원체가 인간이니 동물에 침입하여 그 장기에 자리 잡고 증식하는 것을 총칭하여 감염(infection)이라고 하며, 이 감염에 의한 증세의 발현을 감염증(infectious symptom)이라고 한다. 감염에는 전혀 증세가 없이 면역만 생기는 불현성 감염(不顯性 感染, inapperent infection)과, 증세가 나타나는 현성 감염(顯性 感染, apperent infection)이 있으며 때로는 감염증과 전염병을 동의어로도 쓰나, 전염병은 감염증(感染症, infectious disease) 중에서도 그 전염력이 강하여 소수의 병원체로도 쉽게 감염되고 많은 사람들에게 쉽게 옮아가는 질병을 말한다.

전염병의 제장 및 폭을 전염병 이환율(罹患率, morbidity rate)로 나타낸다. 전염병 이환율은 연간 전염병 발생 인원 평균값을 인구 10만 명으로 나누어 준 값이다.

1. 생물학적 현상

① 연령별

영·유아기에는 자체의 저항력이 약하여 전염병에 감염 및 유행이 잘 되고, 반면에 노년층에는 성인병이나 노인병 발생이 많은 것을 보게 된다.

② 성별

임신과 분만을 제외하고는 사망률이 여자보다 남자가 높고 이환율은 그 반대이다. 이것은 남녀 간의 사회적 환경이나 감염기회의 차이에 따라 그 정도의 차이는 있다. 물론 이것은 병원체에 대한 반응이나 저항력에 대하여 남녀 간에 차이가 있음을 뜻하기도 한다.

③ 인종별

인종의 감수성(susceptibility)과 생활환경 차이로 전염병 이환율이 달라진다. 예를 들어 중국인은 비교적 장티푸스에 강하고 한국인은 이질에 강하다.

2. 시간적 현상

유행을 반복하는 주기적 현상이다. 다음과 같은 변화현상이 있다.

① 추세변화(trend variation)

전염병은 일정한 주기를 가지고 유행되어 왔다. 추세변화란 비교적 장기간의 주기를 갖고 변화하는 것을 이른다. 예를 들어 장티푸스(typhoid fever)는 30~40년, 디프테리아(diphteria)는 10~24년, 독감(influenza)은 약 30년의 주기를 가지고 유행한다.

② 순환(cycle)변화

수년의 단기간을 주기로 순환적으로 유행을 반복하는 주기적 변화를 순환변화라 한다. 예를 들어 백일해(pertussis)는 2~4년, 홍역(measles)은 2년, 유행성 뇌염(epidemic encephalitis)은 3~4년의 주기를 가지고 유행한다.

③ 계절변화

여름철엔 소화기계 질병이 겨울철에는 호흡기계 질병이 유행한다.

④ 불규칙(irregular) 변화

외래의 전염병이 국내 침입 시 돌발적으로 유행(craze)하는 것을 불규칙 변화라 한다. 예를 들어 2003년에 유행하였던 사스(SAS, severe acute respiratory syndrome, 중증 급성 호흡기 증후군)나 콜레라 유행 등이 그 예가 된다.

3. 지리적 현상

간디스토마증이나 페디스토마는 하천지역을 중심으로 지방병적으로 나타나고 장티푸스나 이질은 일부 지역에서 돌발적으로 번진다.

4. 사회적 요인

주거, 인구이동, 직업 및 문화수준 등에 따라 유행 양상이 달라진다. 예를 들어 이씨왕조 순조 9년인 1809년에 시작된 가뭄은 수많은 민초들의 유랑생활을 낳았고 순조 17년 1817년에 또 한 차례 닥친 홍수와 함께 1821년 콜레라가 평양을 중심으로 하여 전국적으로 퍼져나갔었다. 그 뒤에도 헌종 6년인 1840년에는 거의 전국적인 흉년과 민초들의 유랑으로 전염병이 창궐하였으며 사망자 또한 이루 헤아릴 수 없었다. 이러한 전염병의 유행은 이후에도 계속되었고 이것이 이씨왕조의 종극을 낳게 한 주요 이유였다.

2-3-2 전염병발생 3대 인자

병원체(agent), 환경(environment), 숙주(宿主, host)를 전염병 발생 3대 인자로 본다. 전염병은 반드시 이 세 가지 인자의 상호간 작용이 있어야 발생한다. 역으로 말하자면 이 세 가지 인자 중 어느 한 가지라도 작용을 않는다면 전염병은 발생하지 않는다. 한 개인이나 지역사회가 전염병으로부터 영향 받지 않는 건강한 상태를 유지하는 것은 병원체를 비롯한 병인(cause of disease), 환경, 숙주 사이의 평형을 어느 정도 유지하느냐에 달려 있다.

2-3-3 전염병 생성과정

전염병 생성은 병원체, 환경 숙주 이 세 가지 인자를 중심으로 하여 전파경로를 추적하여 그 과정을 파악할 수 있다. 다음에 열거하는 흐름도(flow chart) 중 어느 한 과정이라도 그 과정으로의 연결고리(pintle)를 차단(blocking)하는 것이 중요하다.

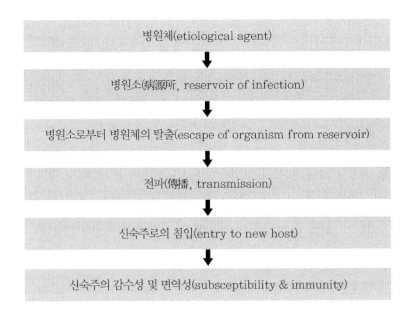

병원체(etiological agent)

↓

병원소(病源所, reservoir of infection)

↓

병원소로부터 병원체의 탈출(escape of organism from reservoir)

↓

전파(傳播, transmission)

↓

신숙주로의 침입(entry to new host)

↓

신숙주의 감수성 및 면역성(subsceptibility & immunity)

1. 병원체

(1) 동물성 기생체(animal parasite)

말라리아(maralia)나 아메바성 이질(amebic dysentry)을 일으키는 원생동물(原生動物, protozoa)과 기생충 질환을 일으키는 회충(蛔蟲, round worm), 요충(thread worm), 십이지장충(十二指腸蟲, hookworm) 등의 후생동물(後生動物, metazoa)이다.

(2) 식물성(plant), 균성(fungi) 기생체

무좀(water eczema)이나 도장 부스럼(seal ulcer)을 일으키는 곰팡이(mold)를 이른다.

(3) 세균(細菌, bacteria)

전염병을 일으키는 병원균(pathogen)이 막대기 균(桿菌, rods/bacillus), 공모양 균(球菌, coccus), 나사모양 균(螺旋菌, spirillum)으로 분류한다.

(4) 바이러스(virus)

한외 현미경적 미생물(M/O, microorganism)로서 여과성 병원체이자 암 발생 병원체이다.

(5) 리케차(richettsia)

세균에 가까운 바이러스이다. 이(蝨, louse)나 모기(mosquito)가 매개활성체가 되어 발생하는 발진티푸스(epidemic typhus)의 병원균이 리케차(rickettsia)이다.

2. 병원소(reservoir of infection)

(1) 인간 병원소

환자(patient), 무증상 감염자(no symptom contamminator), 보균자(germ carrier)이다. 여기서 환자란 뚜렷한 임상 증세(clear clinical sign)를 나타내는 사람을 이른다.

보균자는 장티푸스(typhoid fever)나 결핵(Tuberculosis) 등의 회복기 보균자(convalescent carrier)와 디프테리아(diphtheriae), 홍역(紅疫, measle), 백일해균 등의 잠복기 보균자(incubatory carrier), 소아마비(小兒痲痺, polio)나 일본뇌염(Japanese encephalitis) 등의 건강 보균자(gesunder träger)로 나뉘는데 건강 보균자는 감염은 받아도 처음으로 증상을 나타내지 않는 환자를 이른다.

(2) 동물 병원소

사람과 사람이외의 동물들의 공통전염병인 인수공통전염병균을 보유하는 병원소이다. 광견병이나 야콥씨병(CZD), 기생충질환, 결핵 등이 인수공통전염병이다.

(3) 기타 병원소

토양, 먼지, 곰팡이 등은 병원체를 옮기는 중요한 병원소이다. 특히, 먼지에 병원균 포낭(包囊, caveolae) 등이 먼지에 부착된 채 편서풍을 타고 우리나라에 건너와 인플루엔자(毒感, influenza) 등을 일으키는 것은 잘 알려진 사실이다.

3. 병원소로부터 병원체의 탈출(escape of organism from reservoir)

(1) 호흡기관(respiratory tract)

감기(感氣, cold), 홍역(紅疫, measle), 볼거리(流行性 耳下腺炎, influenza parotitis, mumps), 디프테리아, 백일해(百日咳, pertusis) 등의 병원균이 호흡기관을 통하여 탈출한다.

(2) 장관(intestinal tract)

콜레라cholera), 장티푸스, 파라티푸스(para typhoid fever), 세균성 이질 균 등은 주로 동물성 분변을 통하여 배출된다.

(3) 비뇨기관(urinary tract)

혈행성(hematogenous) 병원체가 비뇨기계를 통해 배출된다.

(4) 개방저(開放貯, open lesion)

신체 표면의 상처나 농창(膿瘡, 곪은 환부)으로부터 병원균이 탈출한다.

(5) 기계적 탈출

일본 뇌염 균이나 매독균 등이 곤충이나 주사기 바늘을 통해 직, 간접적으로 탈출될 수 있다.

4. 신숙주로의 침입(entry to new host)

병원체의 침입 양식은 병원소의 탈출과 같이 주로 호흡기, 위장 관(소화기 계통), 비뇨기계, 점막, 피부 및 경 태반(經胎盤; transplacental)을 통해 침입한다.

5. 신숙주의 감수성 및 면역(susceptibility and immunity of new host)

병원체가 새로운 숙주에 침입하면 반드시 발병하는 것이 아니고 독력과 신체 저항의 균형파괴에 따라서 발병하거나 면역이 형성된다.

면역(immunity)이란 신체의 3차 방어기전으로서 병원체가 세포 내에 정착하는 것을 저지하는 특수 단백물질(항체)을 이른다. 발병(attack of disease)한다는 것은 병원체의 독력과 신체 저항의 균형파괴에 의해 발생되는 것을 의미한다.

면역은 다음과 같이 분류된다.

① 선천면역 : 종족, 인종, 풍속, 개인차에 의해 생성되는 면역
② 후천면역

❶ 능동면역

- 자연능동면역 : 전염병균에 감염된 후 생성되는 면역
- 인공능동면역 : 예방접종 후 생성되는 면역(Vacccine 혹은 Toxoid 접종 후 생성된 면역)

❷ 수동면역

- 자연수동면역 : 모체면역, 태반면역
- 인공수동면역 : 혈청제제(γ- globurin) 접종 후의 면역

특히, γ-globurin이란 혈장단백질 성분으로서 혈청(血淸, serum, 혈액이 응고되었을 때 혈병이 분리되고 노란 빛을 띤 투명한 액체) 단백질이다. 건강한 사람의 혈액에서 만든 이 약은 홍역처럼 종생면역을 얻을 수 있는 병이나 백일해, 유행성 간염 등의 예방 및 치료에 이용된다.

2-3-4 전염병 분류

1. 분류방법과 종류

전염병은 병인에 의한 분류, 감염 경로에 의한 분류, 두 가지 절충에 의한 분류로 나뉜다. 우리 사회에서 흔히 분류하여 종류를 말하는 것이 두 가지를 절충한 방법에 의한 것인데 이 두 가지를 절충해 분류한 전염병의 종류가 다음과 같다.

- 호흡기계통 전염병

  디프테리아, 백일해, 폐염, 인후염, 폐결핵, 나병, 천연두, 감기, 인플루엔자 등
- 소화기계통 전염병

  기생충감염, 유행성설사병, 이질(아메바·세균), 살모넬라식중독, 장티푸스 등
- 피부, 점막 전염병 : 신생아의 눈 감염, 매독, 유행성각막염, 옴, 도장부스럼 등
- 동물, 곤충에 의한 전염병 : 탄저병, 바일(Weil)씨 병, 파상풍, 광견병, 말라리아 등

2. 법정 전염병

우리나라에는 전염병을 합리적이고 효과적으로 관리하기 위하여 전염병을 제 1군, 제 2군,

제 3군, 제 4군, 지정전염병으로 나누고 있다. 각 법정 전염병의 의의가 다음과 같다.

- 제 1군 전염병

  전파속도가 빠르고 국민건강에 미치는 위해 정도가 너무 커서 발생 또는 유행 즉시 방역대책을 수립해야 하는 질병
- 제 2군 전염병

  예방접종을 통하여 예방·관리가 가능하여 국가 예방접종사업의 대상이 되는 질병
- 제 3군 전염병

  간헐적으로 유행할 가능성이 있어 지속적으로 그 발생을 감시하고 예방대책의 수립이 필요한 전염병
- 제 4군 전염병

  국내에서 새로 발생한 신종전염병 증후군, 재출현전염병 또는 국내유입이 우려되는 해외 유행전염병으로서 방역 대책의 긴급한 수립이 인정되어 보건복지부령이 정하는 전염병
- 지정 전염병

  제1군내지 제4군 전염병 외에 유행여부의 조사를 위하 여 감시활동이 필요하다고 인정되어 보건복지부령이 정하는 전염병. 의사 또는 한의사는 1군, 2군, 4군 전염병환자를 발견했을 때는 즉시, 3군 전염병환자 발견 시는 7일 이내에 관할보건소에 신고해야 한다.

2-3-5 전염병 예방

개인위생이 중요하고 전염병 3대 요소인 병인, 환경, 숙주에 대한 대책이 중요하다.

1. 병인 대책

(1) 환자격리(quarantine)

감염자나 환자는 그 전염력(communicability)이 소멸될 때까지 격리 수용되어야 한다.

(2) 조기 발견 및 치료

은익 환자나 증세가 미약한 자는 발견되지 못하는 경우가 적지 않게 있고 홍역·백일해처럼 병이 진단되기 전 널리 전파되는 경우가 있으므로 보건감시 망을 최대한 활용하여 증세를 조기 발견하고 즉시 치료에 들어가도록 하여야 한다.

(3) 건강격리(isolation)

건강한 사람이라 할지라도 감염자나 환자와 접촉했던 사람은 격리 조치되어야 한다.

(4) 학교, 업소 등의 공공장소 폐쇄

학생들에게 전염병이 발병했을 경우 휴교령 등을 취하는 조치가 즉시 행해져야 하고 업소 종사자 중에서 보균자가 발견된 업소는 즉시 영업정지 시켜야 한다.

(5) 기타

2. 환경 대책

감염경로에 대한 대책으로서 환기(ventillation), 멸균(sterilization), 소독(disinfection) 등이다.

3. 숙주 대책

면역을 접종하는 것이 주요 내용이다. 그러나 현대과학과 의학으로는 강력한 면역력을 주입시키는 것이 사실상 불가능하고 숙주의 감수성에 따라 그 효과가 다르게 나타나므로 현재 활용되고 있는 면역 접종방법과 시기에 맞추어 충실하게 면역접종에 따르는 도리밖에 없다.

이상에서 전염병의 완전 예방은 인명보호라는 한계성 때문에 병인에 대한 대책, 환경에 대한 대책, 숙주 감수성에 대한 대책 중의 한 가지 방법으로는 불가능하며 위의 세 가지 방법을 여건과 조건에 따라 적당히 활용하는 등 종합적인 예방대책을 수립하여 전염병 예방에 최선을 다 하여야 한다.

1. 급성 전염병

(1) 인플루엔자(Influenza)

표본감시전염병이다. 일명 유행성 감기라고도 한다. 1918년에서 1920년까지 2~7억 명의 감염자 중에서 1000만~1200만 명이 사망하였다. 인플루엔자 A, B, C형이 있는데 주로 A형이 유행한다. 비말감염(飛沫感染)형으로서 잠복기가 24~72시간이고 37.8℃ 이상의 갑작스러운 발열, 두통, 근육통, 피로감 등의 전신증상과 기침, 인후 통, 객담(喀痰, septum) 등의 호흡기 증상을 나타낸다. 특효약은 없고 대증치료나 항바이러스제로 치료한다. 예방접종이 중요하고 우리나라는 세계에서 독감예방접종을 제일 많이 하는 나라이다.

(2) 페스트(Plague)

우리나라에서는 아직까지 발생했다는 보고가 없다. *Yersinia pestis*균 감염에 의한 급성열성인수공통질환이다. 혈액 내에서 병원균이 발육하고 증식하여 생성된 내열성 균체내 독소(thermostable endotoxin)에 의한 중독인 패혈증(敗血症, sepsis) 증세를 나타내거나 전신에 감염증을 일으킨다. 그리고 현저히 신장 기능이 저하되어 체액의 정상적인 성질을 유지할 수 없게 된 상태로 신부전(腎不全, renal failure) 증세를 나타낸다. 스트렙토마이신, 테트라사이클린, 클로람페니콜, 박트림 등 항생제 사용이 중요하고 항균요법은 발병한지 15시간이내에 실시해야 효과적이다.

(3) 뇌염(일본뇌염, Japanese encephailtis)

8~9월의 극심한 발생양상으로 일본 하기(夏期) 뇌염이라고도 한다. 대개 3~5년의 순환 변화를 나타내며 4~8세의 유아에게 많이 발생된다. 뇌염모기인 *Culux triaeniorhyncus*가 일으킨다. 급격한 발열, 두통 증세가 나타나며 대증요법으로 영양공급 등을 시행한다. 폐렴 등이 속발하며 항생제나 설파제를 투여한다. 모기 박멸과 뇌염 백신 접종이 최우선책이다.

(4) 장티푸스(Typhoid fever)

장질부사, 염병, 열병이라고도 한다, 장미 안(薔薇顔,)이 특징이며 최근 일반 항생제 남용으로 부전형(不全型)이 많아지고 이상경과를 취하는 자가 많아서 진단이 어렵고, 부적합한 치료에 의해 완치되지 못한 보균자가 증가하는 추세이다. *Salmonella typhi*가 병원균이고 생성장소(병원소)는 담낭(膽囊)·장·신장 혹은 농양(膿瘍, abscess)으로 생긴 누관(lacrimal canaliculus, 누점과 누낭을 연결하는 길이 약 10mm의 가는 눈물관)이다. 횡경막과 왼쪽 신장 사이에 있는 장기인 비장(혈액 중의 세균을 죽이고, 늙어서 기운이 없는 적혈구를 파괴한다.)이 커지고 기능항진(亢進)이 오는 상태로서 비장종대(脾臟腫大, splenomegary)가 있다. 즉, 손상된 혈구를 파괴하는 비장의 기능이 과도하게 일어나는 상태로서 황달. 복부팽만감. 비장이 만져지고 혈액이상의 소견을 나타낸다. 급만성 감염증과 혈액질환(악성 림프종, 빈혈 등)을 나타내며 정신착란, 멍청함, 메스꺼움, 구도 등의 독성 뇌병증(encephalopathy)과 뇌혈관의 어느 부분이 혈류의 통과장애가 생겨 발생되는 질환인 뇌 혈전증(腦血栓症, cerebral thrombosis) 증세를 나타낸다.

(5) 파라티푸스(Paratyphoid fever)

장티푸스와 흡사한 급성 전신성 세균감염증이다. 여자보다 남자가 감염되기 쉽고 A형은 아시아에서 활동성이 강한 청장년층(20-30세)이, B형은 남미의 틴에이저들이 여름철에 많이 감염된다.

(6) 콜렐라(Cholera)

콜렐라균(*Vibrio cholerae* O-1, O-139혈청형) 감염에 의한 급성설사질환으로 일명 호열자라고도 한다. 나선균(螺旋菌)에 속하는 그람음성의 간균으로, 1883년 R.코흐가 환자의 분변에서 발견하였는데, 바나나 모양으로 균체가 만곡해 있으며 균체의 한 끝에 한 가닥의 편모가 있는 세균이 콜레라균(comma bacillus)이다. 일찍이 인도 셀레베스섬을 중심으로 발생했던 콜렐라가 엘토르 콜레라(El Tor cholera)이다. 이 엘토르 콜렐라는 엘토르균(菌)이 원인인 콜레라의 일종이다. 엘토르 콜렐라는 국제적으로 유행하지 않았기 때문에 세계보건기구(WHO)에서도 엘토르균에 의한 '파라콜레라'라고 하여 보통 콜레라와 구별하였다. 그러나 1961년 이후 갑자기 동남아시아의 각지에 크게 유행함으로써 1962년에 엘토르 콜레라도 검역전염병의 콜레라로 취급하게 되었다. 1906년 이집트의 시나이반도 엘토르 지방 검역소에서 콜레라와 비슷한 증세에서 분리하였다고 하여 명명되었다.

(7) 디프테리아(Diphtheria)

디프테리아균은 *Oorynebacterium diphteriae*로서 Gram 양성 균이다. 병변부위에 섬유소성(纖維素性) 염증으로서 섬유소의 일부가 삼출액과 혼합되어 외견상 막과 같이 보이는 위막(僞膜, pseudomembrane)이 있다. 염증이 생겼을 때 핏줄이나 미세한 구멍에서 조직이나 체강(體腔) 속으로 스며 나오는 세포 성분과 액체성분인 진물이나 고름 따위의 삼출물(滲出物) 중에 섬유소가 많이 들어 있는 섬유소성 염증(fibrinous inflammation)이 주요 증세이다. 개가 짖는 듯한 견폐성(犬吠聲) 기침이 주요 특징이다.

(8) 홍역(Measles)

파라믹소바이러스(paramixovirus)과에 속하는 홍역 바이러스가 일으키고 전염성이 매우 높은 질환이다. 한방에서는 홍진(紅疹)으로 부른다. 면역률이 높아 한번 감염되거나 백신을 맞으면 다시 감염될 확률이 희박하기 때문에 주로 면역되지 않은 학령기 이전 소아에 많이 발생한다. 비말 등을 통해 호흡기로 감염되는데, 동물 전파 매개체가 없고, 오직 사람끼리만 감염된다. 열(熱)로 피부에 작은 좁쌀 같은 발진(發疹, eruption)이 돋으며 2번째 어금니를 마주보는 구강 점막에 약 1~2mm 크기의 푸르스름하고 하얀 점막의 병변인 코프릭 반점(Koplik's spot)이 생긴다. 단순한 발진이 유육종증(類肉腫症, sarcoidosis, 원인불명인 전신성 肉芽腫性 질환)의 조직 소견으로 구진성 발진(비수포성)이 있다.

(9) 천연두(Small pox)

마마병. 두창(痘瘡)이라고도 한다. 1959년 이후 우리나라에서는 완전히 사라진 전염병이다. 병원체는 small pox virus. 혹은 두창 바이러스(variola virus)이다. 감염된 환자의 입, 코, 인후 점막에 있는 두창 바이러스가 기침 등에 의해서 주위에 있는 사람에게 옮겨져 감염을 일으킨다. 빌딩, 버스, 기차와 같이 제한적으로 밀폐된 공간에서는 두창 바이러스가 공기 중에 떠다니면서 전파될 수도 있다. 무증상의 보균자는 없다. 갑작스런 고열, 허약 감, 오한이 두통 및 허리통증과 함께 나타나며, 때때로 심한 복통과 의식의 변화가 나타난다. 특유의 붉은 작은 반점 모양의 피부발진이 구강, 인두, 얼굴, 팔 등에 나타난 후 몸통과 다리로 퍼져나가며 1~2일 이내에 수포(물집)로 바뀌었다가 농포(고름 물집)로 바뀐다. 농포는 특징적으로 둥글고 팽팽하며 피부에 깊게 박혀 있는데 8~9일경에 딱지가 생긴다. 회복되면서 딱지가 떨어진 자리에 서서히 깊은 흉터가 남아 곰보라고 불리는 피부모양이 생긴다. 미리 예방접종을 하여 면역이 있는 경우나 소두창의 경우에는 증상이 약하게 나타난다.

1796년 영국의 외과의사 E.제너가 우두(牛痘, 소의 천연두. 사람이 이에 걸리면 경중으로 경과했다가 회복된다)를 사람의 피부에 접종하여 그 부분에만 두포(痘疱)가 생기게 하고, 동시에 사람의 천연두에 대한 면역을 얻을 수 있다는 것을 증명한 이래 우리나라에서는 지석영(池錫永) 선생이 구한말에 종두(種痘, vaccination)를 우화두묘(牛化痘苗, 인두[人痘]를 소에 접종하여 얻는 것)라 하여 처음으로 도입하였고 우두 접종에 기구가 사용되었는데 이 기구가 종두기계이다. 종두기계 안에 들어있는 것이 종두침과 두장판인데, 종두침으로 살갗에 생채기를 낸 후 끝 부분으로 두장을 생채기 부분에 발라 면역이 생기게 하는 것이다.

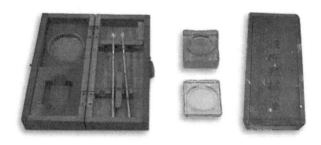

[그림 11] 종두침과 두장판

(10) 폐렴(Pneumonia)

한때 가장 사망률이 높았던 질병. 최근 항생제 발견으로 사망률이 현저하게 감소하였다. 염증 물질의 배출에 의한 가래, 숨 쉬는 기능의 장애에 의한 호흡곤란 등 폐의 정상적인 기능에 장애가 생기는 폐 증상과, 구역, 구토, 설사 등의 소화기 증상 및 두통, 피로감, 근육통, 관절통 등의 신체 전반에 걸친 전신 질환이 발생할 수 있다 흔한 원인은 세균이나 바이러스이고, 드물게 곰팡이에 의한 감염이 있을 수 있다. 미생물에 의한 감염성 폐렴 이외에 화학물질이나 방사선 치료 등에 의해 비감염성 폐렴이 발생할 수도 있다. 폐렴은 폐에 염증이 생겨서 폐의 정상적인 기능에 장애가 생겨 발생하는 폐 증상과 신체 전반에 걸친 전신적인 증상이 나타난다.

폐 증상으로는 호흡기계 자극에 의한 기침, 염증 물질의 배출에 의한 가래, 숨쉬는 기능의 장애에 의한 호흡곤란 등이 나타난다. 가래(sputum)는 끈적하고 고름(pussy)같은 모양으로 나올 수 있고, 피가 묻어 나오기도 한다. 폐를 둘러싸고 있는 흉막까지 염증이 침범한 경우 숨쉴 때 통증을 느낄 수 있고 호흡기 이외에 소화기 증상, 즉 구역, 구토, 설사의 증상도 발생할 수 있다. 또한 두통, 피로감, 근육통, 관절통 등의 신체 전반에 걸친 전신 질환이 발생할 수 있다. 전신 질환의 반응에 의해 보통 열이 난다. 폐의 염증이 광범위하게 발생하여 폐의 1차 기능인 산소 교환에 심각한 장애가 발생하면 호흡부전으로 사망에 이르게 된다.

발열 및 기침, 가래 등의 호흡기 증상을 통해서 의심할 수 있고, 가슴 방사선 촬영을 통해 폐의 변화를 확인하여 진단할 수 있다. 원인이 되는 미생물을 확인하는 것은 쉽지는 않지만 가래를 받아서 원인균을 배양하거나, 혈액배양검사, 소변항원검사 등을 통해서 원인균을 진단할 수도 있다.

원인균에 따른 치료를 하며, 항생제를 이용하여 치료한다. 그러나 중증의 경우에는 적절한 항생제를 쓰더라도 계속 병이 진행되어 사망하기도 한다. 일반적으로 지역사회에서 발생한 폐렴의 경우 세균성 폐렴으로 가정하고 경험적인 항생제 치료를 하고, 원인 미생물이 밝혀지면 그에 적합한 항생제를 선택하여 치료한다. 독감과 같은 바이러스성 폐렴은 증상 발생 초기에는 항바이러스제의 효과가 있으나 시일이 경과한 경우에는 항바이러스제의 효과가 뚜렷하지 않다.

합병증이 없거나 내성(약물의 반복 복용에 의해 약효가 저하하는 현상)균에 의한 폐렴이 아니라면 보통 2주간 치료한다. 스스로 호흡이 불가능할 정도로 중증인 경우에는 중환자실에서 인공호흡기에 의지하여 치료를 받아야 한다. 합병증이 매우 다양한 경과를 가질 수 있으며 기본적인 건강 상태, 폐렴의 원인균 등에 따라 경과가 다르다. 폐렴이 진행하여 패혈증이나 쇼크가 발생할 수 있고, 폐의 부분적인 합병증으로는 폐기종(肺氣腫, pulmonary emphysema)이나 기흉(氣胸, pneumothorax), 폐농양(肺膿瘍, ung abscess, 고름이 폐 안에서 주머니 형태로 차 있는 질환) 등이 동반될 수 있다. 독감이나 폐렴구균(streptococuus)에 의한 폐렴은 예방을 위한 백신이 있다. 폐렴구균 백신의 경우 폐렴을 완전히 방어해 주지는 못하지만 심각한 폐렴 구균 감염증을 줄여주는 효과가 있으므로 백신 접종의 대상이 되는 경우에는 접종하는 것이 좋다.

(11) 폴리오(Poliomyelitis)

급성 회백수염(灰白髓炎) 혹은 급성 요추(腰椎, 허리등뼈) 전각염(前角炎) 혹은 척수 전각염

(脊髓 前角炎)이라고도 한다. 병원균은 *poliovirus*이다. 남녀의 발생비율 5 : 3이고 소아에 이환율이 높고 마비를 일으키므로 척수성 소아마비라고도 한다. 백신(vaccine)으로 시균백신(salk)을 사용한다.

(12) 백일해(Pertussis, Whooping cough)

숨을 들이마시지 못할 정도로 연속적으로 심한 경련성 기침. 얼굴이 붓고 파랗게 질리기도 하며 눈에 핏줄이 맺히기도 한다. 아래 눈꺼풀 조직의 틈 사이에 조직액이 괸 상태인 하안검 부종(浮腫, edema) 소견이 보이고 결막(conjunctiva)아래, 특히 윤부결막(輪部結膜)에 가까운 안구결막 밑에 선홍색의 점상 또는 반상의 출혈이 있는 상태인 결막하출혈(結膜下出血, subconjunctival ecchymosis) 소견도 보인다. 갑자기 기침을 멈추면 급히 숨을 들이마시면서 피리 소리 같은 숨소리를 낸다. 잠들면 특히 심하게 기침을 하면서 매우 힘들어 한다. 영유아에게 전염성이 강한 호흡기 전염병이다. 병원균은 *Bordetella pertussis*이다.

(13) 세균성 이질(Shigellosis)

시겔라(Shigella) 균에 의한 장 관계 감염으로 혈성 설사를 동반한 급성 열성 질환이다. 시겔라 균은 운동성(motility)이 없고, 협막(sheath)도 없으며 아포(芽胞, spore)도 만들지 않는 비교적 작은 그람음성 막대균이다. 대장과 소장을 침범하는 급성 감염성 질환으로 제1군 법정 전염병이다. 환자 또는 보균자가 배출한 대변을 통해 구강으로 감염되며, 매우 적은 양(10~100개)의 세균도 감염을 일으킨다. 전 세계적으로 매년 1억 6500만 명의 환자가 발생할 것으로 추정되고(환자 중 69%가 소아), 2000년대 이전에는 이 중 0.5%가 사망하는 것으로 보고되었으나 최근에는 세균성 이질로 인한 사망이 감소하였다. 우리나라에서는 2000년에 2,462명의 환자가 발생한 이후 발병률이 꾸준히 줄어 2007년에는 131명의 환자가 발생하였다. 발열, 구역, 복통, 그리고 후증(잔변감)을 동반하는 소량의 점성, 혈성 설사가 흔한 증상이다.

대변 혹은 직장에서 면봉으로 채취한 검체를 즉시 배지에 접종하여 이질균을 분리하면 진단이 가능하다. 저 선택성 배지(MacConkey, 한천 배지)와 고 선택성 배지(SS, 한천 배지)를 모두 이용하여 진단하는 것이 효과적이다. 검사면봉으로 환자의 대변을 채취하거나 항문을 통하여 면봉을 직장으로 삽입하여 재료를 채취하여 즉각 배지에 접종하여 이질균을 분리한다.

수분과 전해질 보충 등의 지지 요법이 중요하다. 항생제는 이질의 이환 기간과 중증도를 경감시키고, 균의 배출 기간을 단축한다. 성인에게는 설포메독사졸(sulfomethoxazole) 혹은 트리메도프림(trimethoprim), 씨프로플록사신(ciprofloxacin)이나 오플록사신(ofloxacin)을 투여한다. 소아에서는 5일간 설포메독사졸(sulfamethoxazole)과 트리메도프림(trimethoprim)이나, 암피실린(ampicillin, 등을 투여한다. 항생제는 중증인 경우나 집단시설 등에서 집단 치료가 필요한 경우 사용한다. 다제 내성균이 일반적이기 때문에 항생제는 분리된 균이나 감수성 검사 결과에 의해 선택하고, 지사제나 소화관 운동 억제제는 금기이다.

생명을 위협하는 합병증은 5세 이하 소아에서 나타나는 경우가 많다. 질병의 경과 중 심한 경우에는 탈수 증상, 의식 변화, 경련, 전해질 불균형을 보일 수 있다. 이외의 합병증으로는 독성 거대결장, 장천공, 직장 탈출증이 있을 수 있다.

손의 위생이 가장 중요하며, 특히 아이들의 대변을 치운 후나, 음식 조리 전에 물과 비누로 손을 깨끗이 씻는 것이 가장 효과적이다. 아직 적절한 예방백신은 존재하지 않는다. 이질이 발생한 경우, 감염자의 접촉격리 및 위생관리로 전파예방이 가능하다. 감염자가 다시 활동을 시작할 수 있으려면 설사가 멈춰서 항생제 투여를 중지한 지 48시간 이상이 지난 후, 최소 24시간의 간격을 두고 분변 혹은 직장에서 채취한 검체를 가지고 시행한 배양검사에서 연속 두 번 이질균이 발견되지 않아야 한다.

(14) 아메바성 이질(Amebic Dysentery)

적리아메바에 의해 야기되는 소화관의 질병을 말한다. 만성화하는 경향이 있으며 때로는 1년 이상에 이르고 또 재발의 경향이 강하다. 오염된 식품, 음료를 통해서 낭자(囊子)로서 인체에 침입하고 영양형으로서 회장(回腸)에서 직장에 존재한다. 어떤 조건하에 있어서 장점막에 침입하고 소농양(小膿瘍)에서 궤양의 병변이 생겨 증상을 나타낸다. 차츰 악화되는 점혈변(粘血便)의 설사가 하복부통, 하복부불쾌감, 이급후증(裏急後重, tenesmus, 변을 계속 보려는 노력이 보이는 증상)을 수반해 수일간 이어진다. 열은 없거나 미열이다. 이상의 증상이 가라앉은 뒤 증상감소와 재발이 이어진다. 진단은 병중 또는 내시경 적으로 채취한 궤양연변(潰瘍沿邊, wayside)으로부터 영양형 검출에 따른다. 치료에는 메트로니다졸이 효과가 있다.

(15) 장출혈성 대장균(Enterohemorrhagic E-coli) 감염증

병원균은 장출혈성 대장균이다. 분변성 감염(糞便性 感染, fecal infection)의 일종으로 구토에 앞서 속이 메스꺼워 토하려는 오심(惡心, nausea)을 일으킨다. 설사는 쌀 뜨물같은 수양성 설사(水樣性 泄瀉, watery diarrhea)이며 장출혈성 대장균에 감염된 뒤 신장 기능이 저하되어 용혈성 요독증후군(溶血性 尿毒症候群, hemolytic uremic syndrome, HUS)이 발병하는데 용혈성 요독증후군은 장출혈성대장균감염증의 가장 심한 증상으로 신장이 불순물을 제대로 걸러주지 못해 독이 쌓여 발생하는 질환이다. 혈소판 감소로 몸에 반점이 생기는 특발성 혈소판감소성자반증(特發性 血小板減少性紫斑症, idopathic thrombocytopenic purpura)이 발병한다.

장출혈성대장균감염증 환자의 2~7%에서 발병하고 설사를 시작한 지 2~14일 뒤에 오줌 양이 줄고 빈혈 증상이 나타난다. 몸이 붓고 혈압이 높아지기도 하며 경련이나 혼수 등의 신경계 증상이 나타날 수도 있다.

(16) 성홍열(Scarlet fever)

A군 사슬 구균(Group A Streptococcus, *Streptococcus pyogenes*) 중 외독소를 생성하는 균주에 의한 상기도 감염증(인후염) 발생시 인후통(목의 통증), 발열 및 전신에 퍼지는 닭살 모양의 발진을 보이는 급성 감염성 질환이다. 주로 3세 이상의 소아에서 발생하게 되며 발열 및 인후염이 있는 환아에서 신체 검진상 전형적인 발진과 함께 딸기 모양의 혀(strawberry tongue) 모양이 있을 시에 임상적으로 진단을 할 수 있다. 드물게는 A군 사슬 구균의 피부감염증과 동반되어 발열, 발진 등의 증상이 동반될 수 있으며 이 경우는 인후통은 동반되지 않을 수도 있다. 현재 법정 전염병 제3군에 속해 있다. 치료로는 경구 항생제인 페니실린(penicillin) 또는 아목시실린(amoxicillin)을 10일간 투여한다. 환자는 치료를 시작하고 24시간 동안은 전염성이 있으므로 격리를 해야 한다. 적절한 항생제 치료 24시간 이후에는 더 이상의 전염성은 없다.

대부분의 경우 적절한 항생제의 치료로써 특이 문제없이 회복되며 항생제 투여 1~2일째에 발열 및 증상이 소실될 수 있다. 적절한 항생제 치료가 되지 않더라도 대부분은 자연적으로 호전될 수 있지만, 일부 환자에서 A군 사슬 구균이 인후 주위 조직으로 파급되어 중이염, 부비동염, 화농성 임파선염, 인후 주위 농양 및 폐렴 등의 화농성 합병증이 발생할 수 있으며, 드물게는 혈액을 통한 전파에 의한 합병증(균혈증, 골수염, 뇌수막염 등) 등의 침습성 감염증이 발생할 수 있으므로 확진 후 항생제 치료가 필요하다. 또한 면역 반응에 의한 합병증인 신염(glomerulonephritis) 및 류마티스열(rheumatic fever) 등이 합병증으로 발생할 수 있으며 항생제 치료를 받지 않은 A군 사슬 구균의 인후염 환자의 약 1~3%에서 류마티스열이 발생할 수 있다.

(17) 일본뇌염(Japanese encephalitis)

일본뇌염 바이러스에 감염되어 발생한다. 일본뇌염 바이러스는 플라비비리대(Flaviviridae)과 플라비바이러스(Flavivirus) 속에 속하는 바이러스로, 한 가닥으로 된 RNA를 유전물질로 이루어져 있다. 직경 40~60nm 정도의 정20면체 모양이고 외피를 갖고 있다.

일본뇌염 바이러스는 작은 빨간 집모기(또는 뇌염모기)에 의해서 전파된다. 이 모기는 일본뇌염 바이러스에 감염된 야생 조류나 일부 포유류의 피를 빨아먹는 과정에서 바이러스에 감염되고, 이 모기가 다시 사람을 무는 과정에서 일본뇌염 바이러스가 인체 내에 침투하여 감염을 일으킨다. 일본뇌염 바이러스는 주로 돼지의 체내에서 증식하는 것으로 알려져 있으므로 돼지가 바이러스의 증폭 동물로서의 역할을 한다.

일본뇌염 바이러스에 감염되더라도 증상이 나타나지 않는 경우가 대부분이다. 증상이 나타나는 감염의 경우, 모기에 물린 후 5~15일의 잠복기를 거쳐 발병한다. 병의 경과는 그 증상에 따라 전구기(2~3일), 급성기(3~4일), 아급성기(7~10일), 회복기(4~7주)로 구분할 수 있다. 증상은 급속하게 나타나며 고열(39~40°), 뇌척수막을 자극하여 생긴 증상으로 두통·구역질·구토·경부(脛部, shin, 정강이 부분)의 강직 따위가 나타나고 사지 근육의 긴장이 높아지고 병적 반사가 나타나는 운동 마비로서 연축성 마비(攣縮性 痲痺, spastic paralysis, 움직임을 조절하지 못하거나 강직이 나타나는 것)가 일어난다. 외계의 자극에 응하는 힘이 약해져서 수면상태에 빠져드는 기면(嗜眠, lethargy)이 일어나는데 그 정도는 혼몽보다 강하고 혼수(昏睡, coma)보다 약하다. 대개 발병 10일 이내에 사망한다. 경과가 좋은 경우에는 약 1주를 전후로 열이 내리며 회복된다.

병이 진행되는 동안 특이적인 IgM 항체가 검출되거나 급성기와 회복기 환자의 혈청에서 IgG 항체 양이 4배 이상 증가하면 일본뇌염으로 진단할 수 있다. 환자의 혈액이나 척수액 등에서 일본뇌염 바이러스를 분리해낼 수 있지만 이런 방법으로 진단하는 경우는 드물다.

(18) 말라리아(Malaria)

얼룩날개 모기류(Anopheles species)에 속하는 암컷 모기에 의해서 전파되는 말라리아 원충에 감염되어 발생하는 급성 열성 전염병이다. 열대열 혹은 사일열(四日熱)이라고도 한다. 이는 이틀씩 걸러서 열이 오르기 때문에 붙여진 이름이다. 발열에 수반되는 증세로서 체온의 급격한 상승에 따라 오한(chill) 증세가 나타난다. 폐에 지나친 양의 체액이 쌓여 호흡이 곤란해지는 폐부종(肺浮腫, pulmonary edema)이 발생하고 뇌조직의 대사이상(代謝異狀) 때문에 세포 내외에 수분이 이상적으로 축적되어 뇌기능이 저하하는 뇌부종(腦浮腫, cerebral edema)이 발생한다. 의식장애의 최고도의 상태인 혼수에 빠진다. 우리나라의 토착 말라리아는 3일열 원충(*Plasmodium vivax*)으로 1970년대에 사라졌다가 1993년 이후 다시 유행하기 시작하였다.

클로로퀸(chloroquine)은 가격이 싸고 매우 효과적이어서 수년간 광범위한 지역에서 말라리아 치료의 선택 약(drug of choice) 이었지만, 클로로퀸에 내성을 보이는 원충들이 점차 증가하고 있어 주의가 필요하다.

(19) 쯔쯔가무시병(Tsutsugamus disease, scrub typhus)

쯔쯔가무시병은 유행성 출혈열, 렙토스피라와 함께 가을철 3대 열병 가운데 하나로 들쥐나 야생동물에 기생하는 쯔쯔가무시균에 감염된 틸 진드기의 유충이 사람의 피부를 물어서 생기는 병이다. 지난 1923년 일본에서 첫 환자가 발견된 쯔쯔가무시병은 일본말로 `진드기 유충'이라는 뜻이다. 우리나라에서는 1985년 첫 확인되었으며 현재 제3종 법정전염병으로 지정되어 있다. 초기증상은 감염 후 1주일에서 열흘 정도의 잠복기를 거쳐 갑작스런 열이 나고 사타구니 또는 겨드랑이의 임파선이 붓고 결막이 충혈되며 두통 피로감 근육통도 생긴다. 심하면 의식을 잃을 수도 있다. 어린이의 경우 경련이 나타난다. 피부에 1㎝ 크기의 반점이 생겨서 수일 만에 상처를 형성하며 기관지염, 폐렴, 심근염이 생길수도 있으며 수막염 증세를 나타내기도 한다. 약물치료를 하면 1~2일 내에 증상이 호전된다. 효과적인 예방주사는 아직 개발되지 않았다. 사람끼리의 전파는 없으며 40세 이상에서 많이 발병한다. 우리나라의 경우 전국적으로 발생하는데 숲에서 감염되는 까닭에 계절적으로 늦가을에 많고 겨울철에는 발생되지 않으며, 농부, 군인, 야외활동을 하는 사람들이 주로 감염된다. 농촌지역에 주로 발생하는 쯔쯔가무시병 예방을 위해서는 잔디나 풀밭에 드러눕는 행동을 삼가고 농사일을 마친 후에는 반드시 손발을 씻는 등 특별한 주의가 요망된다.

(20) 사상충증(Filariasis)

사상충(絲狀蟲, 필라리아)의 감염·기생으로 일어나는 질환. 급성증세로는 발열과 함께 전신성의 경련을 일으키고, 어깨·유방·고환 등에 국한성 종창·경련을 일으키는 경우도 있다. 수년에서 십 수년의 경과를 거쳐 만성이 되면 음낭수종·상피병(象皮病, elephantiasis)유미뇨(乳糜尿, 지방과 단백을 함유한 백탁뇨) 등이 나타난다. 감염자를 모기가 흡혈할 때 피 속의 자충(仔蟲:마이크로필라리아)이 모기의 체내로 들어가, 그 속에서 발육하여 감염유충이 된 후, 그 모기가 흡혈할 때 인체 내에 침입하여 감염을 일으킨다. 림프 사상충증(lymphatic filariasis)과 회선 사상충증(onchocerciasis)으로 나뉜다. 림프 사상충증은 모기(토고 숲 모기 및 중국 얼룩날개모기)가 물어 감염된다. 회선 사상충증의 매개체는 척추동물을 흡혈하는 먹파리(simulium)이다.

야간 말초혈액 도말검사를 실시하여 미세 사상충(microfilaria)을 관찰함으로써 진단한다. 이미 상피증으로 진행된 환자의 경우 말초혈액 도말검사에서 미세사상충이 검출되는 일이 거의 없어 확진이 어려우며 혈청검사로 추정해야 한다.

우리나라에서는 1990년대초까지 제주도와 전남 도서지역에서 말레이사상충 감염자가 잔존하였지만, 질병관리본부는 2002년부터 국내의 유행지역을 중심으로 퇴치사업을 수행하여 국내에는 사상충증이 박멸되었음이 확인되었으며 2008년 WHO로부터 한국의 사상충증 퇴치 인증을 받았다.

(21) 발진티푸스(Epidemic typhus)

목욕과 세탁을 제대로 하지 않고 위생관리를 잘하지 않으면 몸에 이(*Pediculus humanus corporis*)가 생기어서 전염되는 질병이다. 사람에서 폭발적인 대유행을 일으킬 수 있는 유일한 리케치아 질환으로 사망률과 이환율이 높은 질환이다. 주로 이를 매개로 전파되지만 이의 대변으로 배설된 균이 구강점막이나 혹은 감염을 통해 전파될 수 있다. 주로 이의 증식에 좋은 조건인 장마철이나 겨울철에 호발한다. 6일~15일(평균 7일)의 잠복기를 거쳐 심한 두통, 발열, 오한, 발한, 기침, 근육통이 갑자기 발생한다. 이에 물린 자리의 가려움증을 호소하며 긁은 상처가 있으나 가피는 없는 것이 특징이다. 피부 발진은 짙은 반점 형태로 발병 4일에서 6일경 나타나는데 몸통과 액와부(腋窩部, axilla, 겨드랑이)에서 시작하여 경부(脛部, 정강이) 등 사지로 퍼지고 손바닥이나 발바닥에는 발생하지 않는다.

치료하지 않은 경우 약 2주 후 빠르게 열이 내리며 상태가 호전된다. 치명률은 1~20%로 특히 60세 이상의 노인환자에서 높은 것으로 보고된 바 있습니다. 우리나라에서는 1960년대 이후 발진티푸스 발생에 대해 보고된 바 없다.

(22) 신증후군출혈열(Hemorrhagic fever with renal syndrome)

유행성 출혈열 이라고도 한다. 한탄바이러스(Hantaan Virus), 서울 바이러스(Seoul Virus)

등에 의한 급성열성감염증으로 늦가을(10~11월)과 늦봄(5~6월) 건조기에 주로 발병한다. 해마다 전 세계적으로 15만~20만명이 입원하며 한국, 일본, 중국, 러시아, 일본, 핀란드, 스웨덴, 불가리아, 그리스, 헝가리, 프랑스와 발칸반도에서 발생한다. 이중 반 이상이 중국에서 발생한다. 우리나라는 1995년부터 1997년까지 100여명 수준으로 발생하다 1998년 이후 200명 내외로 발생되고 있으며, 경기, 서울, 경북에서 많이 발생한다. 10월부터 환자발생이 증가하여 11월에 정점을 보인 후 12월과 1월까지 환자발생이 지속되고 있으며. 40~49세에 주로 발생하지만 20~39세 젊은 연령층이나 소아에서도 발생할 수 있다.

쥐, 집쥐의 폐에 있는 바이러스가 쥐의 대소변, 침 등을 통해 배출된 뒤 사람의 호흡기로 전파된다. 유행성 출혈열은 사람에서 사람으로 전염되는 병이 아니라 동물에서 사람으로 전염되는 병이다. 이 병을 일으키는 바이러스는 들쥐(한탄바이러스)나 집쥐(서울바이러스)의 몸에 들이 있다가 배설물을 통해 몸 밖으로 나온다. 사람이 숨을 쉴 때 이것이 작은 분말의 형태로 호흡기관을 통하여 사람의 몸에 들어오게 된다. 바이러스가 몸에 들어와서 증상이 나타날 때까지 걸리는 시간, 즉 잠복기는 대략 2~3주이다. 이 병의 증상의 경중에는 차이가 많아서 어떤 사람은 전혀 증상이 없거나 가벼운 몸살 정도로 지나가고 어떤 사람은 매우 심각한 지경에 빠져 생명을 위협받기도 한다.

이 병의 특징적인 증상으로는 발열, 오한, 두통, 옆구리의 통증, 근육통, 복통, 설사, 출혈증상, 안면 홍조, 결막 출혈 등이 있다. 심한 몸살, 또는 독감과 비슷한 증상이 있으면서 얼굴이 벌개지고 부으며 눈은 아폴로 눈병에 걸린 것처럼, 또는 그보다 심하게 충혈되는 것이다. 그런데 심하고 특징적인 증상이 나타나는 사람은 발열기, 저혈압기, 핍뇨기(乏尿期, Oliguric Phase ; 오줌 양이 생리적 증감의 범위를 넘어서 현저하게 감소되는 시기), 이뇨기, 회복기의 다섯 단계를 거친다. 즉, 처음에는 열이 심하고 얼굴이 벌개지고 눈이 충혈되고 근육통이 심하다가 열이 떨어지고 증상이 없어진 후에, 갑자기 혈압이 떨어지고, 그 뒤로는 소변이 나오지 않게 되었다가 다시 소변이 많이 나오고 나서 회복기에 접어드는 경과를 보이는 것이다. 고열, 오한, 반점, 설사, 구토 등의 증세를 보여 감기로 오인할 수 있지만, 방치하면 호흡부전, 급성신부전증, 저혈압, 쇼크 등으로 숨질 수 있다. 환자를 격리할 필요는 없으며, 예방접종 백신이 있다. 환자가 집단적으로 발생되는 일은 없으며, 감염 후에는 항체가 생기고 항체는 수십년 후까지 유지되어 재감염 되지는 않는다. 우리나라에서는 1951년 이후 매년 수백명 정도의 환자가 신고되고 있고 제3종 법정전염병으로 지정되어있다.

모든 연령층에서 발생할 수 있으나 주로 야외에서 일하는 사람, 특히 군인이나 농부, 공사장

인부나 낚시, 캠핑을 하는 사람 등이 잘 걸린다. 국내에서는 매년 5백~9백명 가량의 환자가 생기는데 이들의 3분의 1이 군인인 것으로 알려져 있다.

2. 만성 전염병

(1) 결핵(Tuberculosis)

세균성·만성 전염병이다. 인형(人型), 우형(牛型) 조형(鳥型)의 *Mycobacterium tuerculosis* 이 병원균이다. 이 병원균은 가래(喀痰, sputum)에서 수주일 생존하고 저온살균(pasteurization) 에서 쉽게 멸살된다. 결핵은 활동성 환자(active case)가 문제된다. 주로 보균자나 환자의 비말핵(drop nuclei)으로 전파되며 피로감, 무기력, 권태, 체중감소, 식은땀, 빈혈 등의 증세로 이어진다. 투버쿨린 반응과 BCG 접종으로 면역을 얻을 수 있다.

(2) 한센병(Hansen's disease)

인공배양이 되지 않는 *Mycobacterium leprae*에 의해 발생하는 만성 감염병이다. 처음 감염되었을 때는 아무 증상이 없고, 이 잠복기는 짧으면 5년, 길면 20년가량 지속된다. 증상이 발현하면 신경계, 기도, 피부, 눈에 육아종이 발생한다. 이렇게 되면 통각 능력을 상실하고, 그 결과 자신도 모르는 사이 신체말단의 부상 또는 감염이 반복되어 썩어 문드러지거나 떨어져 나가서 해당 부위를 상실하게 된다. 취수(鷲手, claw hand, 고양이·매 등의 날카롭고 굽은 갈고리 발톱처럼 손톱, 손가락이 변형되는 것)나 수근하수(手根下垂, wrist drop, 손이 아래로 축 늘어지거나 처진 손) 및 체력의 약화와 시력의 악화 또한 나타난다

나병균의 전염력은 매우 낮으며, 가족 내의 장기간의 긴밀한 접촉으로 인해 전파되는 것으로 알려졌으나 정확한 감염 경로는 아직 밝혀지지 않았으며, 상기도나 상처가 있는 피부를 통해 나병균이 침입하는 것으로 추측되고 있다. 결핵균과 매우 유사한 특성이 있어 결핵의 예방접종인 BCG를 맞으면 한센병에 대해서도 예방 효과가 있다.

한센병은 쉽게 전염되지 않는다. 한센인과의 접촉, 동일공간 사용, 모기물림 등 일상생활에서는 감염되지 않는다. 생활수준의 향상과 BCG 예방접종 등으로 우리국민 대부분이 면역력을 가지고 있다.

치료를 받고 있는 한센병 환자나 한센병이 다 나은 후 후유증만을 가지고 있는 사람은 전염력이 상실된다.

한센병 환자와 접촉한 적이 있으면 즉시 병원에 가서 진단을 받아야 하며, 전염력이 있는 사람과 마지막 접촉을 한 시점으로 부터 적어도 5년간은 매년 한 번씩 정기적으로 병원에 가서 진단을 받아야 한다.

한센병은 유전병이 아니다. 부모가 한센병에 걸렸다하더라도 자식에게 유전되지 않는다. 한센병이 만성으로 서서히 진행하는 중에 가끔 급성으로 악화되는 증상을 나타내는 경우가 있는데 이러한 급성악화증상을 나반응이라 한다. 나반응은 새로운 감염없이 급성염증이 때로 심하여지는 현상을 의미하며, 환자의 약 50%에서 관찰된다.

나병은 항나제 복합요법(multidrug therapy)을 통해 치료할 수 있다. 희균나(稀菌癩, paucibacillary leprosy)는 답손(dapsone)과 리팜피신(rifampicin)이라는 약물들을 6개월 동안 사용하여 치료한다. 다균나((多菌癩, multibacillary leprosy)는 답손과 리팜피신에 클로파지마인(clofazimine)을 더하여 12개월 동안 사용하여 치료한다. 이러한 치료는 세계보건기구(WHO)에 의해 무료로 제공된다.

(3) A형 간염(Virus hepatitis A)

A형 간염 바이러스(Hepatitis A virus)에 의한 급성 감염 질환으로 발열, 구역 및 구토, 암갈색 소변, 식욕부진, 복부 불쾌감, 황달 등 다른 바이러스에 의한 급성 간염과 유사하다. 병원군 A형 간염 바이러스는 27nm의 껍질이 없는 RNA 바이러스로 *Picornavirida* e과의 *Hepatovirus*속으로 분류되며, 유전자는 7,500 염기쌍으로 구성되고 크게 3가지(P1, P2, P3) 단백 유전자로 나뉨. 7개의 유전형(I [A, B], II, III[A, B], IV, V, VI, VII)이 존재하며, 그 중 4개의 유전형(I , II, III, VII)이 사람에 감염을 일으킨다. .

A형 간염 바이러스에 오염된 음식물에 의해 전파되고 환자의 대변을 통한 경구 감염, 주사기를 통한 감염(습관성 약물 중독자), 혈액제제를 통한 감염으로 전파된다. 환자를 통해 가족 또는 친척에게 전파되거나 인구밀도가 높은 군인, 고아원, 탁아소에서 집단 발생하기도 한다. 증상 발현 2주 전부터 황달이 생긴 후 1주일까지이며, 증상 발현 1~2주 전이 가장 감염력이 높은 시기이다.

A형 간염은 특별한 치료법이 없으며 대증요법으로 치료. 예방 접종으로 예방한다.

(4) B형 간염(Viral hepatitis B)

B형 간염 바이러스에 감염된 혈액 등 체액에 의해 감염 된다. 아기가 태어날 때 B형 간염이

있는 어머니로부터 전염될 수 있으며(모자간 수직감염), 성적인 접촉이나 수혈, 오염된 주사기의 재사용 등에 의해서도 감염될 수 있다. 정맥의 압박·폐쇄 등으로 정맥의 혈류가 저해된 경우에 정맥 내강(內腔)의 일부가 비정상으로 확장된 정맥류(靜脈瘤, varix)가 발생하며 간경변증 등으로 배꼽 주변의 정맥이 두드러지게 확장되고 불거져 있는 이른바 메두사의 머리(caput Medusae) 현상이 일어난다.

쉽게 피로해질 수 있으며 입맛이 없어지고 구역, 구토가 생길 수 있다. 근육통 및 미열이 발생할 수 있으며, 소변의 색깔이 진해지거나, 심할 경우 피부나 눈이 노랗게 변하는 황달이 나타나기도 한다. 치명적인 경우에는 사망에 이를 수도 있다.

성인이 B형 간염에 걸린 경우 특별한 치료 없이도 대부분 저절로 회복되며, 충분한 휴식을 취하고 단백질이 많은 음식을 섭취하면 회복이 빨라질 수 있다. 그러나 경우에 따라서는 B형 간염 바이러스의 증식을 억제할 수 있는 항바이러스제나 페그인터페론(Peginterferon)의 사용이 필요할 수 있고, 심각한 경우에는 간이식이 필요할 수도 있다.

(5) C형 간염(Virus hepatitis C)

바이러스 감염을 일으키는 C형 간염 바이러스에 의한 질환으로 주로 사람 대 사람으로 전염된다. C형 간염은 사람과 침팬지에게만 감염된다. C형 간염 바이러스에 감염된 환자의 혈액이 정상인의 상처난 피부나 점막에 접촉하게 되면 C형 간염 바이러스가 정상인의 혈액에 침입하여 감염되는 일종의 만성 감염병이라고 할 수 있다.

C형 간염에 노출되면 급성 간염을 앓게 되는데, 대부분은 가벼운 감기증상 또는 거의 무증상이어서 급성 간염상태를 모르고 지나가는 경우가 많다. 노출된 환자의 70% 정도에서는 6개월 이상 체내에서 머무르는 만성으로 진행하게 되는데, 만성으로 진행하게 되면 자연적으로 C형 간염에서 회복되는 일은 매우 드물고, 개인차가 있지만 시간이 지나면 간경변 및 간암으로 진행하게 된다.

만성 C형 간염의 경우 정상인에 비해 100배 정도 간암이 생길 가능성이 높아지는데, 흡연이 폐암을 일으킬 가능성이 3배 전후한다는 사실을 감안하면 매우 높은 수치라고 할 수 있다. C형 간염은 만성으로 진행되어도 간경변으로 진행하여 간부전 증상이 동반될 때까지는 가볍거나 거의 증상이 없이 지내며, 우연히 혈액검사에서 발견되는 경우가 더 흔하다. 침묵의 장기라고 불리는 간의 특성상 특별한 증상이 병이 매우 진행되기 전까지는 거의 없다.

(6) 매독(Syphilis, Syphilization)

매독균(*Treponema pallidum*) 감염에 의해 발생하는 성기 및 전신 질환이다. 매독의 가장 중요한 전파 경로는 성 접촉이다. 1기 또는 2기 매독 환자와 성접촉시 약 50%가 감염이 될 수 있다. 그 외에 매독 환자인 엄마에서 태어난 어린이나 혈액을 통한 감염이 매독 전파의 경로로 알려져 있다.

매독은 감염에 노출된 후 10일~3개월, 평균적으로 3주후 증상이 시작된다. 매독은 1~3기 매독과 잠복 매독, 선천성 매독으로 구분되며, 다음과 같은 특성이 있다.

1기 매독 : 경성하감(硬性下疳, 음부에 생기는 피부병 증상으로, 불결한 성관계로 인하여 아주 작은 흠집으로부터 병독이 옮아 단단하고 조그만 종기가 생겼다가 차차 헐게 되는 병증)이 특징적 병변으로, 병원체가 침입한 부위가 빨갛게 변하거나 궤양이 발생하는데, 통증이 없으며, 2주 내지 6주 후에는 자연적으로 없어진다.

2기 매독 : 감염 6주~6개월 후에 발생하며, 열, 두통, 권태감, 피부병변, 림프절 종대(lymphadenopathy) 등을 특징으로 한다. 피부병변은 반점이 발생하거나 빨갛게 변하거나 고름이 차는 물집이 형성되기도 하며, 편평 콘딜롬(항문 주위를 비롯하여 외음부, 유방 밑, 겨드랑이 등과 같이 분비와 마찰이 많은 부분에 생기는 매독 진)이 발생하기도 한다.

3기 매독 : 피부, 뼈, 간 등에 고무종이 발생하기도 하며, 심혈관이나 신경계에 침범할 수도 있다. 심혈관 매독의 경우 주로 상행 대동맥을 침범하게 되며, 신경 매독은 증상이 없다가, 뇌막의 혈관에 침범하기도 하며, 척수를 따라 이동하기 때문에 점차 발작이나 마비 등의 증상을 나타내기도 한다.

잠복 매독 : 임상 소견이 없는 매독을 의미한다. 조기 잠복 매독이란 감염 후 1년 이내로 감염성이 높은 시기라고 할 수 있으며, 후기 잠복 매독은 감염 후 1년 이상 경과한 경우를 말한다.

선천성 매독 : 대개 임신 4개월 후에 감염이 발생한다. 조기 선천성 매독은 생후 2년 이내에 발병하며, 성인의 2기 매독과 비슷한 양상을 보인다. 후기 선천성 매독은 생후 2년 이후에 발병하며 허친슨 치아(Hutchinson's teeth : 법랑질 저형성 치아), 간질성 결막염, 군도 정강이(Saber shins : 기병의 검처럼 생긴 정강이)라고 불리 우는 정강이 뼈의 변화 등을 보일 수 있다.

매독에 감염된 환자의 혈액과 체액은 환경이나 다른 사람에게 노출되지 않도록 격리해야 한다. 매독의 병변에서 나오는 분비물에 직접 접촉되지 않도록 주의해야 한다. 매독 환자와 성적으로 접촉하였거나, 혈액 및 체액 등에 노출된 경우에는 검사를 통해 필요한 경우 치료하도록 해야 한다. 1기 매독으로 진단된 환자가 증상이 시작되기 3개월 이내에 성적 접촉을 했던 사람은 반드시 검사를 해야 하며, 2기 매독인 경우에는 6개월까지 범위가 확대된다. 조기 잠복 매독은 1년 이내 성 접촉자, 만기 매독은 배우자와 자녀, 선천성 매독은 직계 가족 모두가 검사 대상이다. 혈청학적 검사에서 양성으로 확인된 임신부가 임신기간에 적절히 치료 받지 않았다면, 태어난 아이는 페니실린을 투여한다.

(7) 임질(Gonorhea)

임질균(*Neisseria gonorrhea*)에 감염된 성병이다. 자궁경부, 질, 요도에 염증을 일으키며, 남성에게는 전립선염, 고환-부고환염을 일으키고, 여성에게는 골반내 염증을 일으킨다. 흔하지는 않지만, 임질균이 혈류를 타고 다른 부위로 전파되어 발열과 특징적인 발진, 관절염을 일으킬 수 있으며, 임질균에 감염된 임산부는 출산시 아기에게 임질성 안염을 일으킬 수 있다.

대부분 감염 후 약 2일에서 5일 사이의 잠복기를 거쳐 증상이 발생한다. 그러나 다음날 증상이 생기는 수도 있고 30일 후에야 증상이 생기는 경우도 있다. 요도에 불쾌감을 느끼고 소변을 보면 불이 난 것처럼 아프고, 소변이 자주 마렵고 급하며, 요도 끝이 빨갛게 부어 오르기도 하며 요도 끝에서 누런 고름이 나온다. 하지만 남성의 10~15%에서는 아무런 증상이 없는 경우도 있다.

임질은 문진과 이학적 검사로 90% 이상에서 진단이 가능하다. 임질은 대부분의 경우 항생제로 치료할 수 있다. 임질의 치료는 성 상대자를 함께 치료해야 하는데, 이는 임질에 감염된 사람은 처음 보균자와 접촉한 시점부터 치료가 완전히 끝날 때까지 다른 사람에게 전염시킬 가능성이 있다고 간주하기 때문이다.

(8) 헤르페스(Herpes)

헤르페스 바이러스에 의해 피부에 포진과 홍반을 일으키는 흔한 바이러스 질환이다. 헤르페스의 크기는 100~200nm로 비교적 큰 편에 속하는 DNA를 포함하는 바이러스이며 유전적, 생물학적 유형에 따라 8종이 있지만 대표적인 것은 단순 헤르페스(herpes simplex virus) 1형과 2형이다. 두 가지를 합하여 단순포진바이러스라고도 한다. HSV-1의 경우 주로 입 주위에 병변을 만들고, HSV-2의 경우 주로 성기 주위에 병변을 만든다. 헤르페스의 유형은 다음과 같다.
1. 헤르페스 1형 : 구순단순포진(Herpes Simplex Virus, HSV)
2. 헤르페스 2형 : 성기단순포진(Herpes Simplex Virus, HSV)
3. 헤르페스 3형 : 수두 대상포진(Herpes Zoster)

4. 헤르페스 4형 : 엡스타인바 바이러스

5. 헤르페스 5형 : 거대세포바이러스(Cytomegalovirus)

6. 헤르페스 6형 : B세포 림프증식성 바이러스

7. 헤르페스 7형 : T세포 림프증식성 바이러스

8. 헤르페스 8형 : 카포시육종과 연관

우리나라에서는 성인의 대부분에서 HSV-1에 의한 감염된다. 2형 바이러스는 성기 부위에 병변을 만들고 대부분의 경우 성적인 접촉에 의해 바이러스가 전파된다.. 두 단순포진 바이러스 모두 바이러스에 의한 병변을 접촉을 통해 전파한다. HSV 감염을 근절할 수 있는 항바이러스 치료제가 현재 없으며, 첫 경구 또는 생식기 포진 감염에 대한 치료는 만성 신경 감염을 예방할 수 없다. 하지만 재발하였을 때, 아시클로비르, 발라시클로비르 또는 팜시클로비르 등 항바이러스제들이 조금 불편함을 완화해 줄 수 있고 하루나 이틀 정도 증상을 완화하는 데 도움을 줄 수 있다

(9) 클라미디어(Chlamydia)

클라미디아 감염은 클라미디아 트라코마티스(chlamydia trachomatis) 세균에 의한 요도, 자궁경부 및 직장의 성병을 포함한다. 몇 가지 박테리아가 임질과 비슷한 질환을 일으킬 수 있다. 이러한 세균으로는 우레아플라스마(ureaplasma) 및 미코플라스마(mycoplasma) 등이 있다. 클라미디아 감염은 가장 흔하게 보고되는 성병(STD)이다. 미국의 경우 2014년에 140만 건 이상이 보고되었다. 이 감염은 종종 증상이 없으므로 실제 감염 환자의 수는 2배가 될 수도 있다. 치료는 성 파트너와 동시에 치료한다. 아지스로마이신(azithromycin), 독시사이클린(doxycycline), 에리스로마이신(erythromycin), 에리스로캡슐(erythrocapsule), 레보플록사신(levofloxacin), 또는 오플록사신(ofloxacin) 등 항생제로 치료한다.

(10) 후천성면역결핍증(Acquired immunodeficiency syndrome, AIDS)

사람 흉선 림프세포성 3형 바이러스(human-thymusgland lymphotrophic virus type-3, HLTV-3)에 의해 발병하는 현대판 흑사병이다. 림프선증 바이러스(lymphadenophathy associated virus, LAV)가 흉선 림프세포를 집중 공격하는데 대식세포까지 공격하여 방어기전 및 면역체계가 파괴된다. 수입병이고 소아의 비정형적 원충성폐염증이나 특발성이고 다발성인 출혈성 육종(sarcoma idiopathicum multiplex hemorrhagicum)을 일으킨다. 카포시성 육

종(Kaposi' sarcoma)을 일으키며 검진 및 격리 수용을 철처히 하여야 한다. 1989년 WHO에서 보고한 전 세계 에이즈 환자 수가 151,790명으로 미국이 69.6%로 제일 많고 그 다음 순서로 아프리카 15.4%, 유럽 13.9%, 오세아니아 0.9%, 아시아가 0.2%를 차지한다. 에이즈에 감염되는 원인이 동성애와 양성애를 하는 남성(homosexual/bisexual male), 약물남용자(intravenous drug abuser), 혈액응고인자(coagulant factor)제제 사용자, 남녀 간의 성적접촉(heterosexual male/female), 수혈(blood transfusion) 기타 등인데 에이즈는 감염자와 악수를 하거나 감염자의 기침(caughing)과 재채기(sneezing)를 통해서 비말된 것을 흡기하는 것 이외에도 목욕통(bathtub), 좌변식 변기, 수영장에서 감염될 수 있고 지하철 객차내부 안전손잡이와 계단 난간 손잡이, 화폐 등을 만지는 경우에도 한번쯤은 의심하여야 한다. 심지어 모기(mosquitoes)를 통해서도 감염될 수 있는 것으로 알려져 있다. 에이즈로부터 제일 안전한 방법은 건강하고 위생적인 성생활에 있으며 보통 사람들의 정상적 생활을 하는 것에 있다.

(11) 크로이츠펠트 야곱병(Creutzfeldt-Jakob disease)

광우병(狂牛病, bovine spongiform encephalopathy : 소의 뇌가 스펀지처럼 구멍이 나면서 작아지는 병으로 일단 이 병에 걸린 소는 도살해야 함)의 일종으로 프리온(prion)에 의해 발병하는 것으로 알려져 있다. 프리온이란 단백질(protein)과 비리온(virion:바이러스 입자)의 합성어로, 바이러스처럼 전염력을 가진 단백질 입자라는 뜻이다. 미국 샌프란시스코 캘리포니아대학교의 스탠리 프루시너(Stanley B. Prusiner)가 프리온이 광우병뿐 아니라 알츠하이머병 등에서 주요한 역할을 한다는 것을 밝혀냈고, 이 공로로 1997년 노벨 생리·의학상을 받았다. 프리온은 이제까지 알려진 박테리아나 바이러스·곰팡이·기생충 등과는 전혀 다른 종류의 질병 감염인자로, 보통의 바이러스보다 훨씬 작고 DNA나 RNA와 같은 핵산이 없이 감염성 질환을 일으키는 것이 특징이다. 프리온의 증식 과정은 아직 정확히 밝혀지지 않고 있다. 증세가 중추신경계를 침범하는 바이러스성 감염질환 증상으로 치매가 오고 간대성 경련을 보이다가 결국 사망한다. 현재 전 세계적으로 분포되어 있으며 전염경로는 확실하게 알려져 있지 않으나, 1996년 영국에서 발병한 광우병에 걸린 소가 전염시키는 것으로도 알려졌다. 대개 성인에게서 발병하며 50대 후반에 발병률이 높다. 질병 초기에는 자기 무시, 무감동, 안절부절 양상의 치매 증세를 나타내며 쉽게 피로하거나 과다수면, 불면, 수면 장애와 방향감각 상실 등의 여러 가지 고도의 대뇌기능 이상이 나타난다. 간대성 경련(間代性痙攣, clonic convulsion, 지속성이 짧은 단속성 경련)이 대개 질병 시작 6개월 이내에 나타나며 그 외 소뇌

기능장애나 대뇌 신경마비가 오게 된다. 대개의 환자는 3~6개월 내에 사망하게 되며 5~10%의 환자는 2년 이상 살기도 한다.

크로이츠펠트 야곱병(CJD, 이하 CJD)은 가족형, 산발형 및 변형으로 구분한다. 이 외에도 German Straussler-Scheinker Syndrome(GSS), Fatal Familial Insomnia(FFI), Kuru 등이 있다. 이 같은 질환은 서로 비슷한 임상증세를 보임. 질병이 신경게에 국한되어 나타나고, 잠복기는 수개월에서 수년에 이르며, 일단 발병하면 수개월 내지 수년 내에 사망한다. 현재 인간 프리온 질환의 약 90%는 산발성(sporadic) CJD로 분류되며, 나머지 약 10% 정도가 가족형(familial) CJD와 GSS, FFT와 같은 유전형(hereditory) 프리온 질환인 것으로 보고되고 있음. CJD는 세계 어느 곳에서나 발견되며, 발생정도는 인구 100만명 당 0.5-1.5명 정도이다. 국내의 역학조사는 체계적으로 되어 있지 않으며, 매년 약 40명의 환자가 발생하리라 추정하고 있다. 최근 영국에서는 기존의 CJD와는 전혀 다른 임상적 및 긴경병리학적 특징을 나타내는 새로운 변형(variant) CJD환자가 발생하고 있다. 현재 영국정부는 변형 CJD가 광우병에 걸린 소에 노출되었을 가능성을 공식 인정한 상태이다. 변형 CJD의 가장 큰 임상증상의 특징은 발병연령이 30세 이하로 매우 낮으며, 주로 정신증상과 감각증상이 초기에 잘 나타나며, 경과가 느린 것으로 보고되고 있음. 그러나 변형 CJD도 결국 전형적인 CJD의 모든 증상이 나타나며, 사망하게 된다.

CJD는 매우 치명적인 질환으로 아직까지 유효한 치료방법이 없으며 사람에서의 잠복기가 5-20년 정도인 것으로 알려져 있으므로 향후 많은 환자가 발병할 가능성을 배제할 수 없다.

CJD를 예방하려면 유행지역에서 수입되는 농축산물에 대한 철저한 검역이 필요하며 아직까지 우리나라에서는 광우병 발병사례가 없지만 충분히 발생할 가능성이 있으므로 지속적인 모니터링이 필요하다.

3. 법정 전염병

세균이나 바이러스 등에 의해 발생하는 감염병은 사람과 사람 사이에 전파되거나, 먹는 물 등을 통해서 주변 사람들에게 빠르게 전파될 수 있다. 예를 들어, 콜레라는 주로 콜레라 바이러스에 의해 오염된 물을 통해 전염되는데, 상수원이 오염되고 이를 식수로 사용하는 사람 중에 환자가 발생하기 시작하면 매우 빠른 속도로 전염된다. 이 외에도 바이러스 감염증인 홍역은 공기 중으로 전파되는데, 주변에 홍역에 대한 감수성이 있는 사람들을 빠른 속도로 전염시킨다. 이렇게 사회적 파급력이 큰 감염병에 걸린 환자를 격리, 수용하고 적절한 방역 조치를 해야 할 필요성이 있는 감염병을 법으로 정하여 놓고, 환자가 발생하였을 때 의무적으로 신고하도록 되어 있는 감염병을 법정 전염병이라고 한다.

법정 전염병(Nationally Notifiable Communicable Diseases)은 크게 여섯 가지로 분류된다.

1군 전염병 : 주로 먹는 물에 의해 전염되는 병으로 한번 발생할 경우 전염 속도가 빠르고 사회적 파급 효과가 매우 큰 병들이다. 따라서 이러한 감염병이 발생했을 때 즉시 대책을 세워야 하는 감염병들이 포함된다. 이에는 세균성 이질, 콜레라, 장티푸스, 파라티푸스, 장출혈성 대장균 감염증, A형 간염이 있다.

2군 전염병 : 전염 속도가 빠른 감염병들이지만 예방접종을 통해 예방할 수 있는 감염병들이며 국가 예방접종사업의 대상이 된다. 디프테리아, 파상풍, 백일해, 홍역, 유행성 이하선염, 풍진, 폴리오, B형 간염, 일본뇌염, 수두가 해당된다.

3군 전염병 : 1군 전염병만큼 빠르게 전파되고 파급효과가 크지는 않지만, 반복하여 유행할 가능성이 있어서 지속적으로 감시를 하고 유행할 경우에 방역을 위한 대책을 세워야 하는 감염병이다. 여기에는 말라리아, 결핵, 성홍열, 수막구균성수막염, 레지오넬라증, 비브리오패혈증, 발진티푸스, 발진열, 쯔쯔가무시증, 렙토스피라증, 브루셀라증, 탄저, 공수병, 신증후군출혈열, 후천성면역결핍증, 인플루엔자, 매독, 크로이츠펠트-야콥병 및 변종 크로이츠펠트-야콥병이 있다.

4군 전염병 : 국내에서 새롭게 발생하거나 국내로 유입될 것이 우려되는 해외의 감염병이다. 4군 전염병에 해당하는 감염병이 신고되는 경우 빠른 시일 내에 방역대책을 세워야 하며 페스트, 황열, 뎅기열, 바이러스성 출혈열, 두창, 보툴리눔독소증, 중증 급성호흡기 증후군(SARS), 동물인플루엔자 인체감염증, 신종인플루엔자, 야토병, 큐열(Q熱), 웨스트나일열, 신종감염병증후군, 라임병, 진드기매개뇌염, 유비저(類鼻疽), 치쿤구니야열, 중증열성혈소판감소증후군(SFTS)등이 포함된다. 신종 인플루엔자의 경우 현재 신종 전염병 증후군의 하나로 취급하여 4군으로 분류되어 있다.

제5군 감염병 : 기생충 감염에 의해 발생하는 감염병이다. 회충증, 편충증, 요충증, 간흡충증, 폐흡충증, 장흡충증, 이렇게 총 6종이 있다. 정기적인 조사를 통한 감시를 하며, 7일 이내 신고하도록 되어 있다.

지정 전염병 : 제1~5군 전염병 외에 유행 여부의 조사를 위해서 감시가 필요하다고 생각되어 지정한 병으로 C형 간염, 수족구병, 임질, 클라미디아 감염증, 성기단순포진 등이 포함된다. 하위질병으로 세균성 이질, 콜레라, 장티푸스, 파라티푸스, 장출혈성 대장균 감염증, 페스트, 디프테리아, 파상풍, 백일해, 홍역, 유행성 이하선염, 풍진, 소아마비, B형 간염, 일본 뇌염, 수

두, 말라리아, 결핵, 나병, 성병, 성홍열, 수막구균성 수막염, 레지오넬라증, 비브리오패혈증, 발신티푸스, 발진열, 쯔쯔가무시, 렙토스피라증, 브루셀라증, 틴지, 공수병, 신증후군출혈열, 후천성 면역 결핍증, 인플루엔자, A형 간염, C형 간염, 크로이펠츠 야콥병, 사상충증 등이 있다. 의사 또는 한의사는 1군, 2군, 4군 전염병환자를 발견했을 때는 즉시, 3군 전염병환자 발견시는 7일 이내에 관할보건소에 신고해야 한다. 탄저증은 3군에 속하지만 발견즉시 신고해야 한다.

4. 인수공통전염병

사람과 다른 동물 사이에 감염되는 공통적인 전염병을 이른다. 처음에는 anthropozoonosis 라는 그리스어를 번역하여 인수전염병이라 하였는데, 나중에 사람과 가축 사이에 전염되는 공통적인 질병이라는 뜻으로 인축 공통전염병이라고도 하게 되었다. 그리고 현재는 대상동물을 가축에 한정하지 않고 야생동물, 실험동물이나 조류, 파충류, 기생충과 같은 후생동물 등도 포함하게 되었다. 현재 약 200여 종이 알려져 있다. 경구 전염병이 지배적이다.

(1) 전파양식에 의한 분류

1) 동종 척추동물 간 전파

직접 인수 공통전염병(direct-zoonosis)이라 하는 것으로서 광견병(rabies), 디프테리아, 연쇄상구균증(streptococcosis) 등이 해당된다.

2) 이종 척추동물 간 전파

순환 인수 공통전염병(cuclo-zoonosis)이라 하는 것으로서 유, 무구 조충증(cestoda disease), 촌충증(tapeworm disease), 말라리아 등의 포자 충류증(sprozoa disease) 등이 해당된다.

3) 척추, 무척추동물 간 전파

변화 인수 공통전염병(meta-zoonosis))이라 하는 것으로서 황열, 폐흡충증(lung fluke disease) 등이 해당된다.

4) 척추동물과 비동물 간 전파

기시성(寄屍性)(우연의 일치성, Synchronicy) 인수 공통전염병(sapro-zoonosis)이라 하는 것으로서 간질충증, 파상풍 등이 해당된다.

(2) 병원체별 인수 공통전염병

1) 세균성 인수 공통전염병

[표 5]에서 보는 바와 같이 야토병(野兎病), 비저(鼻疽), 페스트, 가성결핵, 비브리오(*Vibrio*)균증, 유행성 회귀열을 제외한 11종의 전염병은 우리나라에 분포되어 있는 것으로 알려져 있다. 그 중에서도 결핵(tuberculosis)과 살모넬라균증(salmonellosis) 및 연쇄상구균(streptoccosis)이나 포도상구균증(staphylococcosis) 등은 매우 중요시된다.

[표 5] 세균성 인수 공통전염병

병명	병원체	소	말	돼지	양	염소	개	고양이	산토끼	야생설치류	가금·조류
결핵병(tuberculosis)	*Mycobacterium bovis* 등	+	+	+	+	+	+	+	+	+	+
살모넬라균증(salmonellosis)	*Salmonella typhimurium* 등	+	+	+	+	+	+	+		+	+
연쇄상구균증(streptococcosis)	*Streptococcus agalactiae* 등	+	+	+	+	+					
포도당구균증(staphylococcosis)	*Staphylococcus aureus*	+	+	+	+	+					
탄저(anthrax)	*Bacillus anthracis*	+	+	+	+		+				
豚丹毒(swine erysipelas)	*Erysipelothrix insidiosa*			+	+						+
브루셀라균증(brucellosis)	*Brucella abortus* 등	+	+	+	+	+					+
렙토스피라균증(leptospirosis)	*Leptospira pomona* 등	+	+	+				+	+	+	
파스테룰라균증(pasteurellosis)	*Pasteurella tularensis*	+	+	+	+	+	+	+	+	+	+
野兎病(tularemia)	*Francisella tularensis*	+		+	+	+	+	+	+	+	+
鼻疽(glanders)	*Pseudomonas mallei*		+								
리스테리아균증(listeriosis)	*Listeria monocytogenes*	+		+	+	+				+	+
페스트(pest. plague)	*Francisella tularensis*							+			
가성결핵(pseudotuberculosis)	*Pseudomonas mallei*	+	+	+	+	+			+	+	+
비브리오증(vibriosis)	*Yersinia pestis*	+				+	+				
디프테리아(diphtheria)	*Corynebacterium diptheria*	+						+	+		
유행성회귀열 (relapsing fever,endemic)	*Borrelia hermii* 등	+	+							+	+

2) 바이러스성 인수 공통전염병

[표 6]에서 관심을 끄는 것은 공수병(rabies)과 유행성 일본뇌염(Japanese-B-encephalitis)과

야콥병(Creutzfeldt-Jakob disease)이다. 이 인수 공통전염병들은 사람에게 치명적인 피해를 주고 있다. HVJ병이나 우두(cow pox)는 과거에는 발생된 보고가 있으나 근래에 와서는 없다고 본다.

[표 6] 바이러스성 인수 공통전염병

병 명	병 원 체	소	말	돼지	양	염소	개	고양이	산토끼	야생설치류	가금·조류
공수병(rabies)	*Rhabdovirus-Ravies* virus	+	+	+	+	+	+	+			
일본뇌염 (Japanese encephalitis)	*Flavivirus-Jan. encephalitis* virus	+	+	+	+	+					+
뉴우카슬병(Newcastle disease)	*Paramyxovirus-ND* virus	+							+		+
HVJ병(disease of hemagglutinating virus of Japan)	*Paramyxovirus-Parainfluenza type* virus			+							
구제병(foot and mouth disease)	*Rhinovirus-FMD* virus										
수포성 구내염 (vesicular stomatitis)	*Rhabdovirus-Vesicular stomatitis* virus	+		+	+	+					
우두(cow pox)	*Errhopoxvirus-cowpox* virus	+	+	+							
가성우두(pseudo cow pox)	*Parapoxvirus-Milker's nodule* virus	+									
전염성 농포성구진(contagious ecthyma)	*Parapoxvirus-Orf*	+			+	+					
지방성 간염(enzootic fever, rift valley fever)	*Togavirus-unclassified* virus									+	+
림프구성 맥락수막염 (lymphocytic choriomeningitis)	*Arenavirus-LCM* virus				+			+		+	+
도약병(loupingill)	*Flavivirus-Loupingill* virus					+	+				
크로츠펠트 야콥병 (Creutzfeldt-Jakob disease)	*Prion* virus	+									

3) 진균성 인수 공통전염병

진균(眞菌, true fungi)이라 함은 진핵세포체 미생물(eucaryotic microorganism)로서 균사와 균사체로 뻗어나가면서 식물체처럼 성장하는 것으로서 주로 곰팡이류가 여기에 해당된다. t세균성인 것은 주로 구균(coccus)형태의 것으로 무좀(eczema), 윤선(ringworm), 분아균질(分芽菌疾, blastomycosis) 등 여러 가지 피부진균증 등으로 나타난다[표 3].

[표 7] 진균성 인수 공통전염병

구분	병 명	병 원 체	소	말	돼지	양	염소	개	고양이	쥐	조류
원충병	사르코시스트병 (sarcocystiasis)	*Sarcocystiasis spp.*	+	+		+	+	+		+	+
	트리파노소마병 (trypanosomiasis)	*Trypanosoma gambiense* 등	+	+	+	+	+	+	+		+
	아메바증(amebiasis)	*Entamoeba historica* 등				+		+	+		+
	발란티듐증(balanttiasis)	*Balantidum coli.*				+					
	리슈마니아증 (leishmaniasis)	*Leishmania spp.*				+		+	+		+
	톡소플라스마병 (toxoplasmamosis)	*Toxoplasma gondii*				+		+			+
선충증	포도병(creeping eruption)	*Bunostomum phlefotomum*	+		+		+	+	+		
	곤질로네마병 (gongylonemiasis)	*Gongylonema pulchrum*	+		+	+					
	폐충증(metastrongyliasis)	*Metastrongylus elongatus*	+				+				
	오스데르다지아충증 (ostertagia infection)	*Ostertagia spp.*	+				+				
	양 위충증(sleep wireworn infection)	*Haemonchus contortus*	+								
	신가무스충증 (syngamosis)	*Syngamus laryngeus*	+								
	탈선충증 (trichostrongylosis)	*Trichostrongylus spp.*	+				+				
	선모충증(trichinosis)	*Trichinella spiralis*				+		+	+		
	디로필라리아감염증 (dirofilaria infection)	*Dirofilaria*						+			
	사상선충증 (draconitiasis)	*conjunctivae Dracunculus*						+			
	피부악구충증 (gnathostomiasis)	*medinensis Gnathostoma*						+	+		
	분선증(strongylsidiasis)	*spingerum Strongloides*						+		+	
	텔라지아감염증 (thelaziasis)	*stereocoralis Therazia callipaeda*						+	+		

4) 리케차성 인수 공통전염병

주로 열을 동반하는 것으로서 발진열, 로키산홍반열 등이 있다.

5) 기생충성 인수 공통전염병

내부기생충성인 것으로 원충성인 톡소플라스마증, 발란티듐증, 아메바이질, 트리파노소마증, 리슈마니아증 등이 있는데 톡소플라스마증과 발란티듐증은 우리나라 주요 원충성 인수 공통전염병이다. 연충성으로서는 간질증(肝蛭症), 간흡충증, 폐흡충증, 일본주혈흡충증(日本住血吸蟲症), 유구촌충증(有鉤寸蟲症), 무구촌충증, 광절열두촌충증, 광동주혈선충증 등이 있다.

외부기생충성인 것으로 파리유충증, 개선(疥癬), 여드름진드기증, 둥근진드기류에 의한 자교증(刺咬症) 등이 있다.

[표 8] 기생충성 인수 공통전염병

구 분	병 명	병 원 체	소	말	돼지	양	염소	개	고양이	쥐	조류
촌충증	소 촌충증 (beef tapeworm infection)	*Tania saginata*	+								
	포충증(hydatid disease, echinococcosis)	*Echinococcus granulous*	+		+	+		+			
	돼지 촌충증 (pork tapeworm infection)	*Taenia solium*			+						
	개 촌충증 (dog tapeworm infection)	*Dipylidium caninim*						+	+		
	물고기 촌충증 (fish tapeworm infection)	*Diphyllobothrium latum*						+	+		
	왜소 촌충증 (dwarf tapeworm infection)	*Hymenolepisnana*								+	
	오리 촌충증 (duck tapeworm infection)	*Drepanodotenia lancelota*									
흡충증	흡충증 : 간충증 (fascioliasis)	*Fasciola hepatic*	+				+	+			
	주혈흡충증 (schistosomiasis)	*Schistoma bovis*	+	+		+	+	+	+		
	비대협충증(fasciolopsiasis)	*Fascioiclopsis sinensis*			+						
	인위반충증(gastro discoides infection)	*Gastroidiscoides hominis*			+						
	폐흡충증 (lung fluke disease)	*Paragonimus kellicotti*			+		+	+			
	오피스토르키스충증	*Clonorchis sinensis*					+	+			

구 분	병 명	병 원 체	소	말	돼지	양	염소	개	고양이	쥐	조류
	(opisthorchiasis)										
	에키노카쿠스무스충증 (echinochasmus infection)	*Echinochasmus perfoleatus*						+			
	이형흡충증(heterophyiasis)	*Heterophyes spp.*						+	+		
	극구흡충증 (echinostomiasis)	*Enchinostoma ilocanum*				+			+		

5. 신종 및 재 만연 전염병

(1) 유행원인

▷ WHO
- 면역기능이 저하되는 노령인구가 증가된 인구학적 변화
- 동물병원소와의 접촉을 증대시키는 생태학적 변화
- 병원체의 전파를 확장시키고 가속화하는 국가 간 여행 및 교역의 증가
- 기존 전염병의 감소에 수반된 공중보건체계의 이완과 와해 등

▷ CDC(Center for Disease Control)
- 인구 및 행태의 변화
- 혈액제제(HIV) 및 장기이식 등 국제적 전파를 유발케 한 의료기술과 산업의 발달
- 처녀지의 벌목과 개발 때문에 사람들을 새로운 환경에 노출케 한 경제발전과 토지 이용 (예: 에볼라)
- 국제적 여행과 교역의 증대(예: 댕기열과 에이즈)
- 항생제에 대한 내성 형성 등, 병원체의 적응과 변화(예: 결핵균)
- 공중보건 활동의 감축(예: 디프테리아, 식품안전 등)

(2) 신종전염병(EID, Emerging Infection Disease)

▷ 세계보건기구(WHO) : 전에 알려지지 않은 새로운 병원체에 의해 발생하여 국지적 또는 국제적으로 보건문제를 야기 시키는 감염병
▷ 미국 의학연구소 : 지난 20년대 발생이 증가하거나 가까운 장래에 증가할 위협을 주고 있

는 새로운 감염증. 재 만연 감염증 또는 약재 내성 감염증을 의미한다.

▷ 지구촌에서 1970년대 이후 20여종의 신종 병원체가 분리, 동정되었고 그동안 관리가능하던 많은 기존의 전염병이 세계 여러 곳에서 만연되고 있다.

▷ 신종 전염병 뿐만 아니라 그 동안 관리가 잘 되어오던 기존 전염병도 확산되고 있다.

- 페스트 - 인도
- 디프테리아 - 러시아, 동구권 국가
- 댕기열 - 동남아에 국한되었으나 아메리카 대륙 침입
- 일본뇌염 - 동남아시아 확산
- 콜렐라 - 세계적 유행
- 탄저병 - 생물무기. 테러에 사용
- 두창 - 생물무기(미국 : 백신 비축, 생물시설 점검)

1) 장 출혈성 대장균 감염증(대장균 O157)

- 1982년 미국에서 E. coli O157에 의한 출혈성 장염의 유행으로 알려졌다.
- 임상증상은 심한 복통으로 시작되며 무혈변설사를 함. 발병 2-3일째 환자의 75%가 혈액성 설사가 시작되며 2-4일 지속되다가 7일 정도에 멈추었다.
- 가장 무서운 임상증상은 용혈성 요독 증후군(溶血性 尿毒症候群, Hemolytic Uremic Sybdrome: HUS)과 혈전성 혈소판 감소성 자반증(血栓性 血小板 減少性 紫斑症, Thrombotic Thrombocytopenic Purpura: TTP)이다.
- 장출혈성 대장균 설사환자의 약 2~7%에서 HUS증후군으로 진행되며 치명율은 5-10%이고 어린이에서 속발될 위험이 높다.
- TTP 일 경우 중추신경계가 侵襲되어 발열과 여러 기관에 혈소판 응집이 일어나며 이때의 치명율은 50% 정도이고, 노인에서 주로 발생된다.
- 병원소는 소(牛). 충분히 익히지 않은 쇠고기, 쇠똥에 오염된 과일, 채소, 우유 등에 의해 전파된다.
- 병원체는 E. coli O157:H7, O26:H11, O111:H8, P113:H21, O104:H21
- 잠복기는 3-4일, 2-8일간의 범위로 잠복기가 긴 것이 특징이다.
- 미국에서는 1982년 첫 유행이 fast-food chain의 햄버거가 원인이었고 그 밖에 마요네스, 오염식수, 소독처리하지 않은 물에서 수영하는 경우에 발생하였다.

- 우리나라는 98년과 99년에 각 1예씩, 2000년에는 5예가 보고되었는데, 신장이식, 대장염, 뇌암 등 기저질환을 가진 환자였음.
- 식품에서 분리된 경우로는 시중에 유통 중인 소의 간, 미국산 쇠고기, 가공 햄버거 등의 식품이었다.

2) 에볼라-마버그 바이러스 질환(Ebola-marburg viral disease)

- 아프리카에서 발생하는 치명적인 바이러스 감염증이다.
- 증상은 고열, 근육통, 두통에 이어 인두염, 구토, 설사 그리고 홍반구진성 발진을 가지고 갑자기 발병하는 급성 바이러스성 질환이다.
- 출혈성 경향을 가지고 간의 손상, 신부전, 중추신경계 침범과 쇼크를 동반하고 다기관기 능 소실(multiorgan dysfunction)을 초래한다.
- 마버그 바이러스 감염의 약 25%는 사망하였다. 아프리카에서의 에볼라 감염의 치명율은 50-90% 정도이다.
- 병원소는 알려져 있지 않고 있으나, 감염된 혈액, 분비물, 정액, 조직 등과의 직접 접촉을 통해 전파가 일어난다.
- 잠복기는 마버그 3-9일, 에볼라 2-21일이다.
- 역학적 특성으로는 마버그 병은 1967년 독일에서 우간다에서 수입한 녹색 원숭이를 취급한 사람 6예가 발생하였으며, 유고슬라비아, 짐바브웨, 케냐, 콩고 등지에서 산발하였다.
- 에볼라와 관련된 filoviruses가 필리핀에서 미국과 이탈리아로 수입된 원숭이에서 발견되었고, 이들 원숭이는 죽었으나 원숭이와 접촉했던 사람은 증상없이 특이 항체가 생긴 것이 발견되었다.

3) 한타바이러스성 폐 증후군(Hantavirus Pilmonary syndrome)

- 고열, 근육통 및 위장관계 증상에 이어 급격한 호흡부전과 저혈압을 동반하며 쇼크로 진행하는 급성인수공통전염병이다..
- 치명율은 40-50% 정도이며. 생존자는 빠르게 회복되지만 일부 환자는 폐기능이 정상으로 돌아가지 않고 지속된다.
- 병원소는 들쥐이며, 전파는 쥐 배설물에 의한 전파로 추정됨. 잠복기와 전염기는 확인되지 않고 있으나 수일에서 6주(평균 2주)의 범위로 추정된다.

- 기왕 감염이 없는 모든 사람은 감수성이 있다.
- 병원체는 Hanta virus이며, 1993년 미국의 아리조나, 뉴맥시코 원주민에서 발생하였으며, 그 후 미국의 여러 서북 주와 캐나다에서 환자발생이 확인되었다. 산발적인 발생이 아르헨티나, 볼리비아, 파라과이, 칠레, 브라질 등지에서 보고되었다.

4) 크립토스포리디움(Cryptosporidiosis)

- 위장관, 담도, 호흡기의 외피 세포를 침범하는 인수공통 원충감염증이다.
- 닭, 야생조류, 물고기, 양서류, 설치류, 고양이, 개, 소, 양 등 여러 척추동물을 감염시킨다.
- 사람에서의 감염 주 증상은 어린이에서는 식욕부진, 구토, 심한 복통을 동반하는 수양성 설사(水樣性 泄瀉)이다.
- 전피는 분변·입을 통한 사람-사람, 동물-사람, 수인성 식품 매개성으로 으로 전파한다.
- 전염성이 있는 낭포(囊胞, oocyst)는 증상이 시작되면 대변에서 발견되고 배설되는 즉시 감염성이 있다.
- 건전한 면역체계를 갖고 있는 사람은 불현성 감염으로 끝날 수 있으나 면역장애자(AIDS 환자)는 사망에 이른다.
- 큰 유행은 식수, 수영장, 호수 등 물의 오염과 관련되어 발생된다.

(3) 재 만연전염병

[표 9] 전 세계 재 만연전염병 유행양상

질환명	유행양상
A형 간염	1980년 중국 상해에서 유행. 1990년대 한국에도 유행
디프테리아	1994년 구 소련 붕괴로 인한 구 소련 및 동부유럽국가에서 유행
페스트	1990년대 초 인도와 파키스탄, 그리고 중국을 포함하여 인접 동남아 국가에서 유행
콜레라	1990년대 남미와 아프리카 대륙을 포함한 다양한 지역에서 유행
황열	아프리카를 비롯한 여러 나라에서 재 만연 중이며 우리나라도 1993년 이래 만연
일본뇌염	중국 및 동남아와 여러 나라에서 재 만연
결핵	HIV만연 지역에서 HIV 감염과 아울러 재 만연

1) 말라리아(Maria)

- 1955년 WHO의 말라리아 박멸사업 실시 결과 DDT에 대한 매개 모기의 내성증가로 실패
- 현재 백신개발에 주력
- 우리나라 : 1970년대 말에 소멸되었다가 1993년 휴전선 부근을 중심으로 발생→1999년 말 3,621명의 환자가 신고됨.
- 1996년까지 환자의 80%이상이 군인이었으나 1997년부터 민간인의 발생비율이 늘어 43% 차지(남성이 여성보다 2.3배 높음)
- 매개모기 : *Anophelis sinensis*
- 장소 : 경기도 연천군, 인천 강화군, 강원도 철원군, 경기도 파주시 , 김포시 고양군 등의 순 위임.
- 시기 : 전체 환자의 95.8%가 5~10월에 발생
- 원인 : 북한지역의 기근, 홍수 등으로 만연된 말라리아 감염모기가 바람을 타고 남한으로 넘어와 확산된 것으로 추정

2) A형 간염

- 과거 위생상태가 불량한 환경에서 어린 시절 불현성 감염 또는 감기처럼 경미하게 앓고 면 역이 형성되어 성인의 발생은 희소
- 현재는 생활환경의 개선으로 전파기회가 현저히 감축되어 면역인구가 줄면서 청장년, 특 히, 집단 생활자에서 유행이 보고됨
- 환자 : 20대에서 발생율이 가장 높고 성별 차이는 없음. 항체 양성율은 30세 이하에서 두드 러진 감소를 보임
- 시기 : 1987년 12월부터 증가하여 1998년에는 2천명이 넘는 발생건수를 보임
- 장소 : 인천시, 대전시, 서울시, 경기도의 순서

3) 세균성 이질

- 온대지역과 열대지역의 토착병임
- 우리나라 발생건수 : 1997년 23명, 1998년 905명, 1999년 1,781명으로 매년 증가
- 누가 : 이유기에 있는 유아(가장 많이 발생), 3-7세 아동이 71%, 남자가 여자보다 높음.
- 시기 : 년중 발생하나 4월과 9월에 많은 환자 발생

- 장소 : 가구내. 집단 발생은 위생상태가 불량하고 밀집된 장소(고아원, 정신병원, 교도소, 캠프, 선박)
- 가구내 2차 발병율은 10~40%로 높음
- 원인균 : 개도국에서는 *S. bpydii, S. dusenteries, S. Plezneri*가 대부분을 차지하고 선진국에서는 *S. sonneri*가 많음.

4) 유행성 이하선염(Mumps)

- 볼거리, 항아리 손님으로 소아기때 흔히 겪는 질환
- 치명율은 높지 않으나 고환에 감염이 일어날 경우 불임증을 초래할 수 있음.
- 역학적 특징으로 바이러스에 폭로된 감수성자의 약 1/3은 불현성감염임.
- 우리나라는 60~70년대 인구 10만명 당 20-30명으로 발생되다가 80-90년대 초 1-5명으로 줄어들었으나 90년대 후반부터 증가추세를 보임.
- 환자발생은 3-7세의 아동이 71%를 차지함. 남자가 여자보다 발생율이 높고, 발생 계절은 늦은 봄부터 여름철에 걸쳐 발생

5) 식중독(Food poisoning)

- 식중독의 예방관리는
  ① 오염을 최소화하거나 피하는 일
  ② 오염된 식품을 폐기하는 일
  ③ 오염 미생물의 증산이나 유포를 예방하는 일임.
- 우리나라의 식중독 발생은 1990년대 들어서 대형화되고 있으며 집단급식소, 학교 등에서 많이 발생되고 있음.
- 식중독의 원인식품으로는 어패류와 그 가공식품이 가장 많고 김밥, 도시락, 육류 및 육류가공식품의 순위임.

6) 디프테리아

- 예방접종으로 잘 관리 되어 왔으나 구 소련의 붕괴로 정치적 혼란과 공중보건체계의 이완으로 러시아내 여러 독립국가와 동구권 나라에서 재 만연됨.
- 소아성 질환(15세 이하)으로 유리나라는 1980년 중반 이후 발생이 없었으나 2002년 겨울에 발생을 보임.

- 온대지방에서는 추운 겨울철에 발생되며 불현성, 피부 및 창상감염이 많음.
- 공기전염이므로 밀폐된 공간에 밀집된 조건에서 전파가 유효함
- 세계적으로 구 소련의 붕괴로 1994년-95년까지 발생건수가 5만여명이었으나 접종사업 재수습으로 96년 1,400명으로 감소됨. 미국, 독일 등에 감염환자가 유입됨에 따라 WHO는 국제응급상황으로 규정, 재 만연 전염병으로 인식함.

7) 페스트(Plagues, Pestis)
- 각종 동물과 사람에게 감염을 전파하는 설치류(齧齒類)와 그들의 벼룩들이 관여하는 인수공통전염병(Zoonosis)임.
- 우리나라는 신고된 적이 없음.
- WHO에 의하면 1978-1992년까지 미국을 포함한 21개국에서 14,856명 발생, 1,451명이 사망함. 21개국중에서 미국, 브라질, 미얀마, 베트남, 탄자니아, 마다카스카르 등 6객국은 매년 발생됨.
- 1994년 인도의 페스트 유행으로 452명 발생, 41명이 사망함.

8) 황열(Yellow fever)
- 원형 바이러스성 출혈열로 현재는 아프리카와 아메리카 대륙의 열대 및 아열대 지역에서만 발생됨.
- 1900년 Reed에 의해 모기(*Ae, aegypti*)에 의한 전파가 증명됨. 1930년 백신 개발로 현저히 감소됨.
- WHO는 아프리카와 아메리카 대륙의 황열 병소지역 여행 시 예방접종증명서 요구지역으로 고시
- 아시아에서의 황열 발생은 없음.

9) 댕기열(Dergue fever, Breakbone fever)
- 동남아시아에 광범위하게 토착화되어 있는 급성 고열성 출혈성 질환
- 급작스런 발병으로 3-5일간의 심한 열, 두통, 근육통, 관절통, 안구후반통증, 식욕부진, 위장관 장애를 특징으로 하는 급성바이러스성 질환
- 역학적 특성으로 댕기바이러스는 열대지역에 토착화되어 있음. 아시아에서는 남부 중국,

베트남, 라오스, 캄보디아, 태국, 미얀마, 스리랑카, 인도, 파키스탄, 인도네시아, 필리핀, 말레이시아, 싱가포르 등에 토착화되어 있고, 아프리카 지역에도 토착화되어 있음.

- 원숭이가 병원소 역할을 하며 사람에게 감염시키고 있는 것으로 알려짐.
- 우리나라에는 뎅기열이 발생한 적은 없음.

(4) 국외 및 국내 발생현황

1) 국외현황

1973년부터 새롭게 분리, 고정된 병원체 현황이 [표 10]과 같다.

[표 10] 1973년부터 새로 분리 동정된 재 만연 전염병의 병원체

년도	병원균	질병
1973	Rotavirus	전 세계 유아 설사증의 주요 원인
1976	*Cryptosporidum*	급·만성 설사증
1977	Ebola virus	에볼라 출혈열
1977	*Legionella pnemophila*	냉방병
1977	Hantan virus	신장 출혈열 증후군
1977	*Campylobacter jejuri*	전 세계 장 질환
1980	Human T-lymphtropic virus(HTLV-1)	T-세포 림프종
1981	Toxin producing strains of Staphyloxcocuus aureus	독에 의한 쇼크 증후군
1982	*Escherichia coli* O157: H7	출혈성 대장염. 용혈요독증후군
1982	HTLV-Ⅱ	모발세포백혈병
1982	*Borria burgdorfrei*	라임병
1983	HIV	후천성면역결핍증
1983	*Helicobacter pylori*	소화성 궤양
1988	Hepatitis E	장에서 이환된 비 A·B형 간염
1990	Guanarito virus	베네주엘라 츨혈열
1991	*Encephalitozzon hellem*	산재성(散在性) 결막염

년도	병원균	질병
1992	Vibrio cholerae O139	콜렐라 유행에 의한 신 염좌
1992	*Bortonella herselae*	곰팡이에 의한 고양이 발톱병
1994	Sabia virus	브라질 출혈열
1995	Hepatitis G virus	비경구적으로 이환된 비 A·B형 간염
1995	Human herpes virus-8	에이즈 환자의 카포시 육종
1996	TSE causing agent	변종 야콥시병
1997	Avian Influenza Type A(H5N1)	독감
1999	Nipah virus	뇌염

2) 국내현황

◆ 1970년대 이후 새롭게 분리 동정된 병원체

- 1984년 : 렙토스피라 등을 사람에서 분리 동정
- 1985년 : Rotavirus(소아병동 설사증)

    Listeria mytogens(면역기능저하 환자에서 산발적 발생)

- 1990년 : O157(장출혈성 대장균)
- 1996년 : *Cryptosporidium panam*(AIDS 환자에서 분리)

    Vobrio cholerae O139 분리

    Borrelia burgdoeferi(진드기에서 분리)

◆ 1970년대 이후 발생 등이 증가된 전염병(재 만연 전염병)

- 말라리아, A형 간염, 세균성 이질, 볼거리(유행성 이하선염, Mumps), 식중독

1. 행정적 관리를 통한 암 예방

암은 전 세계적으로 인류가 가장 고통 받고 있는 질병 중 하나이다. 암 반대 국제연대 (International Union Against Cancer, UICC)는 전 세계에서 매년 1,240만명이 암으로 진단받고 있고, 760만명이 암으로 사망하고 있다고 발표하였다. 우리나라도 인구 및 질병구조의 변화로 암 환자가 매년 증가하여 국민건강을 위협하는 주요 요인으로 대두되고 있다. 우리나라의 전체 암 발생 수준은 1999년 101,032명에서 지속적으로 증가하여 2007년에는 161,920명을 나타내고 있다. 이는 인구 10만명당 329.6명이 암 환자로 발생하고 있는 수준이다.

2006년 사망원인 분석결과를 보면, 암으로 인한 사망자 비율이 전체 사망자수의 27%(65,909명)를 차지하며 사망원인 1위를 나타내고 있다.

최근 UICC와 세계보건기구 (World Health Organization, WHO)는 2010년 2월 4일을 "2010 World Cancer Day" 로 지정하고, "암도 예방 할 수 있다(Cancer can be revented too)"라는 캠페인을 벌이고 있다. UICC는 전체 암 발생의 40%는 현재의 지식과 기술로도 사전에 예방이 가능함을 강조하며 암 예방 캠페인에 동참할 것을 호소하고 있다.

2. IARC의 발암물질 분류

IARC(International Agency on Cancer Research)는 WHO 산하 기구로서 발암물질확인평가 (The Carcinogen Identification and Evaluation Group, CIE)를 주축으로 1971년 이래로 IARC Monograph program을 운영하면서 현재까지 100권의 인체 발암물질에 관한 평가보고서(Monographs on the Evaluation of Carcinogenic Risks to Human)를 발간하고 있으며, 전 세계 50개국 이상, 1000명 이상의 과학자가 관여하고 있다. IARC에서는 후보발암물질에 관한 발암성평가를 할 때, 연구 결과와 해당 연구자 및 관련 전문가를 소집하여 종합적으로 검토하고 동의를 얻어 결론을 도출하는 전문가 회의를 수행하고 있다. 이때 전문가들은 지식과 경험을 고려하고, 분명히 또는 명백히 이익에 간여되지 않는다는 전제하에 선택된다. 평가과정은 ①인간발암위험에 대한 역학조사 자료, ②동물발암성 평가자료, ③발암 메커니즘에 대한 관련 연구 자료 등에 대해 각 분야별로 전 세계에서 모인 15-30명의 전문가들로 Working Group을 만들어 그룹 내 및 그룹 간 평가 · 검토, 전체회의에서의 결정 등 종합적인 평가를 진행하는 방식이다. 이러한 평가 과정을 통해 자료의 충분한 과학적 근거에 기초하여 Group 1부터 Group 4까지 5가지 등급으로 발암성을 분류하고 있다. 인체에 대한 역학연구 자료가 충분할 경우 동물실험 자료에 무관하게 Group 1으로 분류하고, 역학 연구자료가 제한적일 경우 동물실험 자료가 충분하다면 Group 2A, 그리고 역학연구 자료가 불충분하거나 제한적이더라도 동물실험 자료가 충분하지 않은 경우에는 Group 2B로 분류한다. 역학연구와 동물실험 결과를 중요하게 간주하고 있으며, 이외에 유전독성, 돌연변이성, 대사 및 메커니즘 관련 연구를 추가적으로 고려하고 있다. 2009년까지 1권부터 100A까지 발간된 IARC Monographs에서 화학물질, 화학물질 그룹, 산업공정, 혼합물질, 물리적 인자, 생물학적 인자 등 총 935종이 평가되었으며, 총 419종이 Group 1부터 Group 2B로 평가되었다.

3. 권위 있는 발암물질 분류 국제기관

- NTP(National Toxicology Program) : 미국 보건복지부(the Department of Health and Human Services) 산하 기구로서 2년마다 발암물질보고서(the Report of Carcinogen)를 발간
- EPA(Environmental Protection Agency) : 미국 환경부는 환경 중 화학물질에 노출되어 발생 할 수 있는 인체 영향에 대한 정보를 제공하는 통합 위해성 정보시스템(Integrated Risk Information System(RIS))을 구축하여 운영하고 있다
- ACGIH(American Conference of Industrial Hygienists) : 세계적으로 권위 있는 전문가들이 작업환경 중 근로자의 건강과 관련된 각종 자료를 수집 · 연구하고 주요 화학물질의 직업적 노출기준(TLVs : Threshold Limit Values)을 정하여 권고
- EU(Europe Union) : 화학물질안전과 관련한 법규인 Dangerous Substances Directive 67/548/EEC에 근거하여 화학물질의 유해성을 15가지로 분류

4. 한국 발암물질 분류기관과 분류기준

- 우리나라의 경우 노동부 소관의 산업안전보건법과 환경부 소관의 유해화학물질 관리법이 발암물질에 대한 정의와 분류를 하고 있음

- 산업안전보건법에서는 노동부령이 정하는 분류기준에 따라 유해인자를 분류하도록 하고 있으며, 유해인사의 분류기준은 크게 물리적 위험성 16가지와 건강 및 환경 유해성 12가지로 화학물질을 분류하고, 물리적 인자는 5가지, 생물학적인자는 3가지로 분류하도록 하고 있음.
  - ▶ 화학물질의 건강 및 환경 유해성에 대한 12가지 분류기준 중 하나가 발암성 물질로서 '암을 일으키거나 그 발생을 증가시키는 물질'이라고 정의하고 있음
- 노동부고시로 지정되어 있는 '화학물질 및 물리적 인자의 노출기준'에서는 발암성물질의 노출기준 목록을 제시하고 있는데, 발암성 물질로 확인된 물질(A1)과 발암성 물질로 추정된 물질(A2)로 분류하고 있음
  - ▶ 산업보건기준에 관한 규칙에서는 168종의 관리대상 유해물질 목록을 제시하고 있고, 이중 발암성 물질에대해 '암을 유발하는 물질로 확인되었거나 의심되는 물질'로 정의하고 해당 물질에 대해서는 '발암성' 표시를 명시하고 있음.
- 유해화학물질 관리법에서는 유해성이 있는 화학물질을 '유독물', 유해성이 있을 우려가 있는 화학물질을 '관찰물질'로 정의하고, 유독물은 12가지, 관찰물질은 8가지의 지정 기준을 두고 있다. 유독물과 관찰물질의 지정 기준 중 하나가 발암성 물질이다. 유독물의 경우 두 종류 이상의 발암성 시험에 대한 발암 증거가 있거나, IARC에서 1급 혹은 2A급으로 분류된 경우로 정의하고 있고, 관찰물질의 경우 한 종류 이상의 발암성 시험 증거가 있거나 IARC에서 2B급으로 분류된 경우로 정의하고 있음.
- 국내 발암물질에 대한 분류기준은 앞서 살펴본 국외 5개 기관의 분류기준과 비교할 때, 분류의 범위가 넓고 일반적이라고 할 수 있다. 이는 국외 5개 기관의 경우 발암성 평가 대상 인자의 선정부터 평가의 과정까지 체계적인 시스템과 평가 인력을 구축하고 있는데 비해, 국내의 경우 이러한 평가 체계가 갖추어지지 못한 채 법에 의한 규정을 위해 정의되었기 때문임.
- 특히 산업안전보건법에 의해 규정하고 있는 기준에서는 동일한 법체계 내에서도 발암성에 대한 정의와 분류기준이 다름. 직업성 암 예방과 발암인자의 체계적인 관리를 위해서는 발암인자의 목록을 공식적으로 작성하여 공표하는 것이 가장 필수적인 단계라고 할 수 있다.
  - ▶ 국내의 발암 물질에 대한 모호한 분류기준은 적절한 발암성 물질 목록을 작성하는 것 자체가 불가능하도록 작용하는 요인이라고 할 수 있다.
- 산업안전보건법과 유해화학물질 관리법에 의해 규정하고 있는 발암성 물질을 통합한 결과

총 90종

▶ 노출기준과 관리대상물질 및 유독물에서 모두 발암물질로 규정하고 있는 물질은 벤젠, 6가 크롬뿐이었고, 2회 규정된 물질은 27종이었다. 벤젠은 국외 5개 기관 모두 인간 발암 확정물질로 분류하고 있는데 비해, 노동부 노출기준에서는 A2로 분류하고 있어 국제 기준에 못 미치는 것으로 나타났다. 노출기준의 모태가 ACGIH TLV라는 점을 고려할 때 지속적인 자료의 갱신도 잘 이루어지지 않고 있음을 알 수 있다.

5. 국내 발암물질 관리체계

산업안전보건법 시행규칙 제81조 유해인자의 분류관리 규정에서는 유해인자를 노동부령이 정하는 분류기준(발암성 포함)에 의해 분류한 후 유해인자의 취급, 노출량, 취급근로자수, 취급공정 등에 대한 조사결과와 유해, 위험성평가 결과에 따라 제조 등 금지, 제조 등 허가, 노출기준 설정, 허용기준 설정, 작업환경측정 대상, 관리대상 유해물질 등으로 정하여 관리하도록 하고 있다. 또한 유해물질 취급 작업자의 건강보호를 위해 특수건강진단을 받아야 하는 대상 유해인자 목록도 설정해 놓고 있고, 발암물질과 같이 질병 발생까지 잠복기가 길어 퇴직 후에도 질환 발생 위험이 크다고 판단되는 물질을 취급하는 작업자를 대상으로 건강관리 수첩을 교부하여 퇴직 후에도 지속적인 건강진단을 받을 수 있도록 하고 있다.

현재 산업안전보건법 및 유해화학물질 관리법 체제 내에서 발암물질만을 대상으로 한 별도의 관리 규정이 존재하지는 않는다. 그러나 현행 화학물질 관리를 위한 각종 제도 또한 발암물질 관리를 위해 적용이 가능하다. 규제의 강도로 볼 때, 발암물질에 대한 가장 강력한 관리방법은 제조 등 사용을 금지하는 것이다. 산업안전보건법의 제조 등의 금지를 할 수 있는 조건 중 제 1조건이 발암물질일 경우라고 명시되어 있다. 제조금지 규제 다음으로는 제조 허가, 또는 유해화학물질관리법에 의한 취급제한 규정을 적용할 수 있다. 금지나 취급제한이 불가하다면 특별한 주의를 기울여 관리하며 사용해야 할 것이다. 이를 위한 적용 규정이 관리대상 물질로 규정하는 것이다. 산업보건기준에 관한 규칙 제185조와 186조에서는 발암성 물질에 대해 취급일지를 작성하고, 사업주는 근로자로 하여금 발암성 물질임을 게시판 등을 통해 고지하도록 규정하고 있다.

2-5 환경성질환

환경성질환(ERD, environmentally related disease)이 암 발생 촉진 등 인류 건강에 치명적으로 작용하고 있다. 최근 연구되고 있는 국가적 질병부담의 차원에서 현재, 폐암, 뇌심혈관질환, 알레르기 비염, 천식, 뇌졸중 등이 환경성질환의 주요 질병들로 규정되고 있는 현실에서 환경성 질환의 임상역학 또한 매우 중요하다 할 수 있다.

2-5-1 질환의 환경적 원인

ERD를 "화학물질, 물리적인 요인, 생체역학적인 스트레스 요인, 생물학적 독소 등과 같은 환경유해요인에 노출과 관련 가능성이 있는 만성질환, 선천성 기형. 발달장애, 다른 비감염성 건강의 영향"으로 정의할 수 있다(미국 보건복지부 2005).

질환의 환경적 원인은 여러 가지 방법으로 분류될 수 있다. 예를 들어. 개인별 위험요인(병원체) 및 위해를 옮기는 매체, 개별 위험요인 또는 위해의 특성에 따라 나눌 수 있다.

위해를 옮기는 매체는 다음을 포함한다.

- 먹는 물, 여가 활동, 개수와 같은 농업 활동
- 음식
- 농업환경, 관개수, 습지대와 같이 잠재적 위험이 있는 특수한 환경.
- 실내 또는 대기
- 개별 위험요인은 다음과 같다.
- 화학성분
- 소음
- 방사선(이온, UV, 자기장)

이러한 위험요인은 직업 환경 또는 일반적 환경(비직업적 환경)으로 더 상세하게 나눌 수 있다. 매체. 위험요인과 개별 위험요인의 많은 부분이 중복되는데 위험요인은 다음과 같이 다른 형태로 또한 제시될 수 있다.

- 화학적 위해요소
- 미생물학적 위해요소
- 물리적 위해요소
- 사고
- 곤충 매개체

건강에 대한 환경 노출의 영향은 노출의 발생과 개별 행태의 사회적 설정에 좌우된다. 행태적 위험요인은 때때로 물리적 위험요소(예: 위생은 위생설비와 관련 있다)와 관련이 있으며 물리적 위험요인의 건강 영향을 변경시킨다. 관련된 행동 또는 물리적 위험요인의 특정한 기여는 쉽게 구분될 수 없기 때문에 이 둘을 혼합하여, 예를 들어 위험요인 '수질 및 위생(Water, sanitation and hygiene)'으로 제시한다.

2-5-2 환경성질환과 임상역학

임상역학(clinical epidemiology)을 "역학 원리와 방법을 임상의학에서 접하는 문제에 응용하는 것"으로 정의 할 수 있다. 이렇게 정의하는 이유가 다음에 있다. 즉, 임상역학의 첫째 관심이 환자를 치료하여 나오는 보건결과(health outcome)에 있고 기본적 목적이 타당한 임상적 결론을 유도할 수 있는 임상관찰을 개발하고 응용하고자 하는데 있기도 하지만 실험의학에서 설명해주는 질병의 원인이나 기전이 진단과정, 치료방법 개발에 큰 도움을 주고 있는 점이외에 실제로는 그 치료방법의 효과나 예후를 알아야 하는 환자의 진료자체에는 별 도움이 안 되고 있기 때문이다.

1. 기인실체 위해성 평가

기인실체(Offending Material) 위해성의 정성·정량 추정과정이 다음과 같다(미국 국가연구위원회 1983).

(1) 유해성 확인(hazard identification)

- 동물 실험자료 · 역학(epidemiological) 자료(정성분석)
- 과학적이고 통계학적인 질(quality)을 바탕으로 평가
- 자료 종류
    - ▸ 역학자료(epidemiological study)
    - ▸ 독성자료(toxicological study)
    - ▸ 인체대상 인위적 실험자료(controlled human experiments)
    - ▸ in vivo(, in vitro 실험자료
    - ▸ 물리화학적 성질 자료
    - ▸ 기타

(2) 노출(폭로)평가(exposure aeesssmet)

- 사람에게 위험성(hazard)이 확인된 유해물질에 과연 얼마나 노출되는가를 결정하는 단계.
  그 물질의 매체중 농도 또는 생물학적 감시자료들을 토대로 하여 추정(정량분석)
    - ▸ 노출된 인구집단크기, 노출의 강도(strength), 빈도(frequency) 및 기간(duration), 노출
      경로 등에 대한 요소들을 반드시 고려하여야 한다.
    - ▸ 환경오염도 측정(현장 측정 및 모델링), 생체감시(biological monitoring)를 통 해 노출량
      측정 가능
    - ▸ 만성 노출시 위해성 평가에 있어 노출정도(mg/kg/day) 표현 공식

일생동안 일일 평균 노출 = 총 용량/(체중 × 수명)

총 용량 = 오염물질 농도 × 접촉율 × 노출기간 × 흡수분율

(3) 용량-반응 평가(dose-response assessment)

- 동물에서 사람으로의 용량 스케일링(dose scaling), 고용량에서 저용량으로의 외삽절차
  (extrapolation procedure)가 적용되는데 이들 외삽에는 수학적인 통계모델이 이용되고 발
  암물질과 비발암물질로 구분하여 수행한다.

(4) 위해도 결정(risk characterization)

- 발암위해도의 정량화
- 비발암위해도의 정량화
- 불확실성 분석
  - ▶ 모수(母數)에 대한 불확실성(parameter uncertainty)
  - ▶ 모델에 대한 불확실성(model uncertainty)
  - ▶ 결정규칙에 대한 불확실성(decision-rule uncertainty)
  - ▶ 변수(變數)에 대한 불확실성(variability uncertainty)

2. 용량반응(Dose-Response)판단 동물실험

동물실험을 통하여 용량을 전환하는 것은 보통 $Y=aX^n$식으로 성립되는 폭로된 장기의 감수성과 폭로된 장기의 표면적 관계를 이용한다. 최근에는 단순히 체표면적에 의해 동물에서 사람으로 용량전환을 함으로써 발생할 수 있는 불확실성(uncertainty)을 감소시키기 위하여 여러 가지 모델을 이용한다. 보통 동물실험에서 이용되는 고용량, 즉 최대내성용량(maximum tolerance dose 이하 MTD)과 1/2 · MTD를 근거로 미국 환경보호청(US. EPA)에서는 선형 다단계 모델(linearized multistage model)을 많이 사용한다.

동물실험(動物實驗, animal experimentation)이란 동물을 사용하여 의학적인 실험을 행하여 생명현상을 연구하는 일로서 실험동물은 원생동물에서 포유동물 영장류까지 포함되고 인간은 제외된다. 현재 미국, 영국, 스웨덴, 독일 등에서는 법적으로 규제하고 있다.

좁은 뜻으로의 동물실험이 의학에서 인체를 대상으로 하여 실험이나 관찰을 행하는 대신 동물을 사용해서 될 수 있는 대로 같은 조건하에서 행하는 실험을 가리키는 경우를 말하는데 이런 경우에는 현상의 해석에 가장 편리한 동물을 동물의 계통 발생적 위치를 고려하지 않고 선정하는 경우와 될 수 있는 대로 인류와 가까운 동물을 골라 실험하는 경우가 있다. 그렇다고 후자의 경우에 그 실험 성적을 결코 그대로 인체의 예에 응용할 수 있는 것은 아니며 2종 이상의 고등동물을 사용하여 그 실험 결과를 해석하는 등 여러 가지를 시도하여야 한다.

3. 고용량실험 동물반응 특성인자

주로. LD 50(lethal dose 50, 치명적 경구독성)과 LC 50(lethal concentration 50, 치명적 호흡독성), TLM 50(mea toxic limit, 어독성 50)을 인자로 사용한다.

2-5-3 허용한계기준(TLV)

허용한계기준(TLV, Threshold Limit Value)을 역치(閾値)라고도 한다. TLV는 인간이 어떤 기인실체에 계속 폭로되더라도 직접 중독이 되거나 간접으로 건강의 장해를 일으키는 일이 없는 기인물질의 최고농도이다. TLV를 다음 세 가지로 구분한다.

- 시간가중 평균치 허용농도(TLV-TWA : Time Weighted Average)

  어떤 기인물질에 1일 8시간. 1주 40시간 반복하여 폭로되는 경우에도 모든 사람이 건강문제를 받지 않는다고 인정되는 평균농도의 상한치이다.

- 단시간폭로농도(TLV-STEL : Short Term Exposure Limit)

  하루 종일 작업하는 동안에 15분까지는 폭로될 수 있는 최대허용치. 이 경우 조건은 1일 4회 이러한 농도에 폭로되어서는 안되며. 폭로와 폭로 사이에 60분 이상 간격이 있 어야 하고 하루의 TLV-TWA를 초과해서는 안 된다.

- 최고치 허용농도(TLV-C : Ceiling)

  하루 동안 잠시라도 넘어서는 안 되는 최대허용농도이다.

  TLV는 경험, 동물실험 및 역학연구로부터 가장 유용한 정보를 통합하여 건강장해, 조직의 작용, 마취작용 또는 불쾌감에 대하여 보호할 수 있는 기준을 설정하는 것을 근본으로 한다. 그리고 TLV는 기인실체에 대하여 어디까지나 폭로에 대한 하나의 지침이지 조건이 안전하다든지 안전하지 않다든 지를 규정하기 위한 목적으로는 이용될 수 없음을 명심하여야 한다.

2-5-4 역학적 방법 · 기술의 임상연구적용

역학연구의 목적이 ①질병유행 현상에 관련된 변수들 및 이들 변수간의 관계를 기술(description)하고 설명(explain)하여 이에 대한 보편타당한 지식체계 즉 이론을 정립함으로써 그 주어진 현상을 미리 예측(predict)하고 ②어떤 변수(독립변수) 또는 조건을 변화시키면 어떤 결과(종속변수)가 나올 것인가 사전에 기대 또는 서술하는 것과 나아가서는 ③그것을 통제(control)하고 주어진 문제를 해결하고 연구결과를 실용화 하는 것에 있다.

역학적 방법(epidemiological method)이란 의학을 기초로 하고 통계적인 방법, 사회적인 방법을 응용하여, 질병의 예방을 위하여 질병의 원인 및 전파에 관계되는 요인(factor), 환경(environment), 숙주(host)의 세 요소간의 모든 관계를 연구하는 방법을 이른다. 역학적 연구방법이 크게 관찰과 실험으로 구분되는데 관찰에는 단면적 조사(cross-sectional study/investigation)와 코호트 조사(cohort study/investigation) 그리고 환자-대조군 조사(case-control study/investigation)가 있고 실험분야에는 지역사회실험과 연구실 실험이 있다. 역학적 기술(epidemiological technique)이란 이러한 역학적 방법을 구체화 하는 것으로서 통계기법, 조사기법, 진단검사 기술 등을 이른다. 특히, 지역사회 실험적 의미로서 진단검사 기술은 다음 사항을 고려하여야 하는데 즉, 유병률이 낮은 지역에서는 감수성이 높은 진단검사법을, 반대로 유병률이 낮은 지역에서는 특이성이 높은 진단검사법을 실시하여야 한다는 것이다.

임상역학의 첫째 관심이 환자를 치료하여 나오는 보건결과(health outcome)에 있으므로 역학적 방법과 기술을 환경성 질환 임상연구에 적용할 수 있는 가능성이 ①어떤 질병의 발생과 속성과의 관계를 알기위한 연구와 ②치료방법의 효과측정에 대한 연구(clinical trial)에 있다. 특히, ①의 경우는 환자-대조군 연구로서 Berkson의 편견(selection bias, 선택편견)을 가장 경계하여야 하는데 이 편견이 병원 입원환자들 로부터 자료를 획득할 경우 발생하기 쉽다. ②는 실험적인 방법을 임상의학 연구에 도입한 것으로 치료약을 투여, 외과적 수술 및 기타 치료방법을 적용한 실험군과 다른 치료 또는 아무 치료도 하지 않은 대조군과 그 질병의 경과를 서로 비교하여 그 치료법의 효과를 측정하는 것을 이르는데 ②에는 흔히 무작위 방법과 맹검법을 이용한다.

1. 맹검법(Blind)

맹검법(blind)이란 임상시험 도중 발생할 수 있는 편견을 감소시키고 개방 레이블 시도(open label trial)의 경우 발생할 수 있는 위약효과(placebo)를 없애기 위해 누구에게 어떤 치료가 작용되는지를 전혀 모르게 하는 것을 의미하는데 ①연구자와 연구대상자 모두가 누가 어떤 치료를 받는지를 아는 개방 시도(open trial) ②연구대상자인 환자는 누가 어떤 치료를 받는지 모르지만 연구자는 알고 있는 상황 또는 그 반대 상황인 단일 시도(single trial) ③환자나 연구자 모두 어떤 치료를 받고 있는지 모르는 것으로서 가장 신뢰성 있는 연구결과를 얻을 수 있지만 연구수행이 복잡하면서 어려운 이중 시도(double trial) ④위의 모든 것을 조합하여 수행하는 복합적 맹검법(combination of blind)이 있다.

(1) 입원환자를 통한 지역사회 환경성질환 연구

한 지역사회를 담당하고 있는 한 병원에서 여러 병원에 입원할 환자들이 그 지역사회에서 발생한 전체 환자로 생각하거나 또는 적어도 전체 환자를 대표한다고 가정하고 연구하는 경우 다음과 같은 조건이 필요하다.

① 지역사회 전체를 담당하는 의료시설이 뚜렷하여야 함
② 주민들의 의료시설 이용률이 높아야 함
③ 의료시설의 질병기록제도가 잘 되어 있어야 함
④ 병원과 병원간의 의료서비스 질의 차이가 적어야 함
⑤ 질병분류법(체계적이고 과학적인 질병의 분류. 특히 아형을 정의하고 구별하는 기준 들에 관한 것)이 통일되어야 함
⑥ 그 지역사회의 인구동태통계가 잘 되어있어야 함
⑦ 가능하면 인구의 이동이 적어야 함
⑧ 입원률이 높은 질환(암), 오진의 가능성이 적은 질환(장티푸스, 불명열)
⑨ 기타

(2) 환경성질환자 임상시험(RCT, Randomised Controlled Clinical Trial)

TLV를 초과하는 장소에서 목표장기(target organ)가 기인실체에 폭로될 경우 환경성 질환이 발생한다. 이럴 경우 임상역학(clinical epidemiology) 수행이 필수적이다. 임상역학 수행에 유용한 것이 임상시험이다. 임상시험이란 인체에 적용되는 예방, 진단, 치료를 위한 물질, 기구, 또는 방법의 주된 효과와 가치를 평가하기 위한 과학적인 연구 활동을 뜻한다.

1) 임상시험

임상시험은 보통, 신약을 개발할 경우 많이 수행하는 시험으로서 수행이유는 새로운 치료법의 개발효과가 개인의 경험적인 판단, 동물실험, 권위주의적 전통만으로 평가되면 중대한 편견을 피하기 어려운 점에 있다. 신약개발을 위한 임상시험 형태가 다음과 같다.

2) 신약개발을 위한 임상시험 형태

① 제 1상 임상시험(Phase I clinical trial) : 개발된 신약이 동물실험을 거쳐 그 독성과 안전성을 확보한 후, 소수의 건강한 자원자 또는 환자들을 대상으로 약리작용, 안전한 투여 용량의 범위 그리고 효능을 연구한다(연구 대상자 수는 약 2-20명 정도).

② 제 2상 임상시험(Phase II clinical trial) : 특정질환 환자들을 대상으로 제 1상에 의해 확인된 효과와 안전성을 재확인 하면서 투여방법과 투여용량 그리고 치료의 효능을 평가하는 연구이다. 대조군(historical control)이 필요할 때도 있다(연구 대상자 수는 약 20-80명 정도). 전기와 후기로 구분할 수 있으며 후기시험에는 소수 예에 대해 무작위 임상시험을 한다.

③ 제 3상 임상시험(Phase III clinical trial) : 시판 허가를 얻기 위한 마지막 연구 과정으로 대조군(concurrent control)의 설정이 필요하며 유효 약물용량, 치료효능, 그리고 안전성에 관한 비교 평가를 수행한다(연구 대상자 수는 100-200명 정도). 무작위 임상시험을 해야하는데 무작위 임상시험이란 무작위 할당(random allocation)을 통한 임상시험을 말하는 것으로 무작위 할당을 하면 ①두 군간의 치료에 반응하는 차이가 없어져 치료효과의 판정에 편견이 배제되고 ②치료 시작전의 특성이 비슷하게 조절되는 효과가 나타난다.

④ 제 4상 임상시험(Phase IV clinical trial): 신약의 시판이 허가된 후 장기간의 복용 후에 나타날 수 있는 부작용 또는 희귀한 부작용, 임상시험에서 배제되었던 노인이나 소아 또는 임산부에서의 부작용, 그리고 다른 약물과의 상호작용 등에 대한 연구를 수행하는 것으로 postmarketing 임상시험을 뜻한다(연구대상자 수는 수천명 연구기간은 수년).

부작용에 관한 monitoring은 임상시험이 아니며 진정한 의미에서 임상시험(RCT)은 제 2상 후기, 제 3상, 제 4상에 이용되는 것을 말한다.

(3) 신뢰성 높은 지식에 도달하는 순서

환경성 질환의 진단(Dx)과 치료(Tx)에 관하여 신뢰할만한 지식에 도달하는 순서가 다음과 같이 요약될 수 있다.

무지→경험→경험의 조직화→(경험의 조직화+관련지식)→역사적 비교→RCT→확실성

오염물의 감작반응

오염물(pollutants)은 물론이요 여러 가지 환경오염현상이 인간건강에 미치는 첫 번째 영향은 인체에 대한 감각적 자극(sensitive stimulus)으로부터 제반 증세가 발현되는 것으로 생각할 수 있다.

2-6-1 신경

인체의 내부 및 외부 변화를 조정하고 통합하여 항상성을 유지하는 방법에는 두 가지가 있다. 하나는 내분비계에서 분비하는 호르몬에 의한 조절이고 다른 하나는 신경계에 의한 조절이다. 전자는 반응이 늦지만 지속적이고 후자는 신체 전역에 분포되어 있는 것으로서 먼거리 조직 사이의 신호교환이 빠르고 정확하게 하지만 작용이 오래 지속되지 않는다. 신경계는 크게 나누어 중추신경계(CNS, central nervous system)와 말초신경계(PNS, peripheral nervous system)로 구분한다. 중추신경계는 뇌(brain)와 척수(脊髓, spinal cord)로 구성한다(말초수용기를 통하여 신체 안과 밖에서 들어오는 모든 정보를 총괄하여 원활한 활동이 가능하도록 통제하고 조정한다). 말초신경계는 중추신경계에서 뻗어 나온 후 갈라져서 온몸으로 퍼져 나간다. 인간의 경우에 이때 처음 말초신경이 출발하는 장소에 따라서 중추신경을 12쌍의 뇌신경(cranial nerve)과 31쌍의 척수신경(spinal nerve)으로 구분하고 말초신경이 전신에 위치한다. 뇌신경은 뇌와 신체의 각 장기를 연결하고 척수신경은 척수와 신체의 각 장기를 연결한다.

말초신경계는 신경전달 방향에 따라 구심성 신경(들부분, afferent nerve)과 원심성 신경(날부분, efferent nerve)으로 나뉜다. 구심성 신경은 말초에서 수용한 정보를 중추로 보내는 신경이며 일명 감각신경이라고도 한다. 원심성 신경은 중추에서 효과기로 보내는 신경이며 운동신경이라고도 한다. 원심성 신경은 몸 운동신경(부위가 골격근으로서 의지와 관련되어 효과를 일으키는 신경)과 자율신경(대뇌의 명령을 받지 않고 몸의 상태를 신경 스스로 판단하여 자율적으로 활동하여 생명을 효율적으로 유지하는 신경. 심근, 내장민무늬근육, 샘세포에 분포하여 의지와 관계없이 효과를 일으키는 신경)으로 구분하며 자율신경은 교감신경(응급상황, 공격, 방어, 경쟁 등을 위해 골격근육이 에너지를 집중 사용한다. 혈압상승, 혈관 수축, 괄약근의 수축 등을 일으킨다)과 부교감신경(휴식, 사랑, 소화, 수면 등을 위해 내장근육[소화, 배설, 생식기들이 에너지를 집중 사용한다)으로 구분한다.

신경계

- 중추신경계(CNS, central nervous system)
- 12쌍의 뇌신경(cranial nerve)
- 31쌍의 척수신경(spinal nerve)
- 말초신경계(PNS, peripheral nervous system)
- 구심성 신경(들부분, afferent nerve)
- 원심성 신경(날부분, efferent nerve)
- 몸운동신경(motor nerve)
- 자율신경(autonomic nerve)
- 교감신경(sympathetic nerve)
- 부교감신경(parasympathetic nerve)

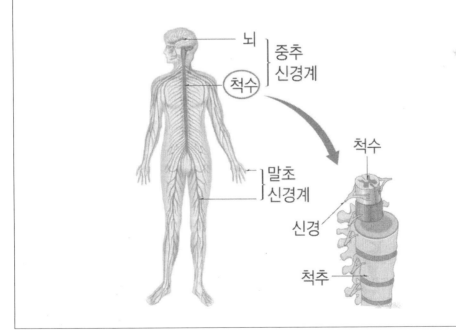

[그림 12] 중추신경과 말초신경

인체에서 자극과 흥분을 전달하는 기구가 뉴런(neuron)이다. 뉴런은 신경계의 단위로 신경세포체(soma)와 동일한 의미로 사용하기도 하고, 신경세포체와 거기서 나온 돌기를 합친 개념으로 사용하기도 한다. 뉴런의 기본 기능은 자극을 받았을 경우 전기를 발생시켜 다른 세포에 정보를 전달하는 것이다. 이렇게 발생하는 전기 신호를 활동전위(活動電位:action potential)라고 한다. 뉴런은 크게 세 가지 부분으로 나눌 수 있다. 핵이 있는 세포 부분이 신경세포체이며 다른 세포에서 신호를 받는 부분이 수상돌기(樹狀突起:dendrite), 그리고 다른 세포에 신호를 주는 부분이 축삭돌기(軸索突起:axon)이다. 돌기 사이에 신호를 전달하는 부분은 시냅스(synapse)라고 한다. 뉴런은 동물에서 신경을 구성하여 신호를 전달하는 역할을 하는 세포이다. 이 신호 전달은 뉴런 내에서는 전기 신호를 전달하는 것으로 이루어지며, 다른 뉴런에는 일반적으로 시냅스를 통해 화학 물질을 분비하는 것으로 이루어진다. 뉴런의 세포막에는 이온이 드나들 수 있는 각종 이온채널이 존재하여, + 전하를 띠고 있는 이온을 막 안팎으로 이동시킴으로써 전기 신호가 전달된다. 수상돌기와 축삭돌기가 맞닿아 있는 시냅스 부분에서, 축삭돌기는 화학 물질을 분비함으로써 다음 뉴런의 수상돌기에 자극을 전달하게 된다.

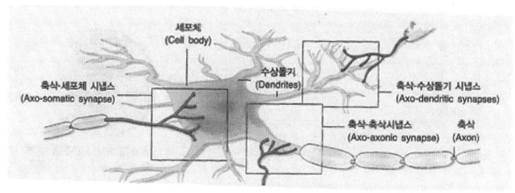

[그림 13] 시냅스의 종류

생명체는 외부환경으로부터 오는 여러 가지 자극을 감각기관(sensory organ) 또는 수용기(receptor, 감각종 결정은 자극의 종류나 수용기의 종류에 의한 것이 아니고, 대뇌감각령의 흥분부위에 의존)로부터 받아들여 이에 적절히 대처함으로써 체내의 항상성을 유지한다. 감각은 신경막에 대한 모든 내·외부 환경의 변동으로서의 자극을 주관적으로 인식하는 것을 말한다.

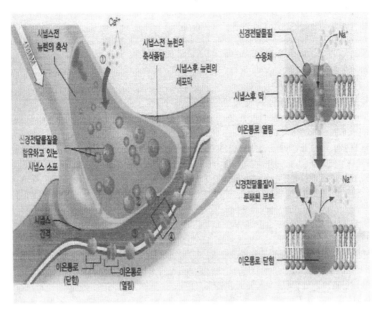

[그림 14] 시냅스의 흥분전달

2-6-2 ＞ 감각

지각(知覺, perception) 은 같은 종류의 감각에 대해서 그 강도나 질을 구별하는 것과 시간적 경과 등을 인식하는 것이고 인지(仁智 recognition)란 몇 개의 지각을 통합 분석하는 것을 말한다.

1. 감각의 일반적 성질

(1) 높은 흥분성

① 세포수준에서 종류에 따라 특수하게 분화 발달되어 있는 감각 수용기에 일어남.

② 자극을 받아들이는 세포의 막에 어느 정도 이상의 크기로 자극이 높아지면 활동전압이 일어나 흥분을 일으킴.

③ 압력수용기인 파시니 소체는 그 피막의 일부분이 0.2μm만큼 변위되어도 흥분하여 압각을 일으킴. 온도수용기는 0.004℃/sec의 온도하강, 또는 0.001℃/sec의 온도상승으로도 흥분하여 냉각과 온각을 느끼게 함.

(2) 적 자극(adequate stimulus)

① 전자적 자극(electromagnetic stimulus)

- 열선부, 온도감각수용기
- 가시광선부, 시각수용기

② 기계적 자극(mechanical stimulus)

- 음진동 : 청각수용기
- 압력 : 피부의 촉, 압각수용기. 혈관벽의 압력수용기(경동맥 소체 등)
- 장력 : 근방추·건방추(가운데가 불룩하고 양쪽 끝이 뾰족한 실톳의 형태로 된 현미경적 구조물. 근육에 있는 감각 기관으로, 근육이 늘어나는 것을 감지하여 평형을 유지한다), 내장의 압력수용기(폐포벽, 심장벽, 시상하부 등)
- 가속도 : 내이(內耳)내의 골미로(骨迷路)의 평형감각수용기(전성삼사수용기)

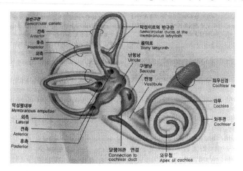

[그림 15] 골미로(Labyrinthus osseus, Osseous labyrinth)

③ 화학적 자극(norciception)

- 휘발성 물질 : 후각 수용기
- 수용성 물질 : 미각 수용기
- CO_2, pH : 경동맥 등의 화학수용기
- 삼투압 : 중추신경계의 삼투압수용기

④ 통각자극

- 체내에 이상자극이 발생한 경우 통각 신경말단이 자극된다.

⑤ 전기적 자극(electric stimulus)

- 세포막에 대해 바깥을 향한 전류는 탈분극을 발생하여 그것에 의해 흥분이 일어나므로 전기자극은 거의 모든 세포를 흥분시킴.
- 감각수용기는 전기자극에 대한 역치가 비교적 높고 적자극에 대해 역치가 낮음

2. 감각의 구분

쉐링턴(Sherrington)이 다음과 같이 구분한다.

① 체성감각(somatic sense)

② 내장감각(visceral sense)

③ 특수감각(special sense)

[표 11] 감각종류와 수용기

구분		감각의 종류	수용기
일반감각	체성감각	피부감각 (표면감각)	촉각, 압각	Pacini 소체, Meisner 소체
			온각	Ruffini 소체
			냉각	Krause 소체
			통각	자유신경종말
		심부감각 (고유감각)	관절의 위치와 운동	관절낭의 Ruffini 소체
			근의 신장(근신전)	근방추
			건의 장력(건신전)	Golgi 건기관
	내장감각		혈압	경동맥동과 대동맥궁의 압수용기
			폐포의 화장	폐포벽, 미주신경말단
			혈액 O_2 분압	경동맥소체, 대동맥소체의 화학수용기
			혈액 CO_2 분압	연수, 화학수용기
			혈액 삼투압	시상하부
			혈당치	시상하부
			중심정맥압	대정맥벽, 심장벽
			두부 혈액온도	시상하부
			뇌척수액의 pH	연수(화학감수세포)
특수감각			시각	눈(막대세포와 원뿔세포)
			청각	귀(유모세포)
			후각	후점막(후세포)
			미각	혀(미뢰세포)
			회전가속	반규관(내이)
			직선가속	전정기관(내이)

위의 표에서 수용기는 외수용기(extroceptor), 고유수용기(proprioceptor), 내장수용기 (viscroceptor)로 구분할 수 있고 외수용기는 촉각이나 압각 등과 같은 기계적 자극을 수용하는 기계수용기(mechanoceptor), 온각이나 냉각 등 온도변화에 대한 반응을 수용하는 온도수용기(thermoceptor), 후각이나 미각 등 화학물질의 변화에 대한 반응을 수용하는 화학수용기

(chemicalceptor)가 있고 고유수용기는 신체의 운동에 관여하는 골격근, 관절, 힘줄 및 인대에 있는 것으로서 운동의 자세변화를 수용하는 수용기를 말한다. 내장수용기는 내장장기의 벽에 존재하며 내장기관에서 발생하는 변화와 연관되어 장관벽의 수축이나 혈관에 관한 정보자극을 수용하는 것으로서 단순한 신경섬유의 종말로 끝나는 것도 있고 또 신경섬유의 끝이 복잡한 구조를 이루고 있는 종말의 형태도 있다.

3. 감각의 전달(sensory transmission)

① 내·외부에서 받은 자극이 구심신경에 의해 중추에 전달

② 최적 자극으로 느끼는 수용기로 받아들여져 감각신경 충격으로 부호화되어 몇 가지 뉴런(neuron, 신경세포체[soma]라고도 함. 시냅스[synapse]에 의해 신호가 전달된다)을 거쳐 대뇌피질에 도달한 뒤 여기서 감각으로 변환

③ 대뇌피질에서 어떤 의식과정이 일어나서 자극원을 감지

④ 대뇌피질의 특수감각활력 : 감각역에 도달하는 충격을 각각의 특수한 감각으로 변환시키는 능력

⑤ 감각의 투사 : 감각이 대뇌피질에서 변환하여 생기지만 뇌 부위에서는 느끼지 않고 자극된 장소에서 느껴지는 현상

⑥ 멱함수 법칙

$$\Delta I/I = k\Delta E \text{ (웨버법칙)}$$

여기서, E : 감각 강도

I : 자극강도

$\Delta E, \Delta I$: 감각 강도, 자극 강도 변화부분

$$E = k \log I + C \text{ (웨버-페히너의 법칙)}$$

(k, C: 상수) 또한 다음 식이 성립하는 경우도 있다.

$$E = k(I-I_0)n (k: 상수, I_0: 역자극 강도)$$

이때 n은 감각의 종류에 따라 다르며, 이것을 멱함수의 법칙이라 한다.

⑦ 변별역

　　I와 $I+\Delta I$가 같지 않다는 것을 인정할 수 있는 최소의 ΔI

2-6-3 항원항체반응

항원(allergen)에 감작된 사람은 항원과 반응하는 특이 IgE(immunogloburin E, 면역글로불린 E) 항체를 만든다. 이 특이 항체(antibody)는 우리 몸 전체에 퍼져 있는 비만세포(mast cell)의 표면에 결합되어 있는데, 사람의 신체가 항원과 접촉하면 항원과 항체가 결합하여, 비만세포가 히스타민 등 여러 가지 화학매체들을 분비한다. 화학매체들 중에서 특히 히스타민은 모세혈관을 확장시켜 피부에 모기 물린 것과 같은 팽진(wheal)과 발적(erythma)을 일으킨다. 실제로 이비인후과 질환 중 가장 흔한 질환의 하나인 알레르기 비염은 IgE 항체 매개 염증반응으로 인하여 생기는 코 점막의 질환이다. 지난 1997년 Boulet 등이 천식과 알레르기성 비염환자에 대해 피부검사를 시행한 결과 실내항원과 실외항원에 동시에 감작되어 있는 군에서 혈액 검사시 측정하는 IgE 수치가 유의하게 높았다.

2-6-4 면역

면역(免疫, immunity)이란 혈액 내에서 병원균에 대한 항체가 생성되는 것을 말한다. 생성된 항체는 용해된 병원균이 침강되고 중화된 것으로 말할 수 있다.

면역세포(항체를 만드는 세포)는 크게 2가지로 나뉜다. 그 하나는 골수 유래의 간세포(幹細胞)에서 분화되는 도중에 흉선의 영향을 받은 T세포(T는 흉선, 즉 thymus의 머리글자)이고, 다른 하나는 골수 유래의 B세포(B는 골수, 즉 bone marrow의 머리글자 : 비 림프구)이다. T세포와 B세포는 그 표면 막의 구조, 생체 내에서의 분포, 여러 가지 물리·화학적 처리에 대한 기능 등이 다르다. 그 중에서도 뚜렷한 차이점은 면역기능이다. 어느 것이나 항원에 대응하여 항체를 생성하는 것은 동일하지만, 면역글로불린, 즉 혈액 속을 흐르는 항체를 만드는 작용을 가지는 것은 B세포이다. 이에 대해서, 세포와 강하게 결합하여 떨어지지 않는 세포성 항체를 가지는 것은 T세포이다. B세포가 항체를 만들 때, T세포는 이것을 돕기도 하고 때로는 억제하기도 한다. B세포와 T세포는 항체가 생성되는 데 서로 영향을 주고 있다.

1. 인체의 방어와 면역

● 인체 면역계 : 외부의 거대분자 혹은 미생물 세포를 중화시키는 일반적 체계
● 면역계의 종류

(항체에 의한) 체액성 면역계(humoral immunity)와 (외부 이물질을 파괴하는) 인체 세포중개성 면역((human body cell-mediated immunity)

체액면역은 B림프구가 항원을 인지한 후 분화되어 항체(抗體:antibody)를 분비, 이 항체는 주로 감염된 세균을 제거하는 기능을 보여주는데 항체는 체액에 존재하며 면역글로불린(immunoglobulin : Ig로 약기한다)이라는 당단백질(糖蛋白質)로 이루어져 있다. IgA 항체는 태반을 통해 태아에 전달되는 특징이 있다. 이와 같은 면역을 모성면역(母性免疫:maternal immunity)이라 하며, 이 때문에 출생 후 수개월 동안 잘 감염되지 않는다.

(1) 항체에 의한 체액성 면역(humoral immunity)

일반적인 순서가 다음과 같다.

1) 항원(antigen)

가. 적당한 조건에서 특이한 항체 형성을 유도하는 물질

나. 항원으로 작용하는 물질 : 단백질, 지질단백(lipoprotein), 다당류, 몇몇 핵산, 티코익산(teicho acids, 세균 세포벽 성분)과 같은 거대분자

다. 항원결정군 : 당류, 아미노산의 축 사슬, 유기산, 염기, 타화수소, 방향족 군

라. 당류, 아미노산 : 항체형성을 유도하지 못하지만 항체와 결합함(합텐, hapten)

마. 효소 특이성과 유사 : 3번 탄소 수산기의 위치만 다름.

2) 항체(antibody)

주로 혈청에 존재한다.

① 혈청 단백질(γ 글로블린)

가. 면역 글로블린(immunoglobulin, Ig)

나. 물리화학적 면역학적 특성에 따라 IgG, IgA, IgM, IgD, IgH로 구분

(2) 세포성 면역((cellular immunity)

● 후천면역(예방접종 등으로 생성되는 면역)으로 흉선(胸腺)에서 유래한 T림프구가 항원을 인지하여 림포카인(lymphokine)을 분비하거나 직접 감염된 세포를 죽이는 역할을 하고

이 림포카인이 대식세포를 활성화시켜 대식세포의 식 작용을 활성화 시키는 면역

● 일반적인 항체는 세포성 면역반응에 개입하지 아니하고 체액면역에 개입함

〈세포 매개 면역과 항체 매개 면역이 다른 점〉

가. 면역반응이 항체가 있는 혈청이나 항체에 의하여 한 동물에서 다른 동물로 전이될 수
없음. 그러나 혈액으로부터 분리된 림프구에 의해서만 전이될 수 있음

나. 혈액에 순환하는 림프구는 대부분 T세포. B세포는 순환하지 않고 림프조직에 위치

다. 세포성 면역은 항체매개의 체액면역보다 다소 더딤(지체형 면역)

(3) 병원균에 의한 인체 면역

병원균A가 침입하면 항체 A가 만들어져서 대응하고 병원균A가 사라지게 된다. 나중에 병원
균A가 다시 침입하면 전보다 더 빠르게 더 많이 항체A가 만들어 진다.

항원, 즉 병원균이 침입하면 T면역세포(림프구)는 암세포 등을 죽이는 기능을 하고, B면역 세
포(림프구)는 항체를 형성하게 된다.

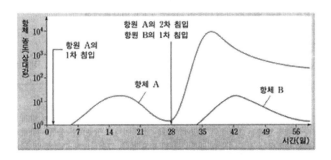

[그림 16] 병원균에 의한 인체면역

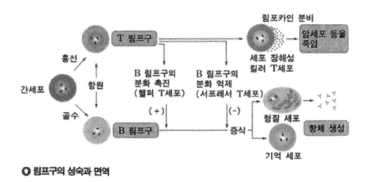

[그림 17] 림프구의 성숙과 면역

환경물질의 인체대사

환경물질이란 인체에 치명적으로 작용하는 주로 액체 상태와 기체 상태로 이루어진 유해 폐기물이고 환경 중에 사람에 영향을 주지 않을 정도의 미량밖에 존재하지 않더라도 생태계의 생물농축에 의하여 영양단계의 최종 단계에 있는 인간에게 영향을 미칠 수 있는 물질을 이른다.

2-7-1 인체대사

1. 인체에 유해한 영향을 주는 두 가지 경우

- 인체에 대하여 직접 유해한 영향을 주는 경우
- 인체 내에 섭취된 다음 대사 활성화되어 유해한 영향을 주는 경우

참고로 소화관을 살펴보면 소화관은 입에서 항문에 이르는 긴 관으로 이루어져 외부에서 공급된 영양물질, 물 그리고 전해질 등을 내부로 이동시킨다. 타액선(침샘), 간, 췌장(이자), 담낭(쓸개) 등 부속소화기관은 음식물의 소화흡수를 돕는다.

살아있는 사람의 경우 입에서 항문까지의 소화관 길이는 약 4.5m 정도이다. 이 중 대부분은 대장과 소장이 차지한다. 사망 후에는 소화관의 길이가 살아 있을 때의 2배 정도 늘어난다.

(1) 인체 내로 섭취 · 대사

1) 경로

- 호흡경로 : 후두→기관지→폐
- 소화기로 흡수 · 섭취되는 경로 : 구강→식도→위→소장→대장

위의 pH가 1~2이므로 산성 물질은 위 내에서 이온을 띄지 않고 위벽에서 흡수가 잘 되는 반면 염기성 물질은 장내의 pH가 7~8이므로 장내에서 흡수가 쉽다.

- 주사 등을 매개하여 직접 인체 내로 주입되는 경로 : 정맥·근육·피하 등

2) 인체기관의 흡수기전

① 단순 확산에 의한 능동수송

❶ 상피세포막의 지질성분에 좌우되는데 친유성(lipophilicity)이 큰 물질이 흡수가 잘 됨

❷ 이온해리(ion dissociation)의 효과로서 이온형(ionized form)의 물질보다 분자형(unionized form)의 물질이 지질막 투과가 잘 됨

② 담체(carrier)에 의한 수송

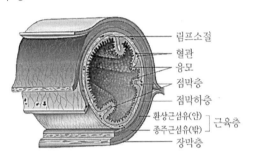

[그림 18] 창자 융모(滅毛, villus)

3) 독성발현

① 표적기관(target organs)

- 생체 내에서 독성이 발현되는 조직 또는 기관
- 표적기관에 도달한 독성 물질이 일정농도를 넘어서면 독성효과가 나타나게 됨
- 임계농도(critical concentration) : 표적장기에서 독성물질이 독성을 나타내기 시작하는 농도

② 2,3,7,8-tetrachlorodibenzo-*p*-dioxin(TCDD)

- 가장 독성이 강한 환경물질
- 표적장기 세포질에 존재하는 방향족 탄화수소 수용체(Ah)와 높은 친화력을 지님
- 두 물질 화합의 결과로 장기(주로, 간) 세포 소포체(microsome)에 있는 방향족 탄화수소류의 수산화효소, 효소 시토크롬(cytochrome) P450의 유전자를 활성화하는 작용이 있다.

cytochrome P450은 간, 신장, 폐 등에 함유되어 있고 간에 가장 많이 함유되어 있는 일군의 효소군이다. 보통 cytochrome P450 효소라 한다. 간의 경우 세포 소포체 막 단백질에 약 5% 이상 함유되어 있다. 평상시에도 스테로이드(steroid, 스테로이드핵 CH을 가진 화합물의 총칭. 콜레스테롤·쓸개즙산·강심배당체(强心配當體)·사포닌·호르몬 등 생체 안에서 중요한 작용을 하는 생리활성물질이 포함되어 있음)나 지방산 등 생체 내 화합물 대사에 관여하고 있는데 외래 이물질 화학구조에 대해서 산소 존재 하 1원자 첨가반응의 촉매역할을 수행한다. 명칭의 유래가 원래 일산화탄소와 복합체를 구성하고 있는 색소단백질(cytochrome) 환원형이 흡광도기기 분석(spectrophotometric analysis)에서 450 nm의 빛 파장의 흡수대를 형성하므로 450이 등장하였고 P는 3가-철 프로토포피린(protophopyrin) IX과 공유결합 되어 있다하여 등장하였다. 비공유 결합체로서 장기 세포체에서 $NADP^+→NADPH$의 효소반응으로 연속적으로 생합성 된다.

- 거꾸로 TCDD(다이옥신)가 장기 세포 소포체의 효소 cytochrome P450 등으로 활성화되어 근접 암원물질(proximate carcinogen)로 변화되고 포합반응(conjugation reaction) 등에 의해 활성이 높은 최종 암원물질(ultimate carcinogen)이 된다고 알려져 있다.

(2) 해독작용

- 생체의 이물질(異物質)에 대한 방어 반응이며 흡수, 대사, 배설을 포함한 해독작용 : 인체 내로 환경물질이 섭취·흡수되면 인체는 이 물질들이 체내에 쌓이지 않도록 각종 방어기구를 가동시켜 체외에 방출할 수 있도록 대사하며
- 해독작용은 간장, 신장, 폐, 소장 등의 세포 소포체에서 일어나는데 대부분 간에서 일어난다.

두 단계로 작용이 펼쳐진다.

1) 제 1상 반응(Phase Ⅰ Reaction)
① 붕괴(degradation) 또는 비합성 반응(nonsynthetic reaction)
② 산화, 환원 및 가수분해
③ 위의 작용을 통하여 수산기(-OH), 아민기($-NH_2$), 또는 유기산기(-COOH)같은 극성기(관능기)가 새로이 도입되거나 숨겨진 극성기가 노출되어 대부분 작용이 약하게 되거나 없어지지만 반대로 불활성 물질이 활성 물질로 되기도 한다.

④ 물리적 방어벽 역할을 하는 장기 세포 표피

❶ 일반적으로 바깥쪽이 비극성이고 안쪽으로 갈수록 극성이 증가한다.

❷ 이 방어벽은 세포 외부의 물질이든 내부의 물질이든 자유로운 출입을 제한한다.

❸ 따라서 극성이 어떠하든 외래 이물질은 인체 내부로 쉽게 들어올 수는 없다.

❹ 그러나 외부의 이물질은 극성 등과 같은 고유한 성질에 따라 체내로 침투 또는 흡수될 수 있고 이물질이 얼마나 극성을 띄고 있느냐에 따라 침투 혹은 흡수의 정도가 달라진다.

❺ 흡수된 이물질은 고유 성질에 따라 표적장기에 도달하기까지 여러 가지 변화를 겪는다. 대개의 경우 일차반응을 거쳐 생성된 화합물은 극성이 증가하여 독성이 줄어든다.

⑤ 반응에 관여하는 효소계(enzymatic system)

장기 세포 소포체의 cytochrome P450 의존성 혼합기능 산화효소계(MFO system : mixed function oxydase system)와 MFO계 이외에 의한 산화효소계가 있다.

2) 제 2상 반응(Phase Ⅱ Reaction)

① 포합(conjugation) 또는 합성 반응(synthetic reaction)

포합반응(抱合反應 conjugation)이란 서로 끌어안음의 뜻으로서 해독(解毒)작용의 한 가지이다. 체내에 들어간 약물이나 이물질 등이 아미노산·황산 따위와 결합하는 작용을 말한다. 포합반응이 배위결합체(coordinates)로 수행하고 배위결합이란 어떤 원자 사이의 결합에 관여하고 있는 전자쌍이 한쪽 원자로부터의 공여로만 되어 있다고 해석되는 공유결합으로서 배위공유결합, 반극성결합, 공여결합이라고도 한다.

배위결합을 통한 킬레이트화(chelation, 두 가지 이상의 ligand화)반응이라고도 한다.

② 일차반응에서와 마찬가지로 극성이 더욱 증가하고 독성이 줄어든다.

③ 담즙이나 뇨 중에 배설되기 쉽도록 조성된다.

❶ 일차반응을 거쳐 도입된 또는 본래부터 지닌 전자가 부족한 탄소원자, 수산기(-OH), 아민기($-NH_2$), 또는 유기산기(-COOH) 등의 극성기 + 생체내의 친수성 화합물인 글루타치온(glutathione, GSH), 당류(glucoses), 아미노산류(amono acids), 황산(sulfates) 또는 인산(phosphates) 등인데 이들은 수용성 물질 상태에 있다.

(3) 간장 세포 소포체 효소계에 의한 독물 대사

• 간(肝) 소포체(小包體) : 간 세포(細胞) 속에 들어 있는 미세(微細)한 낭포체(囊胞體)

• 독물은 대부분 간장에서 대사 되는데 산화, 환원, 가수분해, 글루코론(glucuron) 산 포합,

황산포합 등으로 이루어진다.

1) 산화반응

① cytochrome P450 효소가 중요한 역할을 한다.

② 여러 독물이 체내에서 주로 산화 반응으로 대사된다.

③ 대표적인 효소로 cytochrome P450과 cytochrome 환원효소(reductase)가 있다.

2) 환원반응

① azo(아조) 및 nitro(니트로)기를 가진 화합물과 할로겐화 탄화수소 등이 소포체에서 NADPH 존재하에 cytochrome P450 효소, NADPH-cytochrome c 환원효소에 의해 환원된다.

② 이 같은 반응은 소포체 이외의 효소에 의해서도 일어난다.

3) 가수분해

① 에스테르(ester) 및 아마이드(amide) 등의 화합물 일부가 주로 소포체 효소 촉매작용으로 가수분해 된다.

② 관여하는 효소로는 에스트라제(estarase), 콜린에스트라제(cholineestarase) 등이 있다.

4) 글루쿠론 산(glucuronc acid) 포합

① 여러 포합반응 중 유일하게 소포체 효소에 의해 일어나는 합성 반응

② glucuronic acid에 포합된 물질은 수용성이 크게 증가되어 소변 또는 담즙으로 배설되며 때로는 능동적 분비에 의해 배설된다.

5) 기타

(4) 환경물질 배설

1) 개요

가. 환경물질의 이동성

① 물에 잘 녹는 화합물이 체내에서 이동성이 좋아 작용점에 빨리 도달하거나, 체액의 흐름에 따라 체외로 쉽게 배출됨

나. 소변 또는 담즙으로 배설

① 일, 이차반응을 거쳐 생성된 최종 물질은 원래 성질에 비하여 지방 용해도가 낮아진 극성 물질(polar compound)로 변화되는 경우가 많으며, 그 결과 세포막을 잘 통과하지 못하고

소변 또는 담즙으로 배설됨.

다. 배설에 관여하는 주요한 장기

① 신장(Kidney)

② 간장(Liver)

③ 폐(Lung)

④ 모유, 손톱, 땀

2) 장기별 배설기작

가. 신장

① 사구체서의 혈장의 여과

❶ 사구체 모세관의 벽에는 작은 구멍이 있어 혈액중의 분자량이 작은 물질은 모두 여기에서 여과되지만 혈장 단백질 등 분자량이 큰 물질은 여과되지 않는다.

② 세뇨관에서의 재흡수

❶ 걸러진 화합물 중에 상당히 많은 량이 세뇨관(tubule) 벽을 통해 비 이온상태와 지용성 화합물들이 확산과정에 의해 재 흡수된다.

③ 세뇨관에서의 분비

❶ 세뇨관(tubule) 벽을 통해 비 이온상태와 지용성 화합물들이 확산과정에 의해 재 흡수된다. 이렇게 걸러져 나온 것은 점차 농축되어 뇨관의 아래 부분에서 약 1ml/min의 속도로 뇨가 생성된다.

❷ 배설속도에 영향을 주는 인자 : pH

• 산성의 화합물은 높은 pH에서 더 잘 배설되고 염기성의 화합물은 낮은 pH에서 더 잘 배설된다.

나. 간

화학물질이 담즙 중에 분비되어 소장으로 운반되고 대변으로 배설된다.

① 간의 개요

❶ 무게가 1~1.5kg인 최대의 선장기(腺臟器)

❷ 빛깔은 암적갈색을 띠며, 구조는 물렁물렁하고 부서지기 쉬우므로 압박이나 손상을 받기 쉬움

② 간으로의 환경물질 이동

　❶ 위나 작은창사, 큰창자 등에서 흡수되어 혈액으로 이동

　❷ 분당 1000 m*l*의 혈액량으로 **간문맥**을 통하여 간으로 들어가거나

　❸ 분당 약 300 m*l*의 혈액량으로 간 동맥을 거쳐 간으로 들어감

　❹ 대사된 환경물질은 대사체로서 또는 원래 형태로 약 0.8 m*l*/min의 유속 혈액량으로 담
　즙에 이동되거나 분당 1300 m*l*의 혈액량으로 간정맥으로 이동한다.

[표 12] 주요 환경물질

순번	물 질 명	CAS번호	배출량(kg)	유독물	관찰물질	발암성	수질오염	대기오염	VOCs
1	톨루엔	108-88-3	6,200,944	○					
2	자일렌	1330-20-7	3,685,684	○					○
3	아연화합물	N/A-67	2,592,265	○					
4	암모니아	7664-41-7	2,507,867	○				○	
5	니켈 및 그 화합물	N/A-70	1,683,247			○	○	○	
6	황산	7664-93-9	1,622,566	○					
7	디클로로메탄	75-09-2	1,217,124						○
8	트리클로로에틸렌	79-01-6	1,159,390	○					○
9	2-프로판올 [이소프로필알콜]	67-63-0	1,049,775						○
10	벤젠	71-43-2	1,037,351	○		○		○	○
11	염화수소	7664-01-0	981,393	○					
12	스티렌	100-42-5	977,823			○		○	○
13	크롬화합물	N/A-7	867,646	○			○	○	
14	디(2-에틸헥실)프탈레이트	117-81-7	603,598		○	○			
15	N.N-디메틸포름아미드	68-12-2	576,988			○			
16	염화비닐	75-01-4	526,947	○		○		○	
17	아크릴로니트릴	107-13-1	417,290	○		○			○
18	1,3-부타디엔	106-99-0	412,364			○		○	○
19	포름알데히드	50-00-0	387,181	○		○		○	○
20	클로르포름	67-66-3	255,018	○				○	○

③ 장간 순환(enterohepatic recycling)

발암성 물질인 벤조피린(benzopyrene), 2-아세틸 아미노풀루오렌(2-acetyl aminofluorene), 아플라톡ㄷ신(aflatoxin) 등이 담즙 중에 배설되지만 배설된 대사물질 대부분이 장내 세균에 의하여 분해된 후 다시 소장에서 재흡수 되는 순환. 이러한 순환이 반복되면서 체내에 장기간 체류하는 경우도 있다.

다. 폐

① 생체 온도에서 기화되는 물질이 배설

② ether, alchol, 마취약 등은 호기를 통하여 혈액으로부터 쉽게 배설

2. 독성 발현기전

(1) 대사성 독성(metabolic poison)

인체 대사경로를 차단함으로써 경쟁적 억제효과를 나타낸다. 효소와의 결합, 삼차구조의 변화, 작용부위의 방해가 있다.

(2) 거대분자 결합(macromolecular binding)

단백질, 혈색소, 핵산 등의 여러가지 거대분자물질과 결합하여 독성을 유발한다. DNA 부산물의 존재는 유전자 독성 혹은 발암성을 의미한다.

(3) 세포내 독소(subcellular poison)

세포내에서 미토콘드리아 또는 소포체와 같은 세포내막의 구조와 기능을 변화시킴으로써 독성을 유발한다.

(4) 세포독소(cellular poison)

세포와 세포막에 손상을 주어 세포를 괴사 용해시킴으로써 세포막의 전달체계(생체막에서의 물질 수송)를 방해하여 독성을 유발한다.

(5) 면역독소(immunotoxin)

γ-globulin, T와 B 임파구에 작용하여 그들의 생성, 기능, 수명을 방해하여 면역기능을 억제한다.

(6) 감작물질(感作物質, sensitizer)

면역계를 통하여 면역반응을 과도하게 증가시킨다. 주로 allergen, hapten(생체에 면역 반응을 일으키는 물질)으로 작용하며 표적 장기는 피부, 호흡기이다.

(7) 신경내분비계 독소(neuroendocrine poison)

호르몬 또는 신경전달물질의 합성과 유리를 방해하거나 또는 경쟁적 작용 또는 파괴를 통하여 그들의 작용을 차단한다.

(8) 돌연변이성 물질(mutagenic substance)

유전물질에 작용하여 돌연변이, 염색체손상 또는 세포분열 과정을 방해한다.

(9) 생식기계 독성물질(substance of reproductivesystem effect)

수정, 착상, 장기생성, 출산 등의 과정에 이상을 초래한다.

(10) 기형발생물질(teratogenic substance)

형태발생을 방해. 이는 배형성과 태아형성의 단계에 따라서 배아사망, 주요기관의 출산시 손상, 자연성숙, 출산 후 기능장애 등을 유발한다.

(11) 발암물질(carcinogenic substance)

2-8 공중보건 예방체계

질병이 발생되기 전 이를 막아내는 것이다.

공중보건에서 질병은 다음 6단계 과정(process)으로 감시(monitoring)된다.

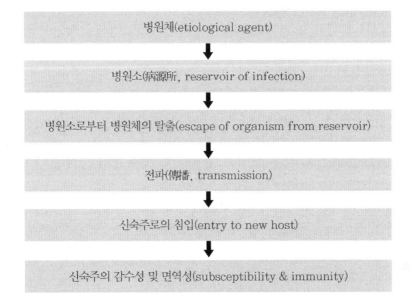

질병발생 예방은 이 6단계 과정의 연결고리(pintle)를 차단하는 것이다.

1. 3단계의 예방(prophylaxis)

(1) 1차예방(primary prevention)

① 의의

❶ 숙주의 질병발생 감수성기에 적용되는 것

❷ 조절기능이 파탄되기 전의 예방조치

❸ 건강인이 병들지 않고 건강상태를 최고 수준으로 향상시키도록 노력하는 것

② 방법

❶ 예방접종, 환경관리, 안전관리 : 건강 저해인자의 배제 내지 회피

❷ 생활환경 개선 : 일반 건강상태 증진

❸ 보건교육

선진국의 예)

● 과거 보건사업이 성공한 이유는 환경관리와 예방접종의 성공에 있다.

● 오늘날 만성질환 예방 못하는 것은 식생활 양식, 신체적 활동, 술, 담배, 기타 약물복용 등 뿌리박힌 개인생활 활동을 바꿔야 한다.

(2) 2차예방(secondary prevention)

① 의의

❶ 숙주의 증상발현 전기, 또는 임상질환기의 초기에 적용되는 것

❷ 질병상태에 있는 이를 대상

❸ 질병에 감염될 가능성이 있는 개인 또는 집단에 대한 건강진단 실시

❹ 적절한 의료 실시

② 방법

❶ 집단결핵 검진

❷ 암 건진

❸ 직업병 검진

❹ 종합검진

❺ 기생충 검진

❻ 질병의 조기발견 사업

❼ 기타

(3) 3차예방(tertiary prevention)

① 의의

❶ 정상적인 사회생활을 할 수 있도록 직업훈련 실시하는 것

● 장해된 신체기능의 회복

● 최소한도로 감소시키는 기능장해

● 남아있는 기능을 최대한도로 활용

② 방법

❶ 육체적 · 정신적 · 사회적 및 직업적 재활(rehabilitation)

암 조기발견 치료는 환자 자신으로는 2차 예방이지만 지역사회 입장으로는 전염성이 빨리 없어지기 때문에 1차 예방이 된다.

2-9 소독

1. 소독의 정의 및 내용

① 멸균(sterilization) : 모든 M/O 일체를 사멸하는 것

② 소독(disinfection) : 병원성 M/O의 생활력을 파괴시켜 감염력 및 증식력을 없애는 것

③ 방부(antiseptic) : M/O의 발육과 생활 작용을 억제 또는 정지시켜 음식물 등의 부패나 발효를 방지하는 것

2. 소독제의 살균작용 기전 : 두 세가지가 종합적으로 약효발휘

① 산화작용-염소(Cl_2)와 그 유도체, H_2O_2, O_3, $KMnO_4$

② 균단백응고작용-석탄산, 알콜, 크레졸, 포르말린, 승홍($HgCl_2$)

③ 균체의 효소불활화작용-알콜, 석탄산, 중금속염, 역성비누(린스같은 양이온계면활성제)

④ 가수분해작용-강산, 강알칼리, 열탕수

⑤ 탈수작용-식염, 설탕, 알콜

⑥ 중금속염의 생성작용-승홍, 머큐로크롬(수은 유기화합물을 알코올에 녹인 것, 옥도정기)

3. 소독제의 조건

① 높은 살균력을 가질 것. 즉, 석탄산계수(phenol coefficient)가 높을 것
   ❶ 석탄산 계수 = (사용하고자 하는 소독제 희석배수)/(10분의 장티푸스균 살균조건에서 표준석탄산 희석배수)

② 사람에 대한 독성(toxicity)이 낮아서 무독무해 할것

③ 안정성이 있을 것

④ 용해성(solubility)이 높을 것

⑤ 부식성과 표백성이 없을 것

⑥ 식품에 사용 후에도 수세가 가능할 것

⑦ 침투력이 가능할 것

⑧ 저렴하고 구입이 용이할 것

⑨ 사용법이 간편할 것

⑩ 방취력이 있을 것

4. 화학적 소독방법

① 석탄산(페놀, C_6H_5OH)

   ❶ 방역용 석탄산 3%(3-5%) 수용액 사용

   ❷ 열탕수로 사용하는 것이 효과적

   ❸ 장점-살균력 안정. 유기물에도 소독력이 약화되지 아니함.

     단점-피부점막의 자극성이 강하고 금속 부식성이 있음. 냄새 독성이 강함.

② 크레졸[$C_6H_4(CH_3)OH$]

   ❶ 크레졸 비누액으로 만들어 사용)크레졸 3 물 97의 비율)

   ❷ 석탄산보다 3배 강함. 냄새가 강함

③ 승홍(昇汞, $HgCl_2$)

   ❶ 살균력이 대단히 강함. 1000-3000배로 희석하여 사용

   ❷ 1000-3000배로 희석용액으로 대장균, 포도상구균(staphylococuus) 등을 10분 이내에 사멸시킴

   ❸ 단백질과 결합하면 쌀뜨물 같은 것이 생김.

④ 생석회($CaOH_2$)

   ❶ 생석회에 물을 가하면 발열→수산화칼슘이 됨

   ❷ 습기가 많은 분변, 하수, 오물, 토사물 등의 소독에 적당

⑤ 염소와 그 유도체

   ❶ 염소-상, 하수처리장 방류수 소독

   ❷ 표백분($CaOCl2$)-표백문을 물에 타면 차아염소산칼슘이 되어 유효염소를 공급. 음용수 소독에 0.2-0.4mg/L

⑥ 알콜

   소독용 알콜 75%, 인체의 피부 소독에는 에틸알콜 사용. 무아포균에 유효

⑦ 포르말린

    ❶ 메틸알코올을 산화하여 만든 포름알데히드의 35% 수용액

    ❷ 분무 또는 증기로 의류, 침구, 도서 등 실내소독에 사용

    ❸ 포르말린 1에 물 34 비율로 사용

⑧ 액성비누

물에 타면 음성비누와는 반대로 분자중의 양 ion이 활성화되어 살균작용이 강해짐. 보통 0.01~0.1% 용액을 사용

5. 살균제(disinfectant)의 도입

살균제의 약리작용이 병원균체 산화(oxidation)에 의한 구조파괴와 대사과정 저해이다.

(1) 종에 따른 약리제 차이

$$KC^n t = Log(N_1/N_2)$$

여기서, K : 비교상수

C : 농도

n : 희석계수

t : 접촉시간

N_1 : 최초의 미생물 농도

N_2 : 처리 후의 미생물 농도

의 식에서 C, N, t를 일정하게 하고 N_1, N_2 측정하면 종에 따른 약리제 효과가 비교 가능하다.

(2) 환경 조건에 따른 차이

테트라시이클린(Tetracyclin) 항생제가 페스트균에만 특유하게 작용하는 것처럼 살균제 약리 효과는 대상 병원균의 서식 환경에 따라 차이가 난다.

어느 약제의 농도를 여러 병원균 종에 적용할 때 살균 효과를 다음 식들로 판명한다.

- 약제의 농도

  $C^n t = \text{Constant}$

  여기서, C : 농도

  n : 상수(: 종에 따라 차이)

  t : 일정 %의 미생물을 사멸시키는데 필요한 시간

- 접촉 시간(contact time)

  칙스 법칙(Chick's law)을 이용한다.

  $$\frac{dy}{dt} = K(N_1 - Y)$$

  $Y = N_1$이라할 때

  $$\frac{N1}{N2} = e^{-kt}$$

- 병원균 세포 물리적 조건

  오래된 병원균 세포에 비하여 갓 생성된 병원균 세포가 약제의 빠른 침투로 인하여 감수성이 크다. 다음 비례식으로 결정한다.

  몸무게 kg당 x g : lethal dose(치명적 투여량)

- 온도

  온도가 증가하면 병원균 세포 효소 감수성이 증가하는데 그 정도를 Q_{10}으로 비교한다.

  $$Q_{10} = \frac{T+10℃에서의미생물효소의활동도}{T℃에서의미생물효소의활동도}$$

[표 13] 온도에 따른 병원균 세포 효소 활동도

효소(Enzyme)	Q_{10}
Catalase	2.2(10℃−20℃)
Maltase	1.9(10℃−20℃)
Maltase	1.4(20℃−30℃)
Succine oxidase	2.0(30℃−40℃)
Urease	1.8(20℃−30℃)

6. 물리적 소독방법

① 희석(dillution)

  ❶ 질병의 전염기회를 저하시키고, 새균자체의 발육을 억제

② 일광(sunlight) 및 자외선 멸균

  ❶ 태양광선 중 자외선(dorrno ray, 2900-3200Å)에 의한 소독작용

  ❷ 자외선 살균등은 2650Å 사용(수술실, 무균실, 제약실 등)

③ 한냉(cold)

  ❶ 세균의 신진대사 기능을 지연시키며. 세균발육에 필요한 효소를 소비 또는 파괴하는 화학변화를 일으킴

  ❷ 5℃ 이하의 냉장고를 사용

④ 진동과 전기(vibration & electricity)

  ❶ 매초 8800cycle 이상의 음파는 강력한 교반작용으로 충체를 파괴

  ❷ 20000cycle 이상의 진동은 장파장보다 훨씬 살균력이 강함

  ❸ 전류를 처리하면 균체가 함유하고 있는 NaCl 이온(sodium chloride ion)을 유리시킴

⑤ 건열(dry heat)

  ❶ 화염멸균 : 소독대상물체를 화염속에 20초 이상 접촉(핀셋, 유리봉, 백금이 등)

  ❷ 건열멸균 : dry oven속에서 160-170℃로 1-2시간 가열처리(주사침, 유리기구 등)

⑥ 습열(moist heat)

  ❶ 자비(煮沸)멸균

    100℃ 끓는 물에서 15-20분간 처리. 물에 중조 1-2%, 붕사 1-2%, 석탄산 5%, 크레졸 비누액 2-3%를 가하면 멸균효과가 증대됨

  ❷ 고압증기멸균

    autoclave를 이용. 포화증기 중에서 10LBS(115.5℃) 30분, 15LBS(121.5℃) 20분. LBS(126.5℃)에서 15분간 가열

    → 아포를 포함하는 모든 미생물을 확실히 사멸시킴

    → 초자기구, 의류, 고무제품, 약액 등의 멸균에 사용

  ❸ 유통증기멸균

    100℃의 유통증기로 30-60분간 가열

    → 고압증기멸균으로 부적당한 경우 사용

→ 증기멸균은 아포를 파괴할 수 없기 때문에 간헐멸균을 실시

1일 15-30분간 3회 실시. 휴지기간 중에 포자가 발아할 수 있으므로 20℃ 실온유지

❹ 저온소독

우유로 인한 질병발생은 폭발적이며 수일사이에 환자발생곡선이 정점에 이른다.

우유 63℃ 30분간, 아이스크림 원료 80℃ 30분간, 건조과길 72℃ 30분간, 포도주 55℃ 10분간 가열소독

→ 결핵균, 살모넬라, 부루셀라 등 포자를 형성하지 않는 세균의 멸균에 사용

→ chamber를 고온상태로 운전. 우유를 spray로 쏨

우유는 착유 후 일정시간까지는 세균이 증식하지 않고 오히려 감소하는데 이 현상을 자기살균현상이라 한다. 이 현상은 저온(4.4℃)에서는 비교적 오랫동안 지속되나 고온 (21.1℃)에서는 단시간에 소실된다. 생유는 냉각상태로 보존하는 것이 신선도를 유지 하는데 효과적이다.

우유는 5℃ 이하로 저장시 48시간까지 세균증식에 차이가 없다.

3 ≫

환경위생

3-1 위생학

그리이스 신화에 등장하는 아폴로(Apolo) 신의 아들 아에스쿨라피스(Aesculapius)의 딸 하이지에이아(Hygieia)가 건강의 신으로 숭배되면서 이 하이지에이아(Hygieia)의 용어가 서양에서는 최초로 위생을 뜻하게 되었다. 이후 주후 130년과 200년 사이에 생존하여 활약하였던 이탈리아의 의학자 갈레누스(Galenus)가 하이진(Hygiene)이라는 용어를 위생으로 사용하기 시작하면서 이 하이진(Hygiene)이 위생을 뜻하게 되었고 오늘날까지 그대로 사용되고 있다. 갈레누스란 유럽애서 약용식물을 뜻한다.

동양에서는 중국의 고전인 장자(莊子)에 위생(衛生)이라는 용어가 처음 등장한다.

위생을 사람의 행복한 삶을 위하여 건강을 관리한다는 뜻으로 풀이할 수 있다. 현재의 위생은 단순히 한 개인위생보다는 인간 집단이나 지역사회를 대상으로 한 환경위생으로 발전하고 있는데 세계보건기구(WHO, World Health Organization)의 환경위생전문위원회(Expert Committee on Environmental Sanitation)에서는 환경위생을 [인간의 신체발육 · 건강 및 생존에 유해한 영향을 미치거나 미칠 가능성이 있는 인간의 물질적 생활환경에 있어서의 모든 요소를 관리하는 것(Environmental sanitation means, the control of all those factors in man's physical environment which exercise or may exercise a deleterious effect on his physical development, health and survival)]이라고 정의하고 있다.

위생학(衛生學, Hygiene)이란 질병을 예방하고 건강을 유지 · 증진시키는 과학을 말한다. 초기 위생학은 개인위생의 범주에서 발달하였으며 프랑스 혁명과 영국의 산업혁명을 계기로 공중을 대상으로 하는 공중위생학으로 발달하였다.

협의의 위생학은 환경위생학이고 광의의 위생학이 공중보건학이다. 독일과 일본에서는 위생학이라고 부르지만 영국과 미국에서는 공중보건학 또는 예방의학이라고 부른다.

환경위생의 영역

1. 자연적 환경

(1) 이화학적 환경

- 공기 : 기온 · 기습 · 기류 · 기압 · 공기조성 · 공기이온 · 매연 · 가스 등
- 물 : 강수 · 수량 · 수원(지표수 · 지하수 · 복류수 · 해수) · 수질
- 토지 : 지열 · 지균 · 토지조성
- 빛 : 가시광선 · 자외선 · 적외선 · 방사선
- 소리 : 소음

(2) 생물학적 환경

- 동물 : 설치류(rodents) · 유해곤충 · 절지동물(arthropoda)
- 식물 : 수생식물 등
- 미생물 : 병원균(pathogen)

2. 사회적 환경

(1) 인위적 환경

의복, 식습관, 주택위생, 위생시설(상 · 하수도 시설)

(2) 사회적 환경

정치 · 경제 · 교육 · 종교

- 협의의 환경위생 영역은 사회적 환경을 제외한 환경을 말한다.

보건위생의 발달

1. 구미(歐美)에서 발달

 인류의 문화사를 석기시대→수렵시대→철기 및 농경시대로 나누어 볼 수 있다. 철기 및 농경시대에 들어서서 인류는 한 장소에 정착하기 시작하였고 인구가 점차 증가하였다.

(1) 원시시대

원시사회의 의학은 질병을 악귀의 장난으로 생각하여 마술이나 의식(儀式)으로 질병을 물리치려 하였다.

(2) 고대 그리이스 문명시대

마술이나 권위가 귀납법(어떤 이유로 무슨 병이 생긴다는 과학적인 방법)으로 대치되었다.

(3) 고대 신 로마시대

- 그리이스의 영향을 받아 환경위생이 높은 수준에 도달하였다. 실제로, 상하수도, 공중목욕탕을 건설하였고 비누와 유사한 세정제를 사용하였다.
- 로마제국 멸망 이후 약 1000년 동안 공중보건의 발달이 거의 없었다.

(4) 르네상스 이후 시대

- 위생에서 공중보건으로 변화하는 새로운 전기가 되었다.
① 19세기에는 산발적이지만 여러 분야에서 기초과학이 발달하여 응용과학이 발달하였다.
② 응용과학의 발달이 근대적 공중보건 활동의 기초가 되었다.

(5) 환경위생 시대(19세기 3/4분기)

• 18세기 말 산업혁명이 일어났다.

① 와트의 증기기관 발명(1765)

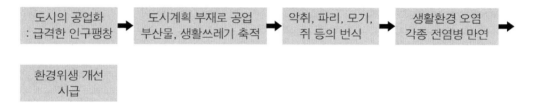

[그림 19] 산업혁명에 따른 도시의 공업화와 환경문제

❶ 특히, 영국과 미국에서 산업의 급속한 발달로 환경오염이 심각해 졌다. 환경오염 실태
조사에 이어 대책을 강구하기 시작하였고 능동 행정적으로 위생위원회가 탄생되었으
며 위생국 설치 등 후속조치가 시행되었다.

❷ 실태조사 결과가 공중보건 사업의 강력한 원동력이 되었고 그 대책은 도시 환경위생개
선을 촉진시켰다.

② 환경위생개선을 중심으로 보건활동이 전개된 시기였으므로 환경위생시대로 부른다.

(6) 전염병 예방시대(19세기 제 4/4분기)

전염병 예방을 위한 혁명기였다.

① 루이스 파스퇴르(Louis Pasteur), 로버트 코흐(Robert Koch), 베링(E. Bering) 등이 병원체
를 발견하였다. 이어서 존 스노우(John Snow)가 1855년 콜레라(Cholera) 역학조사를 하
였고 30년 후 코흐(R. Koch)가 콜레라(Cholera)균을 발견하였다.

② 세균학(Bacteriology)의 발달이 면역학(Immunology)의 체계를 조성하였다. 실제적으로,
병원체를 조작하여 접종함으로써 면역력을 생산하여 침입한 병원체를 박멸하였다.

• 공중보건사업으로 전염병 예방에 중점을 둔 시기였다.

(7) 사회보건 및 보건교육 시대(20세기 1/4분기)

산업의 고도화로 산업은 생산품 증산에 박차를 가하였다.

① 경제생활면에서 자본가와 노동자간의 빈부차가 격심해졌다.

② 영국에서 노동자의 생활이 비참하였다. 빈민굴이 형성되었고 이러한 모습이 찰스 디킨스의 1838년 소설 올리버 트위스트와 1843년의 소설 크리스마스 캐럴에 잘 묘사되었다.

③ 이러한 참상을 해소하려고 사회실태를 파악하고 이것을 기초로 위약성(危弱性)을 개선하는 방안이 모색되어 보건위생 사업은 산업노동자, 생활보호자 및 모자의 보호와 부조(扶助)에 집중되었다.

④ 이 사업을 뒷받침하고 사회보호의 손길을 가정에 뻗히기 위하여 보건원사업이 발달되었다. 여기에서 보건원 사업이란 보건원이 가정을 방문하여 개인위생을 교육하는 사업을 말하며 이들의 보건교육목적은 보건적 지식의 습관화내지 생활화에 있었고 가장 확실하고도 근본적인 변화를 가져오기 위함이었다.

- 특히, 미국에서 보건지도와 공중보건의 보급을 위해 보건교육의 중요성이 인식되었다. 그리고 보건원들이 가정주부·아동들의 올바른 생활습관을 위하여 보건교육을 수행하였다. 이것으로 합리적인 생활지식과 합목적적인 생활태도를 습관화함으로써 질병발생 억제와 사망률 저하를 기할 수 있었다.
- 20세기에 접어들면서, 전염병의 근절 내지 격멸, 평균수명 연장, 수명연장 등 국민보건이 현저하게 향상되었다.

(8) 사회보장 시대(20세기 2/4분기)

① 각국이 재정과 부담인구 감소로 위기에 처하였다.

② 이미, 1883년 비스마르크(Bismark)는 질병 보험제도에 이어 산업재해보상과 상해보험을 실 시 하였지만 소극성을 벗어나지 못하였다.

③ 현재와 같이 적극적이고 완전한 형태의 사회보장제도는 20세기 2/4분기에 와서 파급되었다. 구체적으로 미국에서 1935년에 사회보장법을 공포하였고 영국에서는 동류의 법을 1942년에 계획하고 1948년에 시행하였다. 스칸디나비아반도 3국은 미국과 영국의 뒤를 이어 시행하였는데 활동의욕이 저하될 까 염려될 정도로 사회보장이 절정을 이루었다.

④ 이와 같이 국가가 국민의 최저생활과 건강을 보장해야 할 의무를 지니는 것이 세계적 풍조 및 국제사회의 통념으로 되었다.

(9) 가족계획 시대(20세기 3/4분기)

① 영아사망률 등 일반사망률의 저하를 초래하였다.

환경위생개선, 전염병 예방실천, 보건교육시행, 사회보장 영위 등 공중보건 사업이나 활동이 활발해 짐으로써 영아사망률 등 일반사망률이 급격히 저하되었다.

② 구미의 인구가 급진적으로 증가하였다. 출생률이 완만하다하더라도 사망률의 격감에 비해 평형이 유지되지 않아 인구가 급격히 증가하였다.

③ 가족계획

- 20세기 3/4분기에 가족계획 사업이 왕성하게 수행되었다.
- 피임도구, 피임약의 계속적인 개발, 인공 임신중절 시비를 내포한 채 시행되었다.

(10) 70년대부터 공해문제, 환경위생

1차 보건의료, 지역사회보건, 건강증진이 강조되기 시작하였다.

2. 우리나라 보건위생 발달양상

유럽과 북미와 비교해 시기도 늦고 선후도 바뀌었다.

(1) 우리나라 보건위생 사업의 발달역사

○ 고구려 시절

한(漢)의학 업적이 수입되어 한방 의료가 시행되었으나, 공중보건 사업은 찾아볼 수 없었다. 이러한 상태가 조선시대 말까지 지속되었다.

○ 쇄국주의와 봉건사상

서양문명을 배제하였고 한방 의료와 민간요법 외에 무주술(巫呪術) 등 미신에 의존하였다.

○ 조선시대 갑신정변(1894)

서양문명이 수입되어 서양의학도 도입되었다.

① 정부는 위생국을 설치하였고 산하에 위생과(衛生課)와 경무과(醫務課)를 두었다.

② 위생과는 전염병예방을 비롯한 공중보건사업을 관장하였다. 공중보건사업이 정비 · 강화되어가는 도중 한일 합병되었다.

○ 1910년 한일 합병

조직과 구조가 달라졌다.

① 알정총독부가 중앙의 경무국과 지방의 경찰부에 위생과를 두었다.

보건행정을 경찰행정으로 바꾸어 강압적 취체행정(取締行政)·억압행정을 하였다. 이러한 취체행정은 통제·단속(control; regulation; supervision)행정이며 명령하달이 잘 되어 환경정비나 전염병 격리는 철저히 잘 되는 특징이 있다. 그러나 계몽이나 봉사에 의한 민간보건사업이 아니기 때문에 참된 보건사업이라 할 수 없다.

○ 8·15 광복(공중보건 사업의 큰 도약기)

2년간의 미군정하에서 위생과→위생국→보건후생국으로 되었다.

① 1946년 보건후생부로 승격

- 조직과 기능을 민주주의에 입각한 조장행정(助長行政)·자발적 행동유발행정으로 혁신하였다.
- 특히, 치료의학에서 예방의학에 사업의 중점을 두고 각 시도에 모범 보건소를 운영하였다.

② 1947년 : 남조선과도정부시대로서 이때는 일시적으로 보건기구가 축소되었다.

③ 1948년 : 대한민국 정부가 수립된 해로 보건후생부가 없어지고 보건위생업무를 사회부에서 관장하였다.

④ 1949년 : 보건부가 다시 독립되었다.

⑤ 6.25 동란 때 UN의 지원으로 구호병원이 각지에 생겨 의료 및 구호사업이 활발하게 운영되었다.

⑥ 1955년 : 사회부와 통합되어 보건사회부로 재조직되었다.

⑦ 1956년 : 보건소법(현 지역보건법)이 공포되었다.

- 각 시, 군, 구에 보건소가 설치 운영되었으나, 대부분 구호병원을 인수함으로써 보건소 활동이 제대로 안되었다. 이때는 보건소 활동이 구호사업으로 습관적으로 오인되던 시절이었다. 요원, 시설, 예산이 태부족하였다.

⑧ 1961년 5.16혁명이 있은 이후 공중보건학이 비약적으로 발전하였다. 이 시절 국민의 99.9%가 기생충을 보유하고 있었고 GNP가 86불 수준이었다.

- 보건행정 관계법령의 단독 제정 또는 개폐되었다.
- 공중보건 사업과 활동이 본 궤도에 오른다.
- 민간임의단체의 활발한 사업전개 및 신설→결핵협회, 나협회, 가족계획협회, 산업의학협회, 기생충박멸협회, 공해협회 등이 설립되었다.

(2) 대한민국 보건위생사업의 시대적 고찰

① 갑신정변(1894년)~일정 총독부 시대

천연두(smallpox), 콜렐라(cholera), 장티푸스(typhoid fever) 방역사업이 중점적으로 다루어진 전염병예방시대였다.

② 대한민국 정부수립~1961년 5.16

외국보다 시기도 늦고 선후가 바뀌었음에도 불구하고 상하수도정비사업을 중점적으로 다루었던 환경위생시대였다.

③ 1961~1965년

1962년 가족계획사업이 시작되었다. 이 시대를 보건간호원 및 보건소의 활동과 민간임의 단체의 활약 등이 있었던 사회보건 및 보건교육시대로 부른다.

④ 1965년~현재

가족계획 사업을 국가적으로 전개하여 가족계획 시대로 부른다.

⑤ 1976~현재까지를 사회보장도입 시대라 할 수 있다.

4 >>

이화학
환경요소

사람을 비롯한 동물들은 몇 달씩 음식물을 먹지 않고도 살 수 있고, 물을 며칠간 마시지 않고도 생명이 유지될 수 있으나 공기 공급이 일시적으로 수 분 동안만 단절되어도 생명유지가 어렵다. 여기에 공기의 중요성이 있다.

4-1-1 공기의 조성

공기는 대기권(Atmosphere)에 존재한다. 대기권은 대류권(Troposphere, 고도 0~10km, 기온체감율 -6℃), 성층권(Stratosphere, 고도 10~50km, 기온 상승율 +1.5℃, 오존이 생성되어 오존 층이라고도 함), 중간권(Mespphere, 고도 50~80km, 기온 체감율 -2.5℃), 열권(Thermosphere, 고도 80km이상)으로 나뉘어 지는데 공기는 지표면으로부터 5km 상공에 이르는 지점의 권역에 약 50%, 40km 상공에 이르는 지점의 권역에 약 99% 존재한다. 이런 점에서 보면 공기는 대류권과 성층권으로 나뉘어 존재하는 것을 알 수 있고 대류권 외에 성층권도 공기의 보고임을 명심하여야 할 것이다.

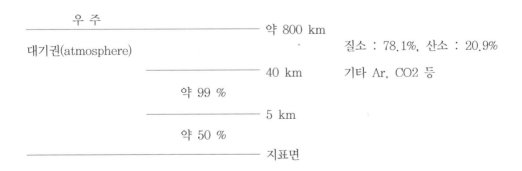

[그림 20] 권역별 공기량

태고 적부터 발생한 산불 등으로 인한 대기오염이 자연생태계에서 능히 정화될 수 있었음에도 이러한 자연생태계의 허용 용량을 고려하지 않은 마구잡이 대기오염물의 배출은 오늘날 심각한 공기오염을 일으키고 있는 것은 이미 주지하고 있는 사실이다. 다음의 [표 14]는 대기 중에서 농도가 잘 변하는 물질과 변하지 않는 물질들이다.

[표 14] 농도가 쉽게 변하는 물질, 쉽게 변하지 않는 물질, 잘 변하지 않는 물질

구 분	공기 물질	농 도
쉽게 변하는 물질	SO_2 NO_2 NH_3 O_3	0~1 ppm 0~0.2 ppm 극미량 0.07 ppm(겨울) 0.02 ppm(여름)
쉽게 변하지 않는 물질	Ne He Kr Xe H_2 CH_4 N_2O	18.18±0.4 ppm 5.24±0.004 ppm 1.14±0.01 ppm 0.087±0.001 ppm 0.5 ppm 0.2 ppm 0.5±0.1 ppm
잘 변하지 않는 물질	O_2 N_2 CO_2 Ar	20.946±0.002 % 78.084±0.004 % 0.033±0.001 % 0.934±0.001 %

1. 기온역전현상(氣溫逆轉現像, temperature inversion effect)

고도가 높아져도 체감율이 적용 안 되어 공기의 흐름이 정체되는 현상이다. 전 세계가 산업화를 거치면서 마구잡이로 배출된 대기오염물의 종류별 엄청난 량은 이 기온역전현상으로 대기오염을 더욱 심화시켜 왔다.

A. D. 61년 서양의 철학자 세네카(Seneca)는 "로마의 무거운 공기"와 "연기 나는 굴뚝에서 발산되는 악취"를 기술하였다. 1273년 영국의 에드워드 왕 1세(King Edward Ⅰ)는 런던을 뒤덮는 연기와 안개에 시달린 나머지 석탄의 연소를 금지시키기도 하였다. 영국 여왕 엘리자베스 1세(Queen Elizabeth Ⅰ)는 런던의 악명 높은 황색 스모그로 인하여 거처를 노팅검(Nottingham)으로 옮겼으며 그녀의 통치 말기에는 의회에서 석탄연소를 금지하는 법을 통과시키기까지 하였다. 1661년 존 에벌린(John Evelyn)은 그가 발행한 팜플렛(pamphle)을 통하여 "런던에서 연기를 발생하는 프랜트(plant)를 모두 제거하고 도시 주변의 녹지대(greenbelt)에 나무를 심을 것"을 권장하였다. 그리고 이 방법은 오늘날에도 공기 오염 해결책으로 권장되고 있는 사항이기도 하다. 그러나 그의 권고는 오늘날에 그렇게 실효 있는 방법으로 여겨지지 못하고 있다.

대기오염 피해에 대한 역사적 사실이 주로 영국과 관련하여 많이 기록되어 있다. 이는 환경오염의 시발의 한 원인이 산업화에 있고 영국이 산업혁명의 발원지라는 점에서 우리에게 시사하는 바가 크다.

1930년 깊이 100m, 길이 25km에 이르는 벨기에의 뮤즈 계곡(MEUSE valley)에서 기온역전(temperature inversion) 현상과 함께 SO_2, CO, 분진에 의한 오염지체현상이 3일간 지속되어 이로 인한 급성 호흡기장애 등이 발생하여 630명이 사망하고 수 천명의 환자가 발생하였다.

1948년 미국 펜실바니아 주 도노라 시(DONORA city)에서는 SO_x, NO_x, $(NH_4)_2SO_4$, 분진에 의한 오염현상이 4일간 지속되어 이로 인한 호흡기 질환, 심장병 등이 발생하여 17명이 사망하였고 도노라 시 인구의 43%가 환자로 판명되었다.

1952년 영국 런던 시에서는 농무형 스모그, 석탄 연료, SO_x, 분진에 의한 오염이 1 주일동안 지속되었는데 1주일이내에 4000여명이 사망하였고 1개월 이내에 8000여명이 사망하였다. 이 사건은 후에 런던 스모그 사건(LONDON SMOG Accident)으로 지칭되어 후세에 교훈으로 전해지고 있다. 당시의 사건을 비교적 상세히 기록한 다음의 글을 보면 그 때의 참상을 어느 정도 파악할 수 있을 것이다.

"1952년 12월 4일 목요일, 고온 기단(air mass)이 남부 잉글랜드 위로 이동하여, 기온 역전이 생기고 흰 안개가 런던 위에 떨어졌다. 석탄 난방 및 동력 생산 시스템의 과도한 이용 때문에 입자 및 이산화황의 수준이 증가하였고 이 안개는 검게 되기 시작하였다. 고기압 지역이 정체되면서 오염물은 축적되었다. 기류가 없어서 연기가 분산되지 않았기 때문이다. 금요일 아침 일찍 일어난 이들은 아무 것도 볼 수 없었는데, 한 경험자는 "흰 셔츠의 목덜미가 20분 안에 거의 검정 색이 되었다"고 회상하였다.

1954년 미국 캘리포니아 주 로스앤젤레스 시에서는 시 주변 고속도로상의 자동차 질주에서 비롯된 탄화수소(HC, hydro carbon), NO_x 등의 자동차 배기가스가 햇빛을 받아 오존(O_3), 과산화물, 알데히드(aldehyde), PAN(peroxyacetyl nitrate) 등으로 변하여 주변 주민들의 비·인·후계 기관의 질환을 유발하였는데 이 후 이 사건은 현대적 의미의 대기오염 사건 경우로서 로스앤젤레스 광화학 스모그 사건(LA. PHOTOCHEMICAL SMOG Accident)으로 불리어 후세에 교훈으로 전해지고 있다.

1984년 12월 3일 새벽 인도의 보팔시 유니온 카바이드 인도회사(UCIL) 보팔공장에서 유독가스 이소시안산메틸(Methylisocyanate : MIC)이 누출되어 바람을 타고 확산 하여 2500여명이 사망하고 14만명이 부상하고 수 십만명이 불구가 된 참사가 있었다.

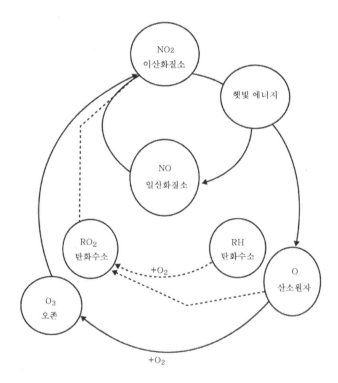

[그림 21] 대기오염물의 광화학적 반응 사이클

[표 15] 공기 오염의 세계적 사건과 인명 피해

시기	지역	발표된 사망자수	발표된 환자수
1873. 12. 9~11	영국 런던시		
1880. 1. 26~29	영국 런던시		
1892. 12. 28~30	영국 런던시		
1930. 12.	벨기에 뮤즈계곡	63	6000
1948. 10.	미국 펜실바니아 도노라시	17	6000
1948. 11. 26~12. 1	영국 런던시	700~800	
1952. 12. 5~9	영국 런던시	4000	
1953. 11.	미국 뉴욕시	미발표	미발표
1959. 1. 26~31	영국 런던시	1000	
1957. 12. 2~5	영국 런던시	700~800	
1958.	미국 뉴욕시	미발표	미발표
1959. 1. 26~31	영국 런던시	200~250	
1962. 12. 5~10	영국 런던시	700	
1963. 1. 7~22	영국 런던시	700	
1963. 1. 9~2. 12	미국 뉴욕시	200-400	
1966. 11. 23~25	미국 뉴욕시	미발표	미발표

1. 대기오염의 세계적 연관성

한 국가에서 발생하는 대기오염은 주변 여러 나라에 영향을 미친다.

(1) 지구적 대기오염 피해

1) 산성비(Acid Rain)

산성비란 대류권에서 하강하는 pH 5.6이하인 빗물을 이르는데 공장과 자동차 배기가스 중 SO_x, NO_x 등에 의해서 발생한다. 산성비는 삼림을 파괴하고 토양 미생물의 기능을 저하시키며 육상과 수중 생태계를 파괴할 뿐 아니라 건축물을 부식시키는 등 그 피해가 커서 현재, 국제적 관심 및 협상 대상으로 되고 있다.

2) 오존층 파괴(Ozone Layer Breakthrough)

오존층은 고도 16~48km의 상공에 위치하고 있는 성층권에 있다. 이 오존층은 지구대기권 밖으로부터 유입되는 유해자외선 등을 흡수하는 인류에게 유익한 층이다. 그런데 냉장고, 에어컨디셔너 등에 냉매제로 사용되고 있고 특히, 제트기의 엔진의 냉각제로 사용되고 있는 CFC(chlorofluro carbon, 일명 프레온 가스, 불화염화탄소) 물질 등이 유입 될 경우 오존층은 급격히 파괴된다.

오존층이 파괴될 경우 지상에 거주하고 있는 사람들에게 체내 DNA 분자를 분리하여 피부암, 백내장 등을 일으킨다.

3) 온실효과(Green House Effect)

온실효과란 지구 온도가 상승하는 현상을 말한다.

원인이 산업 연소가스의 배출인데 CO_2, CFC, SO_x, NO_x, CH_4, HC 등이 주요 온실가스로 지목받고 있다. 온실효과로 홍수 및 해일 등이 발생하며 현재, 국제적 관심 및 협상 대상이 되고 있다.

4) 황사(Loess)

입경이 0.002~0.05mm인 누런 흙먼지이다. 황사는 중국의 우루무치를 거점 도시로 하고 있는 타클라마칸 사막으로부터 발생하여 중국 대륙을 횡단하는 편서풍에 동반되어 우리나라에 악영향을 미친다. 멀리로는 미국 하와이제도까지 영향을 미치고 있다.

황사현상은 자연현상으로서 pH 저하를 유발시킨다. 주요 성분 농도가 산화실리콘(SiO_2)가 50~70%(pH 저하이유), 알루미나(Allumina)가 10~15%, 알칼리가 2~4%, 석회가 10% 정도이다. 우리나라에서는 연 평균 4.1일 동안 황사 바람이 분다. 이때에는 안질환, 호흡기질환, 알레르기 질환이 급증하고 공작기기가 작동불능이 되며 비행기 운항 금지, 세탁물 급증 등의 피해가 일어난다.

(2) GEMS 프로그램

1977년 세계보건기구(WHO, World Health Organization)와 세계기상기구(WMO, World Meteorology Organization)에서는 세계 오염방지 프로그램인 GEMS(Global Environment Monitoring System) 프로그램을 만들었다. 이 프로그램은 기본 목표를 WHO의 도시 측정치와 WMO의 대륙 및 세계측정치로 수행하는 것에 두고 ① 인간 건강 경고 시스템 확대 ② 세계 대기오염/기후이변 영향평가 ③ 농업 및 토지이용 실제 평가를 수행수단으로 삼고 있다.

4-1-3 주변 공기오염

　주변공기(AA, ambient air)를 옥외공기(OA, outdoor air)로 부를 수 있다. 주변 공기오염 (ambient air pollution)을 흔히 대기오염(air pollution)으로 부른다.

　오늘날 주변공기로 인한 인간의 신체발육·건강 및 생존에 유해한 영향을 미치거나 미칠 가 능성이 있는 인간 물질적 생활환경에 있어서 모든 요소는 대기오염현상(air pollution phenomenon)으로부터 원인 및 해결방법을 찾는다.

1. 주변 공기오염물 종류

　주변 공기오염물은 보통 분진(粉塵, particulate)이라고 부르는 입자상 물질(particle matter) 과 자동차 배기가스 등의 기체상 물질(gaseous matter)로 나눌 수 있다. 우리나라 환경보전법 에서는 입자상 물질을 "물질의 파쇄·선별·퇴적·이적·기타 기계적 처리 또는 연소·합 성·분해시 발생하는 고체 혹은 **액체상의** 미세한 물질"로 설명하고 있고 가스상 물질을 "물질 의 연소·합성·분해 시 또는 물리적 성질에 의하여 발생하는 기체물질"로 설명하고 있다. 입자상 물질과 가스상 물질의 종류와 개요가 다음과 같다.

(1) 입자상 물질(particle matter)

① 연무(煙霧, mist)

　축축한 고체물질 또는 액체방울이며 크기가 100~1μm이다.

② 먼지(dust)

　건조한 고체물질로서 크기가 100~1μm이다.

③ 연기(smoke)

　색을 띄고있는 고체물질로서 크기가 0.01~1μm이다.

④ 훈연(燻煙, fume)

　화학반응으로 응결된 고체 미립자로서 크기가 0.01~1μm이다.

⑤ 안개(fog)

　크기가 5~50μm인 액체 방울이다.

⑥ 박무(薄霧, haze)

옅은 안개로서 독성이 강하다. 크기가 0.01~50μm이다.

⑦ 스모그(smog)

연기(smoke)와 안개(fog)의 혼합물이다.

⑧ 기타

(2) 기체상 물질(gaseous matter)

① 탄화수소(HC, hydrocarbon)

불완전 연소기체로서 주로 자동차 시동 시 발생한다. 자동차 배기가스중의 탄화수소는 엔진의 실린더 내에서 연소되지 않는 연료가 분해되어 발생하는 것으로 메탄, 에단 등의 지급 탄화수소로부터 프로판, 부탄 등의 고급 탄화수소 또는 연료 자체로 여러 가지로 포함된다.

② 일산화탄소(CO, carbon monooxide)

불완전 연소산화물로서 연탄가스의 주성분이다. 우리나라에서는 연탄가스문제가 워낙 심각하여 자동차 배기가스내의 일산화탄소의 오염이 크게 부각되고 있지 않지만 미국에서는 도시지역 일산화탄소 오염의 90% 이상이 자동차로부터 배출되는 것으로 파악하고 있다.

③ 황산화물(SO$_x$, sulfur oxide)

주로 화석 연료를 태울 때 발생한다. 총 발생량의 80%를 차지한다. 자동차가 저속으로 운전할 때도 많이 발생한다. 황산화물 중에 대표적인 것이 아황산가스(SO$_2$)인데 아황산가스는 무색이고 냄새가 약하지만 자극성이 강한 특징이 있다. 아황산가스는 대기 중에서 햇빛을 받아 광화학적 또는 촉매적으로 반응하여 SO$_3$, 황산 및 황산염 등의 2차 오염물질을 만든다. 이러한 이차 발생물질은 시정거리(opacity)를 감소시킨다. 그리고 부식성이 있어 고적물 등을 퇴색시키기도 한다.

④ 질소산화물(NO$_x$, oxides of nitrogen)

총 발생량의 99%가 연료의 연소과정에서 발생하는데 특히, 자동차가 고속으로 주행할 때 많이 발생한다. 연료성분이 산화되어 발생하는 것이 아니라 대기 중의 질소가 연소과정에서 산화되어 발생한다. NO, NO$_2$, N$_2$O, N$_2$O$_5$ 등이 있는데 NO와 NO$_2$가 다량 발생한다. 위생적 가치로서 NO_2가 주요 관심이 기울여 지는데 이 가스는 산성가스로서 농도가 15ppm 이상이면 이비인후 기관에 자극을 주고 25ppm이상이면 폐에 영향을 미친다.

⑤ 휘발성 유기화합물(VOC, volatile organic compounds)

실온에서 석유화합물, 유기용제 등으로부터 발생하는 탄화수소 류 기체의 레이드 증기압이 0.3 킬로 파스칼보다 큰 것을 이르며 지구온난화를 일으키고 자외선을 강하게 흡수하여 오존을 생성시킨다. 독성이 강하여 발암성 물질로 알려져 있는데 도장산업과 자동차 등의 교통수단에서 가장 많이 배출된다.

⑥ 다이옥신(dioxin)

1872년 독일의 화학자에 의해 처음으로 합성된 이후 제초제나 살충제로 사용되어 오다가 베트남 전쟁에서 사용된 고엽제에 불순물로 함유되어 있던 2.3.7.8-TCDD에 의하여 기형아가 출생하는 등 커다란 환경문제를 일으킨 발암성 물질이다. 다이옥신 류는 크게 다이옥신(polychlorinated dibenzo-p-dioxin : PCDD)과 푸란(poly-chlorinated dibenzo furan : PCDF)류로 대별되며 배출원으로서 도시폐기물 소각시설이 주목받고 있다.

⑦ 기타

2. 주변 공기오염원

(1) 점오염원(point source)

화력 발전소나 대규모 공장 및 산업시설, 대형 보일러를 갖고 있는 관공서, APT 단지, 학교, 호텔 등 배출지점을 파악할 수 있는 오염원을 뜻하고 미국에서는 오염물을 년간 90.9 ton 이상 배출하는 시설을 점오염원으로 지정하고 있다.

(2) 면오염원(area source)

특정 국한 지역에서 대기오염물을 배출하는 다수의 소규모 점오염원이나 통틀어 취급하는 불확실한 고정 오염원을 이른다.

(3) 이동오염원(mobile source)

대 · 소형 각종 차량, 선박, 기관차, 비행기 등 이동하면서 대기오염물을 배출하는 오염원을 이른다.

3. 미기상(微氣象, micro weather)

국소 지역의 공기 흐름으로서 오염물질 이동과 확산, 침적 등을 이해하는데 도움을 준다.

(1) 미기상에서 역전현상의 종류

연돌(stack) 배출 연기의 너울거림(plume)으로부터 찾는다[그림 22].

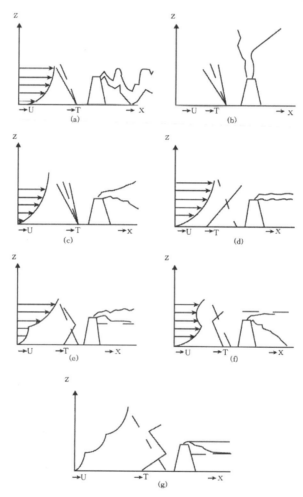

환상형(looping), 원추형(coning), 부채형(fanning), 상승형(lofting), 훈증형 (fumigating), 구속형(trapping)

[그림 22] 역전현상에 따르는 연돌(stack) 배출 연기의 너울거림

4. 건강피해(healthy harm)

(1) 호흡기 질환(respiratory illness)

호흡기 점막을 자극하여 급·만성 기관지염(acute & chronic bronchitis), 만성폐쇄성 폐질환(COPD, Chronic Obstructive Pulmonary Disease). 폐부종(肺浮腫, pulmonary edema. 폐수종), 폐기종(肺氣腫, emphysema), 악성 중피종(惡性中皮腫, malignant mesothelioma), 폐암(肺癌, lung cancer) 등

1) 진폐증(塵肺症, pneumoconiosis)

국제 진폐회의에서 분진의 흡입에 따라 야기된 폐의 진단 가능한 질환 또는 폐 내의 분진 집적과 이것이 존재함으로 인한 조직 반응으로 규정하였다.

- 규폐증(硅肺症, silicosis) : 광산 노동자, 유리규산(SiO_2)
- 석면폐증(石綿肺症, asbestosis) : 석면(asbestos)

2) 혈액 내 저산소증(hypoxia)

CO와 혈중 헤모글로빈과 결합하여 HbCO(carboxylhemoglobin)을 형성함으로써 혈액의 산소전달 기능을 방해하고 산소와 헤모글로빈의 결합체인 HbO_2의 분해를 방해함으로써 세포로의 산소공급을 더욱 방해

(2) 아황산가스(SO_2) 중독 증후군

- 점막, 피부 등의 수분에 잔재, 산으로서 자극을 통한 독작용을 일으킨다.
- 중독 증상을 나타낸다.
- 눈, 상기도, 폐, 위에 만성염증이 생기거나 흡수된 산 때문에 산혈증(酸血症, acidemia)을 일으킨다.
- 흡입농도가 0.008~0.0012% 전후에서 기침, 재채기가 생겨 반사작용을 일으킴.
- 0.002%이면 안 결막에 자극 증상
- 0.001%로 장기간 지나면 만성기관지 및 폐렴 증상 발생
- 천식(喘息, asthma) 유발

(3) 아질산(NO_2) 중독 증후군

- 호흡기의 조직과 세포의 파괴, 이로 인한 호흡기질환에 대한 면역성 감소

- 헤모글로빈과 결합하여 메트헤모글로빈(methemoglobin)을 형성. 산소전달을 방해하여 혈액 내 저산소증 유발
- 아황산의 피해와 거의 일치하는 호흡기 질환인 기관지염·폐기종(肺氣腫, emphysema) 및 폐렴(肺炎, pneumonia) 등을 일으킨다.
- 아황산은 천식까지 진전시키고 아질산은 섬유성 폐쇄 기관지염 및 폐암까지 진전시킨다.

(4) 오존(O_3) 중독 증후군

- 눈에 자극을 주어 통증유발
- 기관지 천식이 선천적인 알레르기성 체질을 가진 사람에게 증세가 발현
- 호흡기에 자극을 주어 만성 기관지 천식 촉진

(5) 다이옥신(dioxin) 중독 증후군

- 주목받는 발암성 물질
- 급성중독의 한계농도가 동물실험에서 모르모트에 대한 치사량 $0.6\mu g/kg$(체중) LD_{50}으로서 매우 강한 독성을 나타낸다.
- 동일한 치사율을 나타내는 파라티온과 시안화합물의 LD_{50}이 $5\sim50mg/kg$인 것을 보면 다이옥신이 얼마나 유독한지 알 수 있다.
- 만성독성으로는 다이옥신 이성질체 중에서 나타나고 독성이 약한 것은 다른 물질로 전환되나 독성이 강한 것(2.3.7.8-TCCD)은 잔류하여 효소의 활성을 저하시키고 지방간을 유발시키거나 세포의 면역기능 저하, 돌연변이 등을 유발한다.

(6) 주요 중금속 중독 증후군

① 납(lead, Pb)

납은 가장 많이 생산되고 가장 많이 사용되는 유독 중금속이다.

납은 가솔린의 안티 녹킹제(antiknocktants)로 사용되어 유기성 알킬 납(tetraethyl lead 혹은 tetramethyl lead)으로 대기 중에 배출되어 출현하며 담배 잎에도 납이 함유되어 있어 흡연에 의한 납의 피해 역시 간과할 수 없다.

혈액 중의 납은 혈장보다 적혈구에서 1.5배가량 더 흡수되고 연부조직, 신장(腎臟, kidney), 간(肝, liver) 등에도 축적되며 골 조직에도 흡착된다. 이러한 특성으로 납의 중독

증상이 첫째로 조혈기능 장애로 빈혈 증세를 나타낸다. 이 증상이 계속되면 중추신경계통을 침해하고 간이나 신장에 나쁜 영향을 미칠 뿐만 아니라 더 나아가서는 시신경 위축(萎縮, atrophy)에 의한 실명, 사지의 경련(痙攣, convulsion), 뇌성마비(腦性痲痺, cerebral palsy)까지 유발한다.

② 수은(Mercury, Hg)

수은은 각종 공업과정에서 촉매로 사용되어 실온에서 증발하여 출현하며 화석연료의 연소과정에서도 배출되어 출현한다. 수은은 무기수은과 유기수은으로 나뉘고 이 두 형태의 수은은 공히 급성 독성 증을 나타낸다. 유기수은 중 메틸수은은 만성 독성 증을 발생시킨다. 무기 수은은 신장이나 간에 축적되어 각종 장애를 일으키는데 그 중에서도 신장 세뇨관(腎臟 細尿管, renal tubule)의 손상이 심하고, 소장(小腸, small intestine, 작은 창자)이 침해되면 이질(痢疾, dysentery)을 일으킨다. 유기수은은 무기수은과는 달리 신장으로는 적게 배출되며 주로 창자로부터 배출된다. 미나마따(みなまた)병이 대표적 질병인데 뇌피질부의 위축을 통한 손가락, 혀 등의 마비와 언어 및 보행 장애, 연하곤란(嚥下困難, dysphagia) 및 청각과 시각의 장해를 나타낸다.

③ 카드뮴(Cadmium, Cd)

카드뮴은 아연광 중에 탄소염이나 황화물로 함유되어 있다. 대기 중의 출현은 아연의 정련과정에서 발생하고 주로 금속 흄(hume)으로 나타난다. 이타이이타이(いたいいたい, 아프다 아프다)병이 대표적 질병인데 뼈 중의 칼슘 대사가 방해를 받아 뼈의 연화를 초래하고 심한 통증이 생기는 동시에 골절상을 보인다. 급성 중독증상은 구토(vomiting), 복통, 이질 등이 나타나며 기관지염이나 폐렴(pneumonia)을 일으키는 경우도 있다. 만성적인 경우에는 취각신경의 마비와 폐기종 등을 일으키는 한편 이로 인한 동맥경화증이나 고혈압을 유발한다.

④ 니켈(Ni)

니켈은 원광석 이외에 무기 석면이나 석탄 중에도 대량 함유되어 있다. 합금에 의한 귀금속 장식품 및 스테인레스 등의 재료로 많이 사용되는데 대기 중의 출현은 채광과 제련과정에서 많이 나타난다. 이 과정에서 발생하는 기체상 유독 니켈물질이 주로 니켈카르보닐인데 주로 작업환경에서 많이 발생한다. 니켈카르보닐은 질식·오심(nausea)·구토 및 두통 등의 증상을 나타내고, 심할 경우에는 호흡촉진, 청색증(cyanosis), 허탈(collapse) 상태에 빠져 죽고 만다.

⑤ 크롬(Chromium, Cr)

크롬은 도색 원료로서 도금업에 종사하는 근로자들에게 직업병을 일으킨다. 비중격 천공, 만성기관지염, 발암증상의 전구증세를 나타낸다.

⑥ 셀렌(Selenium, Se)

셀렌은 원래 생물의 당대사과정에서의 탈산소반응에 관여하는 동시에 바타민 E의 증가나 지방분의 감소에도 효과가 있으며 비소의 길항제로서도 관여하는 것으로 알려져 있다.

셀렌은 광전지나 정류기의 제조, 구리, 금, 은 등의 금속 제련을 할 때나 신문지, 고무, 석탄 등이 연소될 때 반드시 방출된다. 셀렌 원소 자체로는 비교적 해가 없다. 그 산화물인 셀렌 가스나 유기성 알킬셀렌이 유독하다. 셀렌에 급성으로 중독되면 코피, 기침, 현기증. 후두 의 부종(edema), 호흡곤란 및 강한 전두부의 두통, 경련, 혈압강하 및 호흡의 불완전 등의 증상을 보인다. 셀렌 함량 5~10ppm 정도에서 인체나 가축에게 만성 셀렌 증을 일으켜서 우울증(depressive disorder), 피로, 소화 장해, 황달(jaundice), 복수증(腹水症, ascites). 간ㆍ신장ㆍ심장의 장해 및 비장(脾臟, spleen, 지라) 장해 등을 수반하는데, 특히 셀렌의 먼지나 가스에 장기간 폭로되면 폐 조직의 이상 증세를 일으킬 수 있다.

⑦ 바나듐(Vanadium, V)

바나듐은 금속의 정련, 바나듐 함유연료의 연소, 정유공정, 바나듐 합금 생산공정을 비롯 하여 황산 생산공정의 촉매로 널리 사용되므로 이러한 사유로 대기 중의 오염물로 출현. 인체생리에 미치는 바나듐의 영향으로는 콜레스테롤, 인지질 및 지방분의 합성을 저해하 거나 기타 다른 영양물질의 대사 장해를 일으킨다. 고 빈도의 만성기관지염과 순환기 계통 의 질병이 발생하고 특히, 이산화바나듐에 폭로된 근로자는 혈청 콜레스테롤의 양이 평균 10% 저하하고, 소화기, 호흡기 장해, 기침, 폐출혈, 기관지염 및 신장장해 등의 증상을 보 인다.

⑧ 아연(Zinc, Zn)

아연도 다른 금속류와 마찬가지로 정제할 때 혼합물로서 금속 흄이 되어 인체에 악 영향을 미친다. 증세로는 오한, 구토 및 고열 등을 일으킨다는 점이 다르다.

5. 심미적 피해(esthetic harm)

공공시설, 역사적 유물 등의 부식 및 탈색으로 인한 피해이다.

6. 주변 공기오염 관리

(1) 대기 중에서 희석효과

태고 부터 지구에서 발생한 산불 등으로 인한 대기권 공기오염 현상은 태양열 에너지에 의해 생성된 기압 차, 바람과 강우로 정화되어 왔다. 그러나 자연정화 능력을 초과하는 주변 공기오염물의 배출은 역전현상(逆轉現想, inversion effect)과 함께 그 피해를 더하여 왔다.

강이나 하천이 바람직하지 못한 결과가 생기지 않게 하면서 특정 오염물질 부하를 흡수할 수 있는 것처럼, 대기도 일정량의 공기 오염물질을 동화하여 나쁜 영향이 생기지 않게 할 수 있다. 대기 중에서의 공기 오염 물질의 희석은, 대기 안에 오염물이 바람직하지 못한 수준이 되지 않도록 하는 중요한 과정이다. 공기 오염 물질의 대기 중에서의 분산은 환기, 대기 난류, 분자 확산 등에 기인한다. 그러나 기상 및 입상 공기 오염물질은 주로 바람의 작용 및 대기 난류에 의하여 주변 공기 중으로 분산되는데, 그 대부분은 소규모 수준으로 일어난다.

기상 현상에 관한 지식이 있고 기후 시스템을 형성하는 여러 인자를 이해하고 있으면 공기오염 잠재성을 예견할 수 있다. 이 예견하는 방법을 모델링이라 하는 것으로서 실험적 분산모델들이 대부분이다. 분산 모델 중 가장 많이 알려져 있는 것이 파스킬(Pasquil)과 기포드(Gifford)의 것이다. 이들에 의해 제시된 분산모델은 가우스(Gauss) 분포를 나타내고 수평 및 수직 방향에서의 Gauss 분포의 좌표계를 나타내는 파스킬과 기포드의 분산모델이 다음과 같다.

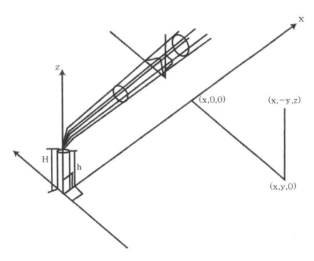

[그림 23] Gauss 분포의 좌표계를 나타내는 파스킬과 기포드의 분산모델

(2) 대기오염 지표

대기를 관리하기 위하여 정해 놓은 물리, 화학적 지표

① 환경기준(environmental standard) : 환경보전을 위하여 요구되는 수준, 행정지도 수준

② 배출기준(emission standard) : 환경기준 달성위한 인자별 배출농도 수준, 행정규제 수준

- 아황산(sulfur dioxide)
- 일산화탄소(carbon monooxide)
- 아질산(nitrite)
- 부유분진(TSP, total suspended particulate)
- 광화학적 산화물(photochemical oxidants) : O_3, PAN(peroxy-acetyl nitrate) 등
- 탄화수소(HC, hydro carbon)

  검댕이(soot), 담배연기 중 benzopyrene, benzoacephnanthrylene, benzofluroranthrene
- 암모니아(ammonia) : 악취 물질
- 기타 유해 물질 : HCl, HCHO(포름알데히드), F, Cd, Pb, CN, Br, 벤젠, Cr, Cu, 페놀, As, Zn, Ni 등의 기화물질

(3) 대기오염 방지대책

1) 대기오염물 생성관리

① 연료 또는 원자재의 관리

② 산업공정 변경

대기오염물을 많이 배출하는 생산시설 등의 산업공정이 변경되어야 한다. 1980년대 우리 사회에 대기오염에 대한 경각심을 불러 일으켰던 원진레이온 사건이 그 좋은 예가 되는데 산업공정의 변경은 주변 공기오염뿐만 아니라 산업위생 차원에서 실내공기오염의 적극적 대책으로서 필수적인 것이 된다.

③ 제거장치의 점검 및 교체

대기오염물 제거 장치들이 그 기능을 제대로 발휘 못한다면 오염이 더욱 심각하게 되는 사실은 불 보듯 뻔한 것이다. 수시로 점검하여 이상 징후를 파악하고 도저히 그 기능을 발휘 못한다고 판단되면 즉시 교체하여야 한다.

④ 운영 및 보수 절차 개선

아무리 훌륭한 시설이라 하더라도 운영 및 보수방식이 적절하지 못하다면 쾌적한 대기 환경을 유지할 수 없다. 예를 들어 쓰레기 소각장의 연돌 말단 부에 설치되어 있는 다이옥신

제거용 반 건조 스프레이 탑(semi drying spray tower)의 성능이 아주 우수한 것임에도 불구하고 운영이 부실하거나 문제 발생 시 보수가 적절치 못하다면 문제는 커진다.

2) 대기오염물 희석

대기 오염물을 배출하는 프랜트(plant)가 환기가 양호한 입지에 위치하거나 오염물을 배출하는 연돌(stack)이 높게 설치되는 것 등이 모두 희석 효과를 노리는 것이다.

연돌이 높으면 역전층을 뚫고 올라가서 오염물질을 분산시킬 수 있으므로, 일반적으로 착지 농도가 감소한다. 그러나 배출원에서 멀리 떨어지기는 하더라도, 올라간 것은 반드시 내려온다는 사실이다. 이러한 점에서 보면 희석은 잘 해야 단기적 조절 수단이 되고, 잘못되면 아주 바람직하지 못한 장기적 영향을 초래하는 수단이 될 수 있음을 명심하여야 한다.

3) 대기오염물 배출 전 관리

장기적 공기오염 방지의 관점에서는 그 배출원에서의 오염물질 조절이 희석보다 바람직하고 효과적인 방법이다. 오염물의 배출 전 관리는 여러 가지 방법으로 수행할 수 있다. 첫째로 가장 효과적인 방법은 무엇보다도 오염물질이 나오지 않도록 막는 것이다. 나머지 방법은 오염물질을 완전히 제거하지는 못하지만 배출을 감소시키는 것이다.

4) 대기오염물 처리장치

① 중력침강기(gravity settling chamber)

중력을 이용하여 오염물질을 제거하는 것이 기본 원리이다. 다음 그림에서처럼 중력 침강기 입구로 유입된 먼지나 가스가 갑자기 넓어진 통과 단면적을 지나면서 유속이 떨어지고 이 떨어진 유속으로 먼지나 가스가 더스트 호퍼(dust hopper)로 침강한다.

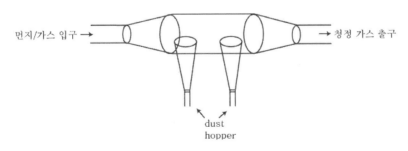

[그림 24] 중력침강 장치

② 관성침강기(cyclone)

사이클론(cyclone)이라고도 부르는 것이며 회진 가스의 원심력에 의해 입상물질이 제거되는 것이 기본 원리이다.

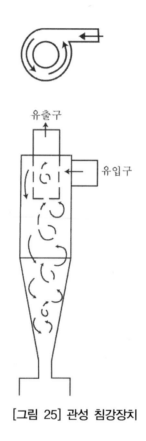

유출구

유입구

[그림 25] 관성 침강장치

③ 동적집진기(dynamic precipator)

회전 날개의 작용으로 입자가 원심력을 갖게하여 제거하는 장치이다.

④ 습식집진기(wet scrubber)

입상물질 입자가 액적과 직접 접촉하게 하여 제거하는 장치이다. 습식집진기 중 유명한 것이 벤트리 스쿠러버(ventri scrubber)인데 입경 0.5~5 μm의 입자 제거에 효과적인 것으로 알려져 있다.

⑤ 직물여과기(fabric filter)

입상물질 입자가 직물 섬유 간극에 걸리게 하여 제거하는 장치이다. 0.1μm 정도의 입자도 상당히 제거되는 것으로 알려져 있다.

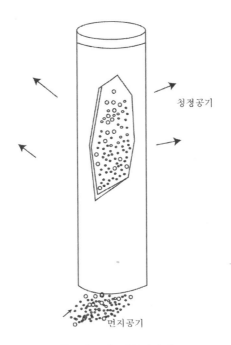

청정공기

먼지공기

[그림 26] 직물여과기

⑥ 전기집진기(ESP, electrostatic precipitator)

전하력을 띈 입상물질 입자를 (+), (-) 전극에 포집하여 제거하는 장치이다. 이 장치의 기본
원리가 자연계에서의 코로나 방전(corona discharge)에 있는데 코로나 방전은 개기일식때
검은 태양의 둘레에 진줏빛으로 빛나 보이는 태양 최 외층의 대기상태와 같이 방전되는 현
상을 이른다. 외관이 왕관과 비슷한 전기 스파크 불꽃과 유사하며 세인트 엘모어의 불꽃
(St. Elmore' fire)으로도 알려져 있다. 세인트 엘모어의 불꽃이란 망망대해를 항해 중이던
세인트 엘모어란 범선이 뇌운이 이는 기상 하에서 항해를 하게 되었고 이때 돗 대 끝에서 나
타나는 불꽃을 이르는데 이 불꽃이 주위 물질들에 전하를 띄게 하는 작용을 하는 코로나 현
상의 불꽃이란 것이다.

이 집진기의 기능이 다음과 같다.

● 하전된 전선(wire) 사이로 공기흐름 중의 부유입자가 하전되고

● 전기집진기 사이에서 교대로 (+) 및 (-)로 하전되어

● 공기 부유 입자 중 액상물체가 이 관 표면위로 수집되고

● 중력에 의해 수집통으로 배수된다.

지금까지 개발된 집진기 중 가장 효율이 좋은 것으로 알려져 있으며 제거 효율이 거의
100%인 것으로 알려져 있다.

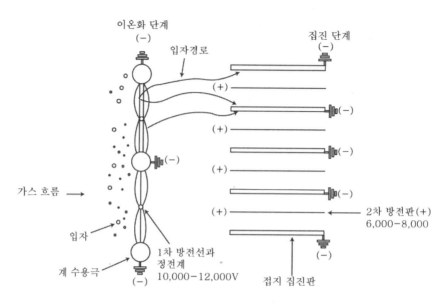

이온화 단계 (−)

입자경로

집진 단계 (−)

가스 흐름 →

입자

계 수용극

1차 방전선과 정전계 10,000−12,000V

(+)

(−)

(+)

(−)

(+)

(−)

(+)

(−)

(+) ← 2차 방전판(+) 6,000−8,000

접지 집진판

(−)

[그림 27] 전기집진 장치

⑦ 흡수(absorption)

오염된 배출가스를 액상 흡수제(주로, 알칼리 수용액)와 접촉시켜서 배출가스 중의 한 가지 또는 그 이상의 성분을 제거, 처리 또는 변화시키는 방법이다. 연돌 말단부에 물과 석회를 이용하여 아황산가스를 제거하는 것도 한 가지 흡수 기작인데 처리효율이 가스 및 용매 성질, 용액상의 가스압력, 계의 온도, 난류, 유량, 장치에서 사용되는 충진물의 종류에 좌우된다. 흡수제로 알칼리 흡수제가 사용되는데 알칼리 토류 화합물을 마그네시아(magnesia, MgO process) 법으로 제조한다. 다음과 같은 향류(向流, countercurrent flow) 체계(體系, system)로 운전된다[그림 28].

청청액 →
오염액 ←

반응기

청청가스 →
오염가스 →

[그림 28] 향류 시스템

⑧ 흡착(adsorption)

다공성 고체물질(주로, SiO_2)인 흡착제(adsorbent)에 배출가스를 통과 시켜서 물리 또는 화학적 흡착으로 흡착질(adsorbate)이 붙게 되어 제거되는 공정이다.

흡착에는 물리적 흡착과 화학적 흡착이 있는 데 물리적 흡착에서는 이슬점의 생성이 무척 중요하다. 이슬점(dew point)이란 어떤 온도의 공기를 일정 압력 하에서 온도만 내리면 그 관계온도가 점점 증대하여 결국에는 포화상태에 이르고 그 이후는 공기 중의 수증기가 응결하기 시작할 때의 온도를 뜻하는 것으로서 끓는점이 높을수록 흡착 량이 증가하고 유효 고체 표면의 양에 정비례하며 압력을 낮추거나 온도를 높이면 흡착된 기체가 탈착되는데 이 탈착 효과가 흡착 공정의 성공 변수가 된다. 화학적 흡착의 핵심은 원자가 힘(valence force)로서 오염가스가 흡착제와 화학결합을 이루는 것을 이른다.

⑨ 응축(condensation)

응축이란 압축에 의해 포화상태로 된 기체가 액체로 변화하는 현상을 이르는 것으로서 응축기의 종류로 표면 응축기(surface condenser)와 접촉 응축기(contact condenser)가 있다.

⑩ 연소 혹은 소각(combustion or incineration)

공기오염물질(주로, HC나 CO)을 불에 태워 무해한 이산화탄소나 물로 전환시키는 조작을 이른다.

❶ 직화연소(direct flame combustion)

보조 연료를 첨가하여 폐가스를 연소기에서 직접 태우는 조작을 이른다. 직화 연소 중 플레어 연소(flare combustion)가 있는데 이 플레어 연소란 개방 연소장치로서 연돌 상부의 폐가스 유입을 흐름 말단에 만든 것을 이른다.

❷ 열연소(thermal combustion)

가연성 오염물의 농도가 낮을 경우 예열하여 580℃~927℃ 온도의 열로 만들어 연소시키는 조작이다.

❸ 촉매연소(catalytic combustion)

폐가스 중에 가연성 물질이 너무 적어서 직화 소각하기가 어려울 경우 이용하며 촉매 자신은 화학변화를 하지 않으면서 산화속도를 촉진하여 소각에 필요한 체류시간을 줄이는 데에 운전의 초점이 있다. 열 소각에서는 촉매소각에서보다 20~50배의 긴 시간이 필요한 것으로 알려져 있다.

촉매연소는 오염원별로 다양하게 적용하는데 SO_2의 경우 오산화바나듐 촉매를 이용하고 연돌 가스 내 SO_2를 90% 정도 제거한다. H_2SO_4 mist가 생성되며 비싼 설치비, 촉매 피독 가능성, 황산의 경제적 의존성 등이 단점으로 여겨지고 있다.

NO_x의 경우 백금 촉매를 이용하는데 연돌가스 내 NO_x를 90% 정도 제거한다. 대규모로 응용되는 곳이 실산 공장으로서 최종 신물로 말단 배출 가스와 CO, CH_4를 만든다.

탄화수소(HC, hydro carbon)의 경우 활성 알루미나에 금속화합물을 함침(含浸, inpregation) 시킨 촉매를 이용하고 연돌가스 내 HC를 95% 정도 제거한다.

CO의 경우 Pd(II)와 Cu(II) 촉매를 이용하고 CO를 CO_2로 전환시킨다. 운전 온도가 200-220℃이며 담배 필터에 응용할 경우 CO를 97% 제거하는 것으로 알려져 있다.

우리나라 자동차의 배기가스 제거장치가 촉매 연소를 이용한 것으로서 삼원 촉매 장치 (three-way catalytic converter system)가 그것이다. 삼원촉매는 백금과 팔라듐, 로듐, 루테늄으로 이루어진 촉매를 이르고 주요 반응이 다음과 같다.

$$HC, CO + NO_x \text{ 중의 산소} \rightarrow CO_2 + N_2 + O_2$$

4-1-4 실내 공기오염

1. 실내기후

실내공기오염(Indoor Air Pollution)을 실내기후(indoor climate)의 조건으로 살펴볼 수 있다. 기후(clomate)란 일기(weather)의 평균상태를 표시한 대기현상의 총합이고 일기란 1일 동안의 기상상태를 말한다. 기상(weather conditions)이란 맑음(晴, fine), 흐림(雲, cloidy), 눈(雪, snow), 비(雨, rain), 고기압·저기압, 태풍 등을 말하고 기후요소란 기온·기습·기류·기압·풍향·풍속·강우·구름량 및 일조량 등을 말한다.

보통 기후의 3대 요소를 기온·기습·기류로 들며 기후인자란 위도·해발·위치·지형·수륙분포 및 해류 등을 말한다.

(1) 온열지수

인체의 열 교환에 작용하는 온열요소에 의해 형성된 종합적인 상태를 단일척도로 표시한 것
① 쾌감 대 : 무풍, 안정 시 쾌감을 느낄 수 있는 기후. 쾌적 지수
- 쾌적선 ; 피검 인원 중 97% 이상이 쾌적감을 줄 수 있는 감각온도의 선
- 평균 쾌적대 ; 겨울, 화씨 63-71도. 여름, 화씨 66-75도

② 불쾌지수 : 기온과 습도에 따라 사람이 느끼는 불쾌감을 수치로 나타낸 것.

미 기상국, E. C. Thomson.

$$DI = (Ta\text{℃} + Tw\text{℃}) \times 0.72 + 40.6$$

DI : 불쾌지수

Ta : 건구온도

Tw : 습구온도

DI≥70 → 다소 불쾌, DI≥75 → 반수이상 불쾌, DI≥79 → 모든 사람 불쾌, DI≥90 →
매우 불쾌임.

③ 감각온도 : 기온, 기습, 기류의 3인자가 종합적으로 작용하여 인체에 주는 온감. 실효온도.
기온 화씨 t 도, 기습 100%, 무풍상태를 기초로 한다. 대기환경의 기온이 화씨 65도라 하면
습도 100%의 무풍일 때 감각온도는 화씨 65도이고 복사열은 고려하지 않는다.

④ 수정감각온도 : 기온, 기습, 기류, 복사열 4가지 요소가 인체에 주는 온감지수

⑤ 지적온도 : 실내의 온열조건이 인체에 주는 이상적인 상태

⑥ 등온지수 : 기온, 기습, 기류, 복사열을 가해서 습도 100% 무풍상태일 때 주위의 물체가 기
온과 동일온도로 되었을 때 등온감각을 주는 상태

⑦ 카타냉각력 : 공기가 인체로부터 열을 빼앗아 가는 힘. 인체표면에서 열손실 정도를 정하
는데 사용. 체감온도

⑧ 습구, 흑구온도지수 : 직사광선의 옥외환경을 평가하는데 사용. 고온작업 허용기준 이용한다.

(2) 쾌적 조건(pleasure condition)

① 실내온도(room temp.) : 복사열에 의한 인체의 가열과 인체로부터 저온 물체로의 복사열
과 실외로부터 들어오는 복사열의 합이다. 23±3±2℃이다.

② 실내습도(room humidity) : (일정 부피의)(수중기량/공기량)×100. 55%±15%이다.

③ 실내기류(room air current) : 풍속 0.5m/sec 이하인 공기흐름이다.

④ 청정도(immaculateness degree) : 먼지 0.15mg/m³이하, CO_2 1000ppm이하, CO 10ppm이하

⑤ 무풍 : 풍속 0.1m/sec 이하의 공기흐름이다.

⑥ 불감기류(insensible current) : 풍속 0.2-0.5m/sec의 공기흐름이다.

[표 16] 안정시 체온 생산율(체중70kg)		
부 위	체열생산(Cal)	%
골 격 근	1,000	59.5
간	368	21.9
신 장	74	4.4
심 장	60	3.6
호 흡	47	2.8
기 타	131	7.8
계	1,680	100

[표 17] 체온 방출율(1일)		
방 열 종 류	방산열량(Cal)	방열비율
분 뇨	48	1.8
호 흡	84	3.5
폐 포 증 발	182	7.2
피 부 증 발	364	14.5
피부복사전도	1,792	73.0
계	2,470	100

(3) 군집독(群集毒, crowd poisoning)

다수인이 밀집한 실내공기의 요소가 물리화학적으로 조성이 변화하면 실내 거주인들 에게
는 불쾌감 · 두통 · 권태 · 현기증 · 구기(토기) · 구토 · 식욕부진이 발생한다. 원인은 취기 ·
온도 · 습도 · 기류 · 연소가스 · 이온 · 분진 등에 있다.

(4) 기후조건과 건강

① 일교차 : 해뜨기 전 30분의 기온과 오후 2시경의 기온 차
② 연교차 : 1년 중 최고, 최저 기온 차. 연교차가 좁은 상태가 생리적 기능이 좁은 상태
   24℃ : 생리기능이 가장 크게 변화하는 기온
③ 18±2℃ : 사람이 가장 활동하기 좋은 상태
   40~70% : 사람이 가장 활동하기 좋은 기습

(5) 실내 공기요소의 작용

1) 산소(O_2)의 작용

- 혈액내의 혈색소(hemoglobin, Hb)와 결합→체조직에 운반→에너지 산출
- 산출된 에너지의 5% 정도가 체내물질대사에 이용
- 체내 물질내사에서 생성된 약 4%의 CO_2가 호기에 섞여 대기 중으로 방출
- 항상성(homeostasis) : 자연계에서 O_2와 CO_2가 일정한 농도를 유지하는 이유
- 성인이 안정 상태를 유지하기 위한 산소량

1시간 약 480L의 공기량. 1일 약 550-600L의 산소량 필요

- 흡기 중 산소함유량이 약 14%이하(해면의 2/3)이면 저산소증(hypoxia)
- 대기 중의 산소분압(160mmHg), 산소농도(21%) 이상이면 산소중독(oxygen poisoning)
- 실내 산소량이 10% 이면 호흡곤란. 7% 이하이면 질식사의 위험

[표 18] 호흡시 공기조성

구 분	산 소(%)	탄산가스(%)	질 소(%)	수 증 기
흡 기	20.93	0.03	78.10	대기와 동일
호 기	16.00	4.00	79.00	포화상태

2) 질소(N_2)의 작용

① 호흡할 때 단순히 기도를 출입할 뿐 생리적으로는 불활성인 기체

② 인체에 직접적 영향은 주지 않지만 산소농도에 다소간 관여

- 호흡할 때 단순히 기도를 출입할 뿐 생리적으로 불활성이므로 인체에 직접적 영향은 없음
- 급격 기압 강하증(rapid decompression sickness)·잠함병(潛艦病, caisson disease) 고기압 상태에서 저기압/정상기압으로 갑자기 복귀할 때 체액 및 지방조직에 질소가스가 발생 모세혈관 차단(기체 색전증, gaseous embolism) → 동통성(疼痛性, dolorific)관절장애(bend)

③ 3기압 : 자극작용

④ 4기압 이상 : 마취작용

⑤ 10기압 이상 : 정신기능 손상. 사망

3) 이산화탄소(CO_2)의 작용

① 산소의 독성과 질소의 마취작용을 증가

② 관절장애(bend)현상

- 3%이상이면 불쾌감. 5%이상이면 호흡수 증가. 7%이상이면 호흡곤란. 10%이상이면 사망
- 허용치 : 0.07~0.1%
- 산소의 독성과 질소의 마취작용을 증가. 관절장애 현상

4) 일산화탄소(CO)의 작용

- 물질의 불완전 연소 작용의 결과
- 연소초기와 말기에 많이 발생
- 연탄가스 중독→혈액 내 저산소증(hypoxia)
- CO+Hb : CO는 O_2에 비해 Hb결합력이 250-300배
- 급성중독, 미량으로 장기간 폭로 시 만성중독), 신경중독(신경증상)
- HbCO 10%↓이면 무증상. 20%↑이면 임상증상. 40-50%이면 두통. 60-70%이면 의식상실. 80%↑이면 사망
- 인공호흡 & 고압산소법
- 치료제 : 시토크롬-씨(Cytochrome-C) 등

5) 오존(O_3)의 작용

- 광화학적 산화물(photochemical oxidants)
- 1.0 ppm 이하에서도 기침과 권태감
- 특히, 상기도에 자극을 주어 폐렴(pneumonia) 유발 가능성
- 최대허용농도 : 0.1 ppm/0.7 ppm
- 극히 미량으로 함유될 경우는 청정의 지표로도 사용

6) 공기 이온

- (+) 혹은 (-)로 대전된 부유입자상 물질
- (+)이온 : 교감신경에 대한 자극작용. 불면증·두통·불쾌감·혈압항진 등
- (-)이온 : 부교감신경에 대한 자극작용. 진정작용. 최면·진통·진해·혈압 강하 등
- (-)이온은 (+)·(-) 이온이 모두 손실될 때는 (+)이온작용과 유사하게 나쁜 영향을 미침

7) 먼지(dust)

① 먼지 정의

크기 1-500μm의 미세한 입자. 호흡기 침입하여 진폐증 등을 유발하거나 흡수되어 중독증을 유발하는 입자상 물질

② 먼지 종류

- 1~500μm에 달하는 미세한 입자
- 0.5~5.0μm의 입자 : 폐로의 침착율이 가장 높음

- 진폐증상 먼지

  5.0μm 이하의 입자. 폐에 침입하여 섬유증식을 한다. 결절(node)형성. 폐의 산소 섭취 능력을 방해하여 폐 결핵증(lung tuberculosis)을 유발하기도 함(유리규산·석면·활석·흑연 등 광산지대의 먼지).

- 알레르기성 먼지

  꽃가루(ragweed pollen), 나무 꽃가루(mugwort pollen), 작은 털(hair) 등 삼림지대 및 전원도시의 먼지로서 피부병과 천식(asthma)유발

- 중독성 먼지

  중추신경계통, 콩팥이나 조혈장기 등에 작용하여 갑자기 급·만성 장애를 일으키는 먼지(납·수은·카드뮴·안티몬·망간·베릴륨 등의 금속성 먼지와 비소·인·셀레늄·황 등의 화합물 등으로 산업장에서 일어나는 먼지)

- 자극성 먼지

  눈, 호흡기, 소화기 등의 점막과 피부 등을 자극하고 염증(inflammation) 또는 궤양(ulcer)을 형성하고 치아 등을 부식시키는 먼지(산·알칼리·불화물·크롬산 등의 생산·사용지역)

- 불활성 먼지

  다량의 입자를 흡입하지 않는 한 특별한 유해작용이 일어나지 않는다고 보는 먼지(석탄·석회석·시멘트 등을 생산하는 광산지대)

③ 호흡성 분진(呼吸性 粉塵, Respiratory Particulate)→PM 10(Particulate less than 10μm): 미국 ACGIH(위생가 협회)에서 PM 10을 PM 2로 추천.

④ 먼지 측정내용과 측정방법

  ❶ 측정 내용

    가. 농도

    나. 입도분포

    다. 물리화학적 성질

    라. 먼지농도 시간, 공간적 분포

  ❷ 측정법 종류

    가. 부유측정법

      직접적 측정방법. 광학적 측정법과 압전식 측정법(piezo balance). 광학적 측정법

이 많이 활용되나 연기까지 측정되는 결함이 있음.

　　나. 포집측정법

　　　현미경 측정법과 화학천칭 측정법

⑤ 먼지측정계 종류

　❶ 디지털(digital) 측정계

　❷ 압전식 측정(piezzo balance)

　❸ 여과지 분진계

　❹ 유리섬 여과재(GFC filter)

　❺ 섬유성 분진 포집기

⑥ 먼지 허용농도

　❶ 건강한 근로자가 매일 먼지를 들여 마시며 30~40년간 일하는 도중 그 중 1% 정도가 진폐증에 걸리는 기준

　❷ 미국 ACGIH(위생가 협회)의 TLV(閾値, thereshold limit value)

　❸ 우리나라 주요 허용 농도

　　• 제1종 먼지 : $2mg/m^3$

　　• 제2종 먼지 : $5mg/m^3$

　　• 제3종 먼지 : $10mg/m^3$

　　• 면먼지 : $1mg/m^3$

　　• 석면먼지 : $2개/cm^3$

　❹ 실내 공기의 먼지 청정도 : $0.15 mg/m^3$ 이하(건축 기본법)

⑦ 먼지의 흡입에 대한 인체방어기전

　호흡을 통해 인체에 흡입된 먼지는 점액에 포착되어 기관지 점막에 있는 섬모 운동에 의해 상부로 운반되거나(3~4cm/hour) 재채기 등의 반사작용에 의해 밖으로 배출된다.

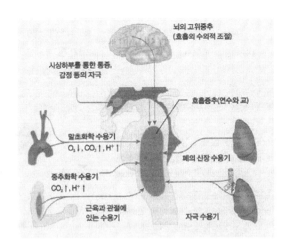

[그림 29] 호흡의 신경적, 화학적 조절 및 반사작용

(6) 환기(ventillation)

오염된 실내의 나쁜 공기와 밖의 신선한 공기를 교환하는 것이다.

환기는 후드(hood)나 덕트(duct)내의 기류 유동으로 인공적으로 유도할 수 있고 이때 긴요하게 사용되는 것이 정압(靜壓, static pressure)과 동압(動壓, velocity pressure)이다. 정압이란 관(pipe)내의 여러 장애물(관벽 마찰, 벤드, 밸브 등)에 의해 발생하는 공기 저항을 극복하여 유동을 지속시키는 위치에너지(potential energy)를 이르고 동압이란 단위 체적의 공기가 갖고있는 운동에너지(kinetic energy)를 이른다.

1) 환기종류

실내의 유해물질과 실외로부터 공급된 청정공기와의 혼합으로 유해물질의 농도를 희석시키는 방법인 전체 환기(total ventilation)와 유해물질이 확산되기 전 포집·제거하는 국소 환기(local ventilation)이 있다.

2) 환기방식

실내의 공기 압력 차이 또는 온도 차이 등에 의한 공기 이동으로 이루어지는 자연 환기(natural vemtilation)와 송풍기 등의 기계적 장치를 이용하여 공기에 물리적인 힘을 가하여 이루어지는 기계 환기(mechanical ventilation)가 있다. 기계 환기는 제 1종, 2종, 3종 환기로 나뉘는데 제 1종 환기란 실내 입·출구 창에 후드를 달아놓아 시행하는 고율 환기이고 제 2종 환기란 가장 안정적인 환기로 입구 창에만 후드를 달아 놓고 시행하는 고비용 환기이다. 제 3종 환기란 출구 창에만 후드를 달아 놓고 시행하는 환기로서 우리 주변에서 흔히 볼 수 있는

환기시스템이다. 제 3종 환기는 화장실 같이 실내 공기가 주변 보다 더러운 곳에 사용하는 환
기방식이다.

3) 지델(Siedel) 식의 소개

실내의 유해물을 제거하기 위한 송풍량을 계산하는데 유용하게 쓸 수 있는 공식이 지델
(Siedel) 식이다. 다음과 같이 제 1종 환기가 시행되는 실을 가정할 수 있다.

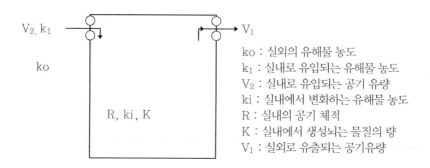

ko : 실외의 유해물 농도
k_1 : 실내로 유입되는 유해물 농도
V_2 : 실내로 유입되는 공기 유량
ki : 실내에서 변화하는 유해물 농도
R : 실내의 공기 체적
K : 실내에서 생성되는 물질의 량
V_1 : 실외로 유출되는 공기유량

실내에서 변화하는 유해물 량 = 유해물 유입량 변화 - 유해물 유출량 변화 + 유해물 축적량
변화이므로 이것을 미세시간 dt에서의 관계로 나타내면

$$Rdki = k_1V_2 - kiV_1dt + Kdt$$

이 식을 dt에 대하여 적분하여 다음과 같이 나타낼 수 있다.

$$\{K-V(ki-k_1)\}/\{K-V(ko-k_1)\} = e^{-Vt/R}$$

만약, 실내로 유입되는 유해물질농도와 실외의 유해물질농도가 같으면

$$K-V(ki-k_1) = K \cdot e^{-Vt/R}$$

그리고 실내의 유해물질농도를 일정하게 유지하면 e=0이므로

$$K = V(ki-k_1)$$

환기를 통하여 실내 유해물질을 모두 제거한다면 K=0 이므로

$$(ki-k_1)/(ko-k_1) = e^{-Vt/R}$$

이 식이 지델식이고 V/R는 환기횟수(air exchange number)이다.

물에 냄새가 날 때 대부분 맛을 내게 하는 물질이 유기물질이다. 유기물질은 거의 맛(taste)과 냄새(odor)를 동시에 내게 하며 유기물질에 의해 생긴 냄새는 단순한 심미적인 문제(esthetic problem)이상의 문제를 가지고 있다. 그러나 무기물질은 거의 맛을 내게 하고 냄새를 동반하지 않는다.

1. 악취물질

악취방지법에서는 복합악취와 지정악취물질 22종을 정하고 있으며, 지정악취물질은 유해성보다 대기 중에서 냄새를 유발하는 물질의 농도를 최소감지농도로 나누어 악취예상농도가 20 이상인 것을 대상으로 선정하였으며, 이들 지정악취물질 22종에 대한 물리·화학적 특성이 [표 19]와 같다.

2. 악취측정방법

① 직접 관능법 : 건강한 후각을 지닌 사람 5인 이상이 6단계를 거쳐 판정.

② 공기희석 관능법　　　　　③ 기기분석법

3. 발생원

① 자연발생원　　　　　② 인공발생원

4. 악취의 영향

① 감각적, 주관적 불쾌감, 혐오감　　　② 호흡기계 점막의 자극

③ 눈의 자극(점막염증)　　　④ 혈압이나 맥박의 변화

⑤ 후각감퇴

5. 악취처리방법

① 통풍 및 희석

② 흡착에 의한 처리 : 활성탄 흡착

③ 흡수에 의한 처리 : 산, 알칼리 수용액. 에탄올 등

④ 응축법

⑤ 연소 산화법

⑥ 촉매 산화법

⑦ 화학적 산화법

⑧ 위장법 : 향료 등으로 악취를 위장하는 것

[표 19] 지정악취물질 특성

구분	화합물	분자식	분자량	냄새 특성	최소 자극농도 (ppmv)	작업장 노출 한계 농도 (ppmv)
1	Ammonia	NH_3	17.03	코를찌름 썩는 냄새	95	25
2	Methyl mercaptan	CH_4S	48.11	썩은 배추	–	0.5
3	Hydrogen sulfide	H_2S	34.08	썩은 달걀	9	10
4	Dimethyl sulfide	C_2H_6S	62.0	불쾌함, 썩는 냄새	–	10
5	Dimethyl disulfide	$C_2H_6S_2$	99.5	썩는 냄새, 마늘냄새	–	5
6	Trimethylamine	C_3H_9N	59.11	자극성, 암모니아, 생선비린내	76	5
7	Acetaldehyde	C_2H_4O	44.05	코를찌름	46	200 by OSHA
8	Styrene	C_8H_8	104.14	썩는 냄새, 향긋한	–	20
9	Propionaldehyde	C_3H_6O	58.05	자극성	–	20
10	n-Butyraldehyde	C_4H_8O	72.12	자극성	–	25
11	n-Valeraldehyde	$C_5H_{10}O$	86.13	자극성, 불쾌한 냄새	–	50
12	i-Valeraldehyde	$C_5H_{10}O$	86.13	불쾌한 냄새, 썩는 냄새, 사과 냄새	–	–
13	Toluene	C_7H_8	92.14	벤젠과 유사한 냄새	182	50

NO	화합물		분자식[a]	분자량	냄새 특성	최소 자극농도 (ppmv)	작업장 노출 한계농도 (ppmv)
14	Xylene	p-Xylene	C_8H_{10}	106.17	벤젠과 유사한 냄새	–	100
		m-Xylene	C_8H_{10}	106.17	벤젠과 유사한 냄새	–	100
		o-Xylene	C_8H_{10}	106.17	벤젠과 유사한 냄새	–	100
15	Methyl ethyl ketone		C_4H_9O	72.12	자극성, 아세톤 냄새	183	200
16	Methyl isobutyl ketone		$C_6H_{12}O$	100.18	자극성	92	50
17	Butyl acetate		$C_4H_8O_2$	166.16	자극성	64	150
18	Propionic acid		$C_3H_5O_2$	74.08	자극성, 불쾌한	–	10
19	n-Butyric acid		$C_4H_6O_2$	88.11	자극성, 불쾌한 냄새, 땀 냄새	–	NL
20	n-Valeric acid		$C_5H_{10}O_2$	102.13	자극성, 불쾌한 냄새	–	NL
21	Isovaleric acid		$C_5H_{10}O_2$	102.13	치즈 냄새, 코를 찌름	–	NL
22	Isobutyl alcohol		$C_4H_{10}O$	74.12	자극성	91	50

[참고자료] 냄새 측정법(odor measurement)

직접관능법 : 건강한 후각을 지닌 사람 5인 이상이 6단계를 거쳐 판정

① 냄새(맛도 마찬가지)나는 물의 양을 변화시키면서 용기에 넣고 냄새가 나지 않은 증류수로 희석하여 전체를 200mL 혼합물로 만든다.

② 10사람의 코 중 5사람의 경우가 감지되었다면 이는 냄새감각으로 겨우 감지할 수 있는 혼합물의 냄새로 정의한다. 이 시료의 냄새 한계값(TON, Threshold Odor Number)은 다음 식으로 계산한다. ☆ $TON = (A+B)/A$

여기에서 A는 냄새나는 물의 부피(mL), B는 200mL 혼합물을 만들기 위해 필요한 냄새 없는 물의 부피.

③ 미국 환경보호청(US. EPA.)에서는 최대 TON 기준을 정하고 있지 않으며 공중보건성(NIH)에서는 최대 TON을 3으로 권장한다. 이는 규정이라기보다는 지침으로 제시되고 있다.

시료를 희석하여 200mL로 만든 경우의 냄새 한계값(TON)

시료부피(A), mL	TON
200	1.0
175	1.1
150	1.3
125	1.6
100	2.0
75	2.7
67	3.0
50	4.0
40	5.0
25	8.0
10	20.0
2	100
1	200

유해광선

주로 피부와 눈에 상해를 준다.

멜라닌(melanin)세포가 표피의 기저세포층(basal layer)인 말피기 층(malpighian layer)에 주로 위치하고 있다. 멜라닌은 일정량 이상의 자외선을 흡수하여 유해한 자외선이 인체 내로 침투하는 것을 차단하여 인체를 보호하는 역할을 한다. 햇빛에 의해 피부가 갈색으로 변하는 것은, 피부 아래층에 존재하는 멜라닌세포가 자외선에 의해 자극을 받아 신체를 보호하기 위해 멜라닌을 만들고, 만든 멜라닌을 피부 위쪽으로 올려 보내어 자외선이 피부 깊숙이 침투하는 것을 방지하기 때문이다.

초자체(硝子體, vitreous body)는 수정체와 망막 사이의 공간을 채우고 있는 조직으로서, 안구의 형태를 유지하고 빛을 통과시킨다.

1. 비 전리 방사선(Non Ionized Ray)

(1) 자외선(ultra violet radiation)

1) 특성

- 파장 : 200-400nm
- 사진감광작용, 형광작용, 광 이온작용 등
- 파장이 짧은 자외선의 피해가 큼.

2) 발생원

- 태양광선-7%(파장 : 290nm이하)
- 수은등, 용접과정 시 섬광, UV 램프, 자외선 살균등

3) 작용

- 피부의 홍반작용(260-290nm) : 말피기 층에 있는 멜라닌 색소가 각질 등으로 이동
- 색소흑화(sun tanning) : 멜라닌 색소가 진해짐

- 소독작용, 비타민 D 생성 : 도르노(Dorno) 선(280-315nm, 건강선)
- 피부의 비후 : 일종의 순화현상으로 표피와 진피층의 두께가 증가

구분	파장
원자외선(UV C)	200~290 nm
중자외선(UV B)	290~320 nm
근자외선(UV A)	320~400 nm
도르노 선(vital ray)	280~315 nm

[표 20] 자외선 구분

4) 장해

- 피부장해*Skin disorders)
  - 태양화상(sun burn) : 자외선 조사 후 1-3시간 이내에 발생. 백색피부에 감수성이 높음.
  - 피부암 유발 : 280-320nm(단, 흑인의 경우 피부암 발생이 아주 희박)
  - 포스겐(phosgen) 생성 : 광화학적 작용. 아질산과 올레핀(olefin)계의 탄화수소와 반응. 트리클로로에틸렌(trichlorethylene)을 독성이 강한 포스겐으로 전환시킴
  - 광 알레르기 반응 : 습진성(eczematous). 발생기전은 항원항체반응. 국소항생제, 비누, 화장품을 피부에 도포할 때 발생
- 눈에 대한 작용
  - 295nm 파장 자외선 : 결막염(conjunctivitis), 설맹(雪盲, snow blind), 궤양·혼탁·수포 형성·안막의 부종을 일으킴.
- 2차 현상 :오랜 기간 동안 폭로될 경우 적혈구·백혈구·혈소판 증가로 두통·홍분·피로·불면·체온상승 등

(2) 적외선(infrared ray)

1) 특성

- 파장 : 760nm~1mm
- 복사선 중 파장이 가장 긴 선
- 온열효과를 나타냄

2) 발생원

- 지구 대기권의 80% 이상이 태양광선에서 발생
- 산업공정

  산소아세틸렌, 전기용접, 용선로, 전기로, 주물제조, 도자기, 유리가공, 가마(kiln) 등
- 의학 : 레이저, 온열요법

3) 작용

- 인체에 조사되면 열선이 조직 심부까지 투과되어 체온을 상승시킴.
- 각막(cornea), 홍채(iris), 초자체(lens), 망막(retina)에 열작용
- 피부혈관 확장작용
- 체온상승으로 대사를 활성화
- 기온의 상승

4) 장해

- 백내장(occupational cataract)

  초자체에는 혈관분포가 미약하므로 가해진 열의 확산이 효율적이지 못하여 초자체의 단백이 응고되어 백내장 발생
- 일사병(sunstroke) : 뇌조직에 흡수되는 자외선

  체온발산장애→체내 열 축적→뇌혈관충혈→뇌온도상승→중추성 체온 기능장애. 혼수(昏睡, coma, 정신없이 잠이 듬). 섬망(譫妄, delirum, 헛소리나 잠꼬대), 정신상태 변화가 중요하다. 문헌상 열사병 환자의 최고체온은 46.3℃. 보통 41-42℃ 임.
- 망막화상
- 피부화상

(3) 마이크로파(microwave radiation)

- 10-300000 MHz의 전자파를 총칭
- TV, 라디오 및 각종 레이다(radar)에서 발생하는 무선주파·극초단파(RH)
- 자동차 공장 종사자·식료품제조 종사자·가죽 제조 종사자·목공·그라스 파이버 종사자·지류 제조자·PVC 열접착 고무제품 종사자 등
- 부분적 온감의 열작용(1000-10000 MHz)으로 백내장·두통·피로감·지적능력 저하·둔감·정서불안·불면 등

- 여성의 경우 생식기능의 저하 : 유전 생식기 지장
- 눈의 초자체에 조사되면 비열작용(athermic action)으로 백내장 발생

(4) LASER(Light Amplication by Stimulated Emission of Radiation)

- 주로 눈과 피부의 손상을 초래
- 눈의 작용 : 전기성 안염, 백내장, 망막화상, 각막화상
- 피부의 작용 : 홍반, 노화촉진, 색소침착, 광선과민증, 화상

(5) 전기자장(Electromagnetic fields, EMFS)

- 1-300Hz 파장의 범위로 50-60Hz가 가장 관심 영역(송전탑 아래에서 사는 사람들)
- 전기의 발전, 송전 및 사용 시 발생
- 전기장(E-field. Volt)은 전압에 의해 자기장(B-field, G/T)은 전류에 의해 발생
- 전류가 강할수록 전자기장도 강하게 형성되며 모든 전기제품은 EMFS를 발생함
- 만성폭로 위험성은 고압선에 의한 것이며 암(백혈병, 림프종, 뇌암, 유방암)과의 관련성을 규명하기 위하여 역학적 연구가 시행되고 있는 중임.

2. 전리방사선(Ionized Ray)

생체에 흡수되면 생체조직의 원자를 이온화시키는 광선이다.

(1) 종류

- 전자파 방사선 : X ray, γ ray
- 입자상 방사선 : $\alpha \cdot \beta$입자, 중성자, 양자, 투과력은 약하나 파괴력이 크다.

(2) 방사선의 단위

- Roentgen(R), Radiation Observed Dos(rad), Dose Equivalent, Curie

(3) 방사선의 폭로

- 자연폭로
- 의학적 폭로-방사선 진단 목적
- 직업적 폭로

(4) 방사선 손상의 발생기전

- 작용점을 기점으로-직접작용, 간접작용
- 세포구조물을 중심으로
  - ▶ 거대분자-DNA 손상
  - ▶ 세포-세포손상(백혈병, 노화, 기형)
- 조직
  - ▶ 조직의 방사선 감수성은 세포의 증식속도가 빠를수록 크고 세포분화도가 높을수록 감소
  - ▶ 고감수성 조직-골수, 림프조직, 림프구, 생식선, 갑상선
  - ▶ 중등도 조직-타액선, 피부 상피세포
  - ▶ 저 감수성 조직-골, 연골, 신경, 간장, 신장

(5) 급성 방사선 조사 증후군

1) 전신폭로의 임상결과
- 전구기-식욕감퇴
- 잠복기-전구증상 소실 후 보통 1주일 정도
- 주증상기-발열, 인후통(throat discomfort), 탈모(alopecia), 점상출혈(petechia)
- 회복기

2) 급성 폭로 시 임상효과
- 불임
- 피부손상
- 출생전 조사-임신초기에 기형우려

(6) 방사선 조사의 만성효과

● 발암

● 유전적 효과-돌연변이

● 기타 장애-백내장, 백혈구 감소증, 노화

(7) 전리방사선 방호대책 : 적정화, 최적화, 선량제한

4-4 기압

1. 호흡

호흡은 생체의 요구에 따라 자동적으로, 뿐만 아니라 반사적으로 더 나아가서는 수의적(隨意的, voluntary)으로도 조절된다. 호흡조절 방법으로는 크게 뇌의 호흡중추의 활동성을 통한 불수의적 조절로서 신경성조절과 순환혈액 및 체액의 화학적 조성의 변동을 통한 화학적 조절이 있다. 화학적 조절은 신경성조절을 보완한다. 여기에서 뇌교(腦橋, pons)란 뇌간의 중뇌와 연수 사이에 있는 부분으로 바롤리교(Varolio pons)라고도 한다. 소뇌(小腦, cerebellum)와 함께 후뇌(後腦, rhinencephalon)를 형성하며, 후뇌의 복측부에 융기되어 있어서 포유류에서는 연수와 뚜렷이 구별된다. 뇌교의 배측(背側)은 제4뇌실의 밑 부분에 해당되며 능형와(菱形窩)라고 한다. 복측(腹側)에서 보면 좌우의 소뇌반구를 다리처럼 연결하고 있기 때문에 이런 이름이 붙었다.

2. 신체의 호흡조절

신체의 호흡조절에는 4가지 구성요소가 있으나 그 중 뇌간(腦幹, 뇌줄기, brainstem)이 호흡조절의 중심이 된다. 4가지 구성요소는 다음과 같다. ①경동맥 소체의 O_2와 H^+(또는 CO_2)에 대한 화학적 수용기 ②폐와 관절의 물리적 수용기 ③뇌간의 호흡조절중추 ④뇌간의 통제가 그것이다.

건강한 사람이 평지에 있을 경우 호흡은 신경성 조절로서 연수(延髓,, medulla oblongata)-호흡중추(medullary respiratory center)에 의한 호흡이다. 연수-호흡중추는 혀의 인두신경과 연수에서 나온 열 번째의 뇌신경으로 운동과 지각의 두 섬유를 포함하며 내장의 대부분에 분포되어 있고 부교감신경 중의 최대의 것으로 교감신경과 섞이는 부분도 있어서 보통 방법으로는 그것을 전부 더듬어 가기가 불가능하여 vagus nerve라 이름이 붙여진 미주신경(迷走神經)을 통하여 폐와 관절에 있는 기계적 수용기로부터 감각정보를 받는 흡식 중추(inspiratory center) 그리고 뇌교(腦橋, pons)의 복측(腹側, 배쪽) 호흡신경원에 위치하여 주로 호식(呼息, expiration)을 담당하는 호식 중추(expiratory center)로 이루어져 있다. 특히, 흡식 중추와 호식중추는 서로 상역관계(reciprocal relationship)에 있고 전자가 흥분하면 후자는 반대로 억제된다. 호식은 호식 뉴런에 의하여 흡식 뉴런이 저해될 때 나타나는 수동적인 과정이지만 운동하는 동안 호식이 능동적으로 이루어질 때 이 중추는 활성화된다.

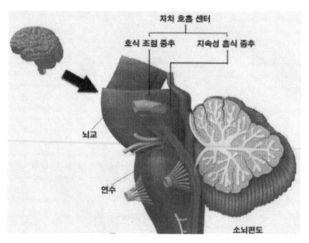

[그림 30] 뇌간(뇌줄기)

(1) 호흡성 알칼리증(respiratory alkalosis)

사람이 고지에 오르거나 체온이 상승할 경우 혈색소 내 헤모글로빈과 혈액 내 용존산소와의 결합능력이 떨어진다(친화성 약화). 고지에 오를 경우 O_2 분압이 낮아지므로 동맥혈의 CO_2 분압이 증가하고 동맥혈의 CO_2 분압이 증가하면

CO_2(호흡으로부터 혈장용해) + H_2O(혈장성분) $\rightleftharpoons$ $H_2CO_3^*$(혈장 내)

$H_2CO_3^* \rightleftharpoons H^+ + HCO_3^-$

여기서, * 표시는 불안정한 상태(excited state)

혈장 내 HCO_3^-는 혈액을 알칼리성으로 만들고 이러한 혈액의 pH 변화는 경동맥소체(붉은빛을 띠며, 쌀알 반 정도의 크기인 다각형으로 상피 모양의 세포덩어리)내의 화학수용기를 자극하여 이 수용기가 흥분하고 반사적으로 호흡을 변화 조절한다. 그러면 뇌교의 상부 1/3에 위치하는 호흡조절중추(central chemoceptors)는 미주신경과 더불어 지속성 흡식중추의 기능을 억제하고, 일회 호흡량(tidal volume)의 크기를 제한하고 이차적으로 호흡수를 조절함으

로써 호흡이 가빠진다(호흡성 알칼리 증, respiratory alkalosis).

혈액-뇌 장벽은 뇌척수 액으로 CO_2를 통과시키지만, H^+는 통과시키지 않는다. 체액 내 수소이온농도가 증가하면 수소이온이 신장 세뇨관을 통해 소변으로 분비됨이 증가한다.

3. 저기압에서의 생체변화

(1) 저기압환경의 분류

- 고공노출-고산등반, 기구비행
- 저압실 비행

(2) 저기압환경에 의한 생체변화 및 순화

- 경동맥 소체(carotid body)의 화학 수용체를 자극 호흡이 촉진되어 호흡성 알칼리 증 초래 →심장 박동수 증가. 심 박출량 증가 : 인체 내 CO_2가 너무 많이 배출되어 체내 알칼리화
- 자발성 알칼리 이뇨
- 혈장 량 감소 : 고지 도착 후 2시간 후부터 적혈구와 혈색소 증가
- 조직세포의 산소이용률 증가 : 미토콘드리아, 호흡효소, 미오클로빈(myoglobin) 등의 증가
- 장기나 조직의 모세혈관 수 증가

4. 저기압 환경에 의한 장애

(1) 저기압성 산소증(Hypobaric hypoxia)

- **원인)** 고공비행, 저기압실 훈련. 폐포 내의 산소분압이 낮아져 폐 포와 폐 포 모세관 혈액간의 가스교환에 장애가 발생하여 동맥혈 산소포화도가 낮아져 조직으로 산소공급이 부족해질 때 발생
- **증상)** 저산소증, 심계항진(palpitation), 호흡곤란(dyspnea). 권태감(lassitude), 무관(indiference), 우울증(deprsssion), 초조감(irritability), 현기증(giddiness), 황홀감(eurohoria)
- **특이 증상)** 7,000m이상에서는 무력화(incapacitation)되어 행동의 자쥬를 잃고 저산소성 경련(hypoxic convulsion)을 일으키며 최종적으로 혼수(coma)에 빠짐

- **진단)** 고도 환경에 폭로된 일이 있는 기왕력. 심장 및 호흡기계 임상증후 및 증상
- **치료)** 고압산소 투여→폐 포 모세혈관과 폐 포사이의 방대한 접촉면으로 인해 공기와 혈액 사이의 가스교환이 빠르게 일어난다.

(2) 급성 고산병(Acute mountain sickness)

- **원인)** 해발 2,000m 이상의 고지대에서 나타나기 시작. 고도가 높을수록, 등반속도가 빠를 수록 심한 급성 고산병 발생. 저산소증으로 인한 호흡성 알칼리 증(respiratory alkalosis)이 보상되지 못하면 합병증으로 폐부종이나 뇌부종 발생
- **증후 및 증상)** 등반 후 24시간 이내에 증상이 나타나며 2-3일째 절정에 도달. 권태감, 피로 감, 신경근육 불협조, 심계항진. 불면증(insomnia), 이명(timnitus), 시력감퇴(reduced vision), 비충혈(nasal congestion), 비루(rhinorrhea), 일시적 하지통, 흉부통 등.
- **진단)** 2,000m 이상의 높은 산을 너무 빨리 등반했다는 기왕력이 진단의 지표
- **예방 및 치료)** 휴식을 자주 취하고 다이아목스(diamox, acetazolamide) 투여로 호흡성 알 칼리 증 예방. 금연. 경한 진통제(analgesics)로 아스피린(aspirin), 아세트아미노펜 (acetoaminophen), 코데인(codeine)을 두통치료제로 쓸 것

(3) 저기압성 폐부종

- **원인)** 저산소증으로 인한 폐혈관 수축
- **증상)** 호흡기계 증상
- **치료)** 서서히 등반. 산소투여. 안정. Diamox 투여

(4) 저기압성 뇌부종

- **원인)** 뇌 저산소증으로 뇌빈혈, 세포 간 내 체액유출 등
- **증상)** 두통, 시야혼탁, 이명, 착란(confusion), 지남력상실(disorientation), 혼미(stupor), 혼수, 반신불수(hemiplegia), 바빈스키(Babinski) 양성반응(발바닥을 간질이면 발가락을 발등 바깥쪽으로 좍 폈다가 오므리는 반응)

(5) 저기압성 감압병

- **원인)** 기압의 감소로 체내 피부, 관절, 피하조직과 지방조직에 용해되어 있던 질소가 발포 현상을 일으킴으로서 발생
- **증상)** 피부이상(가렵고 작열감이 있음), 관절통(bends), 내이의 전정현상(Stagger 현상) 흉 통, 시력장해(중추신경계 장해로 섬광성 안염(filtering scotoma)이 발생한다.
- **예방 및 치료)** 100% 산소를 30분 이상 흡입하여 체내 질소를 제거한 후 비행. 감압병 증세 가 나타나면 임계고도인 7,500m 이하로 하강하고 치료방법은 고압산소요법이다.

고기압성 감압병과 저기압성 감압병에서 질소 발포현상이 다음의 차이가 있다.
- **고기압성 감압병** : 질소 용해가 신속한 폐나 혈액에서의 질소발포가 주 원인
- **저기압성 감압병** : 질소 용해가 늦은 피부, 관절, 피하조직과 지방조직으로부터의 질소 발포 가 주원인

(6) 만성 고산병

- **원인)** 해발 4,000m 이상 고지대에서 상주하거나 순화된 사람에게 발생
- **증상)** 청색증(cyanosis), 적혈구과다증(erythrocytosis), 동맥혈 내 산소포화도, 폐고혈압, 우심장 비대증(right-sided heart enlargement)

(7) 저기압성 손상

- **원인)** 체강(body cavity)의 가스가 팽창함으로서 발생

(8) 기타

- 저기압성 중이염(Hypobaric otitis media)
- 저기압성 부비강염(Hypobaric sinusitis)
- 저기압성 치통(Hypobaric odontalgia)
- 저기압성 복통(Hypobaric gastralgia)

5. 고기압 환경에서의 생존가능성

수면 아래의 3기압 지점에서 잠수자 생존을 100% 산소호흡에 의존할 경우 혈장에 용해되는 산소량이 6cc/100mL이상 되어 혈색소 없이도 생존이 가능한 것으로 알려져 있다.

6. 고기압 환경에 의한 장애

(1) 질소 마취(nitrogen narcosis)

1) Meyer-Overton 가설

지방에 잘 용해되는 가스가 마취작용이 있다는 설. 질소는 물보다 지방에 5배나 더 많이 용해

- **원인)** 3기압 이상인 공기를 흡입하면 마취가 일어남.
- **증상)** 황홀감. 판단력 감퇴. 90~120m에서는 환청, 환시, 조울증 등. 120m이상에서는 의식 상실

Martini's rule : 독주의 법칙. 4기압-1잔, 7기압-3잔, 10기압-5잔

(2) 산소중독(Oxygen toxicity)

1) 산소중독의 기전

- Gerschman's 산소유리기설

체내 불완전 산화과정을 통하여 -O2, -H2O2 등의 1차 유리기 형성→OH-, 등의 2차 유 리기 발생→산소유리기 생산 증가하여 항 산화체(antioxidants) 방어능력 초과→이 유리기들은 세포막 구성성분인 불 포화성 지방산과 반응하여 과산화지질을 만들어 결국 세포막 손상과 장해를 일으킴

- Paul-Bert 효과

중추신경계산소중독증(CNS oxygen toxicity)으로 2기압 이상에서 발생하며 시야가 좁아지는 현상. 이명, 구역, 근육연축, 현기증 등의 전구증상 후에 간질 대발작.

- Lorrain 효과

폐 산소중독증(pulmonary oxygen toxicity)으로 호흡곤란, 비충혈, 지각이상, 폐활량 감소 등 증세 발생

예방) 잠수용 호흡기체 제조 시 산소농도를 낮출 것.

(3) 고압성 신경증후군

주로, heliox(헬륨과 산소의 혼합가스)잠수의 경우 발생

- **원인)** 압력이 높아지면 체내에서 헬륨같은 불활성 가스의 지용성(lipid solibility)이 높아지고 가스용적에 변화를 초래(한계 용적 설)
- **증후 및 증상)** 진전(振顫, tremor, 무의식적 떨림), 경련, 졸림, 현기증, 토기
- **관리방법)** 가압속도 조절, 0.3% 아산화질소를 투여하여 진전 경련의 역치를 높일 것

(4) 고압성 관절통(Hyperbaric arthralgia)

- **원인)** 압력으로 관절 표면의 해면체 기질(spongy matrix)과 관절내 교질(gel)에 통증 유발
- **증후 및 증상)** 관절부위의 동통(: 쑤시고 아픔)이 고압의 헬리옥스(Heliox) 잠수 시 발생
- **진단)** 높은 압력 하에서 Heliox잠수를 한 기왕력과 특징적인 관절통이 진단에 도움
- **관리방법)** 고압성 신경증후군과 같음

(5) 고압성 감압병

1기압 이상의 고압에서 낮은 기압으로 압력이 감소할 때 발생. 잠수, 잠함작업자

1) 종류
- 1형 - 근골격계 혹은 피부증상만 있는 사람
- 2형 - 신경학적 증상이 동반된 형
- **증상)** 관절통, 피부증상

(6) 폐과팽창 증후군

잠수자가 호흡을 멈춘 상태로 낮은 압력조건으로 상승하거나 산소독성으로 의식을 잃은 잠수자를 수면으로 끌어 올릴 때 발생

(7) 동맥혈 기체 색전증

잠수장애 중 치명률이 제일 높음.

- **원인)** 폐 포 팽창 시 주변의 폐정맥이 과 신전(overstretched)이 초래되고, 이때 유입된 기포가 심장을 거쳐 전신으로 순환하면서 뇌 순환장애를 유발.

- **증상)** 발작, 의식 상실, 마비, 지각장애
- **관리)** 고압산소요법

(8) 압력손상

중이 압착 증, 내이 압착 증, 부비동 압착 증, 치아 압착 증, 폐 압착 증

4-5 | 고열 및 한냉

저온 환경에서는 체열발생을 촉진시키고 체열방출을 감소시키는 반응이 나타나고, 고온 환경에서는 반대반응이 일어난다.

1. 고온과 한냉에 대한 체온조절

(1) 고온과 한냉환경에 대한 인체의 반응

● 계통별 반응(systematic responses)으로서 고온과 저온에 대한 자극반응(stress response)
온 · 저온→피부의 온각 수용체(warm receptor)→구심성 신경경로(afferent nerve path)→대뇌피질→시상하부(hypothalamus)의 온냉조절 중추부위

(2) 체온조절중추 : 시상하부에 위치

① 시상하부 앞부분(anterior hypothalamus)→열손실중추
  ● 자극 시(열 또는 전기 자극) 피부혈관확장, 땀 분비, 호흡촉진(panting)의 반응으로 체온 하강
  ● 손상 시 고온 환경의 고 체온 증(hyperthermia)
② 시상하부 뒷 부분(posterior hypothalamus)→열 생산 중추
  ● 자극 시 피부혈관 수축, 떨림(shivering), 입모(piloerction), 에피네피린(epinepirin) 분비로 열 생산 증가
  ● 손상 시 저온환경에서 저 체온 증(hypothemia) 유발

(3) 정온동물의 체온조절

① 화학적 조절→열 생산 : 근육에서 약 60%, 간장에서 약 30% 생산한다.
② 이학적 조절→열 방출 : 피부에서 전도, 대류, 복사, 증발을 통한 체온조절이 약 95%이다.

(4) 정온동물의 체온조절

① 환경온도 24℃이하 : 인체냉각영역

② 24-29℃ : 혈관운동 조절영역

③ 29-34℃ : 증발조절영역

④ 34℃이상 : 발한이 없어지고 100% 증발에 의한 영역. 오히려 외부에서 열을 받게 됨.

2. 수분의 조절기전

(1) 항이뇨호르몬(ADH, antidiuretic hormone)에 의한 조절

① 시상하부의 시삭상핵(sipraoptic nuclei)에서 합성되고 뇌하수체 후엽에서 혈중으로 분비한나.

② 분비되는 경우 : 혈장 삼투성 농도가 높을때와 세포외액량 손실이 8%이상일 경우이다.

③ 원위세뇨관(遠位細尿管, distal tubule)과 집합관(集合管, Sammelrohr)에서 수분의 재흡수를 증가시켜 체액의 삼투질 농도를 조절한다.

(2) 갈증과 음수

① 시상하부의 갈증중추(thirst center)의 활동증가

② 대정맥과 심방에 존재하는 용 적감수체(volume receptor)와 갈수제 angiotension Ⅱ 활동 증가로 갈증을 느끼게 한다.

(3) Na$^+$ 재흡수 조절

① 레닌-안지오텐신-알도스테론 시스템(renin-angiotensin-aldosterone-system)으로 재흡수가 조절된다.

② 알도스테론(aldosterone)이란 부신피질에서 분비되는 대표적인 스테로이드 호르몬으로 주로 나트륨과 칼륨대사에 관여한다.

③ 근위세뇨관(近位細尿管, proximal tubule)에서 일어난다.

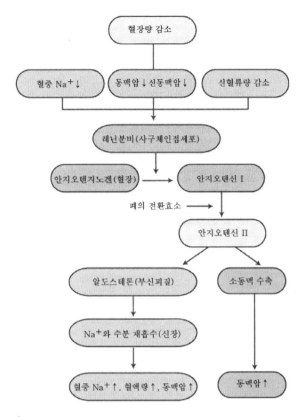

혈중 Na$^+$ 감소 및 혈장량의 감소는 레닌-안지오텐신-알도스테론 시스템을
통하여 집합관과 원위세뇨관에서의 염분 재흡수를 촉진한다.

[그림 31] 레닌-안지오텐신-알도스테론 시스템

1) 고온질환

탈수에 의한 혈장 삼투질 농도의 증가가 갈증을 자극하고 ADH 분비를 증가시킨다. 이 현상
은 수분을 더 많이 섭취하세 하고 소변을 덜 보게 한다. 그 결과 혈장 삼투질농 도는 감소하면
서 혈액량은 증가하여 수분균형이 이루어진다.

(1) 열사병 : 치명적인 응급상황

① 기전 : 체온발산 장애-체내 열 축적-뇌혈관의 충혈-뇌 온도 상승-중추성 체온조절기능장애

② 증상 : 혼수, 섬망 등 정신상태의 변화

③ 치료 : 시원한 곳으로 옮김. 탈의, 알콜이나 젖은 옷을 입히고 부채질. 얼음물 목욕은 저혈
압을 초래한다.

(2) 열탈진 : 고온에 순화되지 못한 사람에게 발생

① 기전 : 염분, 수분 공급 부적절-탈수 및 피부혈관 확장-염분등장액 소실-순환부전 및 저혈압

② 증상 : 심한 갈증, 오심, 구토, 실신, 허탈, 호흡수 증가, 축축한 피부

③ 치료 : 휴식, 염분과 수분 보충, 중증인 경우 식염수 등장액 주사

(3) 열경련 : 고온에서 정기간 일을 하여 땀을 많이 흘린 상태에서 염분 부족으로 발생

① 기전 : 체내 염분감소-대사 노폐물 축적-근 경련

② 증상 : 근육에 동통성 경련발생, 피부 발한이 심함

③ 치료 : 수분 및 염분 공급

(4) 열실신 : 실외의 더운 환경에서 오래 있을 때 일시적인 뇌빈혈 상태로 실신

① 기전 : 지나친 발한으로 체액 상실

② 증상 : 체온 상승

③ 치료 : 수분공급, 휴식, 기존질환에 대한 검사 및 치료

(5) 열부종 : 고온에 적응되지 않은 사람이 더운 지방으로 이동하면 발생. 노인에서 다발

① 기전 : 알도스테론이나 항이뇨호르몬의 증가-부종발생

② 증상 : 사지 부종

③ 치료 : 1주일 정도 고온 순화로 자연 치유

(6) 홍색한진 : 땀띠

① 기전 : 발한이 많을 경우 땀의 압력으로 염증성 반응

② 증상 : 작은 홍색 수포 발현, 가려움 증

③ 치료 : 피부청결, 시원하고 통풍이 잘 되게 할 것. 한진이 생긴 부위에 드라이 로션이나 파우더를 바를 것

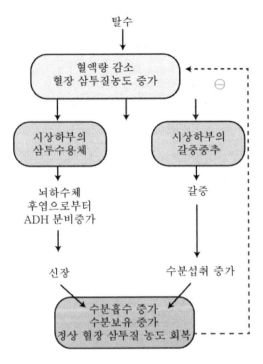

[그림 32] 탈수시 혈장농도의 항상성

2) 저온질환

(1) 저체온증 : 체온 하강에서 동사에 이르는 전신저온질환

① 기전 : 지나친 체열방출이나 체열방출에 미치지 못하는 체열생산의 부족

② 증상 및 증후

- 체온 35℃ : 몸의 떨림(shivering)이 최대로 일어남
- 체온 32℃ : 의식이 흐려지고 혈압측정이 어려움
- 체온 28℃ : 심근흥분성(myocardinal irritability) 때문에 심실세동(ventricular fibrillation) 발생
- 체온 25℃ : 자발적인 심실세동 발생
- 체온 24℃ : 폐부종(pulmonary edema)
- 체온 20℃ : 심장정지(cardiac arrest)에 의한 사망

③ 치료 : 신중한 환자취급, 체온상실의 방지, 가온

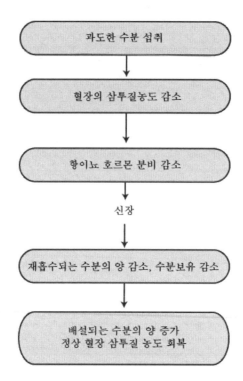

과도한 수분 섭취

↓

혈장의 삼투질농도 감소

↓

항이뇨 호르몬 분비 감소

신장

↓

재흡수되는 수분의 양 감소, 수분보유 감소

↓

배설되는 수분의 양 증가
정상 혈장 삼투질 농도 회복

[그림 33] 수분과잉시 혈장농도의 항상성

(2) 침수족(immersion foot) · 참호족(trench foot)

① 기전 : 혈관수축으로 조직의 저산소증과 빈혈. 침수족은 10-12시간 침수후 발생. 꼭 끼는 신발과 중력의 양향으로 정맥정체(venous stasis)가 일어나 발생

② 증후, 증상

❶ 빈혈기(anemic phase)

발은 차고, 창백하며 납양(waxy_을 나타냄. 맥박저하, 감각이 둔해짐. 보행에 지장

❷ 충혈기(hyperemic phase)

동통이 심해지고, 피부에 수포나 궤양 발생. 심한 경우 수일내지 수주후 괴저(gangrene)가 생겨 조직이 결손

❸ 회복기(recovery phase)

부종이 없어지고 맥박은 정상상태로 회복. 후유증으로 추위에 과민, 다한증(hyperhidrosis) 및 피부탈색 됨

(3) 동상(Frostbite)

① 기전 : 세포의 공간에 얼음결정 형성-조직세포탈수-세포전해질농도 높아짐-고당량 상태-
유독한 세포환경

② 증상 및 증후
- 부위 : 발단부위(distal part)로 손가락, 발가락, 볼, 귀, penis etc.
- 사지 : 차고 저림. 술을 마시거나 약을 쓰면 증상악화
- 마비감(mimbing sensation)

  손, 발, 몸의 유연성(flexibility)가 낮아지며 동작이 부자유스러움. 괴저형성(gangrene formation)으로 조직세포가 사멸

③ 진단 : 진단에 따라 3가지로 구분되며 감별진단이 필요
- 상해(frostnop)

  초기, 가온하면 완전회복. 조직손실 없음. 상해부위에 심한 냉감. 통증. 감각마비
- 표재성 동상(superficial frostbite)

  피부, 피하조직에만 동상이 옴. 해동 시 통증, 피부는 납양이고 창백하며 딱딱함. 해동 후 피부는 붉고 홍반색을 띄며 보라색이면서 얼룩져 보임. 해동 후 24시간 이내에 수포가 생기며 흡수되면 가피(eschar) 형성
- 심부 동상(deep frostbite)

  피부, 피하조직 및 심부조직인 근육, 건(tendon), 신경, 뼈에도 어느 정도 손상을 일으킴. 사멸한 조직은 분획되어 분리되며 일부조직은 미이라화(mummification) 되어 자동절단 됨.

④ 예방 및 치료

0℃ 이하 저온폭로 금할 것. 비타민 C 섭취, 금연. 38~43℃의 온수로 해동할 것

4-6-1 물의 생리작용

인간체중의 60%가 수분이다. 그중 40%는 세포내 액이고 20%는 세포외 액이다. 세포외 액이 간질액(interstitial fluid)과 혈장(plasma)으로 구분된다. 간질액은 전 세포의 액 중 약 3/4(총 체액의 15%)이고 혈장 액은 나머지 1/4(총 체액의 5%)이다. 그리고 나머지 뇌척수액, 늑막액, 복수, 소화액 그리고 아주 작은 양으로서 세포횡단수분(transcellular fluid)을 들 수 있다.

인체 내 수분총량은 40~44L로 알려져 있고 혈액 내에 2~3L정도 존재한다. 한 사람이 하루 동안 그의 생리를 유지하기 위해서는 최저 1L에서 보통은 2~3L 정도의 물이 필요하다. 사람은 하룻 동안 소변 1~1.8L, 폐 400~500mL, 피부 400~500mL, 대변 80~100mL 정도로 전체 2~3L가 배설되는데 이 배설되는 수분의 양을 어김없이 외부로부터 보충함으로써 생명을 유지하고 있다. 사람은 수분을 10-15% 정도 상실하면 생리적 이상을 갖게 되고 20% 이상 상실하면 생명이 위험하다. 물은 수인성 질병(장티푸스, 파라티푸스, 세균성 이질, 콜레라 등)의 전염원이자 기생충 질환 병원체의 전파매체이다.

1. 인체 내 물의 작용

① 1일 수분섭취량 총 2600mL, 1500mL는 음용수이고 800mL는 음식물속 물. 영양소가 체내에서 대사(산화)될 그 부산물로 생성되어지는 양이 300mL(대사수, water of oxidation)
② 수분 1% 소실되면 갈증. 체온이 1℃ 상승하면 300mL의 물이 필요. 5~8% 소실되면 기운이 없고 맥박수와 체온이 상승. 11~15% 소실되면 섬망, 귀먹음 및 신부전 등 발생. 20% 이상 소실되면 순환부전, 신부전 및 세포내 삼투질 농도증가로 인한 세포손상 사망
③ 물은 인체 내에서 체액을 구성하고 정상농도를 유지하게 함(세포기능의 용매작용)
④ 체내의 화학반응을 일으키고 혈액량 유지, 체내 삼투압 유지

⑤ 체온조절

2. 체액

(1) 특성

① 부위, 구획별로 서로 다른 구성으로 이루어짐.

② 체중의 약 50~70%

③ 체액의 비율은 연령과 성별 및 체내 지방조직에 따라 달라짐

- 태아의 체액 량은 체중의 90%
- 노인의 체액 량은 체중의 40%
- 영유아는 성인에 비해 간질액(세포와 세포 사이에 있는 액체+혈장이 여과되어 나온 액체)의 양이 많으므로 탈수에 민감
- 체액 량은 지방조직의 양과 반비례 : 피부나 근육 등의 수분함유량은 70%인데 비해 지방조직의 수분함유량은 10%에 불과

④ 세포내 액 : 총 체액 량의 2/3. 세포외 액 : 총 체액 량의 1/3

(2) 기능

① 전해질(물에 섞일 때 이온으로 해리되는 물질) 균형유지

- 체내 양이온 : K^++Mg^+(세포내 액 주요 양이온), Na^+(세포외 액 주요 양이온), Ca^+
- 체내 음이온 : Cl^-+HCO_3^-(세포외 액 주요 음이온), HPO_4^{2-}(세포내 액 주요 음이온), SO_4^{2-}
- 양이온과 음이온이 서로 전기적으로 균형을 이루어 중성을 띠게 함
- ☞ 세포외액 전해질농도 측정은 흔히 혈장을 채취하여 측정
  Na^+ 140mEq/L, K^+ 5mEq/L, Cl^- 103mEq/L HCO_3^- 24mEq/L. 세포내 액의 것은 불가능

② 혈장(혈액중의 액체성분) 단백질의 수분조절

- 총 혈액의 55%를 차지
- 나머지 45%는 적혈구, 백혈구, 혈소판 등 혈구세포
- 혈장의 90%는 물. 7%는 혈장단백질 나머지 3%는 전해질(electrolyte, 혈액 속에서 전리하여 생리적 작용을 나타내는 것), 무기질 및 유기물질 등

- 체내에서 각 전해질의 역할
- 나트륨(Na) : 몸의 수분 조절
- 칼륨(K) : 근육이나 신경 관계 작용
- 칼슘(Ca) : 골이나 치아 형성, 신경 자극의 전달, 혈액 응고
- 클로라이드(Cl) : 체내의 각 조직에 산소 공급
- 간질액이나 림프액에 비해 특히 많은 량의 단백질을 함유한다.

(3) 구성

① 세포내 액 : 세포내 성분들이 용해되어 있는 액체 : K^+, Mg^{2+}, HPO_4^{2-}, 단백질, ATP, ADP 등
   세포외 액 : 고농도의 Na^+과 Cl^-과 HCO_3^-
② 세포 외부에 존재하는 수분 : 혈장(혈관내부를 순환하는 액체)과 간질액(세포를 둘러싸고 있는 액체)으로 구분한다.

(4) 체액과 전해질의 이동

① 혈관과 간질액(조직액) 구간 사이의 물질 이동
- 혈관과 간질액 구간은 모세혈관막에 의해 분리되어있음
- 이 모세혈관막은 수분과 일부 전해질에 대해서는 투과도가 높지만 혈장 단백질에 대해서는 투과도가 없다.
- 모세혈관을 통한 물질이동은 여과에 의한다.

3. 수분의 조절기전

① 항이뇨호르몬(ADH, antidiuretic hormone)에 의한 조절
- 시상하부의 시삭상핵(sipraoptic nuclei)에서 합성되고 뇌하수체 후엽에서 혈중으로 분비
- 분비되는 경우 : 혈장 삼투성 농도가 높을 때와 세포외액량 손실이 8%이상일 때
- 원위세뇨관과 집합관에서 수분의 재흡수를 증가시켜 체액의 삼투질 농도조절
② 갈증과 음수
- 시상하부의 갈증중추(thirst center)의 활동증가
- 대정맥과 심방에 존재하는 용적 감수체(volume receptor)중 갈수제 angiotension II 활

동증가로 갈증을 느낌.

③ Na$^+$ 재흡수 조절

- 근위세뇨관에서 일어나는 레닌-안지오텐신-알도스테론 시스템

4-6-2   수질오염 정의

　사람의 일상생활, 상업 활동 및 생산 활동에서 배출되는 폐수가 공공수역에 혼입되어 수역의 수질이 악화되어 수질이 이용목적에 적합하지 않게 될 뿐만 아니라 사람의 건강과 생활에 피해가 생기는 현상이다(수질환경보전법).

4-6-3   수질오염 역사

1. Rome 시대

지중해 연안에 폐수처리시설 유적이 남아 있음.

2. 영국

① 19세기 산업혁명 후부터 위생시설 및 행정조치

② 1889년 : 런던(London) 시에 세계최초로 하수처리시설(침전처리) 설치

③ 1935년 : 생물학적 처리시설 설치

④ 1865년 : 하천오염방지왕실위원회-수질보호 연구

⑤ 1976년 : 하천오염방지법(River Pollution Prevention Act) 공포

⑥ 1930년 : 하수도조례 공포

⑦ 1936년 : 공장폐수조례 공포

⑧ 1958년 : 도시하천 청정법 공포

3. 미국

① 1886년 : 매사추세츠 주 내면수질보호법

② 1948년 : 연방수질오염방지법(Federal Water Pollution Control Act)

③ 1971년 : EPA(Environmental Protection Agency)에서 감시와 연구 시작

4. 한국

① 1963년 : 공해방지법

② 1977년 : 환경보전법

③ 1990년 : 수질환경보전법

4-6-4 수질과 건강

수돗물을 마시면 금방 엔테로바이러스(Enterovirus)에 의한 수막염, 호흡기 마비, 신체마비, 심근염, 신장염, 설사 등의 각종 질병에 이환될 것 같은 공포감을 갖게 한다.

엔테로바이러스(Enterovirus)란 장 바이러스로 폴리오바이러스 1-3 형(Poliovirus type 1-3) 코작키바이러스 A type 1-24(Coxsakievirus A 형식 1-24), 코작키바이러스 B 형식 1-6Coxsachievirus B type 1-6), 에코바이러스 1-34 형식(Echovirus type 1-34), 엔테로바이러스 69-72 형식(Enterovirus type 68-72)까지 여러 군으로 나누어진다.

장바이러스는 환자의 대변과 함께 배설되고 수계에 유입되어 수질오염을 일으키며 하수처리과정 후에도 배출수에 존재하여 지표수나 지하수를 오염시킨다.

바이러스 발견이 수돗물 중에는 항상 바이러스가 존재한다는 것을 증명하는 것은 아니다. 우리 나라의 먹는 물 수질기준의 미생물에 관한 기준은 단지 일반세균과 대장균(E-coli)만을 규정하고 있으나 미국의 경우엔 지아르디아 람비아(Giardia lambia), 레지오넬라(Legionella) 비루스를 검사하도록 되어있으므로 기준항목의 확대가 필요하다.

또한 우리나라의 먹는 물 수질기준에는 방사능에 관한 기준이 아직은 없다. 미국의 경우 베타 광자 방출기(Betaphoton emitters), 알파선 방출기(Alpha emitters) 및 라디움(Radium)

226-228은 필수 검사항목으로 Radium 226, Radium 228. 라돈(Radon), 우라늄(Uranium)은 제 안항목으로 제시되어 먹는 물에 대한 방사능 관리가 행해지고 있다. Radium 226과 228은 골격 조직에 골육종을 야기하며 Uranium은 신장에 독성영향을 주고 Radon은 폐암을 일으킨다.

먹는 물의 방사능오염은 지하의 지질구성요소, 자연낙진 및 방사능 폐기물 등에 의해 야기 될 수 있다. 현재는 일부지방의 지하수에서는 방사능물질의 검출이 알려져 있지만 상수원수 인 하천수와 호소수에 대한 검사도 조속히 실시되고 규제기준이 마련되어야 할 것이다.

오늘날 물(water)과 관련하여 건강과 재산을 온전히 지키고자 함에 대하여는 수질오염 (water quality pollution) 현상을 주로 참고한다.

수질이 건강에 미치는 영향이 다음과 같다.

1. 수인성 질환(water bone disease)

장티푸스(typhoid fever), 파라티푸스(paratyphoid fever), dysentry(이질), cholera(콜렐라), hepatitis(간염), polio(소아마비), parasites(기생충 증)

2. THM(Trihalomethane)

물의 염소소독 시 THM은 수중의 안정된 유기물질과 유리잔유염소가 반응하여 생성되는 메탄(methane) 유도체로 H원자 4개중 3개가 염소, 브롬, 요오드로 치환된 것. 발암성이 있음.

3. 공장폐수 · 광산폐수에 의한 중금속 오염

Cd, Hg, As, Pb, Cr, Mn 등

① 수은(Hg)
- 오염원
  수은광산, 가성소다 · 염소 · 수은기계 및 화학합성공업, 의약품, 농약 등의 폐수
- 급성중독증상 : 구내염, 단백 뇨, 오심, 구토, 설사
- 만성중독증상 : 근육마비, 청력장애, 시야협착, 언어장애, 경련
- Hg 중독사건 : 1952년의 미나마타병(Minamata disease)

★ 원인

일본 웅본현 수보시(熊本縣 水保市)→비료공장 ╴수보만 연안→메틸수은(methyl Hg)

→물고기→111명 발생 47명 사망

★ 증상

중추신경장애, 사지마비, 시청각기능장애, 언어장애, 보행 장애, 정신이상, 선천적 신경

장애(9세 이하와 40세 이상 주문에게 다발)

② 카드뮴(Cd)

● 오염원 : 황산, 제련, 도금, 합금, 안료, 염화비닐 안정제, 원자로 등의 배수

● 증상

단백뇨, 골연화증, 자연골절, 중년이상의 경산부(經産婦, 아기를 낳은 경험이 있는 부

인)에서 다발

● Cd 중독사건 : 1945년의 이따이 이따이병(Itai-Itai didease)

★ 원인

일본 부산현 신통천(富山縣 神通川) 유역→Zn, Pb의 광산배수→쌀, 대두에 오염→258

명 발생, 128명 사망

★ 증상 : 심한 요통, 고관절통, 보행 장애, 골연화증, 신기능장애

③ 시안(CN) 화합물

● 오염원 : 전기도금, 제철소, 도시가스 · 코크스 공장 등의 배수

● 중독

(급성) : 두통→현기증→의식장애→경련→체온하강으로 수분 · 수초 내에 중독사망

(만성) : 두통→구토→흉부 및 복부의 중압감

(치사량) : KCN으로 150~300 mg

(수질기준) : 검출되어서는 안 됨

④ 비소(As)

● 오염원 : 화학공업, 황산제조업, 비료제조업

● 중독

(급성) ; 구토, 탈수증상→복통→체온하강→혈압저하→경련→혼수장애→사망

(치사량 : 120~200mg)

(만성) ; 피부가 청동색으로 되며 손발의 피부에 각화현상, 구토, 복통, 체중감소, 신염을

일으킴(만성 중독량 : 0.2~0.4ppm) (수질기준) : 0.05mg/L 이하

⑤ PCB(poly chloride biphenol)

화학적으로 불용성, 물에 난용, 불연성, 내연성, 절연성, 화학적으로 극히 안정하여 자연환경에 배출되어도 생물에 의한 생분해를 받지 않고 먹이사슬(food chain)을 통해 생물체내에 축적되므로 환경오염 상 문제가 된다. DDT, BHC 등 유기 염소 계와 결합하게 되면 간의 약물대사효소를 유도 형성하여 체내의 성호르몬, 스테로이드(steroid) 호르몬을 파괴. 발암성 물질로 알려짐.

- NTA(Nitrilo triacetic acid) 세제
- LAS 대체품으로 1965년 미국에서 미생물에 분해되는 음이온 합성세제로 개발
- NTA는 수중의 중금속(Hg, Cd)과 결합하여 매우 유독한 물질을 형성

4-6-5 수질오염원

하천(river)이나 호수(lake)로 오염물질(pollutant)을 배출시키는 출처(source)

① 점오염원(point source)

하수도 종말부 또는 배수로에서 하수가 방출되는 곳으로 배출지점을 파악할 수 있는 출처

② 비점오염원(diffuce source)

인간의 활동에 의해서 육상으로 분산되는 농경지 배수 및 침식에 의한 침출수, 광산유출수, 축산폐수, 우수 등 배출지역이 넓고 일정하지 않은 오염원

③ 배경오염원(background source)

자연적인 근원으로부터 배출되는 오염원. 지역의 지형과 지질, 식물의 종류, 기후조건 등에 의해 영향을 받음.

1. 폐수의 종류와 구성성분

폐수란 용도가 끝나 폐기된 물을 의미한다. 폐수는 생활폐수(livinghood wastewater)와 산업폐수(industrial wastewater)로 나뉘는데 생활폐수는 가정(domestic sewage)로서 보통 도시하수(urban sewage)라고도 한다.

(1) 폐수의 종류

1) 도시가정하수(urban domestic sewage)

지난 1970년 미국 엑켄펠더(Eckenfelder)가 규정한 도시민 한 사람당 평균 유량과 유기물 배출량이 미국 내 27개주 73개 도시의 평균값으로 유량이 510 LPCD(liter per capita day), 유기물이 90.7 g BOD_5/head · day이다. 도시가정하수의 중요성분은 현탁 고형물(SS, suspended solid), 생분해성 유기물(BOD), 병원균(pathogen) 등인데 처리 개념으로 볼 경우 생분해성 유기물이 주요 관심 사항이 된다. BOD는 보통, 단백질(protein)이 40~60%, 탄수화물(carbonhydrate)은 전분(starch), 섬유소(cellulose), 반섬유소(hemicellulose), 리그닌(lignin)으로 나뉘고 함량이 보통 25~50%이다. 지질(lipid)은 지방(fat), 기름(oil), 왁스(wax)로 나뉘는데 함량이 보통 10% 정도이다.

배출된 BOD는 종말처리장으로 이송되어 화학적 전환을 거치는 데 다음의 분해과정을 거친다.

단백질 → 아미노산(amino acid) → 암모니움성 질소(NH_4^+-N) → 아질산성 질소(NO_2^--N) → 질산성 질소(NO_3^--N)

탄수화물 → 포도당($C_6H_{12}O_6$) → 이당류($C_{12}H_{22}O_{11}$) → 피루브산(pyruvic acid) → 에타놀(ethanol) → CO_2 + H_2O

지질 → 지방산(fatty acid) → 글리세롤(glycerol) → 아세트산(acetic acid) → CO_2 + H_2O

2) 산업폐수(industrial wastewater)

산업폐수는 산업시설로부터 배출되는 폐수로서, 생산 공정에서 누출되었거나 버려진 폐기물이 액상으로 용수에 추가된 것을 이른다.

산업폐수의 양과 오염강도는 일반적으로 단위 생산량 기준으로 규정한다. 같은 공장의 폐수라도 특성이 변동하므로 통계 분포로 나타낸다. 통계적 변동폭은 폐수를 발생하는 제품과 프로세스의 종류, 조작방법(회분 또는 연속 조작) 등에 따라 달라진다.

산업폐수는 보통, 농공 단지 등의 공단에서 1차 처리를 거친 후 종말처리장으로 이송되어 2차적 처리를 거친다. 산업폐수는 독성이 강한 폐수로서 처리에 특별한 관심을 기울여야 하는 폐수이다. 그러므로 발생원 분석이 중요한데 전형적 폐수 수집계통에는 공장 도처의 다양한 발생원에서 나오는 흐름이 차례로 합류되어, 하나의 흐름으로 방류되거나 처리장으로 유입된다. 처리장 유입수 부터 시작하여 상류로 올라가면서 폐수 합류점을 추적하여 핵심 독성물질의 발생원을 파악할 수 있다. 그 다음에는 각 발생원의 특성을 평가하여 생물처리시설과 같은 기존 사후처리기술로 독성을 제거할 수 있는지를 판단하여야 한다. 이러한 평가과정에서 각 발생원이 배출수 독성에 미치는 영향을 알아낼 수 있다.

다음의 표는 산업폐수의 대표적 유량과 특성 변동을 나타낸 것이다.

[표 21] 산업폐수의 대표적 유량과 특성 변동

구분	유량(gal/생산단위) % 빈도			BOD(lb$_r$/생산단위) % 빈도			SS(lb$_r$/생산단위) % 빈도		
	10	50	90	10	50	90	10	50	90
펄프·제지[1]	11,000	43,000	74,000	17.0	58.0	110.0	26.0	105.0	400.0
판지[1]	7,500	11,000	27,500	10	28	46	25	48	66
도살장[2]	165	800	4,300	3.8	13.0	44	3.0	9.8	31.0
양조[3]	130	370	600	0.8	2.0	44	0.25	1.2	2.45
무두질[4]	4.2	9.0	13.6	575**	975	1,400	600**	1,900	3,200

(2) 폐수의 구성성분

1) 현탁 고형물(SS, suspended solid)

물속에서 현탁(suspension) 또는 용존(dissolution) 상태로 분산되어지는 오염물질이다. 발생원을 무기성 고형물의 것과 유기성 고형물의 것으로 나누어 보는데 무기성 고형물은 진흙, 개흙(silt, 크기가 0.05~0.005mm), 점토(clay, 크기가 0.005~0.001mm) 등의 토양성분과 지표수 및 공업용수 내의 함유물 등이다. 유기성 고형물은 식물 섬유질, 조류나 세균 등의 생물체, 지표수 및 가정하수의 함유물 등이다.

물속에 현탁 고형물이 많으면 심미적으로 불쾌감(esthetic displeasure)을 주며 독성물질을 발산하여 질병을 유발한다.

물속의 현탁 고형물이 일으키는 주요 수질오염 사항들이 다음과 같다.

① 탁도(turbidity)

빛이 흡수되거나 산란되는 정도를 이른다.

진흙, 해감, 돌조각, 토양 금속산화물 등의 콜로이드 물질의 침식, 식물 섬유질, 미생물, 비누, 세제 같은 유제(emulsion)의 분산이 유발하는데 탁도가 높으면 심미적인 불쾌감은 물론이요 소독이 어려워지고 조류 및 수생 식물체들의 광합성 반응이 방해받는다.

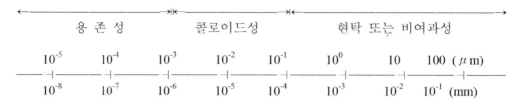

[그림 34] 물속 고형물질의 크기 분류

② 색도(color)

색은 겉보기 색(apparent color)과 진색(true color)이 있는데 물이 부분적으로 현탁 물질에 의해 색을 나타낼 때 이를 겉보기 색이라 하고 현탁 물질을 제거한 후에 용존물질에 의한 색을 진색이라 한다. 자연계의 물에는 주로 황갈색(yellowish-brown color), 붉은 색(red color), 갈색(brown color), 검은색(black color)으로 나타난다. 나무와 나뭇잎, 잡초 등이 분해되어 탄닌(tannin), 부식산(humic acid)이나 부식산염(humate) 등으로 생성되면 황갈색을 띠게 되고 붉은 색은 주로 산화된 철이 있으면 띠게 된다. 산화망간이 있으면 갈색 또는 검은 색을 띠게 된다.

착색된 물은 심미적으로 좋게 받아들여 질 수 없다. 진색은 보통 비위생적이거나 불안전하게 생각되어지지는 않으나 진색을 띠게 하는 유기물은 염소요구량을 가지게 되어 염소의 살균효과를 크게 감소시킬 수 있다. 페놀화합물은 식물이 부패할 때 생성되는 성분으로 염소와 반응하면 맛과 냄새가 지독한 화합물을 생성하게 된다. 자연적으로 생기는 유기산과 염소와의 화합물은 암을 유발시키는 물질로 알려져 있다.

③ 맛과 냄새(taste and odor)

물에 냄새가 나게 하는 물질들은 거의 대부분 맛을 내게 된다. 그러나 광물질들의 경우 맛은 내지만 냄새는 내지 않는다.

쓴 맛을 내는 것은 주로 알칼리성 무기 물질들이고 짠 맛이나 쓴 맛을 내는 것은 주로 금속염 때문이다. 썩은 달걀 냄새와 맛을 내는 것은 유화수소나 조류 슬럿지가 부패하여 생기는 유기성 기체 때문이다.

유기물질에 의해 생긴 냄새는 단순한 심미적인 문제 이상의 문제를 가지고 있는데, 이러한 물질 중에는 암을 유발하는 물질이 포함될 수 있다.

2) 전 용존 고형물(TDS, total dissolved solids)

TDS는 현탁 물질을 여과하여 걸러낸 후 600℃에서 1시간 증발시키고 난 후의 잔류물(residue)이다. 이 잔류물은 무기물과 유기물로 나뉘는데 무기물은 주로, 광물질(mineral), 금속 및 기체 등이며 유기물은 음식물의 부패산물이나 유기화학물질이다. 보통, 휘트스톤 브릿지(Wheatstone Bridge) 전도계법으로 측정하는데 전해질 용액에 전류를 흘려서 저항정도를 측정하여 나타낸다. 단위가 지멘스(siemens)로 저항 단위 옴(ohm)의 역수로 모(mho)라고 한다.

용존물질은 심미적으로 좋지 못한 색깔과 맛과 냄새를 생성시키기도 한다. 어떤 화학물질은 독성이 있고 용존 유기물질 중에는 발암성인 것도 있다.

3) 유기물(organics)

유기물은 보통, 용존형태로 잔존하기 때문에 위의 TDS의 값으로 나타낼 수도 있다. 그러나 여기서 이야기하는 유기물이란 주로, 인간 활동에 의해 발생하는 것을 이른다.

① 생화학적 산소요구량(BOD, biochemical oxygen demand)

BOD는 주로, 하수내의 생분해성 유기물(biodegradable organics)인 전분(starch), 지방(lipid), 단백질(protein), 알코올(alchol), 산(acid), 알데히드(aldehide) 및 에스테르(ester) 등이 물속에 얼마나 용존되어 있는지 나타내는 척도이다. 수중 탄소성분 유기물 농도를 표시하는 탄소 BOD(Carboneous BOD)와 질소성분 유기물 농도를 표시하는 질소 BOD(Nitrogeneous BOD)로 구분하며 구하는 방법은 일정 용적의 배양기를 유산소 상태로 조성한 후 호기성 세균에 의해 분해 안정화되는데 소모되는 산소량을 실험적으로 산출하여 구한다. 300mL의 산소병을 사용하여 20℃에서 5일 동안 도시하수 상등수의 세균을 배양하여 이 값을 나타낸다. 희석법(dillution method)을 많이 사용한다.

하수는 일반적으로, 유기물의 2단계 산화가 일어나기 전에 바다에 유입해 버리므로 미생물에 의한 유기물 소비속도가 1차 반응식으로 표현된다. 스트리터(H. W. Streeter)와 펠프스(E. B. Phelps)는 호기성 세균의 탄소유기물 소비속도를 다음과 같은 1차 반응식으로 나타내었다.

$$C\text{-}BOD_t = C\text{-}BOD_{20} \times e^{-kt}$$

여기서, $C\text{-}BOD_t$: t일 후 잔존 유기물의 양

$C\text{-}BOD_{20}$: 전체 유기물의 양으로 20일 후의 BOD값으로 나타낸다.

k : 미생물의 탈산소계수

t : 분해기간

$$C\text{-}BOD_{20} = 1.5 \times C\text{-}BOD_5$$

여기서, $C\text{-}BOD_5$: 5일동안 측정된 시료내 유기물의 양

② 화학적 산소요구량(COD, chemical oxygen demand)

COD는 물 시료내의 비 생분해성(nonbiodegradable) 유기물의 양을 나타내는 데 사용된다. 비 생분해성 유기물이란 주로, 강한 분자결합으로 이루어져 있는 다당류나 고리형태의 구조로 되어있는 벤젠계열 화합물이다. 주로, 산화제 $K_2Cr_2O_7$(potassium di chromate)으로 이러한 비 생분해성 유기물을 분해, 안정화시키는데 소모되는 산소량으로 나타낸다. 소요시간은 30분에서 3시간인데 평균 약 2시간 정도 소요된다. 하천수나 호소수의 비 생분해 유기물의 양을 구함에는 산화제로 $KMnO_4$(potassium per manganate)를 사용한다.

③ 총 유기탄소(TOC, total organic carbon)

TOC는 어떤 유기물을 고온로(高溫爐)에서 CO_2로 산화시켜 CO_2 발생량 분석으로 나타낸 총 유기탄소량을 이른다. BOD나 COD 분석처럼 많은 시간이 소요되지 않고 순식간에 분석하는 장점이 있다.

[참고자료] 생물화학적 산소요구량(BOD) 측정방법

-희석법dillution method)-

1. 측정원리

시료를 20℃에서 5일간 부란(孵卵, incubation)·배양(culture) 했을 때, 수중의 세균에 의하여 용존산소(DO) 가스가 소비되는데, 이때 부란(incubation)·배양(culture) 전, 후의 DO량을 구한 후 그 차이로서 BOD 값을 구한다.

2. 기구 및 기기

① 300 mL-산소병

② Incubator

3. 시약

1) 희석수 조제용 시약

① 인산염 완충 용액(Phosphate buffer solution, A액)

　　K_2HPO_4 21.75 g, KH_2PO_4 8.5g, $Na_2HPO_4 \cdot 7H_2O$ 33.4 g, NH_4Cl 1.7 g을 증류수에 용해시켜 1L의 수용액을 만든다

② 황산마그네슘용액(Magnesium sulfate solution, B액)

　　$MgSO_4 \cdot 7H_2O$ 22.5 g을 증류수에 용해하여 1L의 수용액을 만든다.

③ 염화칼슘용액(Calcium chloride solution, C액)

　　무수염화칼슘, $CaCl_2$ 0.25 g을 증류수에 용해시켜 1 L의 수용액을 만든다.

④ 염화제이철용액(Ferric chloride solution, D액)

　　$FeCl_2 \cdot 6H_2O$ 0.25g을 증류수에 용해시켜 1L의 수용액을 만든다.

2) pH 조정용 시약

⑤ HCl 용액 : (1:11) 용액 (HCl 1mL+ 11mL)

⑥ NaOH 용액(4 w/v % 용) : NaOH 4g을 증류수에 용해시켜 100mL가 되게 한다.

3) DO 측정용 시약

⑦ Na₂SO₃ 용액(0.025N)

　Na₂SO₃ 1.58g을 증류수에 용해시켜 1L로 한다. 사용할 때 조정한다.

4. 희석・식종희석수 제조

1) 희석수

증류수의 수온이 20℃가 되도록 조절하고 폭기시켜 용존산소를 포화시킨다. 다음에 이것을 적당한 병에 취하고 상기 A, B, C, D 시약을 각각 폭기 된 증류수 1L에 대하여 1.0mL씩 넣는다. 용액의 pH는 7.2라야 한다. 이 값에 도달하지 않을 경우 NaOH나 HCl로 조정한다.

2) 식종 희석수

검수에 호기성 세균이 없는 산업폐수 등의 시료의 BOD를 측정할 때에는 처음에 희석수에 호기성 미생물을 식종하여야 한다. 식종 희석수는 희석수 1L에 대하여 실온에서 24~36시간 방치하였던 하수의 상등액을 쓸 때에는 5~10 mL, 하천수의 경우에는 10~50 mL, 토양 추출액의 경우에는 20~30 mL를 가하여 조제.

특히, 산업폐수의 측정에는 그 폐수를 방류하고 있는 하천의 방류지점에서 하류의 하천수를 사용하는 것이 좋다. 이것은 폐수에 유해물질이 함유되어 있어도, 이 물질에 호기성 미생물이 적응되어 있기 때문에 충분히 분해 능력을 갖고 있기 때문이다.

5. 시험방법

1) 시료의 전처리

(가) 알칼리 또는 산이 함유되어 있는 경우

　HCl(1:11) 또는 NaOH 용액으로 시료의 pH가 약 7.0이 되도록 중화한다.

(나) 잔류염소를 함유하는 경우

　미리, 검수 100mL~1000mL+KI 1g, 잔류염소 때문에 유리된 요오드(free iodide)를 전분을 지시약으로 하여 0.025N Na₂SO₃ 용액으로 종말점(청색→무색)까지 적정한다. 이 시험에서 알려진 0.025N Na₂SO₃ 용액의 적정량을 검수에 넣어 잔류염소를 환원시킨 다음, 식종 희석수를 써서 일반적인 희석조작을 한다.

(다) 용존산소 및 용존기체가 과포화인 경우

검수가 담겨있는 BOD병을 폭기 등의 조작을 통하여 해당 부란(incubation) 온도별 DO포화농도 이하가 되도록 한다.

(라) 중금속이 함유되어 있는 경우

아주 미량의 중금속이라도 함유되어 있을 경우 미생물 증식에 치명적 저해를 준다. 희석하든가 그 중금속에 적응한 M/O를 사용한다.

☞ 겨울철에 하천 수 등에는 표준 온도를 20℃(DO 포화농도 : 8.84 mg/L)로 하는 경우 용존산소 및 용존 기체가 과포화 되는 경우가 종종 있다. 특히, 녹조식물이 많은 하천 수나 호수에는 녹조식물의 동화작용 때문에 용존산소가 과포화 되기 쉽다.

2) 시험순서

(가) BOD병을 깨끗이 세척한다. 크롬산 혼합액으로 세정하고 수돗물로 썻은 다음 증류 수로 헹구어 낸다.

(나) 번호가 적혀있는 견출지를 붙인 BOD병을 준비한다.

(다) 2개의 병에 조제된 희석수를 가득 채우고 공기방울이 갇히지 않게 주의하여 마개를 꼭 끼운다(병 번호 ①, ②).

(라) BOD값이 측정 범위 내에 들어가도록 하나 또는 그 이상의 희석 검수를 만든 후 BOD 병에 넣을 시료 량 결정

A. BOD 병에 검수를 먼저 넣고 조제된 희석수 또는 식종 희석수로 가득 채운다.

B. 20℃에서 5일간 부란한다.

C. 부란하기 전의 DO를 DO_i, 5일 동안 부란한 후의 DO를 DO_f로 한다.

D. $\dfrac{DOi - DOf}{DOi} \times 100$이 최초포화치의 40~70%의 범위 내에 들도록 검수를 희석한다.

(이유 : 탄소 유기물 기질의 경우, $BOD = BOD_5 = COD = 1.5 \times BOD_u = 1.5 \times BOD_{20}$)

E. 검수를 갖고 CODcr실험을 한다.

참조) 추정 $BOD = (\dfrac{1}{2} \sim \dfrac{1}{3}) \times COD$

BOD 병에 넣어야할 검수량(mL) $= \dfrac{1200}{추정 BOD}$

예)

1. BOD 병에 넣을 검수량 결정

검수의 CODcr 값이 800mg/L 일 경우

추정 $BOD mg/L = \frac{1}{2} \times 800 mg CODcr = 400 mg/L$

BOD병에 넣는 검수량 $= \frac{1200}{400} = 3.0 mL$

2. 희석배율결정

BOD 병의 부피가 300mL이므로

희석 배율 $= \frac{300}{3} = 100$

(마) 라)항에서 결정된 검수량을 피펫으로 취하여 2개의 다른 BOD병 ③,④에 넣는다.

(바) 이 병들에 희석수 또는 식종 희석수를 부어 가득 채우고, 공기가 마개 밑에 갇히지 않도록 주의하여 마개를 끼운 후 들어보아 마개가 수봉되어 있는 가를 확인한다.

(사) BOD 병 ③,④에 대해 즉시 최초 용존 산소량, D1을 정량한다.

(아) BOD 병 ①,③을 부란기에 넣어 20℃에서 5일간 부란한다.

(자) 정확히 5일(±3시간)이 지난 다음, BOD병 ①, ③에 대해 Winkler Azide 변법에 의해 5일 후 용존 산소량, D2는 ×100이 40-70%의 범위내에 있는 가를 확인하고 여러개의 BOD 병을 준비했을 경우 이 범위 내에 있는 것을 선택하여 다음 공식에 따라 계산한다.

㉮ 식종을 하지 않았을 때

① $BOD(mg/L) = \frac{D1 - D2}{검수량(mL)} \times 300$

② $BOD(mg/L) = \frac{D1 - D2}{P}$

㉯ 식종 희석수를 사용했을 때

$BOD(mg/L) = \frac{(D1 - D2) - (B1 - B2) \times f}{P}$

여기서, D1 : 희석검수를 조제해서 15분 후의 DO(mg/L)

D2 : 5일 동안 부란한 후의 DO(mg/L)

B1 : 부란 전의 희석 식종액의 DO(mg/L)

B2 : 부란 후의 희석 식종액의 DO(mg/L)

f : 희석 식종액 중 식종액 함유율(%)에 대한 희석 검수의 식종액 함유물 비

[참고자료] 화학적 산소요구량(COD) 측정방법

- 환류법(open reflux method) -

1. 개요

검수에 일정량의 중크롬산칼륨과 황산을 가하여 환류시키면서 2시간 끓이면 시료 중의 피산화성 물질은 산화된다.

$$Cr_2O_7^{2-} + 14H^+ + 6e \rightleftarrows 2Cr^{3+} + 7H_2O$$

그 후 산화작용에 의해 소비되고 남은 중크롬산칼륨을 황산제일철암모늄용액(FAS 용액)으로 적정하여 피산화물과 반응한 중크롬산칼륨의 양을 구하여 계산에 의해 산소소비량을 구한다. 이 방법의 산화조건은 과망간산칼륨에 의한 것보다 산화율이 높으며 대부분의 피산화성 물질은 80~100% 분해되어 수중의 유기물량에 상당하는 치를 거의 완전히 나타낸다. 아울러 재현성이 좋은 것이 특징이다.

2. 초자, 기구

① 리비히 냉각기
② 300 ml (or 500 ml) COD용 플라스크(주둥이가 연마된 것)
③ 비등석
④ 가열기

3. 시약(Reagent)

① H_2SO_4-Ag_2SO_4(황산-황산은 용액)

   Ag_2SO_4는 직선고리형 알콜과 산의 산화에 촉매로 작용한다.

   $\qquad$ Ag_2SO_4 5.5g + H_2SO_4 1kg

② Mercuric Sulfate(황산제이수은) : $HgSO_4$는 염화물의 방해작용을 제거한다.

③ 0.025N $K_2Cr_2O_7$(Potassium dichromate, 중크롬산칼륨 용액) 0.00417M

   $K_2Cr_2O_7$ 12.259g → 1L : 산소소비량 50ppm 이하일 때 사용

④ 0.25N K_2CrO_7 (Potassium dichromate) 0.0417M

   K_2CrO_7 12.259g → 1L : 산소소비량 50ppm 이상일 때 사용

   건조기에서 수 시간 건조하고 데시케이터에서 항량한 후 무게를 달아야 한다.

   중크롬산칼륨은 상당히 정확하게 만들어야 한다.

⑤ Ferroin indicator(페로인 지시약)

   $C_{12}H_8N_2 \cdot H_2O$(1, 10 phenanthroline mono hydrate) 1.485g + $FeSO_4 \cdot 7H_2O$ 0.695g

→ 100mL

#페난트롤린은 열에 약하므로 시료가 뜨거울 때(80℃ 이상) 지시약을 넣으면 안 된다.

식힌 후 지시약을 정확히 3방울 넣는다.

⑥ 0.25N(0.25M) [Fe(NH₃)₂(SO₄)₂ · 6H₂O)]

(FAS : Ferroin Ammonium sulfate·· Ammonuum ferrous sulfate · Iron(Ⅱ) ammnonium sulfate

[Fe(NH₃)₂(SO₄)₂ · 6H₂O] 98g + conc-H₂SO₄ 20mL → 1L : 사용할 때마다 표정해야 함.

cf) 상기 ⑥의 표정

-250mL flask에 Standard Potassium Dichromate 10.0mL

+증류수 100mL+conc-H₂SO₄ 30mL, 방냉시킨다.

+ Ferroin indicator 3방울 넣는다.

-FAS로 적정 ; 오렌지색→녹색→적갈색(종말점)

-Factor(f) = $\dfrac{10}{x}$, x : 적정 시 들어간 FAS(mL)

4. 실험방법

방　법	관　찰	메카니즘
① COD flask HgSO4 1g 넣는다.	흰 분말	시료에 있는 Cl⁻이온을 HgCl2로
② 검수 50mL, 비등석 넣고 혼합	흰 분말이 노래진다.	
③ + H2SO4-Ag2SO4 5mL 매우 천천히 넣는다.		산성조건을 만든다.
④ +K2Cr2O7 25mL 정확히	주홍색 액체	산화제 주입
⑤ 냉각기에 연결한다. 냉각기 위에서 H2SO4-Ag2SO4 70mL를 냉각기 벽을 씻으면서 넣는다.		
⑥ 냉각기 위를 막고 2시간동안 가열하면서 환류 냉각	COD의 값을 7시간까지 계속 증가한다. 그 후로 는 일정하게 유지됨. 2시간을 표준으로 한다.	중크롬산칼륨이 산성상태에서 유기물을 산화시킨다.
⑦ 냉각기 위에서 소량의 증류수로 냉각기를 씻어 내린다. 냉각기에서 분리하고 식힌 후 증류수를 넣어 총량을 2배로 한다.		
⑧ 지시약 3방울 넣고 FAS로 적정 한다. 바탕시험액 : a mL 기록한 적정량 : b mL	주홍색에서 초록색을 지나 갈색이 될 때까지	6가 크롬이 2가 철에 의해 3가 로 환원되면서 주홍색이 초록색 으로 되고 6가 철이 모두 소모 되면 과잉의 2가 철이 페날트롤 린과 반응하여 갈색을 띤다.

5. 계산

$$COD(mg/L) = (a-b) \times N \times f \times \frac{8000}{v}$$

      a : Blank적정에 소비된 FAS의 양(mL)

      b : 시료의 적정에 소비된 FAS의 양(mL)

      N : 적정에 사용한 FAS의 Normality

      f : 적정의 사용한 FAS의 역가

      v : 검수의 양(mL)

중크롬산칼륨은 피산화물질(유기물질)의 양보다 항상 과잉으로 들어가야 하며 유기물질의 농도가 높을 때(2시간 가열후 시료가 녹색을 띤다)에는 시료를 희석해야 한다.

시료량(mL)	Cr^{6+}	H_2SO_4	$HgSO_4$	FAS(N)	최종부피
10	5	15	0.2	0.05	70
20	10	30	0.4	0.1	140
30	15	45	0.6	0.15	210
40	20	60	0.8	0.2	280
50	25	75	1.0	0.25	350

4) 용존산소(DO, dissolved oxygen)

물속에 용해되어 존재하는 산소가스이다. DO가 5mg/L 이하가 되면 어류가 생존할 수 없고 수질환경보전법상 수산용수는 5mg/L 이상, 담수의 경우 6.5mg/L 이상이 되어야 한다고 규정하고 있다. 물속의 종속영양계이며 화학영양계 미생물들이 그들의 성장과 번식을 위한 에너지를 생성하는 도구가 된다.

용존산소 양은 수온이나 기압, 다른 용질의 영향을 받아 수온의 상승과 더불어 감소하며 대기 중의 산소분압에 비례하여 증가한다. 하천이나 호수가 하수나 공장폐수 등으로 오염되어 있는 경우 여러 가지 환원물질에 의해 BOD나 COD가 증가하고 DO는 감소한다.

물속 산소는 여러 가지 작용에 의해 증가하거나 감소한다. 증가 요인으로서 첫 번째의 것이 수표면과 공기 접촉 층의 기압차이 및 온도차이, 바람 등에 의해 생성되는 재 폭기작용(reaeration)이다. 이 재 폭기작용이 수계에서의 주된 DO 보충 작용이다. 두 번째 요인으로서는 식물성 플랑크톤 및 수생식물의 활발한 광합성 작용(photosynthesis)이다. 호수에서 높은 농도의 조류가 존재할 경우 표수층에서 DO의 과포화 현상이 일어날 정도로 이들의 산소생산 능력은 대단한 것이다. 감소요인으로서는 미생물에 의힌 유기물의 산화작용, 무기화합물의 산화작용, 수중 동식물의 호흡작용을 들 수 있다.

[표 22] 온도와 염화물 변화에 따른 용존산소 농도

온 도 ℃	염화물 농도, mg/l				
	0	5,000	10,000	15,000	20,000
0	14.62	13.79	12.97	12.14	11.32
1	14.23	13.41	12.61	11.82	11.03
2	13.84	13.05	12.28	11.52	10.76
3	13.48	12.72	11.98	11.24	10.50
4	13.13	12.41	11.69	10.97	10.25
5	12.80	12.09	11.39	10.70	10.01
6	12.48	11.79	11.12	10.45	9.78
7	12.17	11.51	10.85	10.21	9.57
8	11.87	11.24	10.61	9.98	9.36
9	11.59	10.97	10.36	9.76	9.17
10	11.33	10.73	10.13	9.55	8.98
11	11.08	10.49	9.92	9.35	8.80
12	10.83	10.28	9.72	9.17	8.62
13	10.60	10.05	9.52	8.98	8.46
14	10.37	9.85	9.32	8.80	8.30
15	10.15	9.65	9.14	8.63	8.14
16	9.95	9.46	8.96	8.47	7.99
17	9.74	9.26	8.78	8.30	7.84
18	9.54	9.07	8.62	8.15	7.70
19	9.35	8.89	8.45	8.00	7.56
20	9.17	8.73	8.30	7.86	7.42
21	8.99	8.57	8.14	7.71	7.28
22	8.83	8.42	7.99	7.57	7.14
23	8.68	8.27	7.85	7.43	7.00
24	8.53	8.12	7.71	7.30	6.87
25	8.38	7.96	7.56	7.15	6.74
267	8.22	7.81	7.42	7.02	6.61
27	8.07	7.67	7.28	6.88	6.49
28	7.92	7.53	7.14	6.75	6.37
29	7.77	7.39	7.00	6.62	6.25
30	7.63	7.25	6.86	6.49	6.13

5) 수소이온지수(pH)

물속에 용해되어있는 수소이온의 농도를 말한다. pH는 용액의 산 또는 알칼리 상태의 세기를 나타내는데 널리 사용된다. 순수한 물은 해리하여 10^{-7} mole/L의 수소이온농도를 가진다.

물의 이온화상수는 K=[H+][OH-]/[H2O]인데 분모는 분자보다 상당히 크므로 무시하면 K=[H+][OH-]=10^{-14}이 된다. 용액에 산이 가해져 수소이온농도가 증가하면 수산화이온의 농도가 줄어들고 염기가 가해져 수산화이온이 증가하면 수소이온농도가 감소해서 서로의 곱이 10-14이 되도록 스스로 조절된다.

이 수소이온 농도를 편리하게 사용하기 위해 pH를 정의한다. 이는 수소이온 농도를 역수로 하여 대수를 치환 것으로 구하는 식은 다음과 같다.

$$pH = -\log[H+]$$

pH는 대개 0에서 14까지의 범위로 나타내며 pH 7인 경우 완전한 중성을 나타내도록 되어있다.

예제) pH가 5인 폐수(廢水, Wastewater)를 NaOH(Sodium hydroxide)를 사용하여 pH를 9로 하고자 한다.

　　1) Sodium hydroxide의 순도가 100% 일 때 필요한 NaOH의 량은 얼마인가?

　　2) Sodium hydroxide의 순도가 90% 일 때 필요한 NaOH의 량은 얼마인가?

　　　단, 폐수의 유량(流量, Flow rate) = 500 m^3/day, NaOH의 분자량 = 40g/mole

답) 1) pH 5 → [H^+] = 10^{-5} M = 10^{-5} mole/L

　　　pH 9 → [OH] = 10^{-5} M = 10^{-5} mole/L

　　　[H^+] = 10^{-5}M를 중화하려면 [OH] = 10^{-5} M가 소요되고 pH 9로 하기위해서는 OH가 10^{-5} M이 더 있어야 되므로 필요한 [OH] = 2×10^{-5} M가 된다. 그런데 OH는 NaOH로부터 얻고 NaOH는 강염기로써 100% 전리되므로 NaOH 소요농도는 2×10^{-5}mole/L이다.

　　　NaOH의 순도가 100%이므로

　　　NaOH 소요량 = $(2\times10^{-5}$ mole/L$)\times(100/100)\times(40$g/mole$)\times10^3$

　　　　　　　　　= {$(2\times10^{-5})\times(100/100)\times(40)\times(10^3)$}$\times${(mole/L)$\times$(g/mole)}

　　　　　　　　　= 0.8g/m^3

　　　그러므로 0.8g/$m^3\times$500m^3/day = 400g/day

　2) 1)에서와 마찬가지로

　　　NaOH 소요량 = $(2\times10^{-5}$ mole/L$)\times(100/90)\times(40$g/mole$)\times(103$ L/$m^3)$

$$=\{(2\times10^{-5})\times(100/90)\times(40)\times(10^3)\}\times\{(mole/L)\times(g/mole)\times(L/m^3)\}$$
$$= 0.889 g/m^3$$

그러므로 $0.889 \ g/m^3 \times 500m^3/day = 444.5 \ g/day$

6) 대장균군 수(Escherichia coliform colonies number)

물속에 병원균(pathogen)이 존재하느냐를 판단하게 하는 간접적 지표로 사용된다. 이러한 지표로 사용되려면 보통 다음의 조건을 갖추어야 한다.

① 어떠한 물의 형태라도 적용할 수 있어야 한다.

② 병원균이 있을 때에는 반드시 있어야 한다.

③ 병원균이 없을 때에는 반드시 없어야 한다.

④ 이질적인 균에 의한 방해(disturbance) 및 혼란(disorder)없이 시험이 연속적으로 가능하여야 한다.

⑤ 실험자의 안전이 확보되어야 한다.

대장균은 바이러스를 제외한 일반세균보다 저항력이 강하다. 그리고 모든 온혈 동물의 큰 창자 안에서 일반세균과 반드시 공존하고 있다. 그러므로 대장균의 존재 유무와 수를 확인하는 것은 일반세균의 존재 유무, 수의 간접적 확인 수단이 된다. 대장균은 그람음성(gram negative) 염색 특성을 지니고 있는 무아포성(無芽胞性, no spore)의 막대기 형태의 간균(rod shape bacteria)으로서 보통, 최확수(崔確數, MPN, most probable number) 시험으로 검경한다.

A. 추정 시험

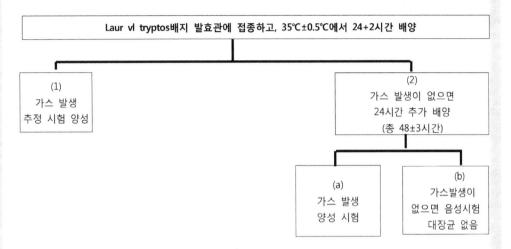

B. 확정 시험

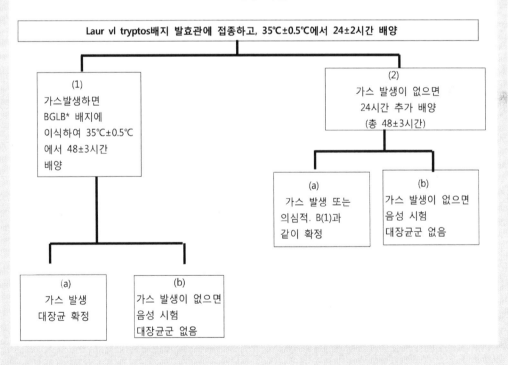

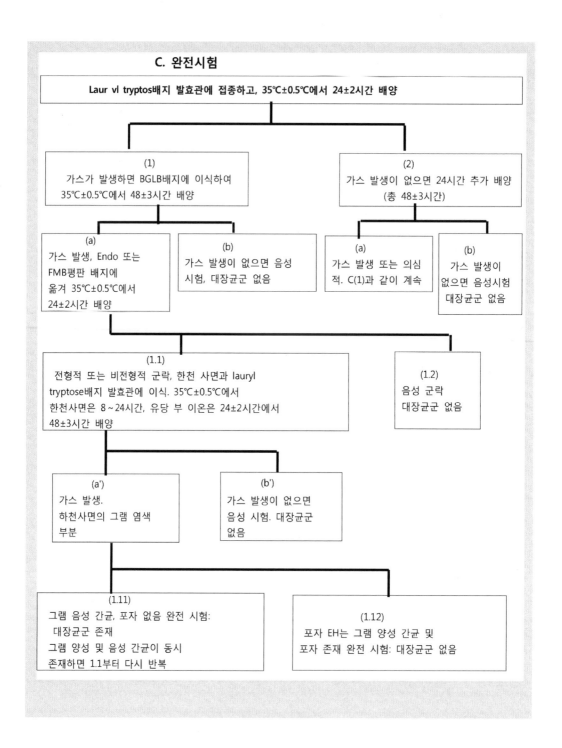

C. 완전시험

Laur vl tryptos배지 발효관에 접종하고, 35℃±0.5℃에서 24±2시간 배양

(1)
가스가 발생하면 BGLB배지에 이식하여
35℃±0.5℃에서 48±3시간 배양

(2)
가스 발생이 없으면 24시간 추가 배양
(총 48±3시간)

(a)
가스 발생, Endo 또는
FMB평판 배지에
옮겨 35℃±0.5℃에서
24±2시간 배양

(b)
가스 발생이 없으면 음성
시험, 대장균군 없음

(a)
가스 발생 또는 의심
적. C(1)과 같이 계속

(b)
가스 발생이
없으면 음성시험
대장균군 없음

(1.1)
전형적 또는 비전형적 군락, 한천 사면과 lauryl
tryptose배지 발효관에 이식. 35℃±0.5℃에서
한천사면은 8～24시간, 유당 부 이온은 24±2시간에서
48±3시간 배양

(1.2)
음성 군락
대장균군 없음

(a')
가스 발생.
하천사면의 그램 염색
부분

(b')
가스 발생이 없으면
음성 시험. 대장균군
없음

(1.11)
그램 음성 간균, 포자 없음 완전 시험:
대장균군 존재
그램 양성 및 음성 간균이 동시
존재하면 1.1부터 다시 반복

(1.12)
포자 EH는 그램 양성 간균 및
포자 존재 완전 시험: 대장균군 없음

[참고자료] MPN 지수와 95% 신뢰 한계. 각 희석(10, 1.0, 0.1ml)에 다섯 개의 시험관을 사용할 때 여러 양성 결과의 조합의 경우

양성 조합	MPN지수 /100mL	95% 신뢰 한계 하한	상한	양성 조합	MPN지수 /100mL	95% 신뢰 한계 하한	상한
0-0-0	<0	–	–	4-2-0	22	7	67
0-0-1	2	<0.5	7	4-2-1	26	9	78
0-1-0	2	<0.5	7	4-3-0	27	9	80
0-2-0	4	<0.5	11	4-4-0	34	12	93
1-0-0	2	<0.5	7	5-0-0	23	7	70
1-0-1	4	<0.5	11	5-0-1	31	11	89
1-1-0	4	<0.5	11	5-0-2	43	15	110
1-1-1	6	<0.5	15	5-1-0	33	11	93
1-2-0	6	<0.5	15	5-1-1	46	16	120
				5-1-2	63	21	150
2-0-0	5	<0.5	13	5-2-0	49	17	130
2-0-1	7	1	17	5-2-1	70	23	170
2-1-0	7	1	17	5-2-2	94	28	220
2-1-1	9	2	21	5-3-0	79	25	190
2-2-0	9	2	21	5-3-1	110	31	250
2-3-0	12	3	28	5-3-2	140	37	340
3-0-0	8	1	19	5-3-3	180	44	500
3-0-1	11	2	25	5-4-0	130	35	300
3-1-0	11	2	25	5-4-1	170	43	490
3-1-1	14	4	34	5-4-2	220	57	700
3-2-0	14	4	34	5-4-3	280	90	850
3-2-1	17	5	46	5-4-4	350	120	1000
4-0-0	13	3	31	5-5-0	240	68	750
4-0-1	17	5	46	5-5-1	350	120	1000
4-1-0	17	5	46	5-5-2	540	180	1400
4-1-1	21	7	63	5-5-3	920	300	3200
4-1-2	26	9	78	5-5-4	1600	640	5800
				5-5-5	≥2400	–	–

[참고자료] 대장균 평판배양법

1. 측정원리

시료를 유당(乳糖, lactose)이 함유된 한천배지에 배양할 때 1마리 대장균군이 증식하면서 산(酸, acid)을 생산하며 하나의 집락(colony)을 형성한다.

이때 생성된 산은 지시약인 뉴트랄레드(Neutral Red, $C_{15}H_{17}ClN_4$; mol wt. 288.78)를 진한 적색으로 변화시켜 정형적인 대장균군 집락이 되어 식별할 수 있으므로 그 결과는 개/mL의 단위로 표시한다.

배지에는 그람양성 간균이나 구군을 억제하는 데속시콜린산나트륨(Sodium Deoxycho- late, $C_{24}H_{39}NaO_4$, 0.1W/V%)이 함유되어 있다.

2. 기기 및 시약

① 멸균기(autoclave)
② 멸균된 85-100×15mm 크기의 페트리 접시
③ BOD incubator
④ 데속시콜레이트 한천배지
⑤ 백금이(loop needle)
⑥ 알콜램프
⑦ 막대 온도계

3. 데속시콜레이트 한천배지 만들기

1) 시약

① 펩톤(peptone)	10g
② 실험용 소금(NaCl)	5g
③ K_2HPO_4	2g
④ 한천(Agar)	15g
⑤ 구연산제이철암모늄/Ferric Ammonium Citrate/$Fe(NH_4)_2H(C_6H_5O_7)_2$	2g
⑥ 데옥시콜린산나트륨/Sodium Deoxycholate(: 동물담즙산)/$C_{24}H_{29}O_4Na$	1g

⑦ 누트랄레드(: 어두운 초록색 중성색소, 물에 녹아 적색을 나타냄)(: 완화성 철제

[빈혈증에 대한 의약], 청사진 제조 등에 쓰임) /$C_{15}H_{17}ClN_4$ 0.033g

2) 제조방법

❶ ①+②+③+④을 1L 메스 비이커에 넣고 증류수를 가하여 전량을 1L로 한다.

❷ water basin에 물을 넣은 다음 이것을 핫 플레이트위에 놓고 끓인다.

❸ ❶을 끓는 water basin 상에서 가온 용해시킨다.

❹ 가온 용해 시킨 후 autoclave에 넣고 멸균 시킨다.

❺ 멸균 시킨 후 pH meter로 pH를 잰다.

❻ pH가 7.3-7.5로 되도록 조정한다.

❼ ❻에 ⑥, ⑦번 시약을 가해 혼합시킨다.

❽ 혼합 시킨 후 플라스크나 시험관에 나누어 넣는다.

❾ 이를 100℃ 34분간 멸균 후 재빨리 찬물로 냉각한 후 40-50℃에 보온해서 사용한다.

   (막대 온도계를 사용할 것)

4. 시험방법

1) 85-100×15mm 크기의 페트리 접시를 멸균한다.

2) 시료를 원시료와 희석시료(원 시료를 10, 100,1000, 10,000배로 희석한다)로 나눈다. :

   희석방법 참고

3) 2)의 시료를 무균적으로 접종한다. : 미생물 도말법 참고

4) 접종된 페트리 접시에 미리 준비하여 45℃로 가온한 데속시콜레이트 한천배지를 약 15

   mL 넣는다.

5) 이것이 굳기 전에 좌우로 10회전 이상 흔들어 검액과 배지를 완전히 섞은 후 냉각하여

   굳힌다.

6) 이와 같이 조작한 페트리 접시의 배지표면에 다시 45℃로 유지된 데속시콜레이트 한천

   배지를 3-5mL 넣어 표면을 얇게 덮는다.

7) 이것을 상온에서 냉각하여 굳힌다.

8) 이것을 35-37℃에서 18-20시간 배양한다.

9) 적색의 정형적인 집락을 계수한다.

5. 계수법

1) 집락계수기(colony counter)를 사용할 것.

2) 그 집락수가 30-300의 범위에 드는 것을 산정하여 그것의 산술평균을 내어 계산.

예)

예, 검액량(mL)	1	0.1	0.01	0.001	시험성적(개/mL)
예(1)	15 22	2 2	0 0	0 0	〈30
예(2)	TNTC TNTC	275 257	22 18	1 2	2700
예(3)	TNTC TNTC	254 TNTC	38 32	3 4	3200
예(4)	TNTC TNTC	TNTC TNTC	295 TNTC	33 22	31000
예(5)	TNTC TNTC	TNTC TNTC	TNTC TNTC	TNTC TNTC	〉300000

* TNTC : 너무 많아서 계수가 곤란하거나 반이상의 확산집락이 형성되었을 때

예(1): 모든 집락수가 30 미만으로 그 결과는 〈30으로 표시하며

예(2): 275와 257의 2 평판의 집락수를 평균하면 (2750+2570)/2 = 2660이므로 유효숫자 2
자리 미만은 반올림하여 그 결과는 2700으로 표시한다.

예(3): 254, 38, 32평판의 집락수를 평균하여 (2540+3800+3200)/3 = 3180이므로 유효숫
자 2자리 미만은 반올림하여 그 결과는 3200으로 표시한다.

예(4): 295와 33의 2평판의 집락수를 평균하여 (29500+33000)/2 = 31250이므로 유효숫자
2자리 미만은 반올림하여 그 결과는 31000으로 표시한다.

예(5): 모든 시험평판의 집락수가 300보다 많으므로 그 결과는 〉300000으로 표시한다.

이 배지는 사용할 즈음에 조제하여 사용한다.

7) 영양염류(Nutrients)

식물과 동물의 성장 및 번식을 위해 필수적인 물질이다. 보통, 질소(N, nitrogen)와 인(P, phosporous) 등인데 이러한 물질들이 하천이나 호소(湖沼, lake and pond)에 유입되면 조류 (藻類, Algae)의 이상적인 증식을 일으켜서 수질을 악화시킨다.

① 질소(N, nitrogen)

질소를 유기성 질소와 무기성 질소로 나뉜다. 유기성 질소는 보통, 킬달 질소(Kieldahl-N)라 부르기도 한다. 무기성 질소는 암모니아성 질소(NH_3-N), 아질산성 질소(NO_2-N), 질산성 질소(NO_3-N)를 이른다.

질소 자료는 분변성 오염(fecal pollution) 등의 진행 정도를 파악하게 하는 위생지표로 사용된다. 킬달 질소가 검출되는 경우 보통, 악취를 동반하는데 이 수질은 혐기성 세균에 의한 분해 및 부패가 진행되는 것을 뜻한다. 암모니아성 질소가 검출되는 경우는 최근에 오염된 것으로서 부영양화(eutrophication)현상이 진행되고 있음을 뜻하고 아질산성 질소가 검출되는 경우는 현재 오염이 진행 중이거나 극히 가까운 시간에 오염이 된 것을 뜻한다. 질산성 질소가 검출되는 경우에는 질산화가 더 이상 진행되지 않는 수질을 뜻한다.

질소 물질의 발생과정이 다음과 같다.

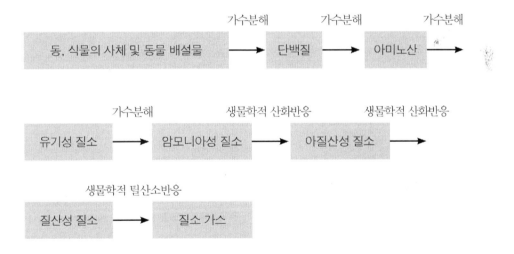

② 인(P, phosporous)

인은 모든 생물체의 생명활동에 중요한 물질이다. 생물 세포내에서 이루어지는 단백질 합성의 핵산대사물질인데 세포내의 핵산 성분(DNA, deoxyribonucleic acid와 RNA, ribonucleic acid)인 이른바 뉴클레오시드(Nucleoside)에 인산염 형태로 존재한다. 이 핵산대사는 대단히 중요한 것으로서 생명체는 이 핵산대사를 통하여 자기복제(self replication) 현상을 나타내게 된다.

인이 모든 생물체 세포내에 존재하므로 인의 퇴적이 생물체의 사멸을 통한 것으로 이해된다. 자연계에서는 황인, 적인, 백인의 세가지 동소체로 존재하는데 인간은 이러한 인광석을 채굴하여 화약 등의 제조에 사용하여 왔다. 근래에는 가정용 합성세제에 증강제(builder)로 사용되어 수계에 심각한 수질오염을 유발하여 왔다.

물 속에시 인은 정인산염(orthophosphate), 축합인산염(condensed phosphate) 형태로 잔존한다. 축합인산염은 다중인산염(pyrophosphate), 메타인산염(metaphosphate), 폴리인산염(polyphosphate) 형태로 존재하고 폴리인산염이 P_2O_7의 분자식으로 이루어진 합성세제 성분이자 비료 성분이다.

8) 금속류(Metals)

금속류의 오염이 자연 퇴적물과 공장 및 농경지 폐수의 배출로 인하여 발생한다. 환경 위해성(environmental risk)에 따라 비 독성금속과 독성금속으로 나뉘는데 비 독성금속은 생세포체 내에 비교적 축적이 되지 않는 금속이며 독성금속은 미량이라도 생세포체 내에 축적이 되는 금속이다.

① 비 독성금속(non toxic metal)

Ca^-, Mg^-, Fe^-, Mn^-, Sr^-은 경도(hardness)를 발생시키는 금속으로서 비누의 계면 활성도를 저하시키고 보일러에 스케일을 형성시키며 사람에게 설사(diarrhea)을 일으킨다. Na^+ 이온은 가경도(pseudohardness)를 일으키고 물의 쓴 맛을 나타내게 하며 심장(heart)과 신장(kidney) 질환을 앓고 있는 환자에게 매우 해로운 물질이다. Fe^{++}, Fe^{+++}, Mn^{++}, Mn^{+++}은 0.3 mg/l, 0.05 mg/l에서 물에 색을 나타나게 하고 세균 세포체 slime 층을 형성하게 하는 에너지원이지만 때때로 물에서 맛과 냄새를 나타내게 하기도 한다. Cu^{++}, Zn^{++}은 동시 발생(synchronous generation)의 특성이 있고 미량이라도 생물 종에게 심각한 독성을 나타낸다.

② 독성금속(toxic metal)

　Hg(mercury)은 미나마따 병으로 유명한 중금속인데 보행불능과 언어장애, 눈이 멀고 뇌손상을 입혀 정신이상자가 되게 한다. Cd(cadmium)은 이따이이따이(아프다아프다) 병으로 유명한 중금속이고 관절통과 오리걸음, 전신위축, 폐기종을 일으켜 결국 사망하게 한다. 이밖에도 As(arsenic), Ba(barium), Cr(chromium), Pb(lead) 등이 있는데 이들 중금속은 먹이연쇄에 의해 축적되는데 한 단계의 먹이연쇄를 거쳐 10배(decimate)로 농축된다. 사람은 연쇄의 정점에 있어 가장 큰 피해를 입는다. 다행히 독성 금속물질은 대부분의 자연수에서는 단지 미량으로만 존재하고 있다. 모든 독성 금속물질들이 자연적인 발생으로 생태계에서 그 해가 소화되어 왔지만 심각한 중금속의 오염이 보통, 광산, 공장 및 농경지 등에서 기인하고 있음을 명심하여야 한다.

4-6-6 　수질오염 지표

　수질오염 지표란 수질을 관리하기 위하여 정해 놓은 물리, 화학, 생물학적 지표를 말하며 이 지표는 환경기준(environmental standard)과 배출기준(emission standard)에 의해 통제된다. 환경기준이란 환경보전을 위하여 요구되는 수준이자 행정지도 수준이고 배출기준이란 환경기준을 달성하기 위한 인자별 배출 농도 수준이자 행정규제 수준이다.

[표 23] 하천의 수질환경기준(환경정책기본법 시행령 제2조 [별표 1])

(1) 사람의 건강보호 기준

항 목	기 준 값 (mg/L)
카드뮴(Cd)	0.005 이하
비소(As)	0.05 이하
시안(CN)	검출되어서는 안 됨 (검출한계 0.01)
수은(Hg)	검출되어서는 안 됨 (검출한계 0.001)
유기인	검출되어서는 안 됨 (검출한계 0.0005)
폴리크로리네이티드비페닐(PCB)	검출되어서는 안 됨 (검출한계 0.0005)
납(Pb)	0.05 이하
6가크롬(Cr6+)	0.05 이하
음이온계면활성제(ABS)	0.5 이하
사염화탄소	0.004 이하
1,2-디클로로에탄	0.03 이하
테트라클로로에틸렌(PCE)	0.04 이하
디클로로메탄	0.02 이하
벤젠	0.01 이하
클로로포름	0.08 이하
디에틸헥실프탈레이트(DEHP)	0.008 이하
안티몬	0.02 이하

(2) 생활환경 기준

등급		상태 (캐릭터)	기준					
			수소이온 농도 (pH)	생물화학적산소 요구량 (BOD) (mg/L)	부유 물질량 (mg/L)	용존 산소량 (mg/L)	대장균군 (군수/100mL)	
							총 대장균군	분원성 대장균군
매우 좋음	Ia		6.5~8.5	1 이하	25 이하	7.5 이상	50 이하	10 이하
좋음	Ib		6.5~8.5	2 이하	25 이하	5.0 이상	500 이하	100 이하
약간 좋음	II		6.5~8.5	3 이하	25 이하	5.0 이상	1,000 이하	200 이하
보통	III		6.5~8.5	5 이하	25 이하	5.0 이상	5,000 이하	1,000 이하
약간 나쁨	IV		6.0~8.5	8 이하	100 이하	2.0 이상	–	–
나쁨	V		6.0~8.5	10 이하	쓰레기 등이 떠있지 아니할 것	2.0 이상	–	–
매우 나쁨	VI		–	10 초과	–	2.0 미만	–	–

<비고>

1. 등급별 수질 및 수생태계 상태
   가. 매우 좋음 : 용존산소가 풍부하고 오염물질이 없는 청정상태의 생태계로 여과 · 살균 등 간단한 정수처리 후 생활용수로 사용할 수 있음.
   나. 좋음 : 용존산소가 많은 편이고 오염물질이 거의 없는 청정상태에 근접한 생태계로 여과 · 침전 · 살균 등 일반적인 정수처리 후 생활용수로 사용할 수 있음.
   다. 약간 좋음 : 약간의 오염물질은 있으나 용존산소가 많은 상태의 다소 좋은 생태계로 여과 · 침전 · 살균 등 일반적인 정수처리 후 생활용수 또는 수영용수로 사용할 수 있음.
   라. 보통 : 보통의 오염물질로 인하여 용존산소가 소모되는 일반 생태계로 여과, 침전, 활성탄 투입, 살균 등 고도의 정수처리 후 생활용수로 이용하거나 일반적 정수처리 후 공업용수로 사용할 수 있음.
   마. 약간 나쁨 : 상당량의 오염물질로 인하여 용존산소가 소모되는 생태계로 농업용수로 사용하거나, 여과, 침전, 활성탄 투입, 살균 등 고도의 정수처리 후 공업용수로 사용할 수 있음.
   바. 나쁨 : 다량의 오염물질로 인하여 용존산소가 소모되는 생태계로 산책 등 국민의 일상생활에 불쾌감을 유발하지 아니하며, 활성탄 투입, 역삼투압 공법 등 특수한 정수처리 후 공업용수로 사용할 수 있음.

사. 매우 나쁨 : 용존산소가 거의 없는 오염된 물로 물고기가 살기 어려움.
아. 용수는 당해 등급보다 낮은 등급의 용도로 사용할 수 있음.
자. 수소이온농도(pH) 등 각 기준항목에 대한 오염도 현황, 용수처리방법 등을 종합적으로 검토하여 그에
　　맞는 처리방법에 따라 용수를 처리하는 경우에는 당해 등급보다 높은 등급의 용도로도 사용할 수 있음

[표 24] 호소의 수질환경기준(환경정책기본법 시행령 제2조 [별표 1])

(1) 사람의 건강보호 기준

항 목	기 준 값 (mg/L)
카드뮴(Cd)	0.005 이하
비소(As)	0.05 이하
시안(CN)	검출되어서는 안 됨 (검출한계 0.01)
수은(Hg)	검출되어서는 안 됨 (검출한계 0.001)
유기인	검출되어서는 안 됨 (검출한계 0.0005)
폴리크로리네이티드비페닐(PCB)	검출되어서는 안 됨 (검출한계 0.0005)
납(Pb)	0.05 이하
6가크롬(Cr6+)	0.05 이하
음이온계면활성제(ABS)	0.5 이하
사염화탄소	0.004 이하
1,2-디클로로에탄	0.03 이하
테트라클로로에틸렌(PCE)	0.04 이하
디클로로메탄	0.02 이하
벤젠	0.01 이하
클로로포름	0.08 이하
디에틸헥실프탈레이트(DEHP)	0.008 이하
안티몬	0.02 이하

(2) 생활환경 기준

등급		상태 (캐릭터)	기준								
			수소 이온농도 (pH)	화학적산 소 요구량 (COD) (mg/L)	부유 물질량 (SS) (mg/L)	용존 산소량 (DO) (mg/L)	총인 (T-P) (mg/L)	총질소 (T-N) (mg/L)	클로로 필-a (Chl-a) (mg/㎥)	대장균군 (군수/100mL)	
										총대장균군	분원성 대장균군
매우 좋음	Ia		6.5~8.5	2 이하	1 이하	7.5 이상	0.01 이하	0.2 이하	5 이하	50 이하	10 이하
좋음	Ib		6.5~8.5	3 이하	5 이하	5.0 이상	0.02 이하	0.3 이하	9 이하	500 이하	100 이하
약간 좋음	II		6.5~8.5	4 이하	5 이하	5.0 이상	0.03 이하	0.4 이하	14 이하	1,000 이하	200 이하
보통	III		6.5~8.5	5 이하	15 이하	5.0 이상	0.05 이하	0.6 이하	20 이하	5,000 이하	1,000 이하
약간 나쁨	IV		6.0~8.5	8 이하	15 이하	2.0 이상	0.10 이하	1.0 이하	35 이하	–	–
나쁨	V		6.0~8.5	10 이하	쓰레기 등이 떠있지 아니할 것	2.0 이상	0.15 이하	1.5 이하	70 이하	–	–
매우 나쁨	VI		–	10 초과	–	2.0 미만	0.15 초과	1.5 초과	70 초과		

◁비고▷
1. 총인, 총질소의 경우 총인에 대한 총질소의 농도비율이 7 미만일 경우에는 총인의 기준을 적용하지 아니하며, 그 비율이 16 이상일 경우에는 총질소의 기준을 적용하지 아니한다.
2. 등급별 수질 및 수생태계 상태는 가목(2) 비고란 제1호와 같다.
3. 상태(캐릭터) 도안 모형 및 도안 요령은 가목(2) 비고란 제2호와 같다.

[표 25] 지하수 수질기준(환경정책기본법 시행령 제11조 [별표 4])

1. 지하수를 음용수로 이용하는 경우 : 「먹는물관리법」 제5조에 따른 먹는 물의 수질기준
2. 지하수를 생활용수, 농·어업용수, 공업용수로 이용하는 경우

(단위 : mg/L)

항목 \ 이용목적별		생활용수	농·어업용수	공업용수
일반 오염물 질 (5개)	수소이온농도(pH)	5.8~8.5	6.0~8.5	5.0~9.0
	대장균군수	5,000 이하 (MPN/100mL)	–	–
	질산성질소	20 이하	20 이하	40 이하
	염소이온	250 이하	250 이하	500 이하
	일반세균	1mL 중 100CFU 이하	–	–
특정 유해물 질 (15개)	카 드 뮴	0.01 이하	0.01 이하	0.02 이하
	비 소	0.05 이하	0.05 이하	0.1 이하
	시 안	불검출	불검출	0.2 이하
	수 은	불검출	불검출	불검출
	유 기 인	불검출	불검출	불검출
	페 놀	0.005 이하	0.005 이하	0.01 이하
	납	0.1 이하	0.1 이하	0.2 이하
	6가크롬	0.05 이하	0.05 이하	0.1 이하
	트리클로로에틸렌	0.03 이하	0.03 이하	0.06 이하
	테트라클로로에틸렌	0.01 이하	0.01 이하	0.02 이하
	1.1.1-트리클로로에탄	0.15 이하	0.3 이하	0.5 이하
	벤 젠	0.015 이하	–	–
	톨 루 엔	1 이하	–	–
	에틸벤젠	0.45 이하	–	–
	크 실 렌	0.75 이하	–	–

<비고>

1. 다음 각 목의 어느 하나에 해당하는 경우에는 염소이온기준을 적용하지 아니할 수 있다.
   가. 어업용수
   나. 지하수의 이용 목적상 염소이온의 농도가 인체에 해가 되지 아니하는 경우
   다. 해수침입 등으로 인하여 일시적으로 염소이온 농도가 증가한 경우
2. 농·어업용수 및 공업용수가 생활용수의 목적으로도 이용되는 경우에는 생활용수의 수질기준을 적용한다.

[표 26] 해역의 수질환경기준(환경정책기본법 시행령 제2조 [별표 1] 2008. 12. 24)

(1) 생활환경

등급	기준						
	수소이온농도(pH)	화학적산소요구량(COD)(mg/L)	용존산소량(DO)(mg/L)	총대장균군(총대장균군수/100mL)	용매추출유분(mg/L)	총질소(mg/L)	총인(mg/L)
I	7.8−8.3	1 이하	7.5 이상	1,000 이하	0.01 이하	0.3 이하	0.03 이하
II	6.5−8.5	2 이하	5 이상	1,000 이하	0.01 이하	0.6 이하	0.05 이하
III	6.5−8.5	4 이하	2 이상			1.0 이하	0.09 이하

(2) 사람의 건강보호

등급	항목	기준(mg/L)
전수역	6가크롬(Cr^{6+})	0.05
	비소(As)	0.05
	카드뮴(Cd)	0.01
	납(Pb)	0.05
	아연(Zn)	0.1
	구리(Cu)	0.02
	시안(CN)	0.01
	수은(Hg)	0.0005
	폴리클로리네이티드비페닐(PCB)	0.0005
	다이아지논	0.02
	파라티온	0.06
	말라티온	0.25
	1.1.1 − 트리클로로에탄	0.1
	테트라클로로에틸렌	0.01
	트리클로로에틸렌	0.03
	디클로로메탄	0.02
	벤젠	0.01
	페놀	0.005
	음이온계면활성제(ABS)	0.5

◁비고▷

1. 등급 I 은 참돔·방어 및 미역 등 수산생물의 서식·양식 및 해수욕에 적합한 수질을 말한다.
2. 등급 II 는 해양에서의 관광 및 여가선용과 숭어 및 김 등 등급 I 의 해역에서 서식·양식에 적합한 수산생물 외의 수산생물의 서식·양식에 적합한 수질을 말한다.
3. 등급 III 은 공업용 냉각수, 선박의 정박 등 기타 용도로 이용되는 수질을 말한다.

[표 27] 먹는 물 수질기준(수도수 기준)

(먹는물관리법제5조, 「먹는물수질기준및검사등에관한규칙」 환경부령 제276호)

No.	구분	항목	수질기준	
			단위	농도
1	미생물에 관한 기준	일반세균	CFU/mL	100이하
2		총대장균군	/100mL	불검출
3		분원성대장균군	/100mL	불검출
4		대장균	/100mL	불검출
5	건강상 유해영향 무기질에 관한 기준	납	mg/L	0.05
6		불소	mg/L	1.5
7		비소	mg/L	0.05
8		셀레늄	mg/L	0.01
9		수은	mg/L	0.001
10		시안	mg/L	0.01
11		6가크롬	mg/L	0.05
12		암모니아성질소	mg/L	0.5
13		질산성질소	mg/L	10
14		카드뮴	mg/L	0.005
15		보론	mg/L	1.0
16	건강상 유해영향 유기물질에 관한 기준	페놀	mg/L	0.005
17		다이아지논	mg/L	0.02
18		파라티온	mg/L	0.06
19		페니트로티온	mg/L	0.04
20		카바릴	mg/L	0.07
21		1,1,1-트리클로로에탄	mg/L	0.1
22		테트라클로로에틸렌	mg/L	0.01
23		트리클로로에틸렌	mg/L	0.03
24		디클로로메탄	mg/L	0.02
25		벤젠	mg/L	0.01
26		톨루엔	mg/L	0.7
27		에틸벤젠	mg/L	0.3
28		크실렌	mg/L	0.5
29		1,1-디클로로에틸렌	mg/L	0.03
30		사염화탄소	mg/L	0.002
31		1,2-디브로모-3-클로로프로판	mg/L	0.003
32	소독제 및 소독부산물질에 관한 기준	유리잔류염소	mg/L	4.0
33		총트리할로메탄	mg/L	0.1
34		클로로포름	mg/L	0.08
35		클로랄하이드레이트	mg/L	0.03
36		디브로모아세토니트릴	mg/L	0.1
37		디클로로아세토니트릴	mg/L	0.09
38		트리클로로아세토니트릴	mg/L	0.004
39		할로아세틱에시드	mg/L	0.1
40		브로모디클로로메탄	mg/L	0.03
41		디브로모클로로메탄	mg/L	0.1

<비고>

1,4-다이옥산 : 0.05 mg/L (2011. 1. 1 시행)

4-6-7 하천수 자정작용(self purification)

1. Whipple-Fair 생물학적 모델

① 분해지대(zone of degradation)

② 활발한 분해지대(zone of active degradation)

③ 회복지대(zone of recovery)

④ 정수지대(zone of clear water)(: 수생식물의 작용)

2. 용존산소수지(dissolved oxygen balance)

하천 자정작용(river self purification)을 이루는 산소의 수지

3. 용존산소 모형(DO model)

하천유하에 따르는 DO농도 변화를 그림으로 나타낸 모형. 1925년. 스트리터(Streeter)와 펠프스(Phelps)가 1925년에 오하이오 강에서 산소수하(酸素垂下, oxygen sag)를 수치 해석함을 통하여 수학식화 하여(Streeter & Phelps 방정식) 이를 전산 프로그램에 이용. 수질관리에 아주 중요한 위치를 점유하고 있다.

4-6-8 수질오염 피해

1. 건강 피해

(1) 급성 피해

미나마따 병 : 메틸수은, 뇌 · 중추신경, 신경마비 · 언어장애 · 시청각 기능장애 · 팔다리 마비

(2) 만성 피해

이타이이타이병 : 카드뮴, 전신권태, 피로감, 신장기능장애, 요통, 골연화증, 보행곤란, 심한 전신 통증 등

4-6-9 수질오염 현상

1. 성층현상(stratification)

호수 혹은 흐름이 정체된 하천에서 물이 수심에 따라 여러 개의 층으로 나뉘어지는 현상

- epilimnion : 재폭기, 높은 DO 수준
- thermocline : 중간 정도의 DO 수준
- hypolimnion : DO 없거나 무산소 상태(혐기성 상태)

(1) 수직전도(turn over)

- 봄, 가을의 표층수 4℃
- 표층수 부피 팽창하여 아래로 이동

2. 부영양화(eutrophication)와 조류개화(藻類開花, algal blooming)

조류개화(란 녹조(綠藻), 적조(赤藻) 현상으로 지칭되는 조류(藻類, algae)의 이상적 증식현상이고 부영양화란 조류개화가 일어나도록 수중 영양염류의 농도가 증가하는 현상이다. 조류개화는 인 분뇨, 축산 분뇨, 인 함유 세제 등의 유입과 25℃ 부근의 수온과 3000~4000LUX의 수표면 광도 및 광량이 보통 7일~10일 정도 지속적으로 유지될 경우 발생한다.

우리 사회에서는 부영양화가 수질오염 현상으로 잘 못 오인되고 있다. 즉, 부영양화자체가 수질오염현상이 아니고 부영양화로 인하여 발생하는 조류개화 현상이 수질을 악화시킬 수 있다는 가능성을 이야기하는 것으로 보는 것이 타당하다. 그러므로 부영양화와 조류개화는 동시발생의 차원에서 이해하여야 할 것이다.

조류가 번성하면 수 표면으로 유입되는 빛을 차단하여 결국 광합성이 중단되고 수중 용존산

소량을 감소시킨다. 왕성하게 증식한 조류 생체(algal biomass)가 죽어 심수층으로 침강하면 미생물에 의한 분해 작용으로 심수 층의 용존산소가 결핍되며 결국 저층에 혐기성 상태가 촉진된다. 이로 인하여 수영, 낚시 등의 레크리에이션 활동은 중단되고 악취 등으로 취수자체가 불가능하여 진다.

부영양화가 발생하면 수중 어류들의 먹이가 많아지므로 어획량이 증가하여 소득증대가 이루어 질 수 있을 것으로 생각하기 쉬우나 그렇지 않다. 처음에는 어류가 증식하지만 교대상황이 좋지 않아 상품가치가 높은 송어, 광어 등의 어종이 결국 오염에 강한 잉어, 붕어 등으로 바뀌기 때문이다.

(1) 조류 독소(algal toxin)

국내에서 상수원인 하천과 호수에서 조류 대 발생에 따른 수화현상(algal blooming)으로 수질악화 및 독성발현[표 28]의 관심이 집중되면서 조류제거 혹은 이취미(異臭味)에 대한 관심이 높다. 특히 흙냄새와 곰팡이냄새 및 비린내 발생물질로 2-MIB(2-methyl-iso-borneol)와 Geosmin($C_{12}H_{22}$) 등이 지목되고 있다. 이 물질 들은 남조류(blue green algae)가 생성한다.

[표 28] 조류개화 독성물질과 증세

증후군	원인 생물	독성물질	증세
Ciguatera fish poisoning[CFP]	*Gambierdiscus toxicus*(benthic),	Cigua-toxin	식중독 및 장염. 감각이상증과 다른 신경성 증후군
shellfish poisoning[PSP])	*Alexandrium* spp.,*Gymnodinium catenatum*, *Pyrodinium bahamense* var. *compressum* and others	Saxi-toxin family	급성 감각이상증과 다른 신경적 징후가 호흡 곤란, 근육마비, 사망에 까지 급격히 진행시킴.
Neurotoxic shelfish poisoning(NSP)	*Karenia brevis, Karenia brevisulcatum* and others	Breve-toxins	식중독 및 장염, 신경적 증후군, 에어로졸에 의한 호흡기관과 눈의 가벼운 자극,
Diarrhetic shelfish poisoning(DSP)	*Dinophysis spp., Prorocentrum lima*	Okadaic acid and dinophysis-toxins(DTXs)	

증후군	원인 생물	독성물질	증세
Azaspiracid shelfish poisoning(AZP)	*Protoperidimium crassipes*	Azaspi 산	암 유발물질을 찾기 위한 동물실험에서 대장, 비장, 간조직에 심각한 피해를 주는 신경독 효과
Amnestic shelfish poisoning(ASP)	2spp.	도모산(domic acid)과 그 이성질체	식중독 및 장염. 심각한 기억상실(불치의 단기간 기억상실), 혼수와 사망에 이르게 하는 신경적 징후.
Possible estuary associated sybdrome(PEAS)	*Pfiesteria piscicida* and other Pfiesteria spp.	Pfiesteria -toxins	학습과 기억 장해 : 눈의 가벼운 자극. 급성 혼돈 증후군
Swimmer's itch & dematitis	Australia, Florida, worldwide throughout the tropics and subtropics *Lyngbya*	흔들말 독 A(Lyngbya-toxin A)와 피부소양증 독	수영자 소양증 : 피부염, 눈과 코의 과민증. 건조 흔들말 가루의 흡입은 천식과 같은 호흡문제 야기.

4-6-10 수질오염 방지대책

1. 분류식 하수관거 시스템

그동안 한국의 하수도시스템은 가정오수(polluted water)와 우수(storm water)가 하나의 수로를 통하여 하수종말처리장으로 유입되는 합류식(combined system)이어서 처리장 규모가 커지는 등 문제점을 안고 있었다. 2005년부터 시작한 하수관거정비 BTL(Buy Transfer Lease) 사업은 분류식(seperated system) 시스템 건설과 운용으로서 가정에서 배출하는 분뇨를 종말 하수처리장으로 직 투입하여 하수처리 효율을 높이고 우수는 별도로 배제하여 재해를 예방하고 처리장 규모를 확대하는 등의 비경제적 요소를 줄이는 선진국 시스템이다.

2. 지속적인 수질관리

수질관리 체계를 세워 지속적으로 관리한다[그림 35]. 이를 위해서 우선 대상 하천 및 호소의 수질의 사용 용도를 파악한다. 즉, 상수원수, 공업용수, 수산용수 등의 물의 용도가 결정되어야 하는 것을 의미한다.

목표한 물의 용도를 유지하기 위해 적절한 수질항목들과 준거치(criteria)를 결정하고, 결정된 수질항목에 대해 수질기준이나 목표를 설정한다. 다음에는 배출원별 배출기준을 설정하여 구체적 시행에 들어가되 연속적 수질모니터링을 통하여 수질관리에 만전을 기한다.

3. 하 · 폐수 처리

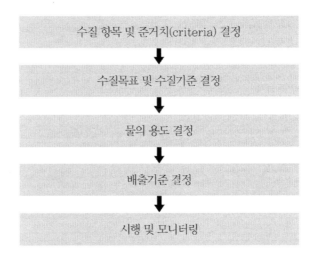

[그림 35] 수질관리 체계 흐름도

4-6-12 수 처리

1. 자연적 정화과정의 응용

(1) 물리적 과정(Physical Process)

1) 희석(dillution)
- 용액(solution)에 순 용매(pure solvent)를 더하여 농도를 묽게 하는 것.
- 희석용량 계산 : 물질수지(mass balance)의 원리
  ○ 지천의 오염물질이 본 천으로 합류하는 경우

혼합전 오염물질 농도, Cs	혼합후 오염물질 농도, Cs

혼합전 하천 유량, Qs

혼합 후 하천 유량, Qm

폐수물질 농도, Cw

폐수유량, Qw

$$C_S Q_S + C_W Q_W = C_m Q_m$$

전체 부하량은 물질농도×유량이며 이를 단위분석하여 보면 mg/L×L/day=mg/day가 된다.

2) 침강(sedimentation)과 재현탁(resuspension)

▶ 침강 : 수중의 현탁고형물질(SS)이 물과 분리되어 가라 앉는 현상

▶ 재현탁 : 침강된 현탁고형물질이 물 흐름의 난류현상으로 다시 현탁되는 현상

3) 여과(filtration)

다공성 매개체나 다공성 물질에 액체를 통과시켜 미세한 SS를 제거 고액분리를 이루는 단위조작(unit operation)

4) 기체이전(gas transfer) · 폭기(aeration)

공기 중의 기체분자가 물 분자사이에 용해되는 것임.

① 기체이전 이론(theory gas transportation)은 경막설(film theory)을 참고한다.

② Henry' Law(헨리의 법칙) : 기체가 물에 용해되는 농도가 그 기체의 분압에 비례한다.

$$X = H \times P$$

여기에서 X : 1 기압에서 용해된 기체분자의 평형 몰분율

P : 액체 위에 걸려있는 기체압력

H : Henry Coefficient(흡수계수, 각 기체마다 고유한 값을 지닌다.)

③ Dalton's Law(달톤의 분압법칙)

기체 전체 압력, P는 혼합물 성분 기체들의 압력들의 합이다.

$$P = P_A + P_B + P_C + \cdots$$

2. 기계 · 장치 · 공정 · 프랜트 · 유틸리티

양호한 수질을 확보하기 위해서는 공공수역으로 폐, 하수를 배출하기 전처리가 필수적이다. 우리나라는 배출허용기준과 하수종말처리장 방류수수질기준으로 배출 전 수질을 관리한다. 하, 폐수처리 시설에 있어서 기계, 장치, 공정, 프랜트, 유틸리티 개념의 이해가 중요하다. 기계(machine)란 펌프, 모우터와 같이 그 일부 혹은 전부를 움직이므로 작업이 가능한 설비를 의미하며 장치(apparatus)란 보일러, 변압기, 충진탑 등과 같이 온도, 압력 등의 적당한 물리적 조건을 유지할 목적으로 그 자신을 움직이지 않아도 조작을 할 수 있는 설비를 의미한다. 계기(instrument)는 온도계, 압력계, 유량계 등과 같이 여러 가지의 양을 측정하는 설비이고 공정(process)이란 목적하는 수질을 얻기 위하여 여러 가지 조작을 조합한 체계를 이른다. 프랜트(plant)란 공정에 의한 생산작업 등을 하기 위하여 여러 가지 장치, 기계, 계기를 조합한 일조의 설비이다. 유틸리티(utility)는 전기, 연료, 공업용수 및 수증기 등을 공급받는데 필요한 시설을 이른다. 이러한 단위 시설로 이루어진 하 · 폐수처리 단위공정(unit process)들이 다음과 같다.

3. 단위공정

(1) 물리적 처리

화학제제(chemical product)나 생물제제(biological product)의 투입이 없이 처리하는 것이다.

① 폭기(aeration)

기체와 액체의 경계면에서 어떤 기체분자가 교환되는 기체이전의 물리적 현상을 인위적으로 생성시키는 방법이다. 폭기는 흡기와 탈기를 동시에 수행하는데 흡기는 수중의 철분과 망간을 산화시키는 데 필요한 산소를 공급하거나 수중의 유기물질을 호기성으로 분해하기 위하여 활성슬러지가 필요로 하는 산소를 공급하기 위하여 시행된다. 탈기는 맛과 냄새를 제거하고 화재와 폭발을 예방하며 재료가 부식되는 것을 방지하기 위하여 시행된다.

② 고형물의 분리(solid seperation)

물보다 비중이 큰 부유물, 침강성 고형물을 가라앉히거나 부상시켜 제거하는 방법이다. 정화(clarification), 침전(sedimentation), 부상(floating), 농축(thickening)이라고도 한다.

③ 여과(screening)

비교적 큰 부유물을 매체를 이용하여 걸러내는 것이다. 자갈, 모래 등을 고정층으로 하고 물의 무게를 추진력으로 하는 중력흐름 여과와 규조토(diatomite) 등의 얇은 막을 수중 고형물과 접촉하여 스크린 상에 케이크를 형성하는 조제 피복여과(precoat filtration)로 나뉜다.

④ 분쇄(communiting)

주로, 스크린 분리물을 파쇄하여 폐수 흐름으로 재순환시키기 위하여 적용되는 조작이다.

(2) 화학적 처리

① 응집(coagulation)

응집제를 첨가하여 급속으로 혼합시켰을 때 콜로이드 상태의 물질과 미세한 부유물질이 불안정화 되고 불안정한 입자가 최초로 서로 부착하게 하는 조작이다. 가끔 응결(flocculation)과 혼동되어 사용되기도 하는데 응결이란 불 안정화된 입자들을 서로 엉키게 하기 위하여 천천히 뒤섞거나 저어 주어 빨리 침전하는 덩어리(floc)로 만들어 주는 조작을 이른다.

② 연화(softening)

Ca^{++}, Mg^{++} 등의 물속 경도 물질을 제거함으로서 센물을 단물로 만들어 주는 조작이다. 보통 자비법(boiling)이라 일컬어지는 것은 소규모 처리에 적용되고 있고 대규모 처리에는 보통, 석회 소다법(lime soda process), 가성 소다법(caustic soda process)이 적용되고 있다.

③ 파과점(破瓜點) 염소소독(break point chlorination)

염소가 가장 널리, 소독에 이용되는 이유가 ❶낮은 농도에서도 효과적인 살균효과 ❷저렴한 가격 ❸충분한 양을 투여하면 잔류형태로 존재 ❹강한 산화력으로 미생물 세포의 효소를 산화하는 장점에 있다.

파과점 염소소독이란 45, 70 또는 900kg의 액화가스가 들어있는 실린더(5~10기압)내에 압축된 액체염소(99.8% Cl_2)로부터 생성된 가스상태의 염소를 2차 처리수와 접촉시키면 크로라민(chloramine)이 생성되는데 크로라민의 생성이 보통 다음의 식으로 설명되어 진다. 즉, HOCl이 수중의 유, 무기물과 반응하여,

$$NH_3 + HOCl \rightarrow NH_2Cl(: monochloramine) + H_2O$$

$$NH_2Cl + 2HOCl \rightarrow NHCl_2(dichloramine) + 2H_2O$$

$$NHCl_2 + 3HOCl \rightarrow NCl_3(nitrogen\ trichloride) + 3H_2O$$

이 되고 크로라민의 생성은 pH에 대한 함수로서 pH가 6.0이상인 경우는 모노크로라민이 지배하고 pH 5정도에서는 디크로라민이 지배한다. 그러므로 특히, HOCl을 수영장 등에 사용할 경우는 종종 산을 첨가해주기도 한다.

크로라민의 생성이 종료된 후 주입하는 염소가스는 잔류염소(residue chloride)가 되어 수도관내에서 지속적으로 소독작용을 수행한다. 즉, 이 시점을 파과점(破瓜點, break point)이라 한다.

④ 이온교환(ion exchange)

주로, 무기영양물이나 중금속의 제거 및 회수에 응용되는데 이온교환 수지(resin) 충진탑에 강산 양이온이나 강염기 음이온을 채워 놓고 처리 대상 수를 이 충진탑을 통과하게 하여 처리하는 방법이다. 이온교환에서는 선택성 계수(selectivity coefficient)가 중요하다. 선택성 계수란 금속 이온 등이 이온교환을 통하여 잘 처리되는 순을 이야기한다. 지난 1962년 헬페리히(Helfferich)는 선택성 계수에 의한 이온의 선택성을 다음과 같이 발표하였다.

- 양이온

$$Ba^{++} \rangle Pb^{++} \rangle Sr^{++} \rangle Ca^{++} \rangle Ni^{++} \rangle Cd^{++} \rangle Cu^{++} \rangle Co^{++} \rangle Zn^{++} \rangle Mg^{++} \rangle Ag^{+} \rangle Cs^{+} \rangle NH_4^{+} \rangle Na^{+} \rangle H^{+}$$

- 음이온

$$SO_4^{-} \rangle I^{-} \rangle NO_3^{-} \rangle CrO_4^{-} \rangle Br^{-} \rangle Cl^{-} \rangle OH^{-}$$

⑤ 흡착(adsorption)

물속의 오염물 분자(피흡착제, adsorbate)가 물리적 혹은 화학적 결합력에 의해 고체표면(흡착제, adsorbant)에 붙는 현상을 이용하는 방법이다. 흡착은 보통 다음의 3단계를 거친다.

- 흡착제 주위의 막을 통하여 피 흡착제의 분자가 이동
- 만약 흡착제가 공극을 가졌다면 공극을 통하여 피흡착제가 확산
- 흡착제 활성표면에 피흡착제의 분자가 흡착되면서 피흡착제와 흡착제 사이에 결합을 말함.

⑥ 높은 pH 처리(high-pH treatment)(lime stabilization)

전장에서, 전사자 시체들의 부패로 인한 악취의 제기용으로 석회를 이용해 온 것(염소처리가 부가적으로 사용되어야 함)이 역사적 사실이 된다. 석회 안정화를 통한 슬럿지의 높은 pH 처리에는 pH 12를 유지한 상태에서의 30분간의 접촉시간이 필요하다.

⑦ 기타

(3) 생물학적 처리

생물학적 처리가 더욱 연구되고 신장되어야 한다. 왜냐하면 인간이 생태계의 주체로서 생물체이기 때문이다. 우리가 유산으로 남겨주어야 할 후세의 환경이 생물생태학적 안정성을 바탕으로 한 윤택하면서도 쾌적한 인간 삶의 환경이 되어야하기 때문이다.

1) 현탁(懸濁) 증식 프로세스(suspended proliferation process)

미생물군이 유산소상태의 반응기내에서 현탁상태의 덩어리(floc)를 이루면서 기질을 대사하고 증식하는 공정으로서 다음과 같은 것들이 있다.

① 활성 슬러지 공정(activared sludge process)

활성 슬러지 공정은 하·폐수 중의 용해성 및 불용성 유기물을 응집성 현탁 미생물(활성 슬럿지)로 전화시켜서 제거하는 공법을 이르고 전 세계에서 가장 많이 활용하고 있다.

활성 슬러지란 원래 반응력이 있는 미생물 군(microbial population)이란 뜻이다. 활성 슬러지의 반응력은 미생물 군의 주 구성요소인 세균 및 균류로부터 나오는데 세균으로서는 *Zooglea*, *Pracolobacterium*, *Nocardia*, *Bacillus*, *Pseudomonas*, *Alcaligens*, *Flavobacterium* 등 및 비질산화세균 종들이 있고 균류로서는 *Sphaerotilus*, *Beggiatoa*, *Thiothrix*, *Lecicothrix*, *Geotrichum* 등이 있다. 이러한 활성 슬러지는 보통, 1차 침전지로부터 폭기조로 반송되어 반응하는데 폭기조로 반송된 활성 슬러지는 주로, *Zooglea ramigra* 세균 주에 의해 점질 매트릭스(matrix)인 미생물 플록(floc)으로 형성된다. 이 미생물 플록이 이른바 생물학적 응집(biological coagulation)이라고 부르는 오염물 처리를 수행한다.

활성 슬러지에 의한 물질대사와 기질제거의 순서가 다음과 같다.

- 미생물 세포와 오염물 분자와의 접촉 및 흡착
- 오염물 분자의 미생물 세포벽 침투
- 미생물의 물질대사

제거 대상 기질은 단당류, 저급 지방산, α-아미노산과 같이 단순한 분자들 그리고 다당류, 지질, 단백질 등의 고분자 유기물질 및 복합유기물질들 그리고 이러한 물질들로 구성된 미세한 입자들로 알려져 있다.

② 안정화지(安定化池, stabilization pond)

안정화지는 자연계 조류와 세균 공생작용(algal and bacterial symbiotic process) 기능을 이용하여 수질오염물질을 제거하는 일종의 현탁 증식 프로세스로서 보통 크고 얕은 웅덩이 (earthen basin)로 되어 있다. 라군(lagoon, 인공 폭기장치가 설치되어 있는 안정화지)도 이 범주에 들어간다. 수질오염물질의 제거 기작이 자연적 자정작용에 있으므로 체류시간이 길고 부지가 많이 소요된다.

③ 기타

[그림 36]　안정화지(Waste Stabilization Pond)

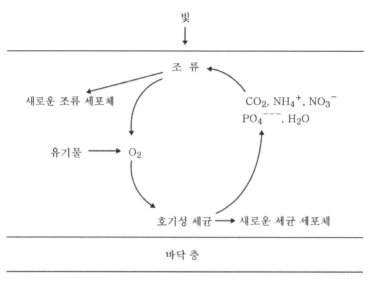

[그림 37] 조류와 세균의 공생작용

2) 생물막 프로세스(biofilm process)

쇄석(碎石)이나 플라스틱 등의 매체 표면에 부착된 미생물을 이용하여 처리하는 공정이다. 보통, 부착증식(附着增殖) 프로세스라고도 한다.

① 살수여과상(撒水濾過床, trickling filter)

통상 도시하수의 2차 처리를 위하여 사용되는데 1차침전지의 유출수를 미생물로 된 막으로 덮힌 쇄석 등의 매체 표면 위에 살포함으로 실시된다. 이 미생물막 층(slime layer)은 주로, 세균, 원생동물, 균류로 구성되며 환경이 양호한 경우에는 슬럿지 벌레, 파리의 유충, 이끼 기타 로티퍼(rotifer)나 고등동물이 자라는 수도 있다. 깊은 여상의 바닥에는 질산화 세균이 번식할 수 있다.

살수여상은 1893년 영국에서 시작된 가장 오래된 폐수처리 방법이다. 그럼에도 불구하고 현재 사용이 기피되고 있다. 왜냐하면 악취 발생과 위생 해충 특히, 사이코다(Psychoda) 속의 파리의 피해가 크기 때문이고 처리효율이 다른 방법들과 비교하여 낮다는 점 등 때문이다.

② 침적여상(submerged filter)

보통 접촉 산화조라고도 한다. 폐수에 미생물 매체를 완전히 침적시킨 생물막 반응조이다. 폐수의 2차 처리에 이용되는데 운전이 쉽고 운전 유지비가 낮으며 부하변동과 유해물질에 대해 내성이 있을 뿐만 아니라 슬럿지 발생량이 적고 휴지기간에 대한 적응력이 있는 것이 장점이지만 폭기용 동력비가 약간 높다는 점 그리고 폐수처리 규모 증가에 따르는 척도효과가 없는 것이 단점으로 꼽히고 있다.

③ 기타

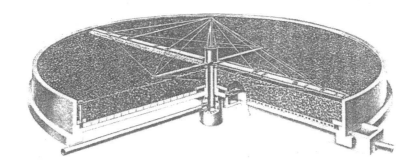

[그림 38] 살수여과상

3) 혐기성 프로세스(anaerobic process)

① 혐기성 소화(anaerobic digestion)

1970년대 두 차례에 걸친 세계 에너지 위기로 인하여 전 세계적으로 널리 연구되어 온 공정이다. 이 공정은 폭기가 필요하지 않고 유입기질의 90% 이상을 유가가스로 4% 정도만을 미생물 세포물질로 전환시킬 수 있는 장점이 있다. 그러나 반응시간이 길고(: 저율 소화조 ; 30~60일, 고율 소화조 ; 10~20일) 산 생성상과 메탄생성간의 반응차이에서 오는 운전곤란, 악취 발생 등의 단점이 있다.

19세기 말엽 유럽에서 시도되어 20세기 초엽부터 폐수퍼리 분야에 적용되기 시작하였는데 1904년 독일의 칼 임호프(Karl Imhoff)가 오늘날의 정화조(septic tank)의 원조인 임호프 탱크(imhoff tank)를 개발한 것이 본격적인 공학적 접근으로 평가되고 있다. 우리나라에서는 1976년 춘천시 근화동 하루 100톤 규모의 분뇨처리에 이용되었고 1979년 서울시 성동구 군자동에서 하루 21만 톤 규모의 중랑천 하수처리장의 슬러지 처리에 이용된 바 있다.

이 공정은 무산소 상태의 반응기 내부에서 혐기성 미생물로서 주로 편성 혐기성 세균 (obligate anaerobics)인 *Methacobacterium*, *Methanosococus*, *Methanosarcina*, *Methanospirillium* 속이 다음과 같은 혐기성 반응을 함으로서 수행된다.

여기서, 결합된 산소란 CO_3^-, SO_4^-, NO_3^-, PO_4^- 등을 이르며 기타 최종 산물은 H_2S, H_2, N_2 등이다.

② 기타

4) 조류(藻類) 연못 프로세스(algal pond process)

연못(蓮池)이란 넓고 깊게 팬 땅에 물이 괴어 있는 곳으로 뜰 안이나 집 가까이에 있는 작은 못을 뜻한다. 보통 연을 심은 못을 뜻하기도 한다. 폐수처리에서는 조류 연못(algal pond)과 수생식물 연못(aquatic plant pond)으로 응용 개발되어 왔고 전통적으로 안정화지 범주에 속하여 왔다. 왜냐하면 조류 연못의 수질오염물질 제거기능이 안정화지의 것과 유사하기 때문이다. 연못 프로세스는 도심지를 가로지르는 하천 등 수 환경오염이 심각한 곳에서 수질환경 복원(environmental remedition of water quality)과 근교(近郊) 지역 수 환경을 지키고 해당 수역 수질을 개선하기 위한 방법으로 적용되고 있는데 왜냐하면 다른 공정과는 다르게 주로, 하천 생태계에서의 여러 생물체들의 상호간 작용에 바탕을 두는 생태학 개념으로 연구가 정립되어 왔기 때문이다. 이런 개념이 단위 공정 배열모습으로 나타난다. 즉, 두 개 단위공정의 직렬연결에서 조류연못이 필히 앞에 위치하고 수생식물 연못이 그 다음에 위치하고 있다. 왜냐하면 고등식물(macro phyte)로서 갈대(reed)의 한 종류인 물옥잠(water hyacinth : 호테이 아오이[ほてい あおい] ; *Eichhornia crassipes*) 등의 수생식물이 분비하는 생리 활성물질이 생물간 화학물질(allerochemicals)로서 조류 대사 방해화합물(antialgal bioactive compound)로 작용하기 때문이다.

① 조류 연못

　조류 연못은 고율 안정화지 시스템 개념에서 비롯한다. 고율 안정화지 시스템은 조류 생체(algal biomass) 및 산소 생산을 극대화하여 수질오염물질을 제거하는 목적에서 운용된다. 미국, 캐나다 등과 유럽 여러 나라는 조류 생체 이용 방법들을 그동안 꾸준히 연구하여 왔는데 그 조류 생체 이용방법들이 대개 다음과 같다.

- 동물 사료 등 단세포 단백질 영양성분으로의 이용
- 초콜렛 표면 착색 등의 식용 색소와 수질오염물질 흡착제와 같은 화학제품으로의 이용
- 메탄가스의 에너지 생산으로의 이용
- 기타

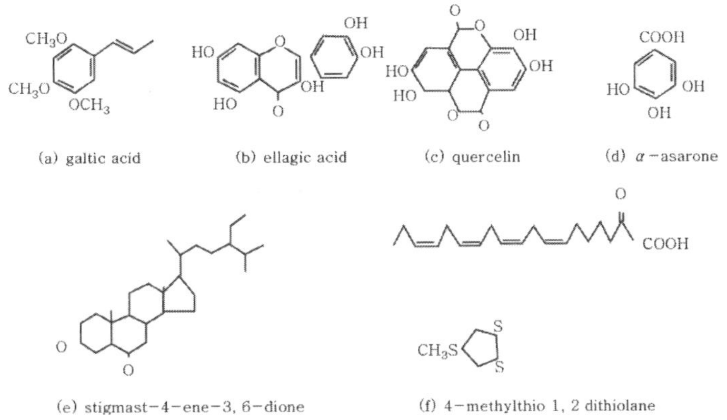

[그림 39] 물(부레)옥잠 뿌리 배양액으로부터 추출한 조류 대사 방해물

　조류 연못의 수질오염물 제거 기작이 자연계 조류와 세균의 공생작용 이외에 위 두 번째 항의 내용과 같은 [생산된 조류 생체의 수질오염물 흡착 효과]에 있다. 이 흡착은 살아있는 조류 생체(living algal biomass) 그리고 분말(powder)이나 과립(granule) 형태의 죽은 조류 생체(dead algal biomass)가 이용된다. 그리고 살아있는 조류 생체를 이용한 수질오염물 제거를 생축적(bioaccumulation)이라 하고 죽은 조류 생체 흡착제를 이용한 수질오염물 제거를 생흡착(biosorption)이라 한다. 그러므로 재래식 안정화지의 제거 개념과는 조금 다르다. 그동안 조류 연못이 이른 바 HRP(고율 연못, high rate pond)로 불리는 소 단위 처리 시설의 생축적 시설로 개발되어 운전되어 오기도 했는데 체류시간 보통 7-9일에서 70-100%의 T-N 제거 효율과 50% 이상의 T-P 제거효율이 나타나는 것으로 알려져 있다.

　이스라엘 같은 경우 남부 사막지대에 부존되어 있는 소금기 물(brackish water)을 스필루리나(*Spirullina*) 등의 조류 종을 이용하여 흡착 처리하고 있으며 실제로 이러한 처리 결과로 자

국의 용수에 필요한 수자원 70% 이상을 얻고 있는 것으로 보고되고 있다.

② 수생식물 연못(aquatic plant pond)

수생식물 연못은 습지에서 비롯한다. 유속이 느린 하구나 하천 변 습지에 서식하고 있는 수생식물이 수중 유, 무기 영양염류를 흡수하여 습지 유출수의 수질을 향상시키는 것으로 알려지면서 일본에서 이른바 바이오 파크(bio park) 조성 개념으로 된 인공 수생식물 연못들이 수질개선 목적으로 운용되고 있다. 습지와 수생식물 연못 운용이 새로운 것은 아니다. 이미 오래 전부터 하·폐수처리 분야의 고도처리 개념으로 운용되어 왔을 뿐만 아니라 이 기술은 이미 지난 1960년대에 전 세계인에게 관심 대상이 된 적이 있기도 하다.

이러한 수생식물의 수중 유·무기 영양염류 흡수기작이 다음과 같다.

㉮ 질소(N_2)와 인(P) 등을 함유하는 현탁 고형물(SS)이 수중 줄기나 뿌리와 접촉하고 가라앉는다.

㉯ 질소 성분의 현탁 고형물이 가수분해에 의하여 아미노산과 유기성 질소로 전환되고 암모니아 가스로 전환되어 수표면 위 공기 중으로 방출되기도 한다.

㉰ 수표면 위 잎을 통하여 뿌리로 확산된 산소에 의해 뿌리 부분에 호기성 영역과 혐기성 영역으로 구분되는데 호기성 영역에서는 질산화 세균들에 의하여 식물이 흡수할 수 있는 NH_4^+, NO_3^-의 무기 형태 질소로 전환되어 식물 뿌리로 흡수되고 혐기성 영역에서는 탈질산화 세균에 의하여 질소 가스로 전환되어 수표면 위 공기 중으로 방출된다.

㉱ 인을 함유하고 있는 현탁 고형물은 가수분해와 뿌리 부착 미생물의 효소촉매 작용으로 정인산염 형태로 전환되고 뿌리에 흡수된다.

한국에서 수질정화에 응용되고 있는 수생식물들이 갈대, 부들, 줄과 같은 정수식물(emergent plant)과 마름, 수련 등의 부엽식물(floating plant), 나자스말, 검정말 등의 침수식물(submerged plant)로서 주로, 수질정화에만 목적을 두고 이용되고 있지만 일본에서는 수질정화 효과는 물론이고 엽채(leaf vegetable), 향초(fragrance plant), 화초(flowering plant), 근채(root vegetable), 약초(herb plant) 재배 개념으로 여러 가지 수생식물들을 이용하고 있다.

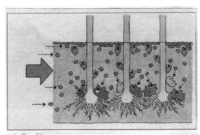

1. 질소(N)와 인(P)을 함유하고 있는 현탁고형
물(SS)이 뿌리와 조우하고 침강한다. 달팽이 같
은 미소 동물이 식물성 조류를 먹고 자란다.

2. 달팽이 이외에도 잠자리 유충, 잉어과 물고
기, 강 새우들이 식물성 조류와 미소 생물들을
먹고 자란다. 반면에 배성물과 사체는 세균에
의해 분해되어 수생식물체 영양성분이 된다.

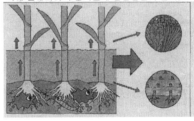

3. 수생식물 뿌리가 질소와 인을 흡수한다.
수생식물 수질개선과 부영양화 방지 목적으로
적절한 시기에 수거된다.

[그림 40] 수생식물의 흡수작용

1) 조류 바이오매스에 의한 생흡착 공정

조류 바이오매스(algal biomass)가 폐수처리에 활발히 이용되고 있다. 그 대표적 예가 이스라엘에 있다. 이스라엘은 남부 사막지대 지표 밑 소금성분 물(brackish water)속에 남조류(blue green algae) *Spirullina*종을 대량 배양(mass culture)하여 자국에서 필요한 농업관개(agricultural irrigation) 수자원의 70% 이상을 얻고 있다.

조류 바이오매스를 이용하는 폐수처리가 결코 새로운 것만은 아니다. 이미 오래 전부터 고율안정화지(High Rate Pond, HRP) 등에서 도시하수 및 농경배수의 BOD, N, P 등의 제거 및 DO 증대를 목적으로 운용되어 온 것으로 조류 배양을 통한 생흡착(biosorption)을 핵심 기작으로 하고 있다.

캐나다 퀘벡주에서는 이른바 커나란 세 것(Big 3)으로서 수은, 카드뮴, 납과 같은 중금속 (heavy metal)의 제거 및 회수 그리고 금 등의 희귀금속(precious metal) 및 우라늄 같은 전략 금속(strategic metal)의 제거 및 회수에 조류 바이오매스 흡착제(algal biomass sorbent)가 이용되고 있다. 특히 캐나다 몬트리올시 맥길대학교 화학공학과 볼레스키(Bohumil Volesky) 교수는 조류바이오매스를 이용하는 생흡착 기술의 운용이 다른 기술(이온교환, 역삼투 등)보다 저렴하고 이는 처리를 위한 매체의 확보 관점에서 그러하다고 하였다.

① 중금속 및 희귀금속, 전략금속의 생흡착 공정

중금속 및 희귀·전략금속 이온의 생흡착이 물리적 흡착과 화학적 흡착으로 나뉘어 진행된다. 물리직 흡착은 조류 세포벽 표면으로 금속의 이온들이 양자 간 정전기력에 의하여 가역적 (reversible)으로 결합되는 현상이다. 물리적 흡착은 어디까지나 정전기력에 근거하는 과정으로서 기계적 결합(binding) 현상을 뜻하지 않는다. 물리적 흡착 다음에 화학적 흡착이 진행되는데 양이온성 금속 원소의 배위결합(coordination), 착물화(complexation), 킬레이트화 (chelation)의 순서로 진행된다. 조류 세포벽 성분 우로닉 산(uronic acid)나 황화된 다당류 (sulfated polysaccharides)의 카르복실기(carboxyl group)나 황산기(sulfonate group)가 금속 리간드(Ligand)를 형성하는 바 금속원소의 전기음성도 차이에 따라 공유결합성이 큰 것에서 이온결합성이 큰 것까지 다양하게 입체적으로 결합한다. 특히 조류 바이오매스 세포 밖으로 분비되는 효소촉매 ECP(extra cellular polymer)가 영양분 원소의 킬레이트화에 중요한 역할을 수행한다. 이 ECP의 카르복실(-COOH), 황산(-SO$_3$H), 설파하이드릴(-SH), 수산(-OH), 인산(-P(O)(OH)$_2$), 시에스터(=S), 이차 아민(=NH), 이민(=NH) 등의 유기그룹이 리간드를 형성한다. 그리고 수용액에서 물분자 복위(replacement)에 의하여 금속 킬레이트가 형성되기도 한다. 즉, 수용액에서 킬레이트화하는 금속음이온들은 양성자(proton, 수소이온)의 수용체이며 양성자는 음이온을 얻기 위하여 금속이온과 경쟁한다.

조류 바이오매스에 의한 조류 영양염류의 축적은 조류 세포체의 대사작용을 근본 기작원칙으로 한다. 그러나 조류 세포체의 영양염류인 질소(N), 인(P) 등은 조류 바이오매스 표면위에서 유기상태보다 무기상태에서 단순한 (+), (-) 정전기의 교환을 통한 생흡착 기작으로 설명할 수 있다. 즉, 음전기적 흡착은 흡착제 (-)전하 부위에 의한 (+)종들의 흡착이고 거꾸로 양전기적 흡착은 흡착제 (+)전하 부위에 의한 (-)종들의 흡착이다.

② 생리활성 성분 폴리아민과 조류 바이오매스에 의한 영양염류 N. P 등의 생흡착

생리활성 성분으로 폴리아민(polyamine)은 녹차의 카테킨류(catechins), 커피의 클로로겐산, 딸기나 가지, 포도, 검은콩, 팥 따위 붉은 색이나 자색의 안토시아닌계 색소 등에 들어있는 것으로서 항산화 기능을 갖고 있다. 최근 폴리페놀류가 주목받고 있는 이유는 이 기능이 생체 내에서도 항산화제로 작용함으로써 건강유지와 질병예방 등에 기여할 것으로 기대되기 때문이다.

이러한 폴리아민이 수지(resin)로 이용되고 있는데 폴리아민 수지는 현재 사회에서 폐수처리를 위하여 많이 사용하는 수지이기도 하다. 볼토(Bolto)와 파울로스키(Pawlowski)는 정전기적 흡착을 그 바탕으로 하는 이온교환수지 공법에서 폴리아민 수지를 이용한 NO_3^-, PO_4^{3-} 등의 정전기적 흡착을 다음의 폴리아민 수지의 이온 선택성으로 나타내었다.

$$OH^- \rangle SO_4^{2-} \rangle CrO_4^{2-} \rangle NO_3^- \rangle PO_4^{3-} \rangle MnO_4^{2-} \rangle HCO_3^- \rangle Br^- \rangle Cl^- \rangle F^-$$

폴리아민은 두 개 이상의 아미노기나 치환 아미노기를 가진 유기 화합물을 통틀어 이르는 것으로서 보통, 도료의 경화제(hardner)로 많이 사용되는 수지이기도 한데 이들은 2개 이상의 아민 기(amine group)을 가지고 있는 화합물을 총칭하는 것으로 어떤 특정 생물계에 편재하지 않고 식물, 동물 그리고 미생물 등 거의 모든 생명체에 mM수준의 농도로 존재하고 있다. Putrecine, Cadaverine, Spermidine, Spermine이 대표적인 폴리아민의 종류이며 Mg^{2+}와 함께 세포내의 양전하의 대부분을 담당하고 있다. 그러므로 조류 바이오매스에 의한 음이온성 물질의 흡착에는 어떤 조류 종이 polyamine을 많이 함유하고 있는지 확인하는 것이 매우 중요하다.

(4) 고도처리

하·폐수 내에 여러 가지 난분해성 폐기물 성분의 함유와 하수가 다량으로 공공수역에 방류되는 경우 수역의 수질을 양호하게 유지하기 위한 조치 그리고 처리된 하수의 재사용 등을 위하여 고도처리의 필요성이 대두된다.

현재 널리 사용되는 고도처리 방법이 보통 다음과 같다.

1) 자외선 방사법(UV irradiation method)

자외선이 화학선으로서 강력한 산화작용을 한다는 점에서 오래 전부터 선박의 식수 소독에 이용되어 온 방법인바 지속적으로 소독할 수 있도록 잔류물질이 없다는 단점을 극복하여 현

재에는 자외선을 지속적으로 방사할 수 있는 램프가 개발되어 하수처리장 방류수 소독에 널리 사용하고 있다

2) 생물활성탄 여과(BAC, biologically activated carbon filteration)

입상활성탄(GAC, granular activated carbon)에 형성된 거대 기공 및 미세기공에 작용하는 생물학적 과정을 말한다. 인위적으로 활성탄의 재응집에 의해 만들어진 기공은 박테리아 등과 같은 미생물이 서식하기에 아주 좋은 환경을 지니고 있고 또한 작은 활성탄 입자 내에는 박테리아가 서식하기에 충분한 크기의 열린 기공이 무수히 많으므로 이전의 처리공정에서 살아남은 작은 양의 박테리아도 입상활성탄 여과지에 유입하면 쉽게 증식할 수 있고 활성탄 구조는 탄소끼리의 이중결합에 의하여 형성된 망상구조로 되어있어서 극성이 작고 표면이 거칠어 무극성인 유기물질을 쉽게 잘 흡착한다. 현재 정수 고도처리에 많이 이용한다.

3) 오존처리(ozone treatment)

오존이 강력한 산화제로 사용할 수 있다는 점에서 현재는 정수처리의 소독공정에 널리 이용하고 있다.

오존은 수용액상에서 매우 불안정하고 염소처럼 저장할 수 없으므로 반드시 현장에서 제조하여야 한다. 제조는 실리카겔, 활성 알루미나 등의 건조제 속을 통과시키거나 -40℃~-60℃의 이슬점에서 건조시킨 공기를 갖고 반대 전극을 띈 대전 판이나 관 벽에 반대전하를 띈 코일이 감긴 관속으로 공기를 통과시켜 제조한다. 저렴한 유지비와 긴 수명이 큰 장점인데 정수장에서 잘못 된 염소소독으로 발생할 수 있는 발암성 물질 트리할로메탄(trihalomethane)의 생성을 방지하기 위하여 배 오존(ozone distribution) 개념으로 정수장 방류수를 활성탄 흡착공정과 연결하여 실시한다.

보통 활성탄 흡착공정 시설계획에는 입상 활성탄 공정 설계인자 검토 및 역세척 설비 및 수량 검토 등이 검토되고 오존처리공정 시설계획에는 오존주입방법, 오존 주입률 및 접촉시간 등이 검토된다.

4) 역삼투법(reverse osmosis method)

원래, 반투막(semi-permeable membrane)과 삼투압(osmotic pressure)을 이용하여 해수에 용해되어 있는 용질을 제거하여 순도가 높은 담수를 얻는 프로세스인데 요즈음은 난지도 쓰

레기 매립지에서 침출수의 고도처리에 응용되고 있다.

현재 상용화된 것으로 해수담수화 설비에 가장 많이 적용되는 담수화 기술인데 동일한 양의 저농도 용액과 고농도 용액을 반투막을 사이에 두면 시간이 지남에 따라 고농도 용액의 양이 점점 증가하는 현상이 발생하고, 일정 시간이 지나면 더 이상 고농도 용액의 양이 증가하지 않고 평형상태에 이르게 된다. 이를 삼투현상(osmosis)이라고 하며, 평형상태에서의 고농도 용액과 저농도 용액의 수두 차를 삼투압(osmotic pressure)이라고 한다. 평형상태에서 고농도 용액 측에 삼투압 이상의 압력을 가하게 되면 고농도의 용액의 용매인 물은 막을 통과하여 저농도 용액 쪽으로 이동하고, 용질은 막을 통과하지 못하게 되는데, 이를 역삼투현상(reverse osmosis)라고 한다. 이와 같이 반투막(Semi-permeable membrane)을 이용하여 가압된 염수에서 용매인 물을 용질과 분리하는 프로세스를 역삼투법이라고 한다.

5) 전기투석(electric dialysis)

전기를 이용하여 작은 크기(결정질)의 용해된 이온이나 분자로부터 부유 콜로이드 입자를 분리하는 방법이다. 전해질을 함유한 콜로이드 용액에 격막(膈膜)을 설치하고 이 격막을 통하여 직류전기를 흘리는 방법이다. 양이온만을 선택적으로 투과시키는 양이온 교환 막과 음이온만을 선택적으로 투과시키는 음이온 교환 을 교대로 나란히 배열한 뒤 양 끝에 전극을 놓고 전기를 흐르게 하면 용액속의 양이온은 선택성 막을 통과하여 음극을 향하여 가지만 음이온 선택성 막에 의해 차단된다. 음이온은 반대로 작용하여 하나의 공간에서 제거된 이온은 옆의 다른 공간에서 농축되어 결과적으로 염류의 농축액과 희석액이 걸러 샌드위치 모양의 셀 즉, 막과 막 사이의 공간에 형성된다.

전기전도도가 용액이 전류를 운반할 수 있는 정도를 말하므로 용액 중의 이온세기를 신속하게 평가할 수 있는 항목으로서 직류회로에서의 저항(resistance), 교류회로에서의 임피던스(impedance)의 저항을 나타내는 단위인 ohm(Ω)을 거꾸로 한 mho(Ω^{-1})를 기호로 삼아 이 mho를 처리효율과 상대적으로 사용한다. 현재는 국제적으로 S(Siemens) 단위가 통용되고 있다.

6) 막분리법(membrane separation method)

물 속의 콜로이드 · 유기물 · 이온 같은 용존물질을 반투과성 분리막을 이용하여 여과함으로써 분리 제거하는 방법이다. 1960년경부터 미국에서 공업용수의 탈염을 위한 역삼투법을 중심으로 개발·발전되어 왔는데, 현재 활용되는 기술에는 정밀여과(microfiltration : MF), 한외(限外)여과(ultrafiltration : UF), 나노여과(nanofiltration : NF), 역삼투여과(reverse osmosis : RO), 기체분리(gas separation : GS) 및 전기투석(electro dialysis : ED) 등이 있다. 일본과 유럽에서도 RO를 시작으로 UF, MF 등의 기술이 공업용수 제조와 공업제품 생산 분야에 널리 이용되고 있다. 일본의 경우 분뇨처리와 처리수 재이용, 정수처리기술 분야에서 실용화되고 있다. 유럽과 미국에서는 점차 강화되고 있는 규제기준과 상수원의 오염으로 인하여 수처리 공정에 UF, MF, NF 등의 적용 가능성에 대하여 많은 연구가 진행되고 있다. 국내에서는 현재 수돗물에 관련된 분야에서 중공사(中空絲 : 속이 비어 있는 합성 섬유. 가볍고 보온성이 높다.)형의 UF와 MF, RO 그리고 활성탄을 조합한 가정용 정수기가 사용되고 있을 뿐인데, 대량처리 시설인 정수장에서의 실용화 등 다양한 분야에 활용하기 위한 연구가 진행되고 있다.

삼투막 또는 반투막으로 불리는 분리막은 표면에 아주 미세한 구멍이 촘촘히 나 있으며, 특정성분을 선택적으로 통과시키는 성질을 가지고 있는 액체 혹은 고체의 막이다. 주로 사용되는 막은 셀룰로오스 아세테이트로 만드는데, 물의 투과도가 낮아서 염을 99%까지 거를 수 있다.

기존의 분리 및 농축공정은 상(狀)의 변화를 유도하여 물질을 분리하기 때문에 에너지 소모량이 많고, 상을 변화시키는 데 높은 온도가 필요하므로 분리하는 물질의 특성이 변화는 경우가 많았다. 이에 비하여 상의 변화 없이 물질을 선별적으로 분리시키므로 공정이 단순하고 에너지 효율이 우수하다는 것이 이 기술의 특징이다.

응용분야로 식품산업에서 원료의 분리·농축, 보일러 및 반도체 세척공정에 이용되는 초순수(超純水)의 제조, 폐수 중의 유효물질회수 및 재활용 기술 등이 있다. 막분리법 적용 대상 폐수발생원은 염색·염료폐수, 중수도, 하수, 발전소폐수, 금속의 도금 및 표면처리 폐수, 제철소폐수, 석유화학폐수, 매립지 침출수 등 다양하다. 이 공정을 통하여 얻어진 처리수는 원수로 사용되거나 수질에 따라 직접 제조 공정에 사용될 수 있다. 또 농축된 폐수의 용량을 전체 발생 폐수량의 10% 미만으로 줄일 수 있어 무방류 폐수처리 시스템을 개발하는 데 핵심기술이 되고 있다. 특히 폐수를 처리하는 경우 처리과정에서 약품을 적게 사용해도 되므로 슬러지 발생량을 최소화할 수 있다.

7) 기타

4-7 폐기물

폐기물이란 사람의 생활이나 사업 활동에 필요하지 아니하게 된 물질인 연소 재, 오니(汚泥, sludge), 폐유, 폐 산, 폐 알칼리, 동물의 사체 등이 사람의 건강과 재산상 피해를 주는 현상을 이른다.

우리나라 폐기물관리법에서는 폐기물을 가정, 공공기관, 사업장에서 개인적인 경제가치가 없어 버리는 것으로서 쓰레기, 연소 재, 오니, 폐유, 폐산, 폐알칼리, 동물의 사체 등으로서 사람의 생활이나 사업 활동에 필요하지 아니하게 된 물질로 정의한다.

4-7-1 개요

폐기물 발생원을 주민들의 토지 이용상황에 따른 도시계획상 용도지역 별로 나누어 보는 것이 쓰레기 발생의 행정관리상 유용한 방법이기도 하지만 사람의 생활과 관련하여 살펴보는 것이 쓰레기 발생문제를 해결하는데 첩경이 된다.

사람이 생명을 유지하고 삶을 영위하는 데에는 폐기물이 필히 배출되기 마련이다. 그리고 폐기물 발생은 도시영역이나 농촌영역을 막론하고 해당 영역에서 거주하는 주민들의 생활 패턴에 많은 영향을 받는다. 폐기물은 사람의 원초적인 생명유지 활동이외에도 보다 더 윤택한 생활 영위를 위한 사람들의 사회활동에 따라서 발생한다. 이런 점에서 폐기물의 발생원을 다음과 같이 나타낼 수 있다.

1. 폐기물 발생원

(1) 생활쓰레기 발생원

- 주거 발생원(residental source)
- 상업 발생원(commercial source)
- 도시 발생원(municipal source)
- 야외 발생원(open area)

(2) 산업쓰레기 발생원

- 처리장 발생원(treatment plant source)
- 농업 발생원(agricultural source)
- 산업현장 발생원
- 공장 발생원(factory source)
- 기타

2. 폐기물 증가원인

- 고도 경제성장에 따른 대량 소비화
- 포장쓰레기(wrapping waste)
- 집중 대형화하는 산업단지
- 상품수명의 단축
- 새롭고 다양한 소재로부터 신속한 대체제품의 출현
- 인구의 도시집중에 따르는 주거의 과밀
- 처리능력의 한계를 넘어서고 있는 도시쓰레기의 배출

3. 폐기물 종류

(1) 일반적 구분

1) 생활 쓰레기(livinghood refuse)

2000년 기준으로 전체 발생량 하루 226,668톤 중 46,438톤으로서 20.5%를 점유함.

- 일반 쓰레기 : 생활 쓰레기 발생량의 약 40~50%
  - ▶ 불연물 : 연탄재(과거, 발생량의 50% 이상), 주방 진개, 유리, 도자기, 금속, 가전제품
  - ▶ 가연물 : PVC, 나무, 섬유, 종이 등.
- 포장 쓰레기 : 생활 쓰레기 발생량의 약 50~60%(유가 폐기물)
  - ▶ 불연물 : 유리병, 알루미늄 캔 등
  - ▶ 가연물 : PET, PVC film, Cartoon paper, 종이 등

2) 산업 쓰레기(industrial refuse) · 사업장 폐기물

  2000년 기준으로 전체발생량 하루 226,668톤 중 180,230톤이 사업장 배출시설 계 폐기물과 건설폐기물임. 이는 전체발생량에 대하여 79.5%를 점유함.
- 일반 산업 쓰레기
  - ▶ 유기물류
  - ▶ 무기물류
- 특정 산업 쓰레기 · 지정 폐기물
  - ▶ 인체에 위해(危害)를 줄 수 있는 해로운 물질로서 대통령령으로 정하는 폐기물
  - ▶ 특정시설에서 발생되는 폐기물 등으로서 특정 유해물질
    - 폐합성수지 · 고무 류(고체상태의 것은 제외)
    - 오니류(sludge)(수분함량이 95퍼센트 미만이거나 고형물함량이 5퍼센트 이상인 것으로 한정) : 하, 폐수처리장으로부터 일상적으로 배출됨, 운영비의 70% 이상
    - 소각재
    - 폐유기용제
    - 폐산/알칼리류
    - PCB, 폐석면
    - 폐유독물(「유해화학물질관리법」 제2조제3호에 따른 유독물을 폐기하는 경우로 한정)
    - 감염성폐기물(환경부령으로 정하는 의료기관이나 시험 · 검사 기관 등에서 발생되는 것으로 한정)
    - 그 밖에 주변 환경을 오염시킬 수 있는 유해한 물질로서 환경부장관이 정하여 고시하는 물질

3) 액상 폐기물(liquid waste)

- 분뇨(night soil & urine)
    - ▶ 인 분뇨(human night soil & urine)
    - ▶ 가축 분뇨(cattle manure)

        소 - 사람 10-16인분의 BOD 발생

        돼지 - 사람 2인분의 BOD 발생

        닭 7-8마리 - 사람 1인분의 BOD 발생

(2) 폐기물관리법에 의한 구분

1) 생활폐기물

사업장폐기물 외 폐기물

2) 사업장폐기물

「대기환경보전법」, 「수질 및 수생태계 보전에 관한 법률」 또는 「소음·진동규제법」에 따라 배출시설을 설치·운영하는 사업장이나 그 밖에 대통령령으로 정하는 사업장에서 발생하는 폐기물

3) 지정폐기물

사업장폐기물 중 폐유·폐산 등 주변 환경을 오염시킬 수 있거나 의료폐기물(의료폐기물) 등 인체에 위해를 줄 수 있는 해로운 물질로서 대통령령으로 정하는 폐기물

4) 의료폐기물

보건·의료기관, 동물병원, 시험·검사기관 등에서 배출되는 폐기물 중 인체에 감염 등 위해를 줄 우려가 있는 폐기물과 인체 조직 등 적출물(적출물), 실험 동물의 사체 등 보건·환경 보호상 특별한 관리가 필요하다고 인정되는 폐기물로서 대통령령으로 정하는 폐기물

(3) 서울특별시 일반폐기물 관리조례에 의한 구분

일반폐기물은 크게 가정에서 배출되는 생활쓰레기와 사업장에서 배출되는 유해성이 없는 산업폐기물로 나눌 수 있다. 대부분의 일반폐기물은 도시에서 발생되는 도시생활폐기물이지

만 사업장에서 발생되는 산업폐기물의 배출량도 점차 증가되고 있다. 일상생활에서 배출되는 생활쓰레기의 종류로는 음식쓰레기, 종이, 판지, 플라스틱, 천, 고무, 가죽, 정원쓰레기, 나무, 유리, 양철깡통, 비철금속, 철금속 및 연탄재 등이며, 주로 음식물과 채소류, 연탄재, 종이류, 나무류, 금속 및 초자류, 플라스틱류 등이다. 사업장에서 발생되는 일반폐기물은 압축폐기물, 미압축폐기물, 농수산폐기물, 음식폐기물 및 건축류, 폐재류 등이며 일부 생활쓰레기도 배출된다. 서울특별시에서는 일반폐기물관리조례를 제정하여 일반폐기물을 폐기물의 종류와 성상에 따라 다음과 같이 분류 관리하고 있으며, 다량의 일반폐기물과 농수산폐기물을 배출하는 사업장에 대해서는 독립된 수집운반체계를 운영하고 있다.

1) 가정폐기물
단독 또는 공동주택에서 배출되는 폐기물이다.

2) 사업장폐기물
인적, 물적 설비를 갖추고 영리 또는 비영리 행위를 하는 사업장 중에서 면적 165m2 미만이며 1일 평균 30kg 미만의 폐기물을 배출하는 소형 사업장과 연면적 165m2 이상이거나 1일 평균 30kg 이상의 폐기물을 배출하는 중형 사업장이다.

3) 다량폐기물
1일 평균 300kg 이상 또는 1회에 1톤 이상의 폐기물을 배출하거나, 일련의 공사작업 등 연속되는 행위에 의해 1주일에 1톤 이상 배출되는 폐기물이다.

4) 다량배출 일반폐기물
대기와 수질환경보전법 또는 소음진동규제법에 의한 배출시설의 설치운영과 관련하여 1일 평균 100kg 이상 배출되는 폐기물이다.

5) 건축물 폐재류
1회에 1톤 이상의 폐기물이 배출되거나, 일련의 공사작업 등 연속되는 행위에 의해 1주일에 1톤 이상 배출되는 폐기물로써 공작물의 제거 및 토목건축공사 과정에서 배출되는 폐기물이다.

1. 물리적 조성

수거(collection) 및 수송(transportation), 위생매립을 위하여 고려하는 사항이다.

(1) 구성성분

현장에서 확률 표본 추출로 구한다.

1) 분석방법

① 인부 분류(hand classification)

인부들이 직접 분류하여 분석하는 방법으로 시료크기와 쓰레기 종류를 특성화하는 것이다.

② 사진 측정(photogrammetry)

사진 촬영후 grid block으로 나누어 스크린에 투영하여 시료크기와 쓰레기 종류를 특성화하는 것이다.

(2) 수분 함유량

다음 식에 의하여 구하여 진다.

$$\% = (\frac{a - b}{a}) \times 100$$

77℃ 에서 24시간 동안 건조 항량

a : 시료의 초기 무게

b : 건조후 무게

(3) 밀도

단위 부피당 차지하는 질량이다.

(4) 단위 용적당 중량

부피를 알고있는 용기에 시료를 넣고 30cm 높이에서 3회 낙하시켜 시료의 부피를 감소시킨 후 측정한다.

(5) 입자 크기

체분석(sieve analysis)을 통하여 구하여 진다.

1) 크기에 따른 분류

5mm이하는 미세 폐기물, 5mm이상은 조폐기물로 구분한다.

2) 입경분포에 따른 분류

① 메디안 입경(median diameter)

체상 곡선에서 중량백분율 R=50%에 대응하는 입경이다.

② 로진 라뮬러 분포(Rosin-Rammuler dispersion)

파쇄 과정에서 발생하는 쓰레기 입도분포를 체상 중량 백분율(R, %), 체하 중량 백분율 (D, %)로 표시한다.

③ 유효입경(effective diameter), dp10

파쇄 과정에서 발생하는 쓰레기 입도분포를 입도 누적곡선 상에 나타낼 때 10%에 상당하는 입경으로서 전체 중량의 10%를 통과시킨 체의 눈 크기에 해당하는 입경이다.

2. 화학적 조성

쓰레기 연료(RDF, refuse derived fuel)제조를 위하여 고려하는 사항이다.

(1) 공업분석(proximate analysis)

- 수분(105℃, 1시간 손실량)
- VSS(휘발성 물질, 950℃ 추가 손실량)
- ash(태운 후 잔류물)
- FS(고정 탄소)

(2) ash 용융점(melting point)

재가 액상으로 변화하는 온도이다.

(3) 원소분석(ultimate analysis for composed element)

C, H, O, N, S, ash의 % 농도이다.

(4) 에너지 가치로의 발열량

다음 식으로 구한다.

$$KJ/kg(건량 기준) = KJ/kg(폐기상태) \times 100/(100-\%수분)$$

참고로 음식쓰레기를 건조한 후 연소시키면 연탄 발열량(19공탄 기준, 460 kcal)이 생성되는 것으로 알려져 있다.

4-7-3 폐기물처리 단위공정

1. 물리적 처리

(1) 폐기물 수집

집에서 쓰레기통으로(House to Can)→쓰레기통에서 트럭으로(Can to Truck)→트럭의 집에서 집으로(Truck from House to House)→트럭에서 처분장으로(Truck to Disposal)

1) House to Can Phase
① 이동식 쓰레기통
- 소형 : 20kg 이하
- 중형 및 대형
  아파트 단지나 대형 상가, 견인식, 0.8~30 m^3

② 고정식 쓰레기통

- 독립식과 벽면부착식
- 먼지와 악취발생
- 쓰레기 종량제 : 전분함유 생붕괴성 종량제봉투 사용
  - ▶ 1996, 6. : 탄산칼슘 함유 PE봉투 규격제정
  - ▶ 1999, 5.

  붕괴성 봉투규격 제정(지방족 폴리에스테르 및 전분 30% 이상 함유 봉투)

2) Can to Truck Phase

① 용기식 수집방법

모아진 쓰레기를 차량에 직접 옮ㄹ겨 적재한 후 용기를 다시 이용하는 방법

② 자루수집 방식

플라스틱 자루에 넣어 자루채 버리거나 자루를 다시 이용하는 방법

③ 상자형 수집방식

④ 콘테이너 수집방식

- 견인식 시스템(hauled system)
- 고정식 시스템(stationary system)

⑤ 수거인부 손수레방식

- 문전수거
- 타종수거

⑥ 대형 쓰레기통 수거방식

⑦ 수거차량방식

3) Truck from House to House Phase

① 수집효율을 높일 것.

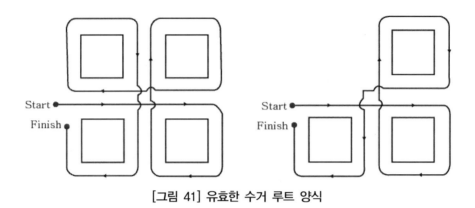

[그림 41] 유효한 수거 루트 양식

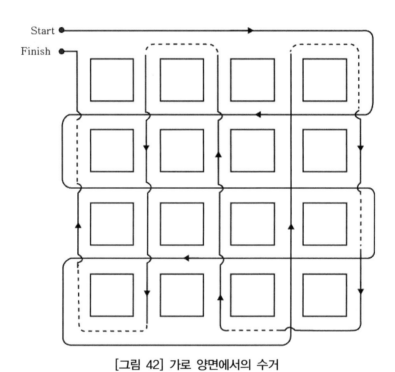

[그림 42] 가로 양면에서의 수거

② 수집 규칙
- 수집루트가 중복되어서는 아니되지만 단축될 수 있고 분산되어서는 아니 된다.
- 출발점은 가능한한 트럭 차고와 근접되어 있어야 한다.
- 러쉬아워 시간을 피하여야 한다.
- 가로질러 수집을 할 수 없도록 된 일방 통행 가로는 그 가로 위 끝부분으로부터 유턴하여야 한다.
- 한쪽 끝이 막혀있는 가로에서는 그 가로의 오른쪽에서 수집하여야 한다.
- 언덕에서의 수집은 트럭이 미끄러져 내려갈 수 있도록 위 부분으로부터 아래부분으로 행하여야 한다.
- 시계방향으로 우회전하여 수집하여야 한다.
- 우회전전에 길고 쭉 뻗은 가로에서의 수집이 우선되어야 한다.
- 양방향 통행에서 (교통 체증 등으로) 전혀 유턴을 할 수 없는 가로의 경우 소 단위 블록으로부터 다른 블록으로 이동하거나 접근하는 경우에만 유턴이 피해질 수 있다.(그렇지 않고서는 유턴이 허용된다.)

③ 적환장 위치 결정 원칙
- 수거하여야 할 각 쓰레기 발생지역의 무게중심(centroid)에 가까운 곳
- 쉽게 간선 중심도로에 연결될 수 있는 곳
- 적환장 · 중계처리장 운영에 있어 공공이나 환경적 영향이 가장 적은 곳
- 건설이나 조작이 가장 경제적인 곳 : 총 운반비가 가장 저렴한 곳

4) Truck to Disposal Phase
적환장(transfer station)을 설치하여 처분장으로 수송함을 고려한다(allocation model).

[표 29] 일반폐기물의 수집, 운반, 처리기준 및 방법(시행령 제7조 관련)

1. 수집·운반의 경우
   가. 지역별, 계절별 발생량 및 특성을 고려하여 정기적으로 수집
   나. 지역여건에 맞게 기계적 상차방법에 의하여 수집·운반
   다. 수집, 운반 장비로부터 흩날리거나, 흘러나오거나, 악취가 분산되거나 오수가 흘러나오지 않게 한다.
   라. 다른 지역을 경유하는 경우 적재함이 밀폐된 차량으로 운반
   마. 하역 후 먼지가 발생하거나 흩날리지 않게 한다.
   바. 수집, 운반 장비는 항상 청결하게 유지한다.

2. 처리의 경우
   가 공통사항
   (1) 흩날리거나 흘러나오거나 악취가 발산되지 않도록 한다.
   (2) 쥐, 파리, 모기 등 해로운 벌레가 발생, 번식하지 않도록 한다.
   나. 개별 기준
   (1) 매립기준 및 방법
      (가) 일반폐기물 매립지라고 표시된 장소에만 매립한다. 다만, 1종류의 일반폐기물 또는 수질오염방지 조치가 필요하지 않은 2종류 이상의 일반폐기물을 매립하는 경우에는 이를 매립지 표지판에 부기하여야 한다.
      (나) 복토재는 15cm 두께의 1일 복토와 매립이 7일 이상 중단되는 경우 30cm 이상의 중간복토를 하고 매립지 사용완료 후 50cm 이상의 최종복토를 한다. 다만, 특정폐기물의 분류되지 않은 연탄재, 소각 잔재물, 도자기 편류나 폐각류와 같이 악취발생이나 흩날릴 우려가 없는 경우에는 일일복토 및 중간복토를 생략할 수 있다.
      (다) 특정폐기물이 아닌 부패성 폐기물만 (함량이 40% 이상)을 매립하는 경우에는 일반폐기물의 높이가 매 3m 되기 전에 복토하여야 한다.
      (라) 침출수는 수질환경보전법 시행규칙의 오염물질의 배출허용 기준 이하로 처리하여야 한다.
      (마) 일반폐기물 매립지에 직접 매립하기가 부적합한 오니 등의 일반폐기물을 매립하는 경우에는 환경부 장관이 정하여 고시하는 기준 및 방법에 의하여 사전처리후 매립한다.
   (2) 소각기준 및 방법
      (가) 소각시설에서 소각하여야 한다.
      (나) 소각시설로부터 악취, 먼지가 외부로 배출되지 아니하여야 한다.
   (3) 압축시설, 파쇄시설, 퇴비화 시설 등 처리기준 및 방법
      소음, 악취, 먼지, 오수 등이 주변 생활 환경에 지장을 주지 않도록 한다.
   (4) 기타 처리시설 – 위와 같음

(2) 위생매립(Sanitary Landfilling)

1) 개요

① 도랑식 공법(trench method), 현 우리나라 쓰레기 대부분이 적용됨

② 기능

안정화, 감량화, 양질화(: 저류, 분해, 처리 기능)

③ 구성시설

④ 저류 구조물, 구획제방, 차수시설, 우수배수시설, 침출수 집 배수시설, 비산먼지 방지시설, 가스처리시설, 침출수처리시설, 침출수조정설비, 진입도로

⑤ 복토

쓰레기종류, 주변환경여건, 복토재료(: 다짐과 투수성, 통기성이 양호한 것), 매립후 사용목적에 따라 다름.

A. 당일 복토 : 1일 작업 후 15cm 기준

B. 중간 복토 : 운반 차량의 지반 다짐, 우수배제 목적으로 행함.

C. 최종 복토 : 50cm, 1m 정도로 행함.

2) 위생매립지의 일반적 구조

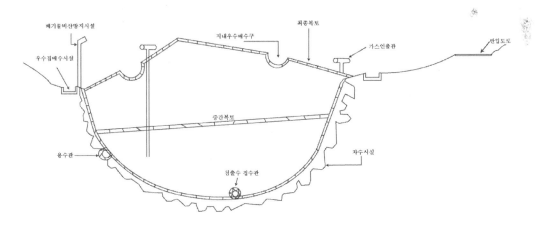

[그림 43] 매립지 단면도

[표 30] 매립조건

조건·종류	육상매립	해안매립
사회적 조건	○주변에 민가가 적고 주거지역으로부터 떨어져 있을 것. ○용도상 규제를 받는 지역을 피할 것. ○지역주민의 생활의존도가 아주 높은 장소는 피할 것.(농경지, 주거지 등) ○수송로상 밀집 주거지역 또는 교통량이 많은 곳은 피할 것. ○매립 후 이용이 편리할 것.	○주변에 민가가 적고 주거지역으로부터 떨어져 있을 것. ○공유수면매립법 상 규제를 받는 장소를 피할 것. ○지역주민의 생활의존도가 아주 높은 장소는 피할 것(어장, 양식장, 휴양지 등) ○매립 후 이용이 편리할 것.
환경적 조건	○지하수가 흐르거나 지하수맥이 존재하지 않을 것. ○상수도 등의 수원개발 대상지역이 아닐 것. ○침출수 처리장 등의 용지확보가 충분하고 공해대책, 안전대책 등 처분지의 관리를 집중적으로 행할 수 있을 것. ○경관의 손상이 적을 것.	○조류특성에 변화를 주기 쉬운 장소를 피할 것. ○물질확산에 영향을 주는 장소를 피할 것. ○해저의 지형이나 지질에 큰 변화를 주는 장소를 피할 것. ○부영양화에 의한 저질을 제거하는 경우 문제가 되는 장소를 피할 것. ○용존산소의 공급, 해수와 담수와의 혼합, 산란장과 고기육성장소를 피할 것.
방재적 조건	○집수면적이 작을 것 ○개곡구배의 안정도가 높을 것. ○산의 지형이 방재, 제방, 저류시설의 시공이 용이할 것.	○토사의 이동에 의한 침식을 받는 장소를 피할 것. ○파장(波長), 고조(高潮)가 변화를 일으키는 장소를 피할 것.
경제적 조건	○공간용량의 확보가 용이할 것. ○적절한 운반거리내에 있을 것. ○전력, 수도, 전화 등 편이시설을 쉽게 끌 수 있을 것. ○복토용의 토사를 용이하게 억을 수 있을 것.	○파장, 고조가 변화를 일으키는 장소를 피할 것. ○연약한 지질이 깊은 곳은 피할 것. ○적당한 운반거리가 확보될 것. ○수심이 얕고, 조위의 변화가 작고, 토질이 안정된 장소를 선택할 것.

① 매립의 종류

영향평가기법이 주로, 지하수 오염과 자연생태 파괴예방에 초점이 맞추어져 있음.

- 매립위치에 의한 분류
  - ▶ 내륙매립
  - ▶ 해안매립
- 매립구조에 의한 분류
  - ▶ 혐기성 매립 : trench에 단순 투기
  - ▶ 혐기성 위생매립 : trench에 투기 후 단순한 일일 복토

▶ 개량혐기성 위생매립

혐기성 위생매립에서 침출수 집배수시설, 차수막 설치운용

▶ 준호기성 매립 : 개량혐기성 위생매립에서 우수집배수시설 운용

▶ 호기성 매립 : 준호기성 매립에서 공기이송 장치 운용

● 매립공법에 의한 분류

▶ 내륙매립 : 샌드위치공법, 셀공법, 압축매립공법, 도량형공법

▶ 해안매립 : 내수배제 또는 수중투기공법, 순차투입공법, 박층뿌림공법

(3) 해양투기(Ocean Dumping)

① 주입식 공법(injection method)

② 재부상(resuspension) 및 확산 방지

● 상류와 사류를 구분하는 한계수심 이하의 장소로 정치

● 콘크리트 등의 부식방지 재료로 밀봉한 후 투기

③ 폐기물을 해양에 투입 처분하는 것은 원래 바람직한 방법은 아니지만, 폐기물관리법 및 해양오염방지법 등에서 기준을 정하여 제한적으로 실시가 인정되고 있음.

해양수산부에서는 해양수질 개선대책 일환으로 육상폐기물의 해양투기량을 2011년 50%, 2012년부터는 하수오니, 축산폐수의 해양투기를 전면금지하는 [육상폐기물 해양투기 종합대책]을 수립 발표

● 하수오니, 축산폐수 2011년까지 해양투기 원칙적 금지

● 연도별 해양투기 총 허용량제 도입 등 관리방식 개편

● 투기해역에서 정기적인 환경모니터링 실시

● 기타

④ 해양투기에 따른 국제문제 야기 우려

● 폐기물의 해양투기에 대한 국제적 규제가 강화되고 있는 추세에서 투기확대로 오염물질의 주변국 해역 유입시 외교적 마찰 우려

● 런던협약(1972) 홈페이지에 대한민국은 폐기물 대량 배출국으로 거명

● 런던협약(1972) : 폐기물 투기에 의한 해양오염 방지에 관한 협약(1993 대한민국 가입)

● 관련 국제기준의 국내수용체제 구축 및 이행방안 마련 미흡

● 해양투기 규제가 강화된 "런던협약 '96의정서" 발효 ('06.3.24)

[참고자료] 해양오염방지법 시행규칙(국토해양부령)

제42조 (폐기물의 처리)

①제35조의 규정은 법 제18조의 규정에 의한 폐기물의 처리에 관하여 이를 준용한다. [개정 2000 · 2 · 11]

②법 제18조의 규정에 의하여 폐기물해양배출업의 등록을 한 자(이하 "폐기물해양배출업자"라 한다)가 해양에 배출하기 위하여 위탁받을 수 있는 폐기물은 법 제23조제1항의 규정에 의하여 위탁처리신고를 한 것에 한한다. [개정 2000 · 2 · 11]

제35조 (해양배출이 가능한 폐기물의 종류 등)

①법 제16조제4항의 규정에 의하여 육지에서 처리가 곤란한 폐기물로서 해양배출이 가능한 폐기물은 별표 14와 같다.

②법 제16조제4항의 규정에 의하여 제1항의 규정에 의한 폐기물을 해양에 배출할 경우 그 배출해역 · 배출해역별 배출가능폐기물의 종류 및 처리방법과 그 처리기준은 각각 별표 15 및 별표 16과 같다.

[별표 14] 〈개정 2006.2.21〉

육지에서 처리가 곤란한 폐기물로서 해양배출이 가능한 폐기물(제35조제1항 관련)

1. 확산식 처리방법에 의하여 배출하여야 하는 폐기물

    가. 「오수 · 분뇨 및 축산폐수의 처리에 관한 법률」 제2조의 규정에 따른 분뇨 또는 축산폐수와 오수처리시설 · 축산폐수처리시설 또는 분뇨처리시설에서 발생된 액상(수분의 함량이 95% 이상이거나 고형물의 함량이 5% 미만인 것 을 말한다. 이하 같다)의 것.

    다만, 전처리가 필요한 분뇨는 전처리된 것에 한한다.

    나. 「수질환경보전법」 제2조의 규정에 따른 폐수 중 다음의 것

    (1) 「수질환경보전법 시행규칙」 별표 3 제2호의 배출시설란 제4호 내지 제15호 및 제73 호의 배출시설에서 배출된 폐수 및 그 수질오염방지시설에서 발생된 액상의 것

    (2) 「수질환경보전법 시행규칙」 별표 4 제4호 각 목에 해당하는 생물화학적 처리 시설에서 발생된 액상의 것

    다. 「폐기물관리법」 제2조제1호의 규정에 따른 폐기물 중 오니(수분의 함량이 95%

미만이거나 고형물의 함량이 5% 이상인 것을 말한다. 이하 같다)로서 다음의 것

    (1) 가목의 오수처리시설·축산폐수처리시설 또는 분뇨처리시설에서 발생된 것

    (2) 나목(1)의 배출시설에서 발생된 공정오니 및 그 수질오염방지시설에서 발생된 것

    (3) 나목(2)의 처리시설에서 발생된 것

    (4) 「하수도법」 제2조의 규정에 따른 하수종말처리시설에서 발생된 것

라. 「폐기물관리법 시행령」 제4조의 규정에 따른 폐기물처리시설에서 발생된 폐수 중 다음의 것

    (1) 기계적 처리시설 중 음식물류 폐기물을 처리하는 연료화시설에서 발생된 액상의 것

    (2) 생물학적 처리시설 중 음식물류 폐기물을 처리하는 사료화·퇴비화시설 및 호기성(好氣性)·혐기성(嫌氣性) 분해시설에서 발생된 액상의 것(「수질환경보전법 시행규칙」 별표 3 제2호의 배출시설란 제10호의 음식물폐기물을 원료로 하는 사료제조시설에서 발생된 것을 포함한다)

마. 어류·패류의 젓갈 또는 그 젓갈의 생산·유통 및 보관과정에서 발생된 폐기물

바. 수산물가공잔재물(조개껍질 등 각질류의 것을 제외한다)

사. 나목의 배출시설에서 원료로 사용된 동·식물폐기물

2. 집중식 처리방법에 의하여 배출하여야 하는 폐기물

가. 수저(水底)준설토사로서 합성로프·폐어구·플라스틱류·넝마 또는 고무제품 등 이물질이 섞인 물건을 제거한 것

3. 그 밖에 국제협약에서 해양배출이 허용되는 폐기물로서 해양수산부장관이 해양배출 이 가능하다고 인정하여 해당품목별 처리방법을 지정하여 고시하는 폐기물

※ 비고

1. 확산식 처리방법의 경우에는 다음 각 목과 같이 배출하여야 한다.

가. 해면 아래에서 배출되도록 할 것

나. 평균 대수속도 4노트 이상으로 항해하면서 배출할 것

다. 합성로프, 폐어구, 플라스틱류, 넝마, 고무제품, 머리카락, 동물의 털 등 물건을 제거할 것

라. 황산제1철 또는 염화제2철을 0.1% 이상 섞어 넣어 갈아서 부술 것(분뇨처리시설 등에 의하여 처리되지 아니한 분뇨에 한한다)

마. 갈아서 부수어 배출할 것(각질류를 제외한 수산물 가공 잔재물에 한한다)

2. 집중식 처리방법의 경우에는 다음 각 목과 같이 배출하여야 한다.

가. 비중 1.2 이상의 상태로 배출할 것

나. 항해 중에 배출하지 아니할 것

다. 가루의 상태로 배출하지 아니할 것

라. 폐기물 또는 포장된 용기 등이 떠다니지 아니하도록 처리할 것

4-7-4 폐기물의 월경피해분석

다음 그림에서 횡축을 피해방향으로 하여 일방적 피해 A1, 상호피해 A2, 전 지구적 피해 A3를 요소로 하여 표시하고 종축을 피해원인으로 하여 오염물질의 월경이동 B1, 폐기물 수송 B2, 비물리적 관계 B3, 경제적 부수효과 B4를 요소로 하여 표시한 후 각 요소들을 일 대 일 대응시켜 그 피해 정도를 분석하여 대응책을 마련한다.

피해방향 피해원인	일방적 피해, A1 (Undirectional externality)	상호피해, A2 (reciprocal externality)	전 지구적 피해, A3 (global environmental problems)
B1 오염물질의 월경이동 (physical relation)	A1B1	A2B1	A3B1
B2 폐기물 수송 (human transport of waste across border)	A1B2	A2B2	A3B2
B3 비물리적 관계 (non-physical relations)	A1B3	A2B3	A3B3
B4 경제적 부수효과 (economic side-effect)	A1B4	A2B4	A3B4

[그림 44] 국가사이의 폐기물 월경 피해분석

우리나라는 새로운 21세기에도 지속적으로 경제가 성장하고 발전하도록 환경적 기초를 튼튼히 하여야 하는 사항을 환경기본법에 수록해 놓고 있다 그 시책의 초점이 발생된 폐기물을 단순하게 처분하는 것으로부터 점차적으로 자원 순환 형 사회로의 전환을 촉진하는 것에 맞추어져 있다. 이에 따라 2001년부터 가연성폐기물을 소각하는 것을 원칙으로 하고 2005년부터는 특별시, 광역시 또는 시 지역에서 발생하는 음식물 쓰레기를 사료화, 퇴비화, 소멸화 또는 소각하여야 함을 규정하고 있다.

1. 기술사회의 물질흐름

베지린드(Vesilind)와 리머(Rimer)는 1985년에 기술사회의 물질흐름을 다음 그림과 같이 설명하였다.

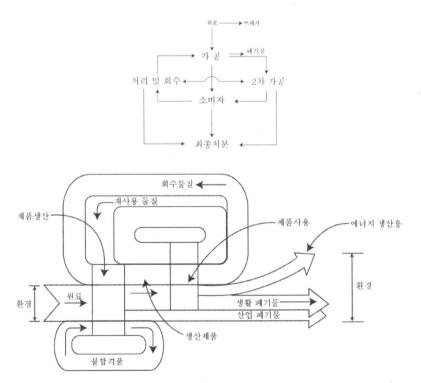

[그림 45] 기술사회에서의 물질흐름(flow of domestic waste in society)

(1) 3R, 3P 개념

① Reduction : 폐기물 발생 억제

　　Reuse : 폐기물 재사용

　　Recycling : 폐기물 재활용(contained to energy recovery concept)

② 3P concept : 주로, 산업폐기물 처리에 응용

　　Polluters pay payment : 오염자 비용부담

③ 네 번째 R : Refuse(거부)→과도하거나, 환경적으로 유해한 포장제로 된 제품에 대해 소비자가 거부하는 권한을 갖는 것임.

④ 3R과 3P 개념의 수행은 주민들 생활에 지대한 영향을 미친다. 그러므로 주민들의 의견을 수렴하는 것이 관계 정책 시행에 절대적 요소가 된다. 이러한 문제를 해결함에 있어서 전문가 시스템과 관계 위원회의 활용이 유용한 도구가 되어 왔다. 참고할 수 있는 예가 미국 환경보호청(EPA)의 폐기물 감량화 평가 과정인데 그 개요가 다음 [그림 46]과 같다.

폐기물 감량화 필요성

추진할 평가조직과 위원회 활동

계획 및 조직 단계

- 관리 위원회 구성
- 총괄평가 계획 목표 결정
- 평가계획 추진기구 결성

선정한 대안의 평가보고

평가단계

- 공정 및 시설자료 수집
- 평가목표 우선순위 선정
- 평가조직을 위한 적임자 선정
- 자료 검토 및 현장조사
- 대안선택
- 계속연구를 위한 대안선택의 선별선정

최종보고(대안추천 포함)

가능성분석단계

- 기술평가
- 경제성평가
- 실행화를 위한 대안선택

성공적으로 실행된 감량화 평가과정

실행단계

- 계획설정 및 자금확보
- 장치설치
- 실행
- 성공여부 평가

주 1) 실행단계로부터 새로운 평가목표 선택 및 재평가를 위하여 평가단계로 수행되는 반복과정
주 2) 이 과정 속에는 폐기물의 분리, 경영인과 근로자의 역할 수행 및 협조, 생산공정상의 대책(물질 취급이
나 저장의 장부화, 물질추적 및 통제의 목록화, 계획화), 손실방지대책(누출방지, 통제유지관리, 긴급조
치), 회계집행의 사항이 포함되어있다.

[그림 46]   미국 EPA의 폐기물 감량화 평가 과정

2. 폐기물 관리

(1) 기금(fund) 조치

1) 예치금 제도(deposit fund system)

예치금 제도의 시초가 1972년 미국 오리건(Oregon) 주에서 시행된 오리건 공병 법안(Oregon Bottle Bill)이다. 한국에서도 공병 등의 보증금제도에 시행되고 있다.

2) 부과금 제도(charge system)

- 배출 부과금(effluent charge)
- 제품 부과금(product charge)

  상품의 제조, 소비과정에서 폐기물이 발생되는 경우에 한하여 상품 가격에 부과하는 제도이다.
- 사용자 부과금(user charge)

  쓰레기 세가 그 예가 된다.

(2) 세제 및 재정적 조치

폐기물 처리나 재활용 기업체에 대한 융자 및 세금 감면 제도가 예가 된다.

(3) 유기성 폐기물의 자원화

1) 퇴비화(composting)

음식물 폐기물·축분 등을 식물이 잘 성장하도록 숙성(curing)된 토양 개량제(soil conditioner)로서 퇴비(compost)로 만드는 것이다.

2) 메탄 발효(methane fermentation)

혐기성 소화 공정을 통하여 유가가스인 메탄가스로 만드는 것이다.

(4) 가연성 쓰레기의 자원화

소각(incineration)·열분해(pyrolysis)·가스화(gasification) 등의 열적분해 공정을 통하여 에너지로 만드는 것이다.

1. 전처리 기술

(1) 물질회수

폐기물을 처리 혹은 처분하기 전 재활용 가능한 성분을 선별 수집하는 것

1) 손 선별

컨베이어 벨트를 이용하여 손으로 종이류, 플라스틱류, 유리류 등을 분류하는 방법

2) 스크린 선별

다양한 구성의 폐기물을 스크린의 크기에 따라 분류하는 방법. 회전 스크린과 진동 스크린이 있음

① 트롬멜(trommel) 스크린

스크린 중에서 선별 효율이 가장 좋고 유지관리상 문제가 적음

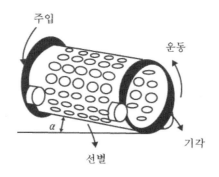

[그림 47] 트롬멜 스크린

3) 공기 선별

폐기물 내에 가벼운 물질인 종이나 플라스틱류를 기타 무거운 물질로부터 선별해내는 방법

① 공기선별 이론

② 무거운 입자로부터 가벼운 입자가 공기역학적으로 분리하는 과정과

③ 기류로부터 가벼운 입자들을 분리하는 과정

④ 관성 선별(inertial seperation) : 유럽에서 광범위하게 사용되는 방식

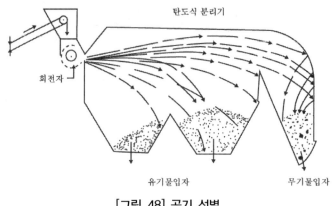

[그림 48] 공기 선별

⑤ 자석 선별 : 철 성분의 자성을 이용하여 분리하는 과정

⑥ 광학 선별

돌, 코르크 등의 불투명한 것과 유리 같은 투명한 것의 분리에 이용. 기계적으로 투입되고 광학적으로 조사되며 조사결과가 전기전자적으로 평가되고 선별대상입자는 압축공기의 분사에 의해 정밀하게 제거됨.

⑦ 파쇄(shredding)

⑧ 분쇄(crushing)

⑨ 습도 맞추기

⑩ pH 조절

⑪ 기타

2. 소각(incineration)

(1) 일반 이론

① 건조효율 및 건조속도 : 함수율을 중심으로 수행

- 예열기간
- 항률건조기간
- 감율건조기간 : 이 시간이 건조 완료되는 시점

② 임계함수율(critical moisture content)

항률 건조기간으로부터 감율 건조기간으로 이동하는 점

③ 착화 및 연소시간

- 폐기물 표면 온도를 가능한 한 빠르게 고유 착화온도 이상으로 올릴 것.
- 열원으로부터 폐기물 표면의 저항을 감소시켜 유효 전열량을 최대로 할 것.
- 노의 온도를 가능한 한 높게 하여, 유효한 대류복사전열을 방해하지 않는 것이 좋음.
- 폐기물의 비표면적을 최대한 크게 할 것.

④ 매연(검뎅이, soot), 분진, HCl, 황산화물, 질소산화물 등의 유해 가스방지

- soot는 400-500℃ 부근에서 많이 발생
- 질소, CO2, Ar등의 불활성 기체를 혼입하면 soot발생 적게 된다.
- 일반적으로 900℃ 이하로 억제
- 연소가스의 고온체류시간을 가능한 범위로 단축
- 화로 열부하를 필요이상 높이지 않는다.
- 연소실벽에 냉각 장치를 부착하여 화염온도를 필요이상 높이지 않을 것.
- 정량 화학분석(stoichimetric analysis)로부터 산출된 이론 산소공기량보다 크게 잉여 공기량(excess air q'ty)을 유지
- 불활성 기체(연소 배기가스, 수증기 등)를 혼입하여 산소농도를 상대적으로 저하시켜 연소속도를 억제한다.

(2) 다이옥신 문제

① 반 건조 스프레이 타워의 채용
② 연소방식의 전환(가스화, 열분해)
③ 기타

(3) 소각로 형식

① 화격자 연소(combustion by fire grater, roaster) : stoker type

- 로(爐) 내에 고정 또는 이동 화격자 설치, 그 위에 폐기물 투입, 소각
- 스커(stoker)는 쓰레기 층에 접하여 건조, 연소를 행하는 상(床)을 움직이는 구동 및 전달 장치

② 바닥 연소(fixed bed incineration) : 고정상 식
③ 유동상 연소(fluidized bed incineration)

모래 등의 내연성 분립체를 유동 매체로 하고 이것에 고온 가스(1200~3500 mm H_2O, 200~500℃)를 불어 넣어 유동상을 형성하여 쓰레기를 소각

④ 부유 연소

⑤ 분무 연소

⑥ 기타

(4) 폐열회수 및 이용설비

① 보일러(boiler)
- 연소열을 압력용기 속의 물로 전달하여 소요압력의 증기를 발생시키는 장치(증기생산 극대화)

② 열 교환기 : 보일러 등에 설치, 보조적으로 폐열을 회수 하는데 이용
- 과열기 : 탄소강, 니켈, 크롬, 몰리브덴, 바나듐 등을 사용하는 열교환기
- 재열기 : 증기 터어빈 속에서 소정의 팽창을 하여 포화증기에 가까워진 증기를 이끌어내 어 그 압력으로 재차 가열하여 다시 터어빈에 되돌려 팽창시키는 경우에 사용
- 이코노마이저(절탄기) : 보일러 전열면을 통과한 연소가스의 여열로 보일러 급수를 예열 하여 보일러의 효율을 높이는 장치
- 공기예열기 : 연도 가스 여열을 이용하여 공기를 예열하여 보일러의 효율을 높이는 장치

3. 열분해(Pyrolysis) · 용융(Melting) · 가스화(Gasification)

(1) 일반이론

① 분해 증류(destructive distillation)

② 나무로부터 목탄을 생산하고 석탄으로부터 코우크 가스(coke gas)를 생산하고 원유찌꺼 기로부터 연료가스와 피치(pitch)를 생산하는 산업용 공정

③ 폐기물 원료의 균질성 문제

④ 완전 무산소 상태에서 폐기물을 열에 의하여 처리하는 기술

⑤ 소각은 줄곧 발열반응이 이루어지나 이 기술들은 처음에는 흡열반응이지만 후에 발열반응 으로 변화함 : Dioxin 생성이 전혀 없음.

⑥ 무척 매력적인 차세대 열적분해기술 : 기술개발(: 단위공정 개선) 중

⑦ 기타

(2) RDF(refuse derived fuel, 쓰레기 추출 연료)

① 수소, 메탄, 일산화탄소, 유기성 물질에 따른 가스성분을 포함하는 기체상 물질: 연소용 가스(Flammable Gas) ; 6,230kcal/m3의 에너지 함량

② 아세트산, 아세톤, 메탄올 및 산화된 고분자 탄화수소류를 포함하는 타르(tar)와 같은 액체상 물질 : 옥탄도가 낮은 오일(oil) : 9,000 Btu/lb (5,000kcal/m^3)~10,600 Btu/lb의 에너지 함량(함수율 관계)

③ No. 6. Bunker C 유의 에너지 함량 : 18,200 Btu/lb

Btu(British thermal unit) : 열용량 단위, 1파운드(0.45kg)의 물온도를 1°F올리는데 필요한 열량. 1 Btu = 1.055 J (약 252 cal)

④ 거의 순수 탄소 및 폐기물 속에 존재하던 비활성 물질로 구성된 숯(차르, Char)

[표 31] 열분해에 의해 생성되는 물질 종류

기체	H_2, CH_4, CO, CO_2, NH_3, H_2S, HCN
액체	식초산, 아세톤, 메타놀, 오일, 타르, 방향성 물질
고체	차(Char, 순수한 탄소. 북미에서 바베큐용 숯), 불활성 물질

⑤ 푸록스(Purox) 시스템

열분해 기술개발 역사상 최초로 거론되는 시스템. 과거 70년대에 열분해가 성행했을 때의 대표적인 시스템. 1970년 New York의 Tarrytown. Union Carbide 사가 개발.

이후, West Virginia, South Charleston에서 180, 310톤/일로 시판될 것으로 결정하고 3단계에 걸쳐 실험을 하였음.

(3) 기술 변천과정

- 유럽에서 개발되어 일본에 기술이 이전되고 일본이 개발을 선도하고 있음.
- 이유는 소각재를 용융 슬래그화 함으로서, 무해화 및 안정화가 높고 감용률도 클 뿐아니라 다이옥신등 법적규제치 달성이 용이하기 때문임.
- 2000년 1월 15일이후 신규소각로를 설치하고자 할 때는 소각재중 다이옥신 함량이 3ng-TEQ/g이상 일 때에는 매립을 금지하고 별도 처리를 의무화함에 따라 환경기준의 적합한 시설로 열분해 용융시설이 확대되는 실정임.
   - ☞ 우리나라의 폐기물관리법은 바닥재에 대한 중금속농도(일본의 10배)만을 규제하고 다이옥신의 규제는 없음.
- 열분해(pyrolysis)란 폐기물을 산소 결핍상태에서 가열하여 그 내부의 유기물질을 물리화학적으로 분해하는 것으로 정립됨.
- 가스화(gasification)란 탄소, 수소 등을 함유한 고체, 액체의 원료에서 합성용 가스, 공업용 가스 등을 제조하는 반응을 총칭하는 것으로 정립됨 : 폐기물 처리에서는 폐기물을 열분해 하여 연료 가스로 만드는 것을 일컬음.
- 기술의 분류 : 소각 처리 후 용융, 열분해·가스화용융, 직접 용융하는 방식

4. 퇴비화(composting)

제한된 조건아래에서 이루어지는 미생물에 의한 유기물의 호기적 또는 산소요구성 분해를 말한다. 영국인 하워드(A. Howard)경이 1930년경 최초로 옥내 프로세스(Indoor Process)를 개발한 이후, 미국 농무부에서 벨트스빌의 폭기 신속 퇴비화시스템(Beltsville Aerated Rapid Composting System)을 개발하였고 미국 오하이호 주에서 페이그로식·럿커스식(Paygro System·Rutgers System)을 개발하였다.

퇴비화 기술은 크게 퇴비단식(Windrow System)과 기계식(In-Vessel System : 사일로)으로 분류된다.

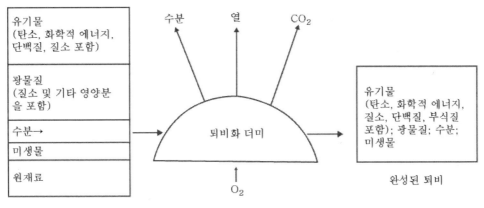

[그림 49] 퇴비화 과정

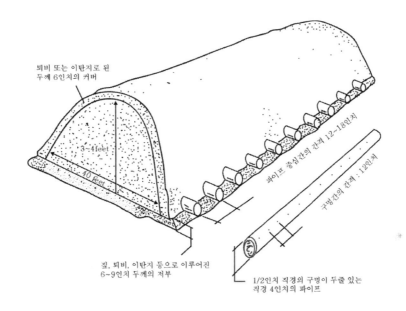

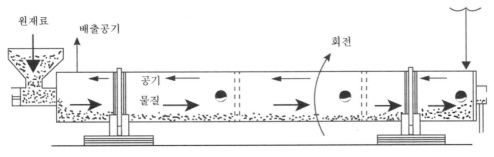

주) 도시 유기성 쓰레기의 경우 퇴비단식은 약 2주 소요되고 기계식은 2~3일 소요됨.

[그림 50] 윈드로우 식과 기계식 퇴비화 장치

(1) 일반이론

① 뒷뜰(backyard)에서 이루어져 왔던 자연적 공정

② 유용한 토질 증강제(useful soil conditioner)

③ 중온 소화(mesophilic digestion)와 유사 : 호기성, 임의성, 혐기성 세균이 유기성 폐기물을 생화학적으로 유기산염으로 만드는 부숙화(腐熟化, curing). 중온성 세균(mesophilic bacteria)의 활동이 중요함.

④ 컨베이어(conveyor)식으로 가동되는 사일로(siro)

⑤ 퇴비화 반응식

복합유기물+O_2-→CO_2+H_2O+NO_3-+SO_4^{-2}+부피가 줄어든 복합유기물+열

- Johnson City의 경우 70℃까지 올라간 경우가 있음

⑥ 출현하는 미생물(미생물, micro organism, M/O)·미소 동물 : 중온친화 세균(mcsophilic bacteria)→방선균(放線菌, actinomycetes)

→고온친화균류(thermophilic fungi)

→원생동물류(protozoans)→선충류(nematodes)→노래기(milipedes : 절지동물의 총칭)

→벌레(worm)

⑦ 출현했던 M/O, 미소 동물들의 사체·생체들의 함유농도는 약 25% 이상

⑧ 많은 병원균/선충류(線蟲類)의 사멸: 아스카리스 난자(Ascaris eggs), 앤드아메바 히스토리카 포자체(*Endoamaeba historica cysts*) 같은 기생충 알의 사멸

⑨ 캘리포니아 주립대학교 버클리 캠퍼스 위생공학 연구실 골루에케(Clarence Golueke) 교수의 연구결과를 보면 모든 생화학 전환공정은 두 단계로 나뉘어 이루어지는데 복합적 세포체가 보다 단순한 구조로 분해(decomposition), 새로운 세포체로의 합성이 그것이며 첫 번째 단계에서 질소성분이 가동적이지 못할 경우 첫 번째 공정은 꽉 찬 한도(full extent)까지 진행된다. 두 번째 단계는 질소성분이 충분할 경우 진행된 결과이다.

(2) 영향인자

① 산소와 통기

- 혐기성 분해로 진행되지 않고, 열/수증기/퇴비 물질내 가스를 제거하기 위해 수행
- 실제 열을 제거하는데 필요한 통기율이 산소 공급율에 10배에 이를 수 있음. 따라서 온도에 따라 통기를 얼마나 많이 그리고 얼마나 자주 해 줄 것인가를 결정해야 함.

② 탄질비(C/N ratio) : 질량비로 35~40 : 1이 일반적인 비율

③ pH는 중성부근

④ 수분

- 약 40% 이상. 이 미만일 경우 미생물 활동이 느리게 이루어짐.
- 수분함량이 65% 이상일 경우 물이 퇴화 물질의 공극내 공간 부피의 대부분을 차지. 이것은 공기 흐름을 방해하여 혐기성 상태로 유도.

⑤ 다공성, 구조, 구성, 입자크기

- 팽화제(bulking agent): 통기율을 증가 시키기 위하여 첨가하는 제재
- 구조(structure) : 퇴비더미 침하와 다짐 작용에 건딜 수 있는 능력
- 구성(texture) : 미생물이 활동 할 수 있도록 호기성 상태 표면의 특성
- 입자크기 : 1/8~2 inch가 적당

⑥ 온도 : 110~150°F(임계온도 : 63℃[145°F])

(3) 대표적 퇴비화기술 종류

1) 발효 퇴비화(fermentation composting)

미생물제제를 사용하여 발효시켜 퇴비물질 생산을 촉진시키는 것임.

2) 지렁이 퇴비화(vermicomposting)

찰스 다윈(Charles Darwin)이 1881년 환형(環形) 동물군(動物群) 빈모강(貧毛綱)에 속하는 지렁이(earth worm)가 땅속의 식물체를 분해하여 분변토(糞便土, cast)를 생산하는 생물적 본능에 대한 논문을 발표한 이후, 호주를 비롯한 여러 나라가 목초지나 간척지에 지렁이를 이식하여 토양을 개량하고 농업생산력을 증대시키는 사업을 한 것이 지렁이 퇴비화 기술이용의 효시가 된다. 최근부터는 주로 지렁이의 축산분뇨 분해와 분변토생산에 대한 연구에 집중되어 왔고 지난 1980년대부터는 주로 유기성 슬러지의 분해에 대한 연구와 지렁이 성충의 영양가치 그리고 분변토성분에 대한 연구에 환경공학자들의 노력이 집중되어 오고 있다.

① 지렁이 생리와 기술의 적용성

지렁이 퇴비화 기술은 지렁이의 생리에 바탕을 두고 있다. 지렁이는 물속이나 습도가 높은 장소에 서식한다. 그리고 지렁이는 대체적으로 자신의 몸무게의 반 정도 되는 부패중인 채소나 과일 그리고 연한 조직의 단백질, 지방 식품 등의 유기성 쓰레기를 하루에 섭취하고 섭취한 양의 70% 정도를 분변토로 생산한다. 이런 점에서 지렁이 퇴비화는 습윤도가 80~90%에 이르

는 우리나라 음식쓰레기의 처리에 훌륭한 기술방안이 되고 있다. 그리고 그동안 전 세계에서 수행된 지렁이 퇴비화 결과를 놓고 볼 때 지렁이는 pH가 4.5에 이르는 음식쓰레기 슬러리 (slurry)도 말끔히 먹어 치우므로 우리나라 음식쓰레기의 pH 조건(pH 4.74~5.23)은 지렁이 퇴비화에 그다지 큰 문제가 되지 아니한다. 더군다나 암수의 생식기를 함께 갖고 있는 지렁이 는 거의 1년 내내 산란하며 그 번식력이 아주 우수하다.

② 지렁이와 분변토의 유가성

한때, 지렁이가 우리나라에서 이른바 토룡탕(土龍湯)이라는 이름으로 남성들의 정력식품으로 널리 이용되어 온 사실도 있는 바와 같이 지렁이 대장(intestines)내에는 호르몬이 내재되어 있다. 뿐만 아니라 전 세계적으로 지렁이 성충은 가금산업(poultry industry)에 있어서 사료로 널리 사용되고 있을 정도로 영양가로서 중요성이 속속들이 확인되고 있다.

분변토는 주로, 퇴비로의 효용가치가 전 세계적으로 널리 알려 져 있는데 분변토에는 기존의 비료성분인 N, P2O5, K2O 외에도 탄소, 아민산(amine acid), 유기물 등이 함유되어 있어서 식물체 성장에 크게 기여하고 흡취효과가 있어서 지렁이 퇴비화 기간 중에 발생하는 악취를 효과적으로 탈취시킨다.

3) 액상 비료화(액비화)(liquidcomposting)

음식쓰레기 및 축산분뇨 등의 처리에 강력하게 등장하는 차세대 기술이고 락토균 (*Lactobacillus plantarum,* 유산균), 사카로마이세스균(*Saccharomyces cerevisiac*), 효모 (yeast) 등으로 이루어진 분말 생균제를 음식쓰레기 및 축산분뇨 등에 살포하면 탈취 및 액상 으로 비료(fertilizer)가 생성된다.

4-7-7 폐기물 위해성 평가

1. 위해성(risk)

유해물질의 특정 용량에 노출된 개인이나 집단에 있어 유해한 결과가 발생할 확률 또는 가 능성으로 정의(NRC, 1983).한다 용량(dose) 또는 노출(exposure)의 함수이다.

① 유해성 : 장해를 야기할 수 있는 물질이나 행동

② 위해성 : 유해물질의 특정농도나 용량에 노출된 개인 혹은 집단에게 유해한 결과가 발생할 확률(probability) 또는 가능성(likelihood)

$$\text{위해성(Risk)} = \text{유해성(Hazard)} \times \text{노출량(Exposure)} \quad \text{(OECD)}$$

☆ 4가지 위해성 : ①발암 위해 ②비발암 위해 ③생태학적 위해 ④복지(welfare) 위해

③ 미국 환경보호청(EPA)과 미국 국회(national assembly)가 1965년 미국 자원보존 및 회수법(Resource Conservation and Recovery Act, RCRA)을 제정하면서 폐기물 위해성을 명확히 하기 위한 첫 번째 단계를 시작하였다. 1단계 목록화 된 유해폐기물과 2단계 유해폐기물 특성은 위생매립(sanitary lan dfilling)을 염두에 둔 설명이었다.

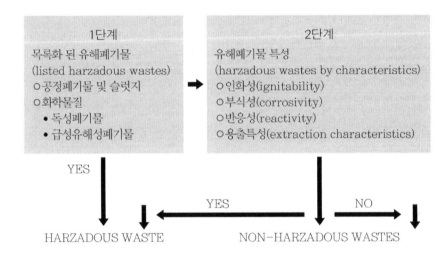

2. 위해성 평가과정

1983년도 미국 국가연구위원회(National Research Committee, NRC))의 위해성의 정성·정량 추정과정이 다음과 같다.

(1) 유해성 확인(hazard identification)

- 동물 실험자료 · 역학(epidemiological) 자료(정성분석)
- 과학적이고 통계학적인 질(quality)을 바탕으로 평가
- 자료 종류 : ① 역학자료(epidemiological study) ② 독성자료(toxicological study) ③ 인

체대상 인위적 실험자료(controlled human experiments) ④ in vivo, in vitro 실험자료
⑤ 물리화학적 성질 자료 ⑥ 기타

(2) 노출(폭로)평가(exposure aeesssmet)

- 사람에게 위험성(hazard)이 확인된 유해물질에 과연 얼마나 노출되는가를 결정하는 단계. 그 물질의 매체중 농도 또는 생물학적 감시자료들을 토대로 하여 추정(정량분석)
- 노출된 인구집단크기, 노출의 강도(strength), 빈도(frequency) 및 기간(duration), 노출 경로 등에 대한 요소들이 반드시 고려되어야 함.
- 환경오염도 측정(현장 측정 및 모델링), 생체감시(biological monitoring)를 통해 노출량 측정 가능
- 만성 노출시 위해성 평가에 있어 노출정도(mg/kg/day) 표현 공식

    일생동안 일일 평균 노출 = 총 용량/(체중 × 수명)

    총 용량 = 오염물질 농도 × 접촉율 × 노출기간 × 흡수분율

(3) 용량-반응 평가(dose-response assessment)(매우 중요!)

- ★ 용량반응평가 : 인체가 유해물질의 특정용량에 노출되었을 경우, 유해한 영향이 발생할 확률이 어느 정도인가를 추정하는 과정
- ★ 동물에서 사람으로의 용량 스케일링(dose scaling), 고용량에서 저용량으로의 외삽절차(extrapolation procedure)가 반드시 필요. 이들 외삽에는 수학적인 통계모델이 이용된다(정량분석).
    - ▶ 발암물질의 용량-반응평가
    - ▶ 비발암물질의 용량-반응평가

(4) 위해도 결정(risk characterization)

- 발암위해도의 정량화
- 비발암위해도의 정량화
- 불확실성 분석
- ★ 모수(parameter)에 대한 불확실성, 모델에 대한 불확실성(model uncertainty), 결정규

칙에 대한 불확실성(decision-rule uncertainty), 변수(variability)에 대한 불확실성 (uncertainty)을 분석한다.

3. 용량–반응(dose–response) 판단

생물실험 및 실험적 역학연구이다.

(1) 고용량실험에서의 동물-반응 독성

- LD 50(lethal dose 50, 치명적 경구독성)

  쥐의 입(oral)에 시료를 투입시켰을 때 50%의 치사량을 갖는 농도

- LC 50(lethal concentration 50, 치명적 호흡독성)

  쥐의 호흡(inhallation)에 시료를 4시간 접촉시켰을 때 50%의 치사 농도

- TLM 50(mea toxic limit, 어독성 50)

  수중 물고기군에 시료를 96시간 접촉시켰을 때 50%의 치사량을 갖는 농도

- ILM 50(mean inhibitory limit 50, 식물체 독성 50)

  식물체군에 시료를 96시간 접촉시켰을 때 50%의 치사량을 갖는 농도

(2) 허용한계기준(閾値, Threshlod Limit Value, TLV)

인간이 어떤 유해폐기물에 계속 폭로되더라도 직접 중독이 되거나 간접으로 건강장해를 일으키는 일이 없는 유해물질의 최고농도이다.

TLV는 산업장에서 경험, 동물실험 및 역학연구로부터 가장 유용한 정보를 통합하여 건강장해, 조직의 작용, 마취작용 또는 불쾌감에 대하여 보호할 수 있는 기준을 설정함을 근본으로 하고 TLV는 (작업관리를 위한) 어디까지나 폭로에 대한 하나의 지침이지 작업조건이 안전하다든지 안전하지 않다든 지를 규정하기 위한 목적으로는 이용될 수 없다.

우리나라는 노동부 산업 안전과에서 최대허용기준(MPLs)을 설정하여 57종의 화학물질과 8종의 물리적 조건에 대한 MPLs를 제시하고 있다(2008년).

허용한계기준이 다음과 같다.

① 시간가중 평균치 허용농도(TLV-TWA : Time Weighted Average)

　어떤 유해물질에 1일 8시간. 1주 40시간 반복하여 폭로되는 경우 에도 모든 사람이 건강문제를 받지 않는다고 인정되는 평균농도의 상한치

② 단시간폭로농도(TLV-STEL : Short Term Exposure Limit)

　하루 종일 작업하는 동안에 15분까지는 폭로될 수 있는 최대허용치. 이 경우 조건은 1일 4회 이러한 농도에 폭로되어서는 안되며. 폭로와 폭로 사이에 60분 이상 간격이 있어야 하고 하루의 TLV-TWA를 초과해서는 안 됨.

③ 최고치 허용농도(TLV-C : Ceiling)

　하루 동안 잠시라도 넘어서는 안 되는 최대허용농도

4. 용량전환

① 용량전환은 보통 $Y=aX^n$식으로 성립되는 생리학적 모수와 체표면적 관계에서 체표면적을 이용하여 전환시킨다. 최근에는 단순히 폐표면적에 의해 동물에서 사람으로 용량전환을 함으로써 발생할 수 있는 불확실성을 감소시키기 위해 PB-PK(physiological based pharmcokinetics) 모델을 이용하기도 함.

② 보통 동물실험에서 이용되는 고용량, 즉 최대내성용량(maximum tolerance dose 이하 MTD)과 1/2·MTD를 근거로 Probit, Logit, Weibull, One-hit, Multi-hit, Multidose model 등을 이용. US. EPA에서는 Linearized(선형) multistage(다단계) 모델을 많이 이용.

③ 흰쥐 시험(test) 결과를 사람에게 적용시키려면 장기 폭로면적, 감수성 등을 고려하여 ❶용량을 전환하고 ❷외삽을 하여야 한다.

4-7-8   동물실험(動物實驗)

① 동물을 사용하여 의학적인 실험을 행하여 생명현상을 연구하는 일.

② 실험동물은 원생동물에서 포유동물 영장류까지 포함되나 사람은 제외

③ 미국·영국·스웨덴·독일 등에서는 법적으로 규제

④ 좁은 뜻의 동물실험으로 의학에서 인체를 대상으로 하여 실험이나 관찰을 행하는 대신 동

물을 사용해서 될 수 있는 대로 같은 조건하에서 행하는 실험을 가리키는 경우가 있음

- 이런 경우에는 현상의 해석에 가장 편리한 동물을 동물의 계통 발생적 위치를 고려하지 않고 선정하는 경우와, 될 수 있는 대로 인류와 가까운 동물을 골라 실험하는 경우가 있음
- 후자의 경우에도 그 실험 성적을 결코 그대로 인체의 예에 응용할 수 있는 것은 아님.

⑤ 2종 이상의 고등동물을 사용하여 그 실험 결과를 해석하는 등 여러 가지 시도

폐기물(waste)이란 사람의 생활이나 사업 활동에 필요 없게 된 물질을 이른다. 보통 쓰레기(refuse)를 고형폐기물(solid watse)로 부르듯이 폐기물은 기체상태, 액체상태, 고체상태의 물질이 용도가 끝나 폐기된 것 중에서 환경에 대하여 위해성이 강한 것을 이른다. 대한민국 폐기물 관리법에서는 이러한 폐기물의 종류로서 보통 쓰레기 · 연소 재 · 오니 · 폐유 · 폐산 · 폐 알칼리 · 동물의 사체 등을 이른다.

4-7-9 유해폐기물 배출조사 제도

이른바 작업장 화학물질 배출량조사 제도(TR I : Toxics Release Inventory)가 유해 폐기물 배출 조사 제도에 해당된다. 작업장 화학물질 배출량조사제도란 환경(대기, 수계, 토양)으로 배출되거나 재활용, 처리 등을 위하여 사업장 밖으로 이동된 화학물질의 종류와 양을 배출자가 스스로 파악하여 정부에 보고하고, 정부는 이를 목록화하여 민간, 기업 등이 그 결과를 공유하게 함으로써 기업들의 자발적인 오염감소를 유도하기 위한 제도이다. 이러한 화학물질 배출량조사제도는 OECD(PRTR : Pollutant Release and Transfer Register), 미국(TRI : Toxics Release Inventory), 캐나다(NPRI : National Pollutant Release Inventory), 영국 (CRI : Chemicals Release Inventory)등 여러 나라에서 다양한 형태로 시행되고 있다.

1. 태동 배경

1984년 인도 보팔시 사고를 계기로 미국 의회에서는 1986년 「긴급명령 및 대중의 알 권리에 관한 법」(EPCRA: Emergency Planning and Community Right-to-Know Act)을 제정하고 19'87년부터 TRI제도를 도입하여 1990년 Pollution Prevention Act의 제정으로 제도를 확대하였는데 구체적 실시 사항으로 1988년도에 다량 배출되는 17종의 유해화학물질을 대상으로

1992년 까지 33%, 1995년까지는 50%를 줄이는 것을 목표로 하는 「33/50 프로그램」을 실시한 결과, 1991년에 목표를 초과 달성하였으며, 기업에서는 배출저감을 위한 부가적인 비용이 거의 수반되지 않은 것으로 조사되었다. 특히 미국 화학산업협회는 1992년까지 회원사들의 환경배출량이 평균 38%가 감소되고 화학공장의 생산성이 8%정도 향상되었다고 발표하였다. 이런 성공적 사례로 인하여 1992년 6월 브라질의 리우데자네이로에서 세계 각국 정상들이 채택한 의제21의 제19장(유해화학물질의 안전관리)에서 각 나라들은 산업계와 협조하여 유해화학물질에 대하여 배출목록(Emission Inventory)을 구축하는 프로그램을 갖추도록 권고하기에 이르렀으며 OECD에서도 의제21의 이행을 위하여 "PRTR지침서(OECD/GD(96)32)"를 개발하는 한편, "PRTR도입에 대한 이사회권고"를 채택하여 회원국들에게 동 제도를 도입할 것을 권고하고 있다. 이에 따라 우리나라는 1996년 OECD 가입시 PRTR제도 도입을 약속하고, 같은 해 12월에 유해화학물질관리법을 개정하여 화학물질의 배출량 보고, 기업의 영업비밀 보호 등 제도시행에 필요한 법적근거를 마련하였다.

[표 32] PRTR에 관한 OECD규정

권고 (Recommends)	회원국들은 OECD의 PRTR지침서의 정보를 기초로 하여 PRTR을 이행하고 대중이 이용할 수 있도록 조치를 취해야 한다.
	회원국들은 PRTR제도를 도입·운영하는데 부속서의 원칙을 고려해야 한다.
	회원국들은 인접국가들간 국경지역으로부터 얻어진 자료의 공유에 특히 주목하면서 이제도의 이행결과를 회원국간에 그리고 비회원국과 주기적으로 공유하는 것을 고려해야 한다.
지시 (insructs)	환경정책위원회(Environment Policy Committee)는 회원국들이 취한 조치사항을 검토하고 규정 채택일로부터 3년이내에 이사회(Council)에 보고하고, 향후 진행상황을 주기적으로 보고해야 한다.
	환경정책위회회는 OECD가 다른 국제기구나 PRTR제도의 설치를 원하고 있는 비회원국들을 도울 수 있는 방안을 고려해야 한다.

이에 따라 우리나라 환경부는 1997년 8월부터 2년여에 걸쳐 점오염원 배출량산정기법을 표준화하는 용역사업을 실시함과 아울러 자동으로 산정할 수 있는 배출량산정프로그램과 보고프로그램을 동시에 개발·보급하고 있다. 참고로 지난 2000년에 조사하여 발표한 우리나라 산업현장의 배출량이 상위로 20위 이내에 드는 유해물질의 종류와 개요가 위의 표와 같다.

1. 경구적 질병

금속은 건설, 자동차, 항공, 페인트, 안료(顔料), 촉매 등의 제조업에서 많이 사용한다. 금속은 체내에서 주로 SH기(sulphydryl group)와 안정된 복합체(conjugated body)를 형성하고 있으므로 중금속중독 치료에 킬레이션(chelation) 요법이 많이 사용되고 있다. 대부분의 금속은 생물학적 반응성을 갖고 있어서 기관이나 조직에 축적되어 만성중독을 유발할 가능성이 있다. 그러므로 만성적 노출을 피하여야 한다. 중금속의 급성중독은 금속화합물을 먹었거나 기체(gas)상태의 금속화합물을 흡입하였을 때 발생한다. 급성중독의 진단은 혈액이나 뇨에서 그 금속들을 측정하여 확진한다. 중금속의 만성중독은 저농도(TLV이하 농도)에서도 장기간 폭로 시 생리학적 이상이 발생할 수 있으므로 계속적인 생물적 감시(biological monitoring)가 필요하다.

(1) 납(鉛, Lead, Pb) 중독

납은 원자량 207.21, 비중 11.34의 부드러운 청회색의 중금속으로 고밀도의 내식성이 강한 특성이 있다. 납은 무기 연과 유기 연이 있다. 무기 연은 금속연과 그 산화물 그리고 연의 염류(아질산연, 질산연, 크롬산연 등)를 이르고 유기 연은 4메틸연(TML), 4에틸연(TEL)을 이른다. 무기연은 연이 함유된 먼지나 흄(fume)이 비산하는 장소에서 작업하는 근로자에게서 중독이 일어날 수 있다. 유기 연은 연의 용점과 고연의 회수작업 시 연 흄(fume)에 의한 중독이 문제이다. 4메틸연과 4에틸연은 알킬 대사물로 전환되어 독성을 유발하고 중추신경계에 축적한다.

연 중독은 공업중독의 대표적인 질병으로서 납 및 그 화합물을 이용하는 경우가 많아서 중독자도 많이 발생되는 직업병이다. 납의 소결(燒結), 용광(鎔鑛), 소성작업(燒成作業), 축전지의 납 도포작업, 활자의 문선, 식자 또는 문선작업, 납 안료를 사용하는 작업, 납 용접작업 등에서 잘 발생한다. 그리고 식품의 용기, 교통기관의 배기가스, 세라믹 도기, 산성음료 및 음식, 연이 함유된 한약, 화장품, 가솔린 흡입에서 발생한다. 특히, 1~5세 소아들은 이미증(異味症, pica)으로 단맛을 내는 페인트의 칩(chip)을 먹음으로써 연 중독이 발생한다.

1) 체내흡수, 대사 및 배설

납의 분진 및 증기의 흡입에 의한 체내 섭취가 중독의 주요 원인이다. 작업자의 손가락에 부착된 납이 경구적으로 섭취되어 장애를 일으킬 수도 있다. 보통의 경우 입자가 작으면 호흡기계를 거쳐 폐포에 이르게 되는데, 폐에서 흡수된 경우의 중독은 증상의 발현이 빠르고 위독하며, 소화기계를 거친 경우에는 흡수된 납의 양은 섭취량의 일부분으로서 간에서 그 일부가 해독되므로 증상의 발현이 느리고 정도도 가볍다. 이때 흡수되지 않은 납의 양은 어느 정도 체내 납 함량의 지표로서 의의가 있다. 만성적으로 골에 침착한 난용성인 인산염[Pb3(PO4)2] 형태의 납(총 부하량의 95% 이상)이 체액이 산성이 되거나 Ca 대사에 이상이 있으면 골 중의 납이 용해성인 산성염[PbHPO4]으로 되어 혈류 중에 동원되며 이때 중독증상이 일어난다. 즉, 만성 중독에서 증상 발현이 불규칙하며, 혈중 농도가 어느 한도 이상으로 되었을 때에 발증하게 된다. 연은 어른보다 어린이에게서 위장 관 흡수율이 높고 연은 오염되지 않은 환경에서도 30~200mg 정도 섭취, 배설된다. 급성, 고농도 폭로시 순환혈액 중의 연은 90% 이상이 적혈구와 결합하고 적혈구와 결합되지 않은 연은 뇌, 신장, 간, 피부, 골격근 등에 침착한다. 연은 신장 세뇨관에서 요산염의 배설을 방해하여 만성 신기능 장애를 유발하고 신경조직의 변화가 소뇌와 내피세포에서 심하게 나타난다. 배설은 주로 신장을 통해서 이루어지나 대변, 땀, 표피박탈 등으로도 배설된다.

2) 임상소견

무기 연에 급성으로 폭로될 시 복부산통(연산통, lead colic), 연 뇌증. 변비 등의 위장 관 증상이 나타난다. 위장 관 증상은 식욕부진, 식후복부 불쾌감, 변비, 설사, 오심, 구토, 검은 변 등의 소견을 보인다. 연산통은 소장의 경련성 수축이며 혈중 연농도 $150\mu g/100mL$ 이상일 때 빈번히 발생한다. 연뇌증의 신경학적 소견으로는 두통, 착란상태, 혼미, 혼수(어린이에게서 호발)이다. 만성적으로 폭로될 시에는 5대 증상으로 연창백, 연연(鉛緣, lead line), coroporphyrin 뇨, 호염기성 점적혈구(basophilic stippling of red blood cells), 신근마비가 일어난다. 산업장에서 초기증상으로 피로, 감정둔마(感情鈍痲), 과민성, 모호한 위장관 증세 등이 나타나고 말초신경증상으로 근육통, 관절통, 미세한 진전, 근력저하, 신근마비, 손목하수(下垂), 발목마비 등이 나타난다. 유기 연(알킬 연)은 신경학적 증상이 주 증상인데 초기에는 식욕부진, 쇠약, 두통, 우울, 과민성 등이 나타나고 진전되면 착란상태, 기억장애, 흥분성, 조증(躁症, mania), 정신병 및 급성 뇌병증을 보인다.

임상병리소견으로 비 폭로자의 혈중 연 농도가 5~15μg/dL이고 미국 직업 안전 위생 관리국

(OSHA, Occupational Safety and Health Administration)의 기준은 40μg/dL이하이다.

3) 진단

연 폭로의 경력과 작업환경을 조사한다. 여기에는 연 사용경력, 작업환경측정, 작업력 확인 등이 필요하다. 그리고 임상증상을 확인하여야 하는데 병력청취 및 진찰에 의한 자각증상과 타각증상을 확인한다. 임상검사로서는 빈혈검사, 뇨중의 coroporphyrin 및 δ-ALA의 배설량 측정, 혈액중의 호염기성 점적혈구, zincprotoporphyrin(zpp), δ-ALAD 활성치 측정, 혈액과 뇨중의 연 량 측정이 있다.

4) 치료

연 폭로를 중지시킨다. 미국에서는 혈중 연량이 60μg/100mg이상인 경우 폭로를 중지하고 40μg/100mg이하인 경우 작업장에 복귀시킨다.

킬레이트 치료(chelate therapy, Rampel)을 시행한다. 이 킬레이트 치료에는 CaNaEDTA를 정맥주사하여 Ca, Na을 체내에 투입시켜 연의 배출을 돕는 것을 핵심으로 한다. 대중요법으로는 진정제, 안정제, 비타민 B1, B2를 체내에 투입시킨다.

(2) 수은(수은, Mercury, Hg) 중독

수은은 상온에서 은백색의 액체 상태를 이루고 있는 유일한 금속이다. 수은은 많은 종류의 암석에 존재하며 특히, 주홍색의 진사광(辰砂鑛)에서 추출된다. 수은은 한방의 상약인 홍영사(紅靈砂), 주사(朱砂) 등에 함유되어 처방되기도 한다. 수은화합물의 종류로 무기수은 화합물과 유기수은 화합물이 있고 무기수은 화합물로 질산수은, 승홍, 감홍, 뇌홍 등이 있고 유기수은 화합물로 페닐수은 및 알킬(alkyl) 수은화합물(메틸 및 에틸수은)이 있다.

형광등에 충진되어 있는 수은은 무기 수은으로 함량은 10mg~50mg(평균 30mg)이다. 이와 같이 수은은 형광등 및 정류기 등에 봉입되는 흔한 것으로서 잘못 취급하면 쉽게 우리에게 해를 입히는 맹독성 독물이다. 수은 정련, 증류작업, 수은 전극 전해작업, 수은광산 갱내 작업, 수은 농약 살포 등으로부터 출현한다. 치료 상 쓰이는 수은연고·수은이뇨제 등의 과잉 투여로도 일어날 수 있다. 또한 공장에서의 수은증기의 흡입에 의하여 만성중독이 일어나는 경우도 많다. 유기수은 중독사고로서 일본의 미나마타현의 메틸수은 화합물에 의한 어패류 오염 이외에도 이라크에서는 무기수은염 중독사고로서 알킬 수은계 농약에 오염된 곡식으로 빵을 제조하여 먹은 결과 6,000명의 중독자가 발생한 사고도 있다.

1) 체내흡수, 대사 및 배설

금속수은은 대부분 증기흡입으로 흡수된다. 경구섭취 시 위장관 흡수는 미미하다(0.01%). 흡수된 수은증기의 80%는 폐포에 흡수된다. 알킬수은은 흡입, 섭취, 피부접촉 등 모든 경로로 흡수되며 무기수은 및 아릴수은 화합물은 간장, 비장, 장관, 신경, 심장, 근육, 손톱, 모발 등 여러 장기에 축적된다. 특히, 뇌와 신장에 분포한다. 체내에 침입한 수은은 sulphydryl 기와 결합하여 여러 가지 세포 효소계를 간섭하여 metallothionein(MT)를 형성한다. 혈중에서 흡수된 알킬수은의 대부분은 적혈구에서 발견되고 유기 및 무기수은 화합물은 모두 혈뇌장벽(blood-brain barrier)과 태반을 쉽게 통과하여 모유에서도 검출된다. 사람에서의 평균 반감기가 무기수은은 60일, 알킬수은화합물은 70일 정도이다. 수은의 중독기전은 단백질을 침전시키고 sulphydryl 기를 지닌 효소인 LDH(lactic dehydrogenase)의 작용을 억제시킨다.

2) 임상소견

수은중독의 특징적인 증상은 구내염, 근육진전, 정신증상이다. 구내염은 금속성 입맛, 잇몸이 붓고 입통이 있으며 쉽게 출혈되고 궤양을 형성하며 심하게 침을 많이 흘린다. 근육진전은 해터의 흔들림(hatter's shake)이라 하여 팔과 다리를 심하게 떤다. 안검, 혀 또는 손가락 등에서 진전을 볼 수 있다. 정신증상으로 불면증, 근심걱정, 우울, 무욕상태, 졸음 등이 나타나며 심할 경우 환각, 기억력 상실 등으로 지능활동능력 감퇴 증상이 나타난다.

무기수은에 급성으로 중독될 시 기침, 호흡곤란, 구강의 염증, 위장관 증상호소, 심할 경우 청색증, 빈호흡, 폐부종 등의 소견을 가진 화학성 폐렴증상이 나타난다. 신 손상은 초기 이뇨 후의 단백뇨, 빈뇨성 신부전 등의 소견을 보인다. 용해성의 수은화합물을 경구섭취 하였을 경우에는 오심, 고토, 설사, 복통 등 위장관 증상을 호소한다. 무기수은에 만성적으로 중독 되었을 시에는 주로 신경계에서 증상이 나타나는데 수줍음, 불안, 기억력 소실, 감정의 불안 등이 나타난다. hatter's shake가 손가락, 혀, 입술 등에 나타나며 심할 경우 보행실조, 운동완만, Parkinsonism 유사증, 환각, 치매현상이 나타난다. 과다 폭로 시 타액분비과다, 치은염(아말감 구내염), 치아침식 증 등의 구내염, 치아나 치은에 청색의 색소침착이 나타난다. 알킬수은에 중독되면 점진적으로 신경계 증상이 일어나는데 처음에는 사지와 입술의 무감각과 자통(刺痛)이 일어난다. 점차 보행실조, 진전, 미세한 운동소실이 뒤따른다. 진행되면 시야협착, 중추신경성 청력소실, 근육경직, 실없이 웃음을 터트림, 지능장애 등의 소견이 뚜렷하다. 아릴수은에 중독되면 체내에서 수은 이온으로 분해되므로 유기수은과 흡사한 독작용을 나타낸다.

임상병리소견으로 비 폭로자의 정상농도는 전혈(분리 안 해 놓은 혈액)에서 20μg/L, 뇨에서 10μg/L이다. 다량의 해산물 섭취로 농도가 증가할 수 있고, 전혈과 혈장의 수은농도비가 높음은 알킬수은 중독을 시사하는 것이다. 뇨중 수은 농도가 500~1,000μg/L를 초과하지 않으면 육안적인 신증상이나 신경계 증상은 드물다. 초기의 신증상(저분자량의 단백뇨)은 뇨중 수은 농도가 만성적으로 100~150μg/L를 초과할 시 나타난다.

3) 진단 및 치료

진단의 필수조건으로 무기 수은은 급성 호흡곤란, 치은염, 진전, 과민증, 단백뇨(신부전)이고 유기수은(알킬수은화합물)은 정신장애, 운동실조(강직성), 감각이상, 시각 및 청각장애이다. 우리나라의 진단기준은 수은폭로경력, 작업환경 및 작업조건조사, 임상증상의 특징 확인, 간 기능검사, 신기능검사, 혈중 및 뇨중 수은량 측정(뇨중 무기수은 100μg/L, 유기수은은 150 μg/L이상, 혈중 알킬수은 200μg/L, 모발 중 60ppm이상일 때 중독위험이 있다.

급성폭로 후에는 BAL(dimercaprol) 5mg/(체중) kg 근육주사로 즉시 치료한다. 만성적으로 중독되었을 시에는 N-acetyl-d-penicillamine(NAP)을 투여하면 수은 배설효과 및 임상증상이 호전된다.

(3) 카드뮴(Cadminm, Cd) 중독

카드뮴은 흰 은색이고 전기적으로 양성인 연질의 금속이다. 전기 도금, 은땜, 전선, 건전지, 사진 등에 쓰이는 청백색의 금속으로 자연에서 단독으로 존재하지 않고 아연, 납, 구리광석에 불순물로 섞여 있으므로 아연 광산, 납-아연 광산, 구리-아연 광산에서 채취된다. 카드뮴은 아연광석의 채광이나 제련과정에서 부산물로 생성된다. 내식성이 강하기 때문에 전기도금, 판금의 용접, 합금, 염화비닐의 안정제, 형광등, 반도체, 보석, 자동차와 항공기 제작, 축전지, 도기나 페인트 색소, 살충제, 치과용 아말감, 유리 제조, 사진술 등 광범위하게 쓰인다. 환경폭로로 유명한 사고가 이타이-이타이 질병 사고로서 아연광산 지역에서 광산배수에 포함된 카드뮴이 주변의 토양과 농작물을 오염시켜서 발생한 사고이다.

산업장의 카드뮴 중독은 금속 카드뮴이 용해될 때 발생하는 산화카드뮴 증기나 비닐 제조공정에서 생기는 카드뮴 화합물에 의한 중독이다. 카드뮴은 대부분 호흡기를 통해 흡수되는데, 갓 생성된 카드뮴 증기는 흡입될 경우 폐에 침착이 잘된다. 또한 카드뮴은 위장을 통해서도 5% 정도가 흡수되며 카드뮴으로 처리한 용기에 담긴 산성 음식이나 음료수를 섭취하여도 카드뮴에 중독될 수 있다. 체내에 들어온 카드뮴은 간으로 이동되어 주로 간과 신장에 저장된다. 카드뮴 중독의 초기 증상은 뚜렷한 것이 없기 때문에 근로자들이 위험을 느끼지 못하며, 간혹 오한·두통·구토·설사 등이 나타나 몸살 감기 등으로 오인할 수 있다. 카드뮴에 장기간 노출되었을 때, 가장 먼저 이상이 나타나는 기관은 신장으로 소변에서 뇨 단백이 검출된다. 심한 만성 중독의 경우, 드물지만 뼈에 병변(골연화증, 골조송증, 특발성 골절)이 나타날 수 있다. 기타 다른 증상으로는 냄새를 제대로 맡을 수 없고, 코 점막에 궤양이 생기며, 치아가 누렇게 변화는 현상 등이 있다. 단백뇨 등의 신장해가 주된 증세이다.

1) 체내흡수, 대사 및 배설

카드뮴은 생체 내 필수 금속으로 결핍 시에는 탄수화물의 대사 장애를 유발한다.
카드뮴의 흡수는 주로 호흡기(10~40%)나 소화기(5~8%)로 흡수된다. 호흡기 흡수는 입자의 크기와 화학적 구성에 따라 좌우된다. 위장관 흡수는 혈, 단백질, 칼슘, 아연의 결핍시 증가한다. 혈중 카드뮴은 혈장 단백질과 결합하여 대부분 적혈구 내에서 발견되고, hemoglobin과 mettalothionein(금속과 높은 친화력을 가진 저분자량의 단백질)이 결합하고 있다. 카드뮴의 독성작용은 체내에서 sulphydruyl 기를 가진 효소의 활성화를 억제하여 세포독으로 작용한다. 생물학적 반감기는 8~30년이고 배설은 주로 신장을 통해서 이루어진다. 만성 폭로 시 카드뮴은 근위 신 세뇨관의 재흡수 장애를 일으켜 신 독성을 유발한다.

2) 임상소견

급성폭로가 경구적 흡수와 호흡기 흡입에 의해 일어난다. 경구적 흡수는 구토, 설사의 급성 위장염 증세, 두통, 금속성 맛, 근육통, 복통, 체중감소, 착색 뇨, 신기능 장애를 일으킨다. 호흡기 흡입에서는 카드뮴 흡입시 발생하는 인후부의 동통, 기침, 두통, 구토, 발열, 흉부압박감, 호흡곤란, 심할 경우 증상이 진전되어 폐부종, 호흡부전, 사망에 이른다.
만성폭로 시 단백뇨가 나타나는데 신패질의 카드뮴 임계농도가 $200\mu g/g$임에도 불구하고 이 농도를 초과하면 아미노산뇨, 당뇨, 고칼슘뇨중, 인산뇨 등의 증상을 가져온다(Faconi 증후군). 골연화증(Milkman's syndrom)도 나타나는데 신장에서의 칼슘과 인의 소실 및 비타민 D 합성 장애와 관련되어 있는 것으로 알려져 있다. 카드뮴 분진과 fume의 만성적 흡입은 결국 호흡기 장애와 폐기종을 유발하고 카드뮴은 사람에서 발암물질로 제련과 도금공장 근로자에서 폐암 및 전립선암을 증가시킨다.

임상병리소견으로 급성 흡입 시 급성중독으로 혈중 및 뇨 중 카드뮴 량이 유용하며 정상 혈중 및 뇨 중 카드뮴 량은 각각 $4\mu g/L$, $0.2\mu g/L$이다. 급성 카드뮴 fume 흡입시에는 각각 $300\mu g/L$, $360\mu g/L$로 증가한다. 만성폭로평가는 뇨중 $\beta2$-microglobulin, 알부민, 총 단백질 배설량의 정량검사가 필요하고 혈액 화학검사에서 혈청 hemoglobin의 감소, 폐기능 검사에서 기도 폐쇄, CO의 확산능력 감소를 볼 수 있다.

3) 진단 및 치료

진단의 필수조건으로 카드뮴의 급성작용으로서 발열, 오한 및 호흡곤란 등의 금속열(metal fever) 증상, 화학성 폐렴, 신부전, 위장관 장애를 들 수 있고 카드뮴의 만성작용으로서는 단백뇨, Faconi씨 증후군, 골연화증, 폐기종, 빈혈, 후각상실증(asnomia), 폐암이다. 고려사항으로서는 β2-microglobulin 검사, 혈청검사, 폐기능 검사 등이 유용하며 저분자 단백뇨의 정량은 24시간 뇨 검사가 바람직하다.

치료로서는 즉시 폭로를 중단시키고 정확한 진단을 위한 검사를 실기한다. 확진 후 우선적으로 신장이나 폐의 장해를 고려한 치료를 시행한다. 연, 수은 중독 시 BAL이나 CaEDTA는 카드뮴에 중독된 신장에 더욱 독 작용이 심해지므로 사용이 금기이다. 폐 증상에는 안정을 취하며 산소흡입과 대증요업 및 적절한 steroid를 투여하면 효과적이다. 칼슘소실이나 골질환이 있을 경우 칼슘과 비타민 D의 보충이 필요하다.

(4) 크롬(Chromium, Cr) 중독

크롬은 단단하면서도 부서지기 쉬운 회색 금속으로 주로 3가 형태로 존재한다. 산업장에서는 주로 2가(chromous), 3가(chromic), 6가(chromate)가 사용되나 2가 크롬은 매우 불안정하고, 3가 크롬은 매우 안정된 상태로 존재하며, 6가 크롬은 비용해성으로 대부분 산소와 결합하고 있어 강력한 산화제, 색소로 사용된다.

크롬 화합물은 도금, 피혁제조, 색소, 방부제, 약품제조 등에서 dust 및 fume의 형태로 인체에 흡수된다. 크롬의 폭로는 산화크롬의 분진이 발생하기 쉬운 채광과 분쇄공정에서 발생한다. 기타 크롬은 스테인리스 생산이나 조립, 아크용접 시 크롬 fume에 폭로될 수 있고 페인트, 직물, 가죽제품, 유리제품, 고무제품, 프린트, 사진술 등에서 폭로될 수 있다.

1) 체내흡수, 대사 및 배설

6가 크롬은 3가 크롬보다 흡수율이 빠른데 6가 크롬은 세포내에서 3가로 환원되어 단백질 및 핵산과 결합하여 크롬독성을 나타낸다.

체내에 흡수된 크롬은 간장, 신장, 폐 및 골수에 축적되며, 대부분 대변을 통해 배설된다.

6가 크롬화합물은 산화 및 부식작용이 강해서 피부와 점막을 부식시키며 저농도에서도 염증과 궤양을 일으킨다.

2) 임상소견

급성 중독시 신장장애를 일으켜 신 중독으로 8~10일 이내에 사망하는 경우도 있다. 고농도의 크롬산이나 크롬산염의 분진이나 fume에 폭로되면 눈, 코, 목의 작열감, 울혈 및 비출혈이 있고 기침 및 급성폐렴을 일으킨다. 피부증상으로 피부궤양(chrome hole)으로 손톱주위, 손, 전박부에 깊고 둥근 궤양을 형성하며 통증이 없는 것이 특징이다. 알레르기성 접촉피부염이 폭로 후 6-9개월에 나타나며, 국소적인 홍반성 병변, 수포성 병변, 전신성 습진성 피부염이 나타난다. 호흡기 증상으로 6가 크롬의 mist나 분진 흡입 시 나타난다. 이 경우 기침, 흉통, 호흡곤란(크롬성 천식)이 일어난다. 일반적인 증상은 비 중격 궤양 및 천공(환경 중의 크롬 농도가 0.1mg/m³이상일 때 발생)이고 크롬산 염의 생산, 크롬도금, 크롬합금작업의 근로자에게서는 폐암증세가 나타난다. 잠복기는 약 20년으로 주정한다.

임상병리소견으로서 다량 폭로 시 신장 및 간장 손상의 소견을 보이고 진행되면 단백뇨와 혈뇨를 보이다가 무뇨증과 요독증을 유발한다. 호흡기증상은 지속적인 기침, 각혈 또는 흉부 X-ray 선상에 종괴(mass)성 병변이 보이며 폐암유발 가능성에 대해 철저히 평가해야 한다.

3) 진단 및 치료

진단의 필수조건으로 부비동염, 비중격천공이 있어야 하며 알레르기성 및 자극성 피부염, 피부궤양이 있어야 한다. 폐암일 경우에는 더욱 그렇다. 고려사항으로 접촉성 피부염은 크롬 폭로 직업력 조사 및 중크롬산염을 이용한 patch test로 진단하고 뇨중 크롬배설량은 크롬폭로지표가 된다(종독여부 판정은 어려움).

크롬중독증이 발생되면 즉시 폭로중단 및 작업 전환 등의 조치를 취한다. 피부궤양의 치료에는 5% sodium thiosulfate 용액, 5~10% sodium citrate 용액 또는 10% CaEDTA 연고가 효과적이다. 급성흡입 손상환자는 입원시켜 필요시 산소와 기관지 확장제를 사용하고, 급성 신부전이 의심될 때는 수분 및 전해질 균형에 유의한다.

(5) 망간(Manganese, Mn) 중독

망간은 망간광석에서 산출되는 회백색의 금속으로 단단하지만 잘 부서진다. 망간은 산화제 일망간, 이산화망간, 사산화망간 등 여러 형태로 존재하나 이산화망간(MnO2)이 가장 안정된 화합물이다. 망간은 인간과 다른 생물체의 필수 원소이다.

직업성 폭로는 철강제조에서 가장 많으며, Al, Cu, Mg과의 합금제조, 전기용접봉 제조업, 건전지, 도자기, 유리 제조, 안료 및 색소제조, 망간광산 및 광석 취급장에서 흔하다.

1) 체내흡수, 대사 및 배설

인체로 들어오는 망간은 주로 음식물과 함께 입으로 들어올 때 1일 약 3~7mg 섭취된다. 망간 fume은 호흡기로 흡수되어 폐포에 도달하며 섭취된 망간은 간을 통과하여 담즙으로 신속히 배설된다. 생물학적 반감기가 약 30시간 정도이고 만성 폭로자는 15시간 정도로 단축될 수 있다.

2) 임상소견

이산화망간에 급성으로 폭로될 시 열, 오한, 호흡곤란 등을 특징으로 하는 금속열(metal fever)을 호소하나 자연적으로 치유된다. Methycyclopentadienyl manganese tricarbonyl(MMT)을 함유하는 연료제조에 종사하는 근로자는 호흡기나 피부폭로 시 피부화상, 두통, 금속성 맛, 오심, 설사, 호흡곤란, 흉통 등의 증상을 호소한다. 만성적으로 폭로될 시 폭로 후 수년 후에 신경계에 만성 효과를 나타내는데 초기증상은 피로, 두통, 무기력, 운동장애 등의 모호한 증상을 나타낸다.

망간성 정신병은 흥분, 다변(多辯), 성욕 증가 등이 주 증상이다.

중독이 진행되면 Parkinson씨 증후군과 유사한 증상을 나타낸다.

중추신경계 장애는 대게 폭로 3개월-10년 후에 발현되며 다음과 같이 3기로 나눈다.

가. 제 1기 : 망간신경증, 무기력, 무관심, 식욕감퇴, 권태, 불면증

나. 제 2기 : 가면양 얼굴(仮面樣顏貌, mask-like face, Maskengesicht), 언어장애 등의
      Parkins씨 증후군

다. 제 3기 : 근긴장(筋緊張, muscle tone, tonus) 항진(亢進, acceleration) 및 현저한 운동실조
      임상병리 소견으로 중독 시 WBC(백혈구)와 RBC(적혈구)의 미미한 감소, 간 효소의 증
      가, 중추신경계 독성 시 뇌 척수액의 단백질 증가 등의 소견을 보인다. CaEDTA복용 후
      뇨중 망간의 증가로 폭로를 확진할 수 있다.

3) 진단 및 치료

필수조건으로 급성중독 시 열, 오한, 호흡곤란 등의 금속열 증세가 있고 만성중독 시에는 Parkinson씨 증후군, 행동장애, 정신병 증세, 폐렴이 있다. 고려사항으로 세심한 직업경력조사, Parkinson씨 증후군, 악력감퇴 등과 갖은 신경증상, 혈중 망간농도의 증가가 있다.

치료효과를 높이기 위해서 조기에 망간 폭로를 중단하는 것이 가장 중요하다. BAL은 치료효과

가 없고 CaEDTA를 이용한 chelation요법으로 뇨중 망간 배설량을 증가시킬 수 있다. Parkinson 씨 증의 치료를 위해서는 L-dopa(Levodopa ; dihydroxyl phenylalanine)기 유효하다.

4-7-11 유해화학물질

유해화학물질이란 유독물, 관찰물질, 취급제한금지물질, 사고대비물질 그 밖에 유해성 또는 위해성이 있거나 그러할 우려가 있는 화학물질을 말한다.

2010년 현재 전 세계적으로 약 1,200만 종이 존재하며, 매년 2천여 종의 새로운 화학물질이 개발되어 상품화되는 것으로 알려져 있다. 국내에서 유통되는 화학물질은 약 4만 여종이며, 유통량은 약 2.9억톤('02년 기준)으로서 매년 약 400종의 화학물질이 새로이 국내 시장에 진입한다. 2010년 현재 전 세계적으로 유통되고 있는 화학물질 수는 약 10만종으로, 매년 2,000여종의 화학물질이 새로이 시장에 진입한다.

1. 유해화학물질관리법

(1) 목적

화학물질로 인한 국민건강 및 환경상의 위해(危害)를 예방하고 유해화학물질을 적절하게 관리함으로써 모든 국민이 건강하고 쾌적한 환경에서 생활할 수 있게 함을 목적으로 한다.
[전문개정 2007.12.27]

(2) 용어의 정의

① 화학물질 : 원소·화합물 및 그에 인위적인 반응을 일으켜 얻어진 물질과 자연 상태에서 존재하는 물질을 추출(抽出)하거나 정제(정제)한 것
② 신규화학물질 : 다음 각 목의 화학물질을 제외한 화학물질
　가. 1991년 2월 2일 전에 국내에서 상업용으로 유통된 화학물질로서 환경부장관이 고용노동부장관과 협의하여 1996년 12월 23일 고시한 화학물질
　나. 1991년 2월 2일 이후 종전의 규정이나 이 법의 규정에 따라 유해성심사를 받은 화학물

질로서 환경부장관이 고시한 화학물질

③ 유독물 : 유해성이 있는 화학물질로서 대통령령으로 정하는 기준에 따라 환경부장관이 정하여 고시한 것 .

④ 관찰물질 : 유해성이 있을 우려가 있는 화학물질로서 대통령령으로 정하는 기준에 따라 환경부장관이 정하여 고시한 것

⑤ 취급제한물질 : 특정용도로 사용되는 경우 위해성이 크다고 인정되어 그 용도로의 제조, 수입, 판매, 보관ㆍ저장, 운반 또는 사용을 금지하기 위하여 제32조에 따라 환경부장관이 관계 중앙행정기관의 장과 협의하여 지정ㆍ고시한 화학물질

⑥ 취급금지물질 : 위해성이 크다고 인정되어 모든 용도로의 제조, 수입, 판매, 보관ㆍ저장, 운반 또는 사용을 금지하기 위하여 제32조에 따라 환경부장관이 관계 중앙행정기관의 장과 협의하여 지정ㆍ고시한 화학물질

⑦ 사고대비물질 : 급성독성(急性毒性)ㆍ폭발성 등이 강하여 사고발생의 가능성이 높거나 사고가 발생한 경우에 그 피해 규모가 클 것으로 우려되는 화학물질로서 사고 대비ㆍ대응계획이 필요하다고 인정되어 제38조에 따라 대통령령으로 정하는 것

⑧ 유해성 : 화학물질의 독성 등 사람의 건강이나 환경에 좋지 아니한 영향을 미치는 화학물질 고유의 성질

⑨ 위해성 : 유해한 화학물질이 노출되는 경우 사람의 건강이나 환경에 피해를 줄 수 있는 정도

⑩ 취급시설 : 화학물질을 제조, 보관ㆍ저장, 운반(항공기ㆍ선박ㆍ철도를 이용한 운반은 제외) 또는 사용하는 시설이나 설비

(3) 관리

① 유해화학물질과 유독물은 거의 같은 뜻. 유해성이 있으면 유독물임. 화학약품 중에 사람에 따라서 약간의 부작용이 있다면 유해성이 있을 수도 있는 것이고 유독성은 아닌 것임

② 환경부장관은 유해화학물질을 효율적으로 관리하기 위하여 5년마다 유해화학물질의 관리에 관한 기본계획(이하 "기본계획"이라 한다)을 수립하여야 함

③ 화학물질을 제조하거나 수입하고자 하는 자(수입을 수입대행자에게 위탁한 때에는 위탁한 자를 말한다. 이하 같다)는 환경부령이 정하는 바에 의하여 당해 화학물질 또는 그 성분이 다음 각호의 1에 해당하는지 여부에 관하여 확인(이하 "화학물질확인"이라 한다)을 하고, 그 내용을 환경부장관에게 제출하여야 함

가. 신규화학물질

나. 유독물

다. 관찰물질

라. 취급제한 · 금지물질

(4) 로테르담 협약 발효

현재, 특정유해화학물질 및 농약의 국제교역 관련 「사전통보승인절차(PIC: Prior Informed Consent)에 관한 로테르담 협약」발효(2004)

소음 및 진동

  사람은 소리(sound)와 진동(vibration)의 물리적 현상을 감지할 수 있는 능력을 지니고 있다. 소리와 진동의 현상이 청각기관과 말초신경을 통하여 인체에 전달되는데 인체가 수용할 수 있는 소리와 진동의 크기를 초과하는 환경에 사람이 노출되면 대다수 사람들에게는 많은 질병이 나타나게 된다. 소리를 듣는다는 것은 음 에너지에 의한 공기 등의 매질의 압력변화가 귀 고막에 가해져 이를 진동시켜서 뇌에서 감각하는 기능을 뜻하고 진동을 느낀다는 것은 공기 등의 매질 압력변화가 전신을 통하여 뇌에서 감각되는 기능을 뜻한다.

  파동 동역학(wave dynamics) 관점에서 강한 소음 및 진동이 인체에 도달하게 되는 경로가 추적된다. 파동(wave motion)이란 매질의 운동에너지와 위치에너지의 교반작용으로 이루어지는 에너지 전달이고 에너지 전달은 음파(sound wave) 등의 파동(wave motion)에 의한 것이다.

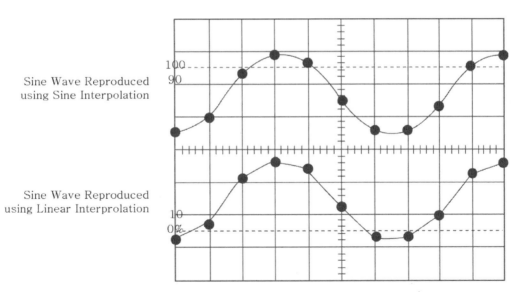

[그림 51] 오실로스코프 디지털 화면 위의 정현파

1. 소음

(1) 소음의 정의

"원하지 않는 소리. 물리적 성질은 음(sound)과 동일하다"

◎ 소음 · 진동관리법

제2조(정의) 이 법에서 사용하는 용어의 뜻은 다음과 같다. 〈개정 2009.6.9〉

1. "소음(騷音)"이란 기계 · 기구 · 시설, 그 밖의 물체의 사용 또는 환경부령으로 정하는 사람의 활동으로 인하여 발생하는 강한 소리를 말한다.

(2) 소음의 종류

1) 연속음 : 1초에 1회 이상 단속음이 반복되는 음

2) 단속음 : 발생되는 소음의 반복 음이 1초 보다 간격이 클때의 음

3) 충격음 : 일시에 나타나는 축격적인 음으로서 최대 음압수준이 129dB이상인 소음이 1초 이상의 간격으로 발생하는 것

(3) 음의 물리적 성질

1) 음압 : 음 진폭의 최대치와 최소치를 평균 한 것.

2) 주파수 : 단위시간 동안에 발생하는 압력파동의 회수

  예) 코끼리는 지네들끼리 통신

3) 음속 : 기압과 공기밀도에 따라 변하는 공기중 소리속도

4) 주기 : 압력파동이 1주기를 도는데 소요되는 시간

5) 파장 : 1주기 동안에 음압이 전파된 거리.

(4) 소음의 수준 표시

  소음이란 수음자의 주관적인 느낌이어서 어떤 것이 소음인지 판단하기가 상당히 곤란한 경우가 많다. 건강한 사람들에게는 소음이 아닌 반면 영유아나 심신이 피로하고 병약한 자들에게는 소음이 되는 경우가 많다. 예를 들어 옆집에서 들려오는 슈베르트의 숭어 피아노 연주곡이 어떤 사람들에게는 상당히 듣기 좋은 곡이 될 수 있는 반면 어떤 사람들에게는 듣기 싫은 소리에 불과하기도 한다. 그러므로 건강한 사람을 소음 환경에 폭로시켰을 경우 보편적으로

나타나는 반응을 참고로 하여 소음인지 아닌지를 구별하고 위해성 정도를 구분하여 환경 기준과 배출허용 기준을 설정하는데 이때 사용되는 단위가 음 세기도(SIL, sound intensive level, 이하 SIL)와 음 압력도(SPL, sound pressure level, 이하 SPL), 음향 파워도(PWL, sound power level, 이하 PWL)이고 단위는 데시벨(dB)이다.

1) SIL(sound intensity level)

음의 세기도이다. 식이 다음과 같다.

$$SIL = 10Log(I/Io) \ dB \ \text{-----------------------------①}$$

여기서, Io : $10^{-12} \ w/m^2$

I : 대상음의 세기

2) SPL(sound pressure level)

음의 압력도이다.

$$I = P \times V \ \text{-----------------------------------②}$$

여기서, I : 대상음의 세기, w/m^2

P : 음압, N/m^2

V : 매질에서 음의 속도, m/sec

$$V = P/\rho C \ \text{-------------------------------③}$$

여기서, V : 매질에서 음의 속도, m/sec

ρC : 고유음향 임피던스, rayls

인데 고유음향 임피던스란 전기에서는 교류에서 전압의 전류에 대한 비이고 음향에서는 오실로스코프로의 입력 량에 대한 정현파(sine wave) 모양으로 변화하는 출력량의 비이다. 이는 음압의 음파속도에 대한 비이다.

②식에 ③식을 대입하면

$$I = P^2/\rho C \ \text{-----------------------------------④}$$

①식에 ④식을 대입하면

$$SPL = 20Log(P/Po) \ dB \ \text{---------------------------------⑤}$$

여기서, Po : 대상음의 압력, N/m^2

가 성립한다.

3) PWL(sound power level)

음향 파워도이다.

PWL = 10Log(W/Wo), dB

   여기서, Wo : 10-12 w, W ; 대상음의 파워, w

(5) 음의 감각적 척도

  소리는 원래 정교하게 만들어진 사람의 청각기관을 통하여 뇌에 전달되어 감지되므로 진동과는 달리 소음 환경에 폭로된 경우 반응 정도가 비교적 정확하게 나타난다.

1) 음의 크기(loudness, L) : 소리의 크기를 느끼는 감각량의 단위

   예) 1,000Hz에서 40dB의 음압수준을 갖는 순음의 크기를 1 sone으로 정의. 임의의 주파수에서 이와 같은 크기로 들릴 경우 1 sone, 2배의 크기로 들리면 2 sone

2) 음의 크기 수준(loudness level, LL) : 1,000Hz(기준음)의 음압수준과 같은 크기로 들리는 주관적인 소리

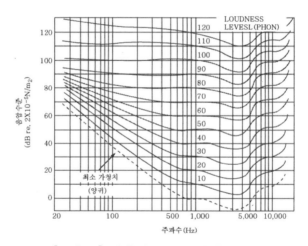

[그림 52] 수음자의 주파수별 음압수준

(6) 귀의 소리 전달

1) 웨버와 페더 법칙(Weber and Fether's law)

  ① 소리에 대한 사람의 감각량은 자극량에 대수적(logarithmic)으로 변화

  ② 즉, 음의 파워가 10배, 100배, 1000배로 증가할 경우 사람이 느끼는 음의 감각은 1배, 2배, 3배에 불과

2) 최소 · 최대 가청음 파워

① 최소 음의 파워 : 새가 날개를 펄럭이는 소리[10-12W/m2(Joule/m2-sec)]

② 최대 음의 파워 : $10W/m^2(Joule/m^2-sec)$

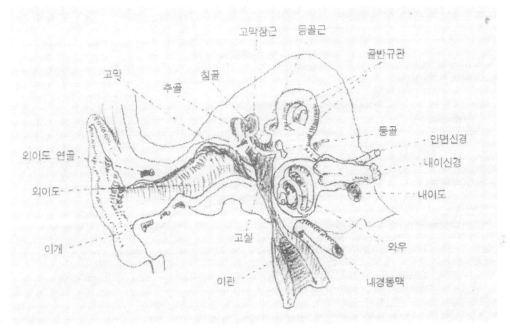

[그림 53] 귀의 구조

3) 귀의 소리 전달 경로

A. 외이(外耳, auris externa) : 소리 전달 매질은 공기

① 귓바퀴(auricle) : 집음기 역할

② 외이도(meatus acusticus) : 일종의 공명기로 음을 증폭

③ 고막(鼓膜, membrana tympanum) : 진동판 역할(두께 0.1mm, 직경 1cm)

B. 중이(中耳 tympanum) : 소리 전달 매질은 뼈. 넓이 1~2cm2

① 고실(鼓室, cavum tympani)

❶ 이소골 : 망치(hammer), 다듬이(anvil), 등골(鐙骨, stapes)로 구성

❷ 고막에 진동된 음압을 20배 정도 증폭하는 임피던스(impedance) 변화를 일으킴

C. 내이(內耳, auris interna) : 소리 전달 매질은 림프액

①난원창(卵圓窓, utriculus) : 이소골 진동을 달팽이관 내부 림프액에 전달하는 진동판
역할

② 이관(耳管, eustachian tube) : 중이의 기압을 조정

③ 달팽이관(蝸牛管, membranous cochlea)

    ❶ 내부에 들어있는 림프액

    ❷ 이 림프액이 이소골 진동에 의한 난원창 진동판 진동에 의하여 자극을 받음.

    ❸ 그러면 림프액은 상층 기저막을 덮고 있는 섬모를 진동

④ 청신경(聽神經, auditory nerve) : 이 진동을 대뇌(大腦, cerebrum)에 전달

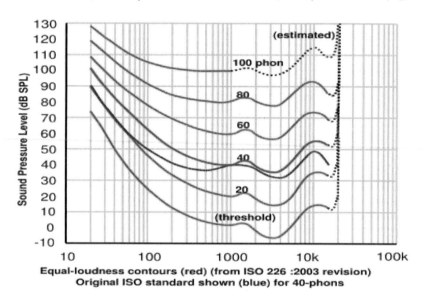

[그림 54] 등감각곡선

(7) 소리의 ABC 특성

① 발생되는 소음의 크기 수준을 측정할 경우 3가지 등감곡선으로부터 얻어진 보정 로를 사용한 소음계로 측정하게 됨

② 실제로 소음계는 40, 70, 85phon의 등감곡선에 유사한 감도를 나타내도록 주파수가 보정되어 있어 이것을 각각 A, B, C 특성이라 함.

③ 인체의 귀의 감각량과 가장 가까운 것이 A 특성이며 dB(A)로 표시

④ C 특성은 거의 평탄한 주파수 특성이므로 주파수 분석에 사용함

⑤ 현재는 sound level meter의 3가지 특성 중 A 특성만을 사용(ACGIH의 TLV에서도 A 측정치만을 허용기준으로 함)

(8) 소음의 측정 및 평가

① 소음측정값은 Sound level meter A특성으로부터 측정한 값을 다음 공식

$$N = dB(A) - 5$$

을 이용하여 산출

② 환경정책기본법 시행령 상 허용된 기준은 아래 표에 의해 보정한 평가 소음도 50 이하이어야 함(평가 소음도 = 실측치 dB(A) - 5 ± 보정치).

(9) 소음의 영향

1) 특성

소음 공해는 축적성이 없고 감각공해이며 국소적이고 다발적인 특성을 지니고 있다.

2) 인간 건강 위해(human health risk)

- 건강 위해 조건
  - 가. 소음측 조건(물리적 성상)
    - ① 높은 음압도
    - ② 20,000 Hz 이상의 고주파 음향
    - ③ 간헐적이고 충격적인 맥동음(脈動音)
  - 나. 인간측 조건(감수성)
    - ① 환자, 임산부, 허약체질 사람의 건강도
    - ② 여자와 노인
    - ③ 수면 중과 휴식중인 사람의 심신상태
    - ④ 신경 예민 체질과 기질
    - ⑤ 습관과 경험 및 만성도
    - ⑥ 사회적 이해정도
- 건강 위해 종류
  - 가. 불쾌감(unpleasure)
    정서적 불안정을 뜻하며 대상 주민 50%가 호소하기 시작할 때 소음도가 불쾌감 소음도로 인정
  - 나. 수면방해(sleep disturbance)
    수면방해를 받지 않을 정도의 소음도가 20~25 dB(A)이다.

다. 회화방해

원인이 음장효과에 있으며 회화를 방해할 정도의 소음도가 50~54 dB(Λ)이다.

라. 작업방해

95 dB(A)의 소음도 환경에서는 작업능률이 저하되어 작업량이 30% 정도 감소된다.

마. 소음의 전신영향

혈압 ↑, 맥박 ↑, 발한 ↑, 타액 및 위액분비 증가, 위장관 운동 ↓

바. 청력장해(impediment of hearing ability)

① 일시적 난청(TTS, temporary threshold shift)

② 소음성 난청(NTS, noisy threshold shift)/영구적 난청(PTS, permanent threshold shift) : 주파수 4000Hz 부근의 소음에서부터 시작된다. (C5-DIP현상)

③ 노인성 난청(presbycousis) : 주파수 6000Hz 부근의 소음에서부터 시작된다.

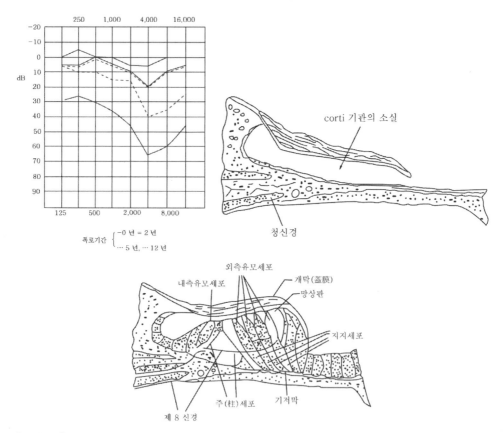

[그림 55] 정상와우, 전면적인 변성 corti 기관 소실, 오디오그래프 상 소음성 난청 진행 과정

2. 진동

(1) 진동공해의 정의

사람에게 불쾌감을 주는 떨림으로 사고와 행동 목적을 저해하고 쾌적한 생활환경을 파괴하며 사람의 건강 및 건물 등의 재산에 피해를 주는 공해이다.

◎ 소음 · 진동관리법

제2조(정의) 이 법에서 사용하는 용어의 뜻은 다음과 같다. 〈개정 2009.6.9〉

1. "진동(振動)"이란 기계 · 기구 · 시설, 그 밖의 물체의 사용으로 인하여 발생하는 강한 흔들림을 말한다.

(2) 진동의 수준표시

진동이 인체에 미치는 영향이 발생시간에 대한 변위 진폭과 주파수로 구분되고 진동수준은 진동 가속도 레벨(VAL, vibration acceleration level) · 진동 레벨(VL, vibration level)로 표시된다.

가. 진동 가속도 레벨

진동의 물리량을 dB로 나타낸 것이다.

$$VAL = 20\log() \ dB$$

여기서, $Arms$: 측정대상 진동의 가속도 실효치, m/sec^2

Ar : 기준 진동의 가속도 실효치, $10^{-5}m/sec^2$

VAL 1~90 Hz 범위에서는 대개 일정한 성질(평탄 성질)을 나타내는 것으로 알려져 있다.

나. 진동 레벨

1~90 Hz의 주파수대 영역별로 나타나는 개개의 VAL에 인체의 진동감각 특성(수직 또는 수평감각)을 보정한 값의 합이다.

$$VL = VAL + W_n$$

여기서, W_n은 주파수 옥타브(대역)별 인체감각에 대한 보정치로서 주로 1/3 옥타브 밴드 진동감각 상대 반응치를 사용한다.

(3) 진동의 영향

가. 감각적 영향

수직, 수평 진동이 동시에 가해지면 2배의 자각현상이 일어나는데 주파수 6 Hz 부근에서 가슴 및 등에 심한 통증이 오고 13 Hz 부근에서는 머리에 심한 진동이 일어나고 볼, 눈꺼풀 등에도 진동이 일어나며 4~14 Hz 부근에서는 복통이 일어난다. 9~20 Hz에서는 대소변의 의욕과 무릎의 탄력감이 생기며 열이 나는 느낌이 든다.

나. 생리적 영향

맥박수가 증가한다. 주파수 12~16 Hz에서 후두계에 자극을 주어 뱃속 음식물의 유동감이 생성되며 발성 이상이 나타나고 1~3 Hz에서는 호흡이 힘들고 산소소비량이 증가한다.

다. 신체적 영향

① 공진현상

3~6Hz, 20~30Hz에서 가해진 진동보다 크게 느끼며 착석시가 기립시보다 심하게 등장한다.

② 전신진동

운전기사·공장 근로자 등에서 나타나는데 압박감과 동통감에서 비롯되는 공포감과 오한으로 발전한다.

③ 국소진동

착암기나 공기햄머, 그라인더(grinder) 등을 다루는 근로자들에게서 많이 나타나는데 주현상은 말초혈관 운동 장애로 인한 혈액순환부족 현상(Raynaud씨 현상)이다.

라. 진동의 생체작용

① 전신진동
- 1 Hz이하에서 불쾌감(1974년 ISO)
- 80 Hz이상에서 피부작용 국소장해(1974년 ISO)

② 국소진동
- 진동강도, 진동수, 방향, 폭로시간의 네가지 인자의 상호관계로 판단
- FOS(Factor of safety in mechanical and structural engineering) 세가지 기준
❶ 피로 능력감퇴 경계
❷ 폭로한계
❸ 쾌감감퇴

(4) 진동대책

가. 전신진동

① 근로자와 발진원 사이의 대책
- ❶ 구조물의 진동을 최소화
- ❷ 전파경로에 대한 수용자 위치 검검 및 대책
- ❸ 수용자의 거리
- ❹ 측면전파의 방지

② 인체에 도달하는 진동 장해의 최소화
- ❶ 매일 진동 폭로기간의 최소화
- ❷ 작업 중 적절한 휴식시간 허용
- ❸ 피할 수 없는 진동의 경우 최선의 작업을 위한 인간공학적 설계
- ❹ 근로자의 신체적 적합성, 검사대책
- ❺ 진동의 감수성을 촉진시키는 폭로된 근로자들을 의학적 면에서 부적격자 제외
- ❻ 초과된 진동의 최소화를 위한 공학적 설계와 관리
- ❼ 금연과 금주

나. 국소진동
- ❶ 자주 휴식을 취할 것
- ❷ 진동공구 무게가 10kg을 초과하여서는 아니 됨
- ❸ glove를 사용
- ❹ 체온 유지

[표 33] 공장소음의 배출허용기준(제8조 관련)

대상지역	시간대별		
	낮(06:00~18:00)	저녁(18:00~24:00)	밤(24:00~06:00)
가. 도시지역 중 전용주거지역·녹지지역, 관리지역 중 취락 지구·주거개발진흥지구 및 관광·휴양개발진흥지구, 자연환경보전지역 중 수산자원 보호구역 외의 지역	50 이하	45 이하	40 이하
나. 도시지역 중 일반주거지역 및 준주거지역	55 이하	50 이하	45 이하
다. 농림지역, 자연환경보전지역 중 수산자원보호구역, 관리지역 중 가목과 라목을 제외한 그 밖의 지역	60 이하	55 이하	50 이하
라. 도시지역 중 상업지역·준공업지역, 관리지역 중 산업개발진흥지구	65 이하	60 이하	55 이하
마. 도시지역 중 일반공업지역 및 전용공업지역	70 이하	65 이하	60 이하

<비고>

◎ 산업집적활성화 및 공장설립에 관한 법률

제2조(정의) 이 법에서 사용하는 용어의 뜻은 다음과 같다.〈개정 2010.4.12〉

1. "공장"이란 건축물 또는 공작물, 물품제조공정을 형성하는 기계·장치 등 제조시설과 그 부대시설(이하 "제조시설 등"이라 한다)을 갖추고 대통령령으로 정하는 제조업을 하기 위한 사업장으로서 대통령령으로 정하는 것을 말한다.

1. 소음의 측정 및 평가기준은 「환경분야 시험·검사 등에 관한 법률」 제6조제1항 제2호에 해당하는 분야에 대한 환경오염공정시험기준에서 정하는 바에 따른다.
2. 대상 지역의 구분은 「국토의 계획 및 이용에 관한 법률」에 따른다.
3. 허용 기준치는 해당 공장이 입지한 대상 지역을 기준으로 하여 적용한다.
4. 충격음 성분이 있는 경우 허용 기준치에 −5dB을 보정한다.
5. 관련시간대(낮은 8시간, 저녁은 4시간, 밤은 2시간)에 대한 측정소음발생시간의 백분율이 12.5% 미만인 경우 +15dB, 12.5% 이상 25% 미만인 경우 +10dB, 25% 이상 50% 미만인 경우 +5dB을 허용 기준치에 보정한다.
6. 위 표의 지역별 기준에도 불구하고 다음 사항에 해당하는 경우에는 배출허용기준을 다음과 같이 적용한다.
    가. 「산업입지 및 개발에 관한 법률」에 따른 산업단지에 대하여는 마목의 허용 기준치를 적용한다.
    나. 「의료법」에 따른 종합병원, 「초·중등교육법」 및 「고등교육법」에 따른 학교, 「도서관법」에 따른 공공도서관, 「노인복지법」에 따른 노인전문병원 중 입소규모 100명 이상인 노인전문병원 및 「영유아보육법」에 따른 보육시설 중 입소규모 100명 이상인 보육시설(이하 "정온시설"이라 한다)의 부지경계선으로부터 50미터 이내의 지역에 대하여는 해당 정온시설의의 부지경계선에서 측정한 소음도를 기준으로 가목의 허용 기준치를 적용한다.
    다. 가목에 따른 산업단지와 나목에 따른 정온시설의 부지경계선으로부터 50미터 이내의 지역이 중복되는 경우에는 특별자치도지사 또는 시장·군수·구청장이 해당 지역에 한정하여 적용되는 배출허용기준을 공장소음 배출허용기준범위에서 정할 수 있다.

[표 34] 공장진동의 배출허용기준(제8조 관련)

대상지역	시간대별	
	낮(06:00~22 : 00)	밤(22:00~06:00)
가. 도시지역 중 전용주거지역·녹지지역, 관리지역 중 취락지구·주거개발진흥지구 및 관광·휴양개발진흥전지역, 자연환경보전 지역 중 수산자원보호구역 외의 지역	60 이하	55 이하
나. 도시지역 중 일반주거지역·준주거지역, 농림지역, 자연환경보전지역 중 수산자원보호구역, 관리지역 중 가목과 다목을 제외한 그 밖의 지역	65 이하	60 이하
다. 도시지역 중 상업지역·준공업지역, 관리지역 중 산업개발진흥지구	70 이하	65 이하
라. 도시지역 중 일반공업지역 및 전용공업지역	75 이하	70 이하

비고

1. 진동의 측정 및 평가기준은 「환경분야 시험·검사 등에 관한 법률」 제6조제1항 제2호에 해당하는 분야에 대한 환경오염공정시험기준에서 정하는 바에 따른다.
2. 대상 지역의 구분은 「국토의 계획 및 이용에 관한 법률」에 따른다.
3. 허용 기준치는 해당 공장이 입지한 대상 지역을 기준으로 하여 적용한다.
4. 관련시간대(낮은 8시간, 밤은 3시간)에 대한 측정진동발생시간의 백분율이 25% 미만인 경우 +10dB, 25% 이상 50% 미만인 경우 +5dB을 허용 기준치에 보정한다.
5. 위 표의 지역별 기준에도 불구하고 다음 사항에 해당하는 경우에는 배출허용 기준을 다음과 같이 적용한다.
   가. 「산업입지 및 개발에 관한 법률」에 따른 산업단지에 대하여는 라목의 허용 기준치를 적용한다.
   나. 정온시설의 부지경계선으로부터 50미터 이내의 지역에 대하여는 해당 정온시설의 부지경계선에서 측정한 진동레벨을 기준으로 가목의 허용 기준치를 적용한다.
   다. 가목에 따른 산업단지와 나목에 따른 정온시설의부지경계선으로부터 50미터 이내의 지역이 중복되는 경우에는 특별자치도지사 또는 시장·군수·구청장이 해당 지역에 한정 하여 적용되는 배출허용기준을 공장진동 배출허용기준 범위에서 정할 수 있다.

[표 35] 교통소음진동의 관리기준(제25조 관련)

1. 도로

대상지역	구분	한도	
		주간(06:00~22:00)	야간(22:00~06:00)
주거지역, 녹지지역, 관리지역 중 취락지구·주거개발진흥지구 및 관광·휴양개발진흥지구, 자연환경보전지역, 학교·병원·공공도서관 및 입소규모 100명 이상의 노인의료복지시설·영유아보육시설의 부지 경계선으로부터 50미터 이내 지역	소음 (LeqdB(A))	68	58
	진동 (dB(V))	65	60
상업지역, 공업지역, 농림지역, 생산관리지역 및 관리지역 중 산업·유통개발진흥지구, 미고시지역	소음 (LeqdB(A))	73	63
	진동 (dB(V))	70	65

참고
1. 대상 지역의 구분은 「국토의 계획 및 이용에 관한 법률」에 따른다.
2. 대상 지역은 교통소음·진동의 영향을 받는 지역을 말한다.

2. 철도

대상지역	구분	한도	
		주간(06:00~22:00)	야간(22:00~06:00)
주거지역, 녹지지역, 관리지역 중 취락지구·주거개발진흥지구 및 관광·휴양개발진흥지구, 자연환경보전지역, 학교·병원·공공도서관 및 입소규모 100명 이상의 노인의료복지시설·영유아보육시설의 부지 경계선으로부터 50미터 이내 지역	소음 (LeqdB(A))	70	60
	진동 (dB(V))	65	60
상업지역, 공업지역, 농림지역, 생산관리지역 및 관리지역 중 산업·유통개발진흥지구, 미고시지역	소음 (LeqdB(A))	75	65
	진동 (dB(V))	70	65

참고
1. 대상 지역의 구분은 「국토의 계획 및 이용에 관한 법률」에 따른다.
2. 정거장은 적용하지 아니한다.
3. 대상 지역은 교통소음·진동의 영향을 받는 지역을 말한다.

[표 36] 생활소음진동의 관리기준

1. 생활소음 규제기준(제20조 3항관련) [단위 : dB(A)]

대상 지역		시간대별 소음원	아침, 저녁 (05:00~07:00, 18:00~22:00)	주간 (07:00~18:00)	야간 (22:00~05:00)
가. 주거지역, 녹지지역, 관리지역 중 취락지구 · 주거개발진흥지구 및 관광 · 휴양개발진흥지구, 자연환경보전지역, 그 밖의 지역에 있는 학교 · 종합병원 · 공공도서관	확성기	옥외설치	60 이하	65 이하	60 이하
		옥내에서 옥외로 소음이 나오는 경우	50 이하	55 이하	45 이하
		공장	50 이하	55 이하	45 이하
	사업장	동일 건물	45 이하	50 이하	40 이하
		기타	50 이하	55 이하	45 이하
		공사장	60 이하	65 이하	50 이하
나. 그 밖의 지역	확성기	옥외설치	65 이하	70 이하	60 이하
		옥내에서 옥외로 소음이 나오는 경우	60 이하	65 이하	55 이하
		공장	60 이하	65 이하	55 이하
	사업장	동일 건물	50 이하	55 이하	45 이하
		기타	60 이하	65 이하	55 이하
		공사장	65 이하	70 이하	50 이하

비고

1. 소음의 측정 및 평가기준은 「환경분야 시험 · 검사 등에 관한 법률」 제6조 제1항 제2호에 해당하는 분야에 따른 환경오염공정시험기준에서 정하는 바에 따른다.
2. 대상 지역의 구분은 「국토의 계획 및 이용에 관한 법률」에 따른다.
3. 규제기준치는 생활소음의 영향이 미치는 대상 지역을 기준으로 하여 적용한다.
4. 공사장 소음규제기준은 주간의 경우 특정공사 사전신고 대상 기계 · 장비를 사용하는 작업시간이 1일 3시간 이하일 때는 +10dB을, 3시간 초과 6시간 이하일 때는 +5dB을 보정한다.
5. 발파소음의 경우 주간에만 규제기준치(광산의 경우 사업장 규제기준)에 +10dB을 보정한다.
6. 2010년 12월 31일까지는 발파작업 및 브레이커 · 항타기 · 항발기 · 천공기 · 굴삭기(브레이커 작업에 한한다)를 사용하는 공사작업이 있는 공사장에 대하여는 주간에만 규제기준치(발파소음의 경우 비고 제6호에 따라 보정된 규제기준치에 +3dB을 보정한다.
7. 공사장의 규제기준 중 다음 지역은 공휴일에만 −5dB을 규제기준치에 보정한다.
   가. 주거지역
   나. 「의료법」에 따른 종합병원, 「초 · 중등교육법」 및 「고등교육법」에 따른 학교, 「도서관법」에 따른 공공도서관의 부지경계로부터 직선거리 50m 이내의 지역
8. "동일 건물"이란 「건축법」 제2조에 따른 건축물로서 지붕과 기둥 또는 벽이 일체로 되어 있는 건물을 말하며, 동일 건물에 대한 생활소음 규제기준은 다음 각 목에 해당하는 영업을 행하는 사업장에만 적용한다.
   가. 「체육시설의 설치 · 이용에 관한 법률」 제10조 제1항 제2호에 따른 체력단련장업, 체육도장업, 무도학원업 및 무도장업

나. 「학원의 설립·운영 및 과외교습에 관한 법률」 제2조에 따른 학원 및 교습소 중 음악교습을 위한 학원 및 교습소

다. 「식품위생법 시행령」 제21조 제8호 다목 및 라목에 따른 난란주점영입 및 유흥주점 영업

라. 「음악산업진흥에 관한 법률」 제2조 제13호에 따른 노래연습장업

마. 「다중이용업소 안전관리에 관한 특별법 시행규칙」 제2조 제4호에 따른 콜라 텍업

2. 생활진동 규제기준 [단위 : dB(V)]

시간대별 대상지역	주간(06:00~22:00)	심야(22:00~06:00)
가. 주거지역, 녹지지역, 관리지역 중 취락지구·주거개발진흥지구 및 관광·휴양개발진흥지구, 자연환경보전지역, 그 밖의 지역에 소재한 학교·종합병원·공공도서관	65 이하	60 이하
나. 그 밖의 지역	70 이하	65 이하

비고

1. 진동의 측정 및 평가기준은 「한경분야 시험·검사 등에 관한 법률」 제6조 제2호에 해당하는 분야에 대한 환경오염공정시험기준에서 정하는 바에 따른다.
2. 대상 지역의 구분은 「국토의 계획 및 이용에 관한 법률」에 따른다.
3. 규제기준치는 생활진동의 영향이 미치는 대상 지역을 기준으로 하여 적용한
4. 공사장의 진동 규제기준은 주간의 경우 특정공사 사전신고 대상 기계·장비를 사용하는 작업시간이 1일 2시간 이하일 때는 +10dB을, 2시간 초과 4시간 이하일 때는 +5dB을 규제기준치에 보정한다.
5. 발파진동의 경우 주간에만 규제기준치에 +10dB을 보정한다.

환경 호르몬

호르몬(hormone)은 그리이스어의 '불러일으키다'라는 말에서 따온 용어로 동물체 내의 특정한 선(腺)(정소, 난소, 췌장, 부신, 갑상선, 부갑상선, 흉선 등)에서 형성되어 체액에 의하여 체내의 어느 표적기관(target organ)까지 운반되어 그 기관의 활동이나 생리적 과정에 특정한 영향을 미치는 화학물질이다. 내분비계(endocrine system)란 동물 체내의 조직이나 기관(내분비선)에서 특유한 호르몬을 생산하고 그것을 도관(導管)을 거치지 않고 직접 혈액 중에 분비하는 체계를 이르는데 생체의 항상성, 생식, 발생, 행동 등에 관여한다. 내분비계는 신경계로부터 전달된 체내·외의 변화정보를 인식(catch)하여 호르몬을 어떤 특정 효과기관에 신속히 전달하는데 주로 혈관을 이용하여 몸의 모든 부분에 보낸다. 혈액 속에는 미량의 호르몬이 흐르고 있고 대부분 혈액 속의 특정 단백질과 결합하고 있으나 그 중 결합하지 않고 유리되어 있는 것이 표적기관의 세포에 작용하는 것으로 알려져 있다. 이러한 일련의 과정은 외부자극에 대한 반응과 같이 수초이내에 이루어지기도 하며, 성장 및 발육, 암수분화 등과 같이 장시간에 걸쳐 이루어지기도 한다. 모든 척추동물(어류에서 포유류까지)은 같은 내분비계를 가지고 있으며, 이들은 각기 유사한 호르몬을 분비하고 있다. 내분비계의 활동은 신경계와의 협력을 통해 이루어지며, 내분비계의 기능을 요약하면 다음과 같다.

1. 인체의 호르몬과 내분비계

(1) 호르몬(hormone)

① 그리이스어의 '불러일으키다'라는 말에서 따온 용어
② 동물체 내의 특정한 선(腺)(정소, 난소, 췌장, 부신, 갑상선, 부갑상선, 흉선 등)에서 형성되어 체액에 의하여 체내의 어느 표적기관(target organ)까지 운반되어 그 기관의 활동이나 생리적 과정에 특정한 영향을 미치는 화학물질

(2) 내분비계(endocrine system)

① 동물 체내의 조직이나 기관(내분비선)에서 특유한 호르몬을 생산

② 그것을 도관(導管)을 거치지 않고 직접 혈액 중에 분비하는 체계

③ 생체의 항상성, 생식, 발생, 행동 등에 관여.

④ 신경계로부터 전달된 체내 · 외의 변화정보를 인식(catch)하여 호르몬을 어떤 특정과 기관에 신속히 전달 : 주로 혈관을 이용하여 몸의 모든 부분에 보냄.

(3) 혈액 속의 미량 호르몬

① 대부분 혈액 속의 특정 단백질과 결합

② 그 중 결합하지 않고 유리되어 있는 것이 표적기관의 세포에 작용하는 것으로 알려져 있음.

③ 내분비계의 활동은 신경계와의 협력을 통해 이루어짐

(4) 내분비계의 기능

① 체내의 항상성 유지(영양, 대사, 분비활동, 수분과 염의 균형유지)

② 외부 자극에 대한 반응

③ 성장, 발육, 생식에 대한 조절

④ 체내에너지 생산, 이용, 저장

2. 환경호르몬

(1) 사용역사

① 1997년 5월 일본 NHK의 과학프로그램 사이언스 아이

② 환경 중에 배출된 화학물질이 체내에 유입되어 마치 호르몬처럼 작용한다하여 붙여지게 되었음.

(2) 정의

① 체내의 항상성 유지와 발생과정을 조절하는 생체내 호르몬의 생산, 분비, 이동, 대사, 결합 작용 및 배설을 간섭하는 외인성 물질(미국 EPA)

② 내분비계 기능에 변화를 일으켜 정상적인 개체 또는 그 자손의 건강에 위해한 영향을 나타내는 외인성 물질(OECD, Organization for Economic Cooperation Development 경제 협력 개발 기구)

③ 생물체에서 정상적으로 생성·분비되는 물질이 아니라, 인간의 산업활동을 통해서 생성·방출된 화학물질로, 생물체에 흡수되면 내분비계의 정상적인 기능을 방해하거나 혼란케 하는 화학물질

(3) 환경호르몬의 성질

① 내분비계 장애물질이 저해하는 호르몬의 종류 및 저해방법은 물질의 종류에 따라 각각 다르며, 극히 일부분만이 그 유해성이 명확하게 밝혀지고, 대부분의 경우 잠재적 위험성이 있을 것으로 추정하고 있는 실정이다. 환경호르몬을 생체 내 호르몬과 물질 특성으로 비교하여 본 것이 다음과 같다.

- 생체호르몬과는 달리 쉽게 분해되지 않고 안정하다.
- 환경 및 생체내에 잔류하며 심지어 수년간 지속되기도 한다.
- 인체 등 생물체의 지방 및 조직에 농축되는 성질이 있다.

3. 환경호르몬의 작용

① 유사(mimics) ② 봉쇄(blocking) ③ 촉발(trigger)

(1) 호르몬 유사작용

① 호르몬 수용체와 결합하여 마치 정상 호르몬처럼 작용하는 것

② 대표적인 것이 합성에스트로겐(DES, diethyl stilbestrol)

③ 이와 같은 유사물질은 정상 호르몬보다 강하거나 약한 신호를 전달하여 내분비계의 작용을 교란 할 수 있다.

(2) 호르몬 봉쇄작용

① 호르몬 수용체 결합부위를 봉쇄

② 정상 호르몬이 수용체에 접근하는 것을 방해

③ 내분비계가 정상적으로 기능을 발휘하지 못하게 함.

(3) 촉발작용

① 내분비계 장애물질이 수용체와 반응
② 정상적 호르몬작용에서는 나타나지 않는 분열이나 생체내에 엉뚱한 대사작용 유발

4. 환경호르몬에 대한 대책

(1) 일차적으로는 환경호르몬에 노출되는 생활환경을 관리하는 것
(2) 다음으로는 정부나 산업체 및 연구기관 등에서 원인 물질을 관리하는 것

 ① 지방질이 많은 육류보다는 곡류, 채소, 과일 등을 많이 섭취한다.
 ② 과일이나 채소는 흐르는 물에 충분히 깨끗이 씻어먹되 과일은 껍질을 벗겨서 먹는다.
 ③ 1회용 식품용기의 자제, 전자렌지에 플라스틱 또는 랩을 씌운 채 태우지 않아야 하며
  바퀴벌레 등 해충 관리를 잘 한다.
 ④ 살충제 사용을 과도하게 하지 않고 농약 살포 자제, 금연 등을 한다.
 ⑤ 폐건전지, 폐형광등, 고장난 온도계 등의 유해폐기물의 관리를 철저히 한다.
 ⑥ PVC로 된 장난감 구매 및 노닐페놀에톡시시레이트유 등의 세제 사용, 치아 치료용 아
  말감 사용을 자제한다.
 ⑦ 정확한 배출 목록을 작성한다.
 ⑧ 산업체에서 청정생산기술을 이행한다.
 ⑨ 과학적이고 합리적인 연구를 수행한다.
 ⑩ 기타

5. 환경호르몬 유발물질

 지금까지 밝혀진 내분비계장애를 일으킬 수 있다고 추정되는 물질로는 각종 산업용 화학물질(원료물질), 살충제 및 제초제 등의 농약류, 유기중금속류, 다이옥신류, 식물에 존재하는 식물성 에스트로젠(phytoestrogen) 등의 호르몬 유사물질, Diethylstilbestrol(DES)과 같은 의약품으로 사용되는 합성 에스트로젠류 및 기타 식품, 식품첨가물 등이다. 구체적으로는 식품이나 음료수 캔의 코팅물질 등에 사용되는 비스페놀A, DDT 등, 변압기 절연유로 사용되었던

PCB, 소각장에서 주로 발생되는 다이옥신류, 합성세제원료인 알킬페놀류, 플라스틱 가소제로 이용되는 프탈레이트류 및 그밖에 스티로폴의 부산물인 스티렌이성체 등이 지목받고 있다. 이 중에서 가장 관심을 두어야 할 것이 다이옥신(dioxin)이다. 다이옥신은 소각장에서 피복전선이나 페인트 성분이 들어 있는 화합물을 태울 때 발생하는 대표적인 환경호르몬이다. 폐기물 처리에서 소각이 일상적인 것으로 변화하는 우리 사회를 놓고 볼 때 주의를 기울이지 않을 수 없다. 그리고 컵라면의 용기로 쓰이는 스티로폼의 주성분인 스티렌이성체 등도 환경호르몬으로 의심받고 있다. DES 역시 주목받고 있다. 1970년대 DES 유산방지제를 복용한 임산부에서는 당대에 영향이 나타나진 않았으나 이들의 2세에게서 생식 능이 감소되었고 딸의 경우 자궁기형, 불임, 면역기능 이상이 증가하는 사례가 발생했다. 덴마크에서는 1992년에 과거 50년 동안 남자들의 정자수가 반감되었다는 보고가 있으며 일본의 최근 동경 대학 의학부 조사에 따르면 20대 남성 34명의 정액을 조사한 결과 정자의 농도와 운동성에서 WHO의 기준을 충족시킨 사람은 1명에 불과했다는 사실이 발견되었다.

현재 세계야생동물보호기금 목록(World Wild Life Fund List)에서 67종, 일본 후생성에서 143종, 미국에서 73종의 화학물질을 환경호르몬으로 규정하고 있다(미국은 주에 따라 규제물질의 종류가 다양하다).

[표 37] 내분비장애가 우려되는 물질 및 주변 생활용기

세계생태보전기금 (WWF) 분류(67종)	일본 후생성의 분류 (142종)	내분비계장애물질 용출우려가 되는 생활용품
• 다이옥신류 등 유기염소물질 6종 • DDT 등 농약류 44종 • 펜타 – 노닐 페놀 • 비스페놀 A • 디에틸헥실프탈레이트 등 프탈레이트 8종 • 스티렌 다이머, 트리머 • 벤조피렌 • 수은 등 중금속 3종	• 프탈레이트류 등 가소제 9종 • 플라스틱에 존재하는 물질 17종 • 다이옥신 등 산업장 및 환경오염물질 21종 • 농약류 75종 • 수은 등 중금속 3종 • DES 등 합성에스트로젠 8종 • 식품 및 식품첨가물 3종 • 식물에 존재하는 에스트로젠 유사호르몬 6종	• 플라스틱 용기, 음료캔, 병마개, 수도관의 내장코팅제, 치과치료시 이용되는 코팅제 : 비스페놀 A • 합성세제: 알킬페놀 • 컵라면 용기 : 스티렌 다이머, 트리머 • 폐건전지 : 수은

5 >>

생활
환경요소

생물학적 환경요소로서 병원균이 사람들에게 가장 큰 위해요소로 작용한다. 병원균을 병원성 미생물로 부르는데 원래는 병원성 원생생물(pathogenic protist)로 불러야 한다.

1996년의 세계보건기구(WHO)의 보고서를 보면 1995년에 전 세계적으로 적어도 1,700만 명 이상이 감염성 질병에 의해 사망한 것으로 나타나있다. 이는 그해 전체 사망자의 1/3에 해당하는데 급성 호흡기 감염 (440만), 결핵 (310만), 설사병 (310만), 말라리아와 모기에 의한 질병 (220만), B형간염 (110만), 홍역 (100만 이상), AIDS/HIV (100만 이상), 파상풍 (50만), 백일해 (36만) 등의 순서로 치사율을 보이고 있고, 대부분이 개발도상국에 집중되어 있다. 이러한 감염성 질병을 예방할 수 있는 경제적으로 효율적인 방법 중의 하나가 면역제재인 백신의 개발 및 사용이다. 그러나 불행하게도 현재 사용되고 있는 백신은 홍역, 파상풍, 백일해, B형 간염 정도에 불과하다.

5-1-1 병원균 종류

1. 세균(bacteria)

유기물의 1차 분해자로서 크기가 약 $0.8\sim5.0\ \mu$m이다. 원핵세포체(procaryotic cell)로서 단세포생물이다. 막대기 모양(rod shape), 공 모양(coccus shape), 나선모양(spiral shape)으로 되어 있고 세포 외각에 점액물질인 다당류의 슬라임(slime) 협막(capsule)을 형성하고 있다. 많은 세균은 편모(flagella)를 이용한 운동성(motility)을 지니고 있으며 일부 세균은 포자(spore)를 만드는 능력이 있다.

2. 곰팡이 · 균류(fungi)

탄소동화작용을 하지 않는 식물체로 간주하기도 하며 다 핵의 진핵 세포체(eucaryotic cell)로 되어있는 다세포 생물이다. 크기가 약 5~10 μm이다. 산소나 질소 등이 부족하여도 잘 성장한다. 사상성 미생물(filamentous M/O)로서 포자(spore)가 커져서 균사(hypha)를 이루고 균사가 커져서 균사체(mycellium)를 이루는데 균사체 내의 물질이동은 원형질 유동이며 유동속도는 균사 성장 속도(≒40 mm/hr)의 약 1.5배이다.

균류와 비슷한 섬유성 미생물이지만 가지를 형성하지 않은 미생물을 액티노마이세츠(Actinomycetes)라고 한다.

3. 원생동물(protozoa)

원래 동물 분류상 하나의 문(門, division)이다. 호기성이자 운동성 미생물이다. 기생충학에서는 원충(原蟲)이라고도 한다. 바닷물 · 민물 · 흙 속 또는 썩고 있는 유기물이나 식물에서 살며 동물에 기생하는 것도 많다. 몸은 1개의 세포로 되어 있는데 단체(單體) 또는 군체(群體)를 이루고 자유유영 또는 고착생활을 한다. 크기가 약 3~300 mμ이고 맨눈으로 볼 수 있는 것도 있다. 단세포 진핵생물체이다. 운동양상으로 아메바(ameba) 같은 위족류(sarcodina), 연두벌레(euglena) 등의 편모충류(flagellate), 보티셀라(vorticella) 등의 섬모충류(ciliate)로 나뉜다.

4. 리케차(rickettsia)

리케차과에 속하는 세균류를 이른다. 주로 흡혈성(吸血性) 절지동물에 기생한다. 크기가 약 0.3~0.5 μm이고 공모양, 막대기 모양으로 되어 있다. 2분법 증식 미생물로서 세포 구조가 세균과 비슷하지만, 일반 세균과 달리 살아 있는 세포 내에서만 증식이 가능하고 인공배지에서는 증식하지 못한다는 점은 바이러스에 가깝다.

5. 스피로헤타(spirochaetales)

균류 스피로헤타강의 한 목이다. 굴곡성을 지닌 나사선 모양이며, 활발한 운동을 한다. 또, 횡 분열에 의해 증식하며, 형태 · 영양 요구성 · 병원성 등이 다양하다. 스피로헤타 속은 하수 등 오수 속에서 생활하는 것이 많으며, 세포 중심부에 탄력성이 있는 섬유가 있고, 그 주위를 세포질이 나사선 모양으로 둘러싸고 있다. 세포의 회전이나 굴곡에 의해서 유영하는 형태로 운동한다. 뚜렷한 핵은 존재하지 않는다. 인공배지에서는 배양이 곤란하므로 생리적인 성상(性狀)은 거의 알려져 있지 않다. 사프로스피라은 완전히 기생성이 없는 세균이다. 크리스티스피라 속은 세포에 납작한 융기가 있고, 어떤 종류의 연체동물과 공생한다. 이 밖에 트레포네마 속은 매독이나 매종의 병원균, 보렐리아 속은 회귀열(回歸熱)의 병원균, 렙토스피라 속은 와일씨병 또는 전염성 황달이나 어떤 종류의 열성(熱性) 질병의 병원균이다. 위의 3속은 사람과 동물에 기생성을 가진다.

6. 바이러스(virus)

한외 현미경적 입자이다. 인공 배지에서는 배양할 수 없지만 생 세포체에서는 선택적으로 증식한다. 바이러스는 생존에 필요한 물질로 핵산(DNA 또는 RNA)과 소수의 단백질만을 가지고 있고 그 밖의 모든 것은 숙주세포에 의존하여 살아간다. 바이러스의 형태는 대체로 구형이 많으며 그 외 정이십면체·벽돌형·탄알형·섬유상 등도 있다. 구조는 바이러스의 유전물질을 전달하는 핵산으로 구성된 중심부(core)와, 이것을 싸고 있는 단백 외각(蛋白外殼:capsid)이 있고, 또 어떤 종류의 바이러스는 그 단백 외각 밖을 싸고 있는 지방질로 된 외피(envelope)로 구성되어 있다. 결정체로도 얻을 수 있기 때문에 생물·무생물 사이에 논란의 여지가 있지만, 증식과 유전이라는 생물 특유의 성질을 가지고 있어서 대체로 생명체로 간주된다. 숙주 종류에 따라 동물, 식물, 세균 바이러스(bacteriophage)로 구분된다.

(1) 비로이드(viroid)와 프리온(prion)

둘 모두 바이러스보다 더욱 단순한 생물체이다. 비로이드는 숙주 세포 내에서의 자신 복제에 필요한 정보만 들어있을 정도의 매우 작은 분자량의 RNA만으로 되어있고 숙주 내에서 질병을 일으킬 정도로 증식할 수 있다. 감자의 방추관 질병, 국화의 왜소증 등을 일으키는 것으로 알려져 있다. 프리온은 양의 질병을 연구하는 과정에서 발견되었는데, 핵산 없이 특수한 단백질만으로 이루어져 있으며 아직 이 단백질이 어떻게 증식하는지 밝혀져 있지 않다.

(2) 인플루엔자 바이러스 (influenza virus)

독감(인플루엔자)의 병원체이다. 현재 면역과 성질이 각기 다른 바이러스 A형·B형·C형 등이 발견되어 있는데, 새로운 형이 나타나면 그 이전의 예방 백신으로는 효과가 충분하지 못하고 세균보다 작아서 세균여과기로도 분리할 수 없고, 전자현미경을 사용하지 않으면 볼 수 없는 작은 입자이다.

5-1-2 바이러스 병원균

바이러스를 비루스로 부르기도 한다. 바이러스는 세균보다 작아서 세균여과기로도 분리할 수 없고, 전자현미경을 사용하지 않으면 볼 수 없는 작은 입자이다. 그러므로 바이러스 병원균에 의한 질병을 치료하는 데는 무척 많은 노력이 필요하였다.

우리나라에서는 1892년 러시아의 이바노프스키(D. Ivanovski)가 세계 최초로 담배 모자이크 비루스(TMV)를 발견하기 13해 전 1879년에 지석영(池錫永) 선생이 소의 두창(痘瘡, 일명 마마두 혹은 종기창, 곳집창) 병원균에 사람이 감염되면 경증으로 경과했다가 회복되는 것을 목격하여 사람에 대한 독력을 낮추고 인간 두창인 천연두(天然痘)에 대한 면역성을 높인 우두(牛痘) 비루스인 두묘(痘苗)를 사람의 피부에 접종하였더니 그 부분에만 두포(痘疱)가 생기고 사람의 두창에 대한 면역을 얻을 수 있음을 확인하였다. 그래서 지석영 선생은 이른바 종두법(種痘法)으로서 두묘 접종을 그 시절 많은 백성들의 마마(媽媽) 예방에 응용하였는바 이러한 역사적 사실은 우리나라가 바이러스 병원균에 대한 백신개발이 세계에서 선두수준임을 증명하고 있는 것이다.

1. 발견과 연구

1892년 러시아의 이바노프스키가 여과시킨 병든 담뱃잎 육즙을 새로운 담뱃잎에 접촉시켜 병에 감염시켜 식물성 바이러스로서 여과성 병원체인 담배모자이크 비루스(TMV)를 발견하였다. 1898년에는 독일의 뢰플러(F. Löffler) 등이 소에 발생하는 구제역(口蹄疫)(foot and mouth disease. : 입·발굽 주변에 물집이 생긴 뒤 치사율이 5~55%에 달하는 가축의 제1종 바이러스성 법정전염병) 비루스를 발견하였는데 이는 세계 최초로 동물성 바이러스의 발견으로 여겨지고 있다. 1915~1917년에는 독일의 트워트(F. Twort) 등이 별도로 이질 환자의 장 내용물을 세균여과기로 여과한 여액이 이질균을 용해하고 그 용균액(溶菌液)이 다시 이질균을 용해할 수 있는 현상을 발견하고 이 물질을 박테리오파지(bacteriophage)라고 명명하였는데 후세에 이것은 세균에 감염하는 바이러스(세균 바이러스)라는 것으로 밝혀졌다.

1931년에는 미국의 굿 파스튜어(Good Pasture)가 발육하는 달걀에 비루스를 감염시켜 증식시키는 기술을 개발하였는데 이것이 현재 비루스의 연구 · 진단 · 백신 개발에 사용하고 있는 기술이 되고 있다.

1935년에는 미국의 스탠리(W. Stanley)가 담배모자이크병의 바이러스(TMV)를 결정으로 정제하는 데 성공하였고 1956년에는 서먼(Sherman) 등이 순수 분리한 핵산을 정상세포에 감염시켰을 때 숙주세포에서 증식하는 것을 밝혀 바이러스가 생명체임을 밝혀냈는바 스탠리 이후 현대 바이러스학의 발전은 생명현상 해명에 중요한 분야를 차지하는 분자생물학을 낳게 하였다.

2. 구조와 성상

비루스는 인공배지에서는 생장하지 않고 살아있는 세포에서 절대적으로 기생하는 미생물체로서 감염을 통하여 병원성을 나타내는 원형생물체이다. 구조, 생화학적 성상, 증식방식 등이 세균이나 균류와는 다르게 실존하는 생명체이다.

크기가 가장 작은 것이 14nm정도이고 보통 20~400nm의 크기로 되어있다. 구조가 핵심부의 핵산과 외각 단백질인 캡시드(capsid)로 되어 있는데 핵산과 캡시드의 일정한 형태를 누크레오캡시드(nucleocapsid)라고 한다.

1912년 호주 출신 영국인 브래그(W. Bragg)가 X선 회절에 의한 결정구조 해석의 결과로서 누크레오캡시드의 형태별 종류가 알려지기 시작하였다.

(1) 생물학적 성상

비루스는 스스로 물질대사를 할 수 없으므로 자신의 DNA나 RNA를 다른 세포 안에 침투시킨 뒤 침투당한 세포의 소기관들을 이용하여 이들을 복제하고 자기 자신과 같은 바이러스들을 생산하는데 이로 인해 숙주 세포는 대개 파괴된다.

(2) 이화학적 성상

비루스는 실온에서 매우 불안한데 혈청단백질을 첨가한 후 냉동 건조하면 장기간 동안 보관이 가능하다. 담즙, sodium deoxycholate, 에테르 등의 화학처리로 불활성화 되며 자외선, 강산 강알칼리에 의해 쉽게 파괴된다. 0.2% 포르말린으로 처리하면 감염성이 손실되나 항원성은 유지된다.

대칭선에 따라 ①구형대칭선(cubic symmetry) ②나선형대칭선 ③복합형으로 구분한다.

1) 구형대칭선 형태

① 20면체로 표현

② 정삼각형 20개의 각 변을 서로 결합시킬 경우의 구형

③ 정점이 12개

④ 캡소머(capsomer) : 일정한 수로 되어있는 정삼각형의 형태학적 소단위

⑤ 캡소머 하나하나는 단량체(monomer)가 모여서 이루어 짐

⑥ 단량체(monomer) : 하나 또는 두 가지 이상의 단백질이 결합하여 만들어 진 것

2) 나선형대칭선 형태

① TMV(담배모자이크바이러스) 형태로 잘 알려짐

② 막대형 외각 단백질분자가 나선형으로 배열됨

③ 그 안쪽(외각 단백질과 내부핵산 중간부분)에 같은 속도로 나선을 그리는 1개의 RNA선을 지님

④ 단위 단백 분자 수 : 약 2150개

⑤ 약 2150개의 단위 단백분자에 158개의 아미노산으로 된 리보펩티드(분자량 17500)가 존재

⑥ 내부는 지름 $4\mu\text{m}$의 빈 관

3) 복합형 형태

① 천연두 바이러스와 박테리오파아지

② 엔벨로프(envelope) : 외피(外皮)

- 누클레오캡시드가 바로 비루스입자 형태(노출·외피비보유비루스(naked·nonenveloped virus)
- 노출비루스를 외피가 싸고 있는 형태(외피보유비루스, enveloped virus)

③ 비리온(virion) : 감염능력이 있는 비루스 입자

④ 비로이드(viroids) : 식물에 특징적 병을 일으키는 비루스

4) 바이러스 분류

① 동물비루스(사람 포함), 식물비루스, 박테리오파아지, 곤충비루스 : 숙주세포를 기준으로 분류

② DNA비루스, RNA비루스 : 핵산을 기준으로 분류

3. 박테리오파아지(Bacteriophage)

박테리오파아지는 세균에 기생하는 비루스를 이른다. 보통 포도상구균파아지, 대장균파아지처럼 세균이름을 사용하여 동 파아지의 이름을 부른다.

(1) 종류

① 독성파아지(virulent phage) : 숙주 내에서 증식하고 용균(bacteriolysis, 면역항체의 하나인 용균소의 작용에 의해 세균이 용해되는 현상)을 일으키는 파아지.

② 온순파아지(temperate phage) : 감염하여도 증식하지 않는 파아지

(2) 구조

① 올챙이 모양

② 머리와 꼬리와 6개의 당단백질구조물(스파이크, spike)과 스파이크기부와 꼬리섬유로 구성함

- 머리 : 2중 나선DNA를 담고 있는 단백질 주머니
- 꼬리 : 초(sheath)는 단백질 나선. 내부 중심부(central core)는 빈 공간

③ 대장균의 경우 파아지는 꼬리섬유에 의하여 대장균 세포벽에 부착하는 동시에 세포에 작은 구멍을 뚫어 DNA를 대장균세포내로 주입함

(3) 용균(bacteriolysis) 과정

① 숙주세포표면 부착-캡시드 단백질은 밖에 남고 DNA 핵심은 숙주세포 속으로 주입됨

② 숙주세포내로 들어 온 초기 유전자는 숙주의 DNA 종합효소에 의해 숙주의 리보솜과 tRNA에 의해 해독되어 파아지 DNA를 복제→숙주 DNA 파괴

③ 파아지 DNA 합성이 진행→후기 유전자 전사(全寫) 및 해독되어 외각 단백질(capsid)을 합성

④ 합성된 DNA핵심과 캡시드단백질로 완전한 비루스입자가 조립됨

⑤ 다른 후기 유전자가 전사되고 해독되어 라이소자임(lysozyme, 세균 세포벽에 있는 다당류 글리코시드 결합을 가수분해하는 효소)을 공격하여 파열시킴

⑥ 그 결과로 비루스입자 내용물을 방출하고 이 회로(lytic cycle)는 반복됨

(4) 온순 파아지의 용원화-

① 세균숙주와 비루스가 공존함 : 용원성(溶原性, lysogeny)

② 비루스(prophage) DNA가 세균의 게놈(genome, 정자 및 난자에 포함되어 있는 염색체 또는 유전자의 전체) 내로 혼입

③ 숙주 DNA 복제 시 비루스 DNA도 복제

④ 형질도입(transduction, 세균의 유전적 형질변화)으로 병원균으로 되기도 한다.

(5) 파아지의 증식

① 플라그(plague)

대량의 숙주세균과 소수의 파아지를 혼합하여 유동성 한천배지에 배양하면 파아지는 세균에 감염후 증식 및 용균과정을 반복하여 최초에 파아지가 있는 장소에 용균반을 나타낸다. 이를 플라그라고 한다.

4. 비루스의 증식

(1) 한 가닥(single standard) DNA 비루스의 증식

증식형(replicate form)이라고 한다.

① 파아지 입자가 숙주세포내로 들어가면 파아지 입자의 한 가닥 DNA가 외각단백질(capsid)로부터 떨어짐

② 이 한 가닥 DNA가 숙주 효소에 의하여 새로운 (-)가닥을 상보적으로 만듬

③ 결국 두 가닥(double standard) DNA로 되어 복제가 완료되고 증식함

④ 또 mRNA를 전사하여 파아지의 구조단백질을 합성

(2) RNA 바이러스의 증식

① 한 가닥 RNA 바이러스의 증식(소아마비 바이러스가 예)

바이러스의 (+)가닥 RNA가 숙주세포에서 전령으로 행동→숙주 리보솜(단백질을 합성하는 소기관) 위에서 번역됨→숙주세포에서 외각단백질(capsid)과 RNA 종합효소를 합성→이 (+) RNA 가닥이 바이러스의 RNA 종합효소에 의해 상보적 (-) RNA 가닥 형성→복제 완료 증식

② 두 가닥 RNA 바이러스의 증식은 특수 바이러스의 경우(레오바이러스) 해당된다.

5. 바이러스 활성의 제어

항생제(antibiotics)란 미생물이 생산하는 대사산물로 소량으로 다른 미생물의 발육을 억제하거나 사멸시키는 물질을 이르고 마이신(mycin)이란 항생제 상품명이다.

(1) 화학약품에 의한 억제

리파마이신(rifamycin)이 ①원핵생물의 RNA 종합효소 억제제 ②우두(vaccinia)와 마마(pox) 바이러스의 RNA종합효소활성 억제제로 알려져 있다.

(2) 인터페론(interferon)

① 바이러스에 감염된 동물세포에서 제조

② 낮은 분자량을 가진 단백질

③ 방사선에 의해 비 활성화된 바이러스나 바이러스 핵산을 숙주세포에 반응시켜 제조

④ 강한 병독성 바이러스가 감염되면 비교적 소량만 제조 가능한 것으로 알려져 있다.

⑤ 원칙적으로 바이러스 특이성은 갖지 못하나 숙주 특이성은 가진다. 예를 들어 감염된 병아리 세포에서 합성된 인터페론은 병아리 세포 감염 바이러스의 증식을 억제하지만 다른 동물 내의 인플루엔자의 증식을 억제하지 못한다.

⑥ RNA합성을 방지하거나 바이러스 mRNA가 리보솜 위에서 결합하는 것을 방해

[표 38] 비루스 증식에 작용하는 항 비루스제

증식시기	항비루스제	비루스
유리된 비루스	케톡살(kethoxal)	인플루엔자비루스
흡착	−	−
핵산의 침입	스트렙토마이신	어떤 박테리오파아지
	아다만타나민(adamantanamin	인플루엔자비루스
비루스단백질합성	5-플루오르디옥시우리딘 (5-flurodeooxyuridine) 5-요드디옥시우리딘 (5-iododeoxyuridine)	허피즈비루스 (herpes viruses)
성숙기	아사틴-티오세미카바존	마마비루스

6. 단순포진 비루스와 일본뇌염 비루스

DNA 비루스와 RNA 비루스를 보통 단순포진 비루스(HSV, Herpes Simplex Viruscs, DNA 비루스)와 일본뇌염 비루스(JEV, Japanese Encephailitis Virus, RNA 비루스)로 부르는데 특성이 다음과 같다.

(1) 단순포진 비루스(HSV, Herpes Simplex Viruses, DNA 비루스)

외피보유 DNA 비루스로서 단순포진 질병(simple herpes, 점막이나 피부에 침범하여 일으키는 급성 수포성 질환)을 일으킨다. 1형(HSV-1)과 2형(HSV-2)으로 구분하고 허피즈(포진) 비루스라고도 부르는데 허피즈 비루스과의 일반적 특성이 다음과 같다[표 39].

[표 39] 허피즈 비루스과의 특징

구분	특징
크기	120~200nm
캡시드	20면체
캡소머	9.5×12.5nm
지방외피	있음
클로로포름 감수성	선택적 양, 음성
핵산	두 가닥 DNA
비루스 DNA 생합성장소	핵
비루스입자의 조립장소	핵
봉입체	호산성으로 핵내에 위치

1) 단순포진 비루스의 특징

단순포진 비루스 1형(HSV-1)과 2형(HSV-2)은 성질이 다르고 복잡한 질환을 일으킨다.

① HSV-1형

- 구순(口脣, 잎술)염의 원인체
- 치은(齒齦, 잇몸), 상부호흡기와 중추신경계에 감염되어 질환을 일으킴

② HSV-2형

- 성기 허피즈(포진)증 : 성기 허피즈(포진) 질염
- 미국에서는 매년 50만 명의 성기 허피즈의 새로운 환자가 발생하는 것으로 알려져 있다.

[표 40] 단순포진 비루스 1형과 2형의 비교

구분	특징	HSV-1	HSV-2
생화학	비루스 DNA(구아닌+시토신)	67%	69%
	DNA 부양밀도(bouyant density), g/cm^3	1.726	1.726
	비리온부양밀도, g/cm^3	1.271	1.267
	비루스DNA 사이의 상등성	~50%	~50%
생물학	지속부위	3종 신경절 (Trigeminal ganglia)	선골신경절 (Saoral ganglia)
역학	감염 주요연령층	유아 (침에 의한 접촉)	청년 (성교에 의한 접촉)
임상증세	일차감염	+	+
	치은구내염	+	-
	인두편도염	+	-
	각결막염	+	-
	신생아감염증	±	+
	한냉수포, 열성수포	+	-
	피부 허피즈	+	-
감염	허리 상부피부	+	-
	허리 하부피부	-	+
	손과 팔	+	+
	포진성 성인 손	+	+
	허피즈성 습진	+	-
	생식기 허피즈	±	+
	포진성 수막염	+	-
	포진성 뇌염	±	+

2) 전파경로

① 숙주 범주 : 사람(자연숙주), 등뼈동물(생쥐, 몰못, 토끼)에 감수성이 있다.

- 토끼에 감염하면 결막염 · 각막염을 유발

- 생쥐 대뇌에 접종하면 치명적 뇌염으로 사망

② 증식(multiplying)

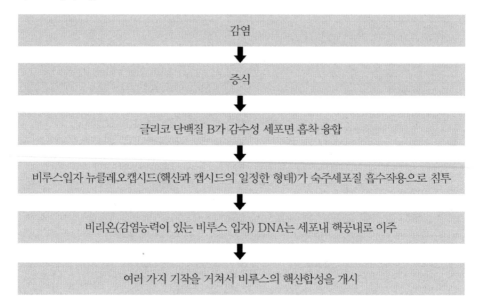

3) 경로

① 단순포진 비루스 1형 : 구강내 타액(침)이나 기도 분비물, 눈의 분비물

② 단순포진 비루스 2형 : 환자의 피부접촉이나 성교

4) 발생되는 질병, 예방

① 단순포진 비루스의 1차 감염 : 어린이에게 치은 구내염. 청년에게는 인두염

② HSV-1형의 발생 : 6개월-3년된 어린에게 자주 발생. 성인 군에서도 약 70-90%

③ HSV-1형의 감염 : 어른들의 침

④ HSV-2형의 감염 : 성적접촉에 의한 후천적 감염

⑤ 여성자궁경부암 : HSV-2형과 관련한 항원항체반응(감작, sensitization)

⑥ DNA 비루스성 질환 : 마마(천연두, poxvirus), 간염 등

(2) 일본뇌염 비루스(JEV, Japanese Encephailitis Virus, RNA 비루스)

극동지역에서 많이 발생한다. 외피보유 RNA 비루스에 속하고 *Flavivirus*과 소속 빨간 집모기(*Culex tritaeniorhynchus*)의 매개로 전파한다. 급격한 발병으로 고열·의식장애가 주요 증세이다.

임상증세별 유형으로 부전형(不全型, imperfection type)·수막형(髓膜型, 뇌척수막)·척수형(脊髓型 spinal cord type) 및 연수형(延髓型 medulla oblongata type) 으로 구분한다.

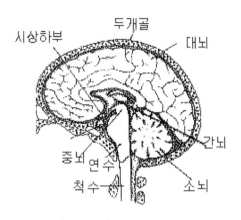

[그림 56] 척수 및 연수

1) 비루스의 형태

◎ 이화학적 성상

실온에서 매우 불안하고 혈청단백질을 첨가한 후에 냉동 건조하면 장기간 보관이 가능하다. 담즙, sodium deoxycholate, 에테르 등의 화학물질에 의한 처리로 불활성화 되며 자외선, 강산 강알칼리에 의해 쉽게 파괴된다. 0.2% 포르말린으로 처리하면 감염성이 손실되나 항원성은 유지된다.

◎ 숙주동물

① 조류, 변온동물 및 가축

② 돼지가 일본뇌염 비루스의 증폭 숙주(amplify host)

③ 박쥐도 숙주

2) 임상증세와 예방

환자의 병리적 변화가 뇌 수막 부종과 출혈 등으로 나타난다.

병원균이 중추신경계에 침입하여 증세가 나타나는데 잠복기가 7~14일이고 두통·오한·발열·구토·전신에 통증을 나타낸다. 24~48시간 이내에 불안·기면성(嗜眠性 sleeping)·권태·불면·인사불성·의식혼돈·언어장애·진전(振顫, tremor, 떨림)·경련(痙攣, 근육의 발작적 수축)·혼수(昏睡, coma, 의식이 없어짐) 등이 나타난다. 예방으로는 ①비루스 보유동물의 면역실시 및 관리 ②유아들에게 불활성 뇌염백신 예방접종 실시(개체면역 획득) ③보건교육실시 ④의사와 공중보건당국 관계자와 상호 협동하여 방역사업을 실시하는 것 등이 있다.

7. 생리 및 증식특성

비루스(이하 바이러스)는 증식환경 외계에서 보통 활성을 빨리 잃어버리므로 동결건조하거나 50% 글리세린·식염수 등에 담가 놓으면 활성이 장기간 보존된다. 바이러스는 소독약이나 열에 대하여 세균보다 강하며, 항생물질에 대해서도 저항성을 보인다. 증식은 종류에 따라 차이가 있으나 대체로 다음 단계로 이루어진다.

(1) 흡착

숙주세포와 바이러스가 물리적인 충돌을 일으키면 숙주세포의 표면에 특수한 수용체 장소(receptor site)에 바이러스가 부착한다. 이 세포표면의 수용체 장소로는 지질 단백층·당지질층, 파아지의 경우 세포의 편모 및 선모도 이용된다. 따라서 바이러스가 부착하려면 바이러스의 부착부위와 세포 표면의 수용체가 특수하게 결합할 수 있어야 한다. 세포 표면에 변화가 생기면 부착할 수 없다.

(2) 침입

바이러스의 종류에 따라 다르나 대부분 동물 바이러스는 세포의 식작용(食作用)에 의하여 세포 내의 식포(食胞)에 들어간다. 어떤 바이러스는 외피와 세포막이 융합 및 상호작용에 의하여 침입하기도 한다.

(3) 해체(uncoating)

숙주세포 안에 들어온 바이러스는 외각단백을 벗어버리고 핵산이 세포질 내로 또는 핵 내로 들어간다. 외피가 있는 바이러스는 침입 시 세포 표면에서 외피를 벗고 세포질로 들어가며 탐식작용에 의하여 식포에 들어간 바이러스는 세포질 소체 리소좀(lysosome)에 있는 효소의 작용으로 외각단백을 벗고 세포질로 들어간다.

(4) 바이러스 단위성분의 복제(複製)

숙주세포의 세포질에 들어온 핵산의 일부는 숙주세포의 효소(DNA, RNA poly-merase)에 의해 초기 메신저리보핵산(초기 mRNA)을 생성하고 이 mRNA는 단위성분 합성에 필요한 효소를 만든다. 단위성분들은 밝혀지지 않은 메커니즘에 의해 서로 집합되어 새로운 바이러스를 성숙시킨다. 바이러스 핵산 물질의 복제는 바이러스의 종류에 따라 작용 기전이 다르며 유전법칙에 따라 복잡한 과정을 거친다.

(5) 방출

새로운 바이러스들이 완성되면 바이러스 효소에 의하여 새로운 바이러스들이 방출된다. 이 방출방법도 바이러스의 종류에 따라 다양하다.

8. 비루스의 분류

임상 증세에 따라 ①전신질환을 일으키는 바이러스(두창·홍역 등) ②신경계에 질환을 일으키는 바이러스(일본뇌염 등) ③호흡기에 질환을 일으키는 바이러스(인플루엔자 감기 바이러스 등) ④간에 질환을 일으키는 바이러스(간염바이러스) ⑤피부 및 결막질환을 일으키는 바이러스(사마귀바이러스 등) 등으로도 나누기도 한다.

참고도서로 1962년 로프(Lwoff A.)가 분류한 내용이 수록된 [Introduction to Modern Virology, 3d ed., N. J. Dimmock and S. B. Primrose, 1987.]이 가장 많이 이용된다. 이 서적에 의하면 먼저 바이러스를 물리화학적 성상에 따라 크게 나누고 바이러스종의 세분(細分)은 혈청학(血淸學)적으로 행한다. 분류의 지표가 되는 주요 형질을 들면 다음과 같다. ①핵산의 형태 ②캡시드의 구축(構築) ③외피의 유무 ④에테르감수성(感受性)이다.

(1) DNA바이러스

척추동물에서 증식하는 주요 바이러스로서 분류한 것이 다음과 같다.

① 파르보 바이러스(Parvovirus 과) : 한 가닥사슬 DNA, 지름 20nm, 캡소머 32개, 외피는 없고, 에테르내성이다.

② 파포바 바이러스(Papovavirus 과) : 고리모양 이중나선 DNA, 지름 45~50nm, 캡소머 42~72개. 정이십면체이며 외피는 없고 에테르내성이다. 종양을 만드는 성질이 있다.

③ 아데노 바이러스(Adenovirus 과) : 이중나선 DNA, 지름 70~90nm, 캡소머 252개. 정이십면체로 외피는 없고, 에테르내성이다.

④ 허피스 바이러스(Herpesvirus 과) : 이중나선 DNA, 지름 100nm, 캡소미어 162개. 정이십면체의 뉴클레오캡시드를 형성하며 외피가 있고 에테르감수성이다.

⑤ 폭스 바이러스(Poxvirus 과) : 약 200×300nm의 벽돌모양 바이러스. 이중나선 DNA이며 이중의 외피에 싸여 있고 대형이다. 숙주원형질 내에서 증식하는 유일한 바이러스이며 두창·백신 등의 바이러스가 대표적이다.

⑥ 이리도 바이러스(Iridoviridae)

⑦ 헤파드나 바이러스(Hepadnaviridae)

(2) RNA바이러스

① 피코르나 바이러스(Picornavirus 과) : 한 가닥 사슬 RNA, 지름 20~30nm, 캡소머 32개. 외피는 없으며 에테르내성이다.

② 레오 바이러스(Reovirus 과) : 이중나선 RNA, 지름 60~80nm. 외피는 없고 에테르내성이다. 캡소머는 이중인데 그 수는 확실하게 밝혀져 있지 않다. 유아 설사증 바이러스가 대표적이다.

③ 토가 바이러스(Togavirus 과) : 한 가닥사슬 RNA, 지름 40~70nm, 캡소머 32개. 외피가 있으며 에테르감수성이다. 절지동물 매개성인 것이 많으며 황열병(黃熱病)·풍진(風疹) 바이러스가 대표적이다.

④ 아레나 바이러스(Arenavirus 과) : 한 가닥사슬 RNA, 지름 50~300nm. 외피가 있으며 에테르감수성이다. 전자 불 투과성 입자를 함유한다.

⑤ 코로나 바이러스(Coronavirus 과) : 한 가닥사슬 RNA, 지름 7~9nm의 막대모양 캡시드에 싸여 있으며, 지름은 80~130nm이다. 외피는 꽃잎모양의 돌기가 있어서 태양의 코로나와 같은 모양이다. 사람의 상기도로부터 분리되었다.

⑥ 레트로 바이러스(Retrovirus 과) : 한가 닥사슬 RNA, 지름 약 109nm. 외피가 있으며, 에테

르감수성이다. 종창바이러스를 이 과에 포함시킨다. RNA 외에 미량의 DNA와 효소를 함유하는 것이 특징이다.

⑦ 분야 바이러스(Bunyavirus 과) : 한 가닥사슬 RNA, 지름 90~100nm. 외피가 있으며 에테르나 열에 대한 감수성이 높다. 절지동물 매개성 바이러스.

⑧ 오르토믹소 바이러스(Orthomyxovirus 과) : 한 가닥사슬 RNA, 원통형 뉴클레오캡시드의 지름은 6~9nm. 외피가 있으며 virion은 지름 80~120nm이며 공 모양 내지 실 모양이다.

⑨ 파라믹소 바이러스(Paramyxovirus 과) : 한 가닥사슬 RNA이며 오르토믹소바이러스보다 약간 대형이다. 지름 150~300nm. 뉴클레오캡시드는 18nm의 원통형이며 홍역 바이러스 · RS바이러스가 대표적이다.

⑩ 라브도 바이러스(Rhabdovirus 과) : 한 가닥사슬 RNA, 지름 약 70nm의 탄환모양. 외피는 길이 약 175nm이며 광견병 바이러스, 소의 수포성구내염 바이러스가 대표적이다.

⑪ 플라비 바이러스(Flaviviridae)

⑫ 칼리시 바이러스(Calcivirus)

⑬ 필로 바이러스(Filoviridae)

9. 비루스에 의한 질병

동물바이러스는 사람 이외의 동물에서 종양을 형성하는 경우가 많이 알려져 있으나, 사람에 대해서는 많은 감염증을 일으키는 것이 확인되어 있을 뿐 종양에 관해서는 확인되지 않는다. 사람과의 관계로 본 경우 바이러스는 숙주의 개체 · 장기 · 조직에 대해서 선택적으로 병을 일으킬 수 있다. 예를 들어 일본뇌염바이러스에 감염된 경우 대부분의 사람은 발병하지 않거나 (不顯性感染) 발병해도 경증으로 지나는데, 극히 소수의 사람이 중증이 된다(顯性感染). 이와는 반대로 인플루엔자처럼 감염되면 거의 100% 현성감염을 일으키는 바이러스도 있다. 장기 · 조직에 선택적으로 잘 침입하는 바이러스들이 다음과 같다.

(1) 호흡기계

라이노 바이러스 · 아데노 바이러스 · 코로나 바이러스 · 콕사키 바이러스 등이고 비염 · 인두염 · 기관지염 · 폐렴 등을 일으킨다.

(2) 중추신경계

폴리오 바이러스·아데 노바이러스·일본뇌염 바이러스·광견병 바이러스 등이고 급성회백수염(急性灰白髓炎)·수막염·뇌염·광견병 등을 일으킨다.

(3) 안계

아데노 바이러스와 엔테로 바이러스가 유행성각막결막염과 급성출혈성결막염을 일으킨다.

(4) 소화기계

코사키 A 및 B군 바이러스, 단순 허피즈 바이러스가 구내염을 일으키고 로타 바이러스·카리시 바이러스 등이 유아 설사증을 일으킨다.

(5) 피부

병명에 붙은 이름의 바이러스가 병원(病原)이다. 홍역·풍진·수두 등을 일으킨다.

10. 비루스에 의한 감염증의 치료와 예방

급성감염증에서는 증상이 회복되면 병원바이러스는 체내에서 소멸하는 것이 보통이다. 그러나 유아기에 단순 허피즈(포진 바이러스)가 감염하여도 증상이 나타나지 않은 채 경과하고 숙주의 면역력이 떨어졌을 때 구순 허피즈(입술포진 바이러스)로서 수포가 생기는 경우가 있다. 이것은 삼차 신경절(三叉神經節, Trigeminal ganglia) 등에 바이러스가 잠복해 있었기 때문이며 이를 지속성감염증이라고 한다.

면역글로불린제제를 잠복기 초기에 이용하되 백신에 의한 예방(유행성소아마비·홍역·풍진·유행성이하선염·일본뇌염·인플루엔자 등)이 최고 대책이다. 요즈음에는 인터페론의 항바이러스작용이 주목되고 있으며 발병 후 치료로서는 대증요법(對症療法)과 합병증 예방의 치료가 행해지고 있다.

5-2 위생동물

인체에 직접 또는 간접적으로 해(harm)를 주거나, 의학(medicine)이나 위생학(hygiene)에 관계가 있는 동물을 말한다. 주로 쥐 종류(鼠族)와 곤충류를 총칭하며 이것의 관리는 결국 전염병 예방의 목적에서 비롯된다.

5-2-1 주요 위생동물

1. 쥐(鼫,rat)

쥐는 음식물을 훔칠 뿐 아니라 오염시키며, 가스관을 갉아서 가스중독 사고를 내기도 하고, 전기 코드를 갉아서 누전으로 인한 화재를 발생시키기도 한다. 또 페스트·발진티푸스 등의 균을 옮겨 전염병을 일으키기도 한다. 밭쥐나 대륙 밭쥐류는 산림에 피해를 끼칠 뿐 아니라 농작물에도 큰 피해를 준다. 일반적으로 야행성이며, 낮에는 땅속이나 숲에서 지낸다. 일정한 통로가 있으며, 후각과 수염의 촉각을 이용해 먹이를 찾는다. 잡식성으로, 식물의 잎·줄기·열매 등을 주식으로 하며, 새의 알이나 어류 등도 먹는다.

쥐는 포유류로서 쥐치 목(鼫齒目) 쥐 아목(鼫亞目)에 속해있는 야행성·잡식성 동물이다. 쥐는 남극과 뉴질랜드를 제외한 세계의 각 지방에 분포한다. 지금부터 약 3600만 년 이전의 에오세에 나타난 이후, 쥐목(目) 중에서 가장 번성하고 있는 종류로서 220속 약 1,800종을 포함하며, 포유류의 약 3분의 1을 차지하고 있다. 따라서 형태, 몸의 구조, 서식장소 등의 변화가 많다.

쥐는 더 교묘하게 딱딱한 물건을 갉아먹는 데 적응되어 있다. 아래턱의 각돌기(角突起)가 아래턱 치조의 밑에서 튀어나와 있다. 아래·위 1쌍의 앞니는 치근이 없어서 평생 계속 자라며, 끌 모양으로 되어 있다. 어금니도 치관부가 긴데, 때로는 치근이 없어서 평생 계속 자란다. 앞발의 첫째발가락은 작아서 흔적만 남아 있으며, 꼬리는 대개 속이 겉으로 나와 있고 비늘이 있다.

(1) 쥐의 분류

비단 털 쥐 과 · 장님 쥐 과 · 대나무 쥐 과 · 쥐 과 · 겨울잠 쥐 과 · 가시 겨울 잠 쥐 과 · 사막 겨울 쥐 과 · 긴 꼬리 쥐과 · 날 쥐과로 나눈다. 비단 털 쥐 과는 대개 지하생활을 하며, 털은 부드럽고 꼬리는 짧다. 유럽 · 아시아에 분포하고 초원에 구멍을 파고 사는 비단 털 쥐 속 (*Cricetusx*), 유럽 · 북아메리카 · 아시아에 분포하는 밭쥐속(*Microtus*), 북극의 툰드라 지대에 살며 여름과 겨울에 몸빛깔이 변하는 목고리레밍 속(*Dicrostonyx*), 일본 중부 산악지대에 사는 니이가타 대륙 밭 쥐(*Aschizomys niigata*), 히말라야의 고지대에 사는 알티콜라 속 (*Alticola*), 중앙아시아의 사막지대에 사는 모래 쥐(*Meriones*), 시리아의 골든 햄스터 (*Mesocricetus auratus*), 북아메리카에 살고 있는 수생동물 사향 쥐 속(*Ondatra*), 큰 보금자리를 만드는 북아메리카의 오토 마쥐 속(*Neotoma*), 페루의 고지대 시냇물에 사는 이크티오미스 쥐 속(*Ichtyomys*) 등이 있으며, 각각 환경에 적응되어 있다.

장님쥐과의 장님 쥐 속(*Spalax*)은 구멍파기에 적응되어 눈과 귓바퀴는 흔적기관으로 남아 있고, 앞발의 발톱은 크며, 유럽 남동부에서 이집트 · 페르시아에 걸쳐 분포한다. 대나무 쥐 과의 대나무 쥐 속(*Rhyzomys*)은 중국 남부와 서부에 분포하며, 장님쥐와 비슷하지만 눈은 볼 수 있고 작은 귓바퀴가 있다. 앞발의 발톱은 크지 않으나 앞니가 크게 튀어나와 이것으로 흙을 파며 대나무의 땅속줄기 등을 갉아먹는다.

쥐 과(*Muridae*)에 속하는 동물은 대부분 지상 또는 수상생활을 하며 꼬리가 길다. 유럽과 한국 · 일본에 분포하며, 억새 · 보리 등의 화본과 식물과 사초 과(방동사니 과) 식물 등의 줄기를 타고 올라가 가늘게 찢은 잎으로 공 모양의 보금자리를 만드는 우수리멧밭 쥐 속 (*Micromys*), 일본의 산림에 많이 살고 있는 붉은 쥐(*Apodemus speciosus*), 한국의 산과 들에 많이 살고 있는 등줄쥐(*A. agrarius*), 인가나 특히 항만도시에 세계적으로 널리 분포하는 곰 쥐(*Rattus rattus*) · 집 쥐(*R. norvegicus*) · 생 쥐(*Mus musculus*), 쥐 아목 중에서 가장 큰 필리핀산(産) 플레오미스쥐 속(*Phleomys*), 오스트레일리아에서 수서생활을 하는 물쥐 속 (*Hydromys*) 등이 있다.

겨울잠쥐 과(*Gliridae*)에 속하는 쥐들은 나무 위에서 살며, 쥐아목의 조상형 형태를 갖추고 겉모습은 다람쥐와 비슷하다. 꼬리는 길고 끝까지 긴 털로 덮여 있다. 유럽과 서아시아에 분포하는 유럽 겨울잠 쥐(*Muscardimus avellanavius*)와 안경 겨울 잠쥐 속(*Eiomys*), 일본 특산종으로서 동면을 하는 겨울 잠쥐 속(*Glirulus japonicus*) 등이 있다. 가시 겨울 잠쥐 과의 가시겨울 잠쥐 속(*Platacanthomys*)은 인도에 분포하는데, 등면에 더부룩하게 긴 털이 섞여 있다.

카자흐스탄의 사막에 살고 있는 사막 겨울 잠쥐 과의 사막 겨울 잠쥐 속(*Selevinia*)은 소형이다. 긴 꼬리 쥐 과에는 사할린섬에 분포하며 몸은 작지만 꼬리가 긴 긴 꼬리 쥐 속(*Sicista*)이 있으며, 날 쥐과에는 아시아와 동유럽에 분포하는 세 발가락 날 쥐(*Dipus sagitta*), 시베리아·중국·몽골에 분포하며 뒷다리가 매우 길어서 점프를 잘 하는 다섯 발가락 날 쥐(*Allactaga siberica*)가 있다. 흔히 가주성(家住性)의 곰쥐·집쥐·생쥐의 3종류를 집쥐라고 하고, 그 밖의 것을 들쥐라고 하지만 계통분류와는 관계가 없다.

(2) 쥐의 생태

원시적인 겨울잠쥐는 예외이지만, 그 밖에는 다람쥐아목·산미치광이아목에 비하여 임신기간이 짧고, 출산횟수나 한배에 낳는 새끼의 수가 많다. 예를 들면 비단털쥐는 1회에 6~9마리를 연 2~3회 출산한다. 밭쥐나 집쥐의 경우에는 같은 수의 새끼를 6~7회 출산한다. 임신기간은 사향쥐 22~30일, 붉은쥐 23~26일, 모래쥐·집쥐 21일, 생쥐·대륙밭쥐 17~20일, 골든 햄스터 14일이다. 또 집쥐나 밭쥐는 출산 후 몇 시간만 지나면 발정하여 교미하고 임신한다.

[표 41] 쥐가 매개하는 전염병

구분	전염병	비고
세균성 전염병	페스트·와일씨병·방사균증·서교증(鼠咬症)·이질·살모넬라증 등	살모넬라증은 쥐의 분뇨로 인한 음식물 오염에서 온다.
리케차에 의한 전염병	발진열·쯔쯔가무시병·리케차성 두창 등	
바이러스성 전염병	유행성 출혈열 등	
기생충성 전염병	선충증·흡충증·조충증·선모충증 등	
원충성 전염병	아베바성 이질	

2. 위생해충(hygienic insect)

위생곤충이라고도 한다. 이들 곤충(또는 해충)을 연구하는 학문을 위생곤충학·의용(醫用)곤충학·의곤충학(medical entomology)이라고 한다. 위생동물학(의동물학이라고도 한다)의 한 분야이다. 일반적으로 위생곤충 속에는 곤충이 아닌 진드기·전갈·거미·지네 등도 포함하는 일이 많고, 가축이나 조수(鳥獸)의 위생, 또는 식품위생에 관계있는 곤충도 포함시키는 일이 많다. 위생곤충은 생태적으로 보아 다음과 같이 분류할 수 있고, 동물 분류상 곤충 강의 많은 목(目)이 여기에 관계가 있으며, 둘 이상의 생태적 성질을 겸하고 있는 일이 많다.

(1) 흡혈성(吸血性) 곤충

혈액을 흡수하여 해를 주는 것으로 파리 류의 모기 · 나방파리 · 등애(blind fly) · 침파리 등의 많은 과(科)나 은시류(隱翅類)의 벼룩류(flea), 이목(吸蝨目)의 이류(sucking lice), 노린재류 · 빈대류(bedbug) · 침노린재류 등이 있다.

(2) 기생성(寄生性) 곤충

여기에는 몸 외부에 기생하는 것과 몸 안에 기생하는 것이 있다. 몸 밖에 기생하는 것으로는 벼룩 · 이 · 반날개빈대 · 이파리 등이 있고, 몸 안에 기생하는 것에는 쇠파리 등이 알려져 있다.

(3) 병원전파매개성(病原傳播媒介性) 곤충

이것에는 단순히 기계적으로 병균 · 바이러스 등의 병원체를 몸에 부착시켜 전파하는 집파리 · 황등애 · 바퀴벌레와 같은 식품해충과 흡혈이나 자교(刺咬) 때 이것들을 매개하여 병원체를 감염시키는 이 · 빈대 · 모기류 · 초파리 그 밖의 위생곤충이 있다. 또 촌충이나 구두충(鉤頭蟲)의 중간숙주(中間宿主)가 되는 곤충이 있다.

(4) 자교성(刺咬性) 곤충

여기에는 벌 · 침개미 · 전갈 등과 같이 독액을 주입하는 것, 독나방 등과 같이 독침모(毒針毛)를 가진 것, 입으로 무는 개미 · 거미 · 지네 등이 있다.

(5) 독액분비성 곤충

곤충의 몸으로부터 독액을 분비하기 때문에 이것에 접촉하면 피부염이 생기는 개미반날개의 어떤 종, 하늘소붙이류 · 가뢰류, 그 밖에 꼬리 끝에서 가스상(狀) 액을 내는 폭탄먼지벌레류가 알려져 있다.

(6) 불쾌곤충

여기에는 월동(越冬) 때에 떼를 지어 가옥 내에 침입하여 악취를 내는 노린재류와, 천장에서 떨어져 음식물에 들어가거나 짜부러져 불쾌감을 주는 깍지벌레류·진드기류가 알려져 있다.

1. 직접피해

① 기계적 외상 : 곤충에 물려 피부조직의 손상
② 2차적 감염 : 세균에 의한 2차 감염으로 피부염 발생
③ 체내기생
  ❶ 파리 : 승저증(myasis)-아프리카 파리 유충-피부를 뚫고 피하내 이동
  ❷ 옴 진드기 : 피내에 기생(손가락, 발가락 사이, 서혜부위 침범)
  ❸ 옴 여드름 진드기 : 피부 모근에 기생하여 여드름 발생
④ 자교(刺咬:독액 주입) 시 이 물질에 대한 감수성→allergy반응
⑤ 독성물질 주입 : 자교에 의해 용혈성, 출혈성, 신경독성 증상을 보임→맹독성→수포 (blister)형성
⑥ 감각기 우발손상 : 작은 벌레가 눈, 코, 입에 들어갔을 경우
⑦ Entomophobia(곤충공포증) : 혐오감에 의한 신경증 유발(부인, 여성)

2. 간접피해 : 병원체가 해충에 의해 인체내에 주입되는 경우

① 기계적 전파
  ❶ 곤충이 병원체를 체표면에 묻히거나 자교시 인축의 정맥이나 음식물에 운반하여 병원체를 전파
  ❷ 병원체가 매개곤충의 체내외에서는 증식하지 않음
  ❸ 소화기계 질환(장티푸스, 살모넬라증, 이질 등)외에 소아마비(금파리), 기생충증 전파

② 생물학적 전파

병원체가 해충의 체내에서 일단 발육이나 증식한 후 인체나 가축에게 병원체를 감염시킴

❶ 증식형 : 곤충체내 병원체의 단순 증식→자교(自咬, biting)시 피부상처 통해 감염되는 형

❷ 발육형 : 단지 발육만 하여 숙주에 의해 전파되는 형

❸ 발육증식형 : 병원체가 곤충 체내에서 발육과 증식을 동시에 하여 전파되는 형

❹ 경란형 : 병원체가 매개곤충 충란을 통해 전파되는 형

❺ 배설형 : 병원체가 곤충 체내에서 증식한 후 곤충의 대변을 통해 숙주에 전파되는 형

5-2-3 위생동물 구제방법

1. 곤충매개체

(1) 병원체의 구제

① 치료약제의 투여

② 예방투약

(2) 숙주동물의 구제 : 병원체의 감염원인 병원소를 제거

2. 매개곤충

① 환경개선

② 물리적 방법(기계적 방법) : 파리채, 쥐덫, 유문등, 끈끈이줄 등

③ 생물학적 방법

- 천적이용 : 기생동물, 포식동물
- 불임용충의 방사 : 방사선조사, 방사선 화학물질 등
- 매개 종에 영향을 주는 식물의 제거

④ 화학적 방법 : 위독제, 유기인제, 훈증제, 기피제, 유인제 등

⑤ 사람과의 접촉방지 : 모기장, 피부노출을 피하거나 기피제 바르는 것

[표 42] 주요 위생해충이 매개하는 전염병

구분	전염병	비고
모기	말라리아 · 바이러스성 뎅구열 · 황열 · 사상충증 · 바이러스성 일본뇌염 등	서식지 완전 파괴가 최우선 예방대책
파리	나병 · 결핵 · 디프테리아 등	주변 환경을 청결하게 유지할 것.
벼룩	세균성 페스트 · 리켓차성 발진열 등	환경개선 · 소독 등
이	발진티푸스 · 재귀열 · 참호열 등	환경개선 · 소독 등
빈대	리켓차성 회귀열 · 소양감 · 2차적 염증 등	환경개선 · 소독 등
진드기	진드기뇌염 · Q열 · 록키산홍반열 · 양충병 (scrub disease) · 유행성 출혈열 등	환경개선 · 유행지역 들쥐 등의 박멸 · 소독 등
바퀴벌레	세균성 이질 · 콜레라 · 장티푸스 · 살모넬라증 · 결핵 · 기생충성 회충증 · 소아마비 등	독이처리 · 훈증법 등
독나방	심한 소양 · 통증 · 피부염 등	약제 살포 등

등애(blind fly)   벼룩(flea)   빈대(bedbug)   노린재(Hemiptera)   이(sucking lice)

[그림 57] 위생해충

3. 살서제(殺鼠劑, germicides) 및 살충제(殺蟲劑, insecticide)

쥐 및 위생해충을 죽이는 효과를 지닌 약제를 이른다.

현재 살서제와 살충제의 사용이 위생곤충방제와 농작물, 산림보호를 위하여 증가되어 가고 있는 추세에 있고 잔류성 농약 문제로 인하여 디디티(DDT)와 다른 유기 염소제가 더 이상 살포되지 않고 있으며 저독성인 천연산 살충제 사용량이 증가되고 있는 추세에 있다.

(1) 종류

효과에 따라 접촉제 · 소화중독제 · 가스제로 구분할 수 있으며 처리된 식물체에 살충제가 어떻게 존재하고 분산되느냐에 따라 국부효과(局部效果)를 지닌 잔류성 제제와 입제(粒劑) 형태로 약제가 토양에 살포, 유효성분이 식물에 흡수되어 오랜 기간 동안 방제효과가 있는 침투성 제제(systemic germcides/insecticide)로 나눌 수 있다.

화학구조에 따라 다음과 같이 나뉜다.

1) 무기제제

수은 · 불소 · 비소 등을 함유하는 무기화합물이 제2차 세계대전 초까지 살충제로서 사용되었으나 독성문제 때문에 유기살충제로 대체되어 사용이 금지되어 있다.

2) 유기인제

유기인 화합물은 살충제의 종류에 있어서나 실용면에서 가장 우수하다. 유기인제는 적용범위가 넓어 곤충 · 응애 등에 좋은 효과를 지니며, 식물체 내에 흡수되어 침투성 효과가 있고, 유효성분이 신속하게 분해되어 잔류문제가 없으며, 곤충의 신경계를 침해하여 효과를 보이는 신경독제이다. 팔티온 · 이피엔 · 다이아지논 · 메타시스톡스 · 말라티온 · 스미치온 · DDVP · 디프테렉스 등이 많이 사용되고 있는 유기인제이다.

3) 카바메이트

1950년대부터 개발, 이용되고 있고 유기인제에 대해 저항성을 보이는 곤충에 대해 좋은 살충력을 보인다. 세빈 · 바사 · 테믹 · 파단 · 피리모 등이 이 약제에 속한다.

4) 유기염소제

제2차 세계대전 이후 DDT가 한국에 수입되어 위생해충은 물론 각종 해충방제에 사용하였으며, BHC제 · Drin제가 수입되어 해충방제에 큰 공헌을 하였다. 그러나 저항성해충의 유발, 유용천적의 살해, 어류에 대한 독성, 인축, 농작물에 대한 잔류독성 때문에 유기염소제 사용이 완전 금지되어 있다. 이들 살충제는 다량의 염소를 함유하고 있는 것이 특징이며, DDT · BHC · 에톡시크로 · Aldrin · Dieldrin · 헵타크로 등이 있다.

5) 천연산 제제

식물에서 유효성분을 추출하여 얻어진 식물성 살충제와 광물에서 얻어진 광물성 살충제로 대별된다. 우수한 유기합성 살충제의 실용화로 식물성 살충제의 사용량이 한동안 감소하였으나 독성, 환경오염 등과 같은 심각한 사회문제가 부각됨에 따라 식물성 살충제의 사용에 관심을 갖게 되어 점차 사용량이 증가하고 있다. 식물성 살충제로는 니코틴 · 로테온 · 피레스룸 등이 있으며, 합성 피레스로이드인 데시스 · 립코드 · 주렁 · 화스탁 · 타스타 · 스미사이딘 등이 광범위하게 사용되고 있다.

사람은 음식을 섭취하지 않고 생명을 유지할 수 없다.

태초부터 지구상에 많은 생물들이 존재하여 왔다. 이 생물들은 온도 및 습도, 서식지 등의 조건 변화범위에 따라 생리적(physiological)으로나 형태적(morphological)으로 차이가 나타났고 어떤 생태적 요인에 대하여는 내성 범위(tolerance range)가 넓으나 어떤 요인에 대하여는 좁은 생태적 특성을 지니게 되었다. 이렇게 해서 환경에 적응된 새로운 개체군이 나타났다. 우리 민족이 우리 민족 스스로의 식품문화 환경에 적응하여 왔으므로 중국인이나 일본인들이 즐겨 먹는 식품만으로 우리 건강을 유지 못하는 이유가 여기에 있다.

일찍이 리비히(Liebig)는 그의 최소량 요구법칙(minimum requirement law)에서 "생물의 성장과 번식은 그들의 대사작용에 요구되는 필수물질 중 최소량의 물질에 의해 좌우된다."라고 하였고 쉘포드(Shelford)는 그의 내성법칙(tolerance law)에서 "생물의 생장과 번식은 그들 필요 물질의 내성한도에 가까운 질적, 양적 부족에 의해 억제된다."라고 하였다. 이 이야기는 아무리 풍성하게 차려진 식탁 위의 음식이라 할지라도 영양에 필수적인 음식을 섭취하지 않을 경우 건강에 도움이 되지 못하는 이유를 설명하여 준다.

식품이 부패(putrification)한다는 것은 식품 보관이 잘못되어 미생물이 증식하고 단백질이 변형하여 유해성 아민(amine)이 산출되어 악취 등 유해물질이 많이 발생하는 것을 이르고 변패(deteridation)한다는 것은 당질이나 지질류가 변질하여 유해물질이 비교적 적게 생성하는 것을 이른다. 옛날에는 식품 부패와 변패로 인한 위해성이 문제였으나 요즈음은 산업이 발달하여 환경오염이 심각하여 지면서 식품원료의 생산과 가공, 판매의 전 유통과정에서 불량식품 위해성이 증대되고 있다. 생산과정에서 폐기물로 인하여 토양이 오염되고 농약이나 산업폐수 등에 의하여 식품 원료가 오염되며 가공과정에서 유해한 화학물질들이 첨가되는 것은 물론이요 포장재료로부터 유해물이 식품에 이전 잔류하기도 한다.

이상이 식품위생의 의의가 영양가치(nutrient value) 보존과 안전성(safety) 확보에 있음을 웅변으로 설명하여 준다.

1. 식품위생의 정의

1955년 스위스 제네바에서 열린 WHO 환경위생 전문 위원회 회의에서는 식품위생을 다음과 같이 정의하였다.

"Food Hygiene'means all measure necessary for ensuring the safety wholesomeness, and soundness of food at stages from its growth, production or manufacture until its final consumption."

"식품위생'이란 식품의 생육, 생산, 제조에서 최종적으로 사람에게 섭취될 때까지의 모든 단계에서 식품의 안전성, 건전성 또는 완전 무결성을 위하여 필요한 모든 수단을 의미한다."

우리나라에서는 지난 1973년 개정된 식품위생법 제2조(정의) 편에서 다음과 같이 정의하고 있다.

"식품위생이라 함은 식품, 첨가물, 기구 및 용기와 포장을 대상으로 하는 음식에 관한 위생을 말한다."

5-3-1 식중독(food poisoning)

자연독이나 유해물질이 함유된 음식물을 섭취함으로써 생기는 급성 또는 만성적인 건강장애를 이른다. 건강장애는 독물적 장애나 영양적 장해, 경구 전염성 질병 등으로 나타난다.

1. 세균성 식중독

세균은 보통 상온에서 30분마다 배 이상 증식하고 특히 30도가 넘는 날씨에는 4~5시간만 지나도 식중독을 일으킬 수 있다. 대부분의 세균성 식중독은 2~3일 안에 저절로 낫는다.

(1) 독소형(toxic type)

이미 세균에 의해 오염된 음식물 내의 독소를 섭취하여 증세를 나타내는 것을 이른다. 이러한 독소를 이열성 균체외 독소(thermolabile exotoxin)라고 한다.

(2) 감염형(infectious type)

오염된 식품을 섭취하여 인체 내에서 세균이 발육하여 증식함으로서 증세를 나타내는 것을 이른다. 이러한 독소를 내열성 균체내 독소(thermostable endotoxin)라고 한다.

1) 세균성 식중독의 분류

세균성 식중독을 독소형과 감염형으로 분류한 결과가 다음과 같다.

[표 43] 세균성 식중독의 분류

형별	세균속(genus)	세균종(species)	소재
독소형	*Clostridium*	*Cl. botulinum* A, B, E형	토양, 식품
		Cl. pertrigens A, F 형	토양, 하수, 분변
	Staphylococuus	*Staph. aureus*(phage 3형)	화농병소, 비/인후강
감염형	*Salmonella*	*Sal. enteritis*외 10여 종	사람, 개, 고양이, 가금류의 알, 소, 돼지, 쥐 등
	Arizona	*Paracolobacterium arizona*	사람, 새, 도마뱀, 뱀 등
	Escherichia	*E. Coli*(병원성 대장균)	척추동물의 장관 내
	Morganelia	*Proteus morganella*	척추동물의 장관 내
	Vibrio	*Vibrio parahemolytica*	어육, 분변

2) 세균성 식중독 종류

① 보툴리노스 식중독(botulinism)·소세지 중독

이 식중독은 소시지(sausage)나 햄(ham)이 원인식품이며, 초기에는 소시지 중독이라고도 하였으나. 근래에 와서는 총칭 보툴리누스균 식중독(botulism)으로 통한다. 이 식중독의 높은 발생 비율별 원인 식품 명을 순서대로 살펴보면 강낭콩, 옥수수, 시금치, 아스파라거스 등의 통조림 및 어패류와 그의 가공제품의 순이다.

● 병인론 (etiology)

이 원인균은 아포(spore)를 갖는 편성혐기성세균(obiligate anaerobic bacteria)이다. 이 세균이 산출하는 독소의 혈청학적 분류에 따라 A, B, C, D, 및 E 등의 다섯 가지 형으로 나누며 그 중에서 사람에게 병원성을 보이는 것은 A와 B 및 E형이고, C 및 D형은 동물(가축)에서만 병원성을 나타내는 것이 다르다.

● 역학 (epidemiology)

앞에서 언급한 각종 원인식품 중에서도 우리나라에서 흔히 발생힐 가능성이 많은 것은 어패류로 보는데 특히 젓갈류의 처리과정 중에 토양이나 생선의 내장 속에 존재했던 보툴리누스균에 오염되어 식중독의 원인이 되는 경우가 있을 것이다. 일본에서는 청어회를 먹고 이 식중독(E형 균에 기인)이 발생된 예가 있는데, 특히 보툴리누스균에 오염된 플랑크톤(plankton)을 먹은 어패류는 이 병원균에 감염될 것이고, 그 소화관 내에는 주로 이 E형균이 증식되어 균체외 독소를 농후하게 산출하므로서 이를 먹은 사람은 식중독을 앓게 된다. 즉, 이와 같은 원리로 젓갈류나 소금 절임 야채류의 통조림에 의한 식중독이 가능한 것이다. 이 식중독은 해안이나 하천지역에 국한되는 지역적 발생을 한다.

● 증상 (symton, clinical sign)

보툴리누스 독소에 의한 식중독은 마비증상을 일으켜 사망하는 경우가 많으므로 세균성 식중독 중에서 가장 무서운 것으로 인정하고 있다. 이 식중독은 원인 식품을 먹은 후 12~36시간(때로는 72시간)의 잠복기(latent period)를 거친 다음에 발병하며, 처음에는 위장염 증상으로 시작하였다가 그 증상이 소실되면서부터 2차적으로 특징적인 신경마비 증상을 일으킨다. 따라서 이 증상의 주된 소견으로는 시력저하, 복시(複視), 연하곤란, 변비, 복부팽만 및 호흡곤란 등을 일으켜서 결국 사망하고 만다. 이 식중독의 또 하나의 특징은 혜온 상이 없는 일이며, 사망률은 40% 정도이다.

● 예방 및 치료 (prevention & therapy)

이 식중독균의 오염원은 주로 토양과 보균동물의 분변이라고 보기 때문에 식품을 처리할 때에 어패류의 창자 내용물에 오염되지 않게 하고, 야채류인 경우는 충분히 물로 세척하여 흙에 의한 오염이 없게 할 필요가 있다. 특히 이 원인균은 아포형성균이고 독소 생산균임을 감안하여 섭취하기 전에는 반드시 가열처리를 해야 한다. 균체의 독소는 80°C에서 수분만 가열해도 파괴되나, 아포형은 100°C에서 6시간 가열 또는 120°C에서 20분이상 고압멸균해야 말살된다. 또한 이 균의 지적 발육온도는 10~20°C이므로 어패류나 가공제품의 보존온도는 5°C 이하이다. 이 식중독의 치료에는 보툴리누스 균체의 독소에 대한 항독소혈청의 사용이 권장되나, 원칙적으로 조기에 발견하여 대증요법을 실시하거나 응급치료에 대처해야 한다.

② 웰시(Welchii)균 성 식중독

　이 세균성 식중독은 감염형인지 독소형인지 현재까지 확실하지 않으나 닭고기 전골이나 오징어 요리로 기인된 식중독이 보고되어 있으며, 특히 1949년에는 자이슬러(Zeissler) 등에 의해서 이 원인균의 F형 괴사성장염으로 표현되는 식중독이 보고되고 있다.

● 병인론

　원인식품으로 어패류와 그 가공제품에 기인되는 것이 90%나 된다고 하나, 그밖에도 쇠고기·돼지고기·토끼고기·닭고기 등이나 이의 가공식품 등도 문제가 된다. 원인균으로 *Cl. perfringens*이나 혹은 *Cl. welchii* 간균이라고도 부르기 때문에 웰시균성 식중독이란 말을 사용한다. 이 세균도 보툴리누스균과 같이 아포형성균이고 혐기성균에 해당된다. 생산되는 독소의 형에 따라 이 병원균을 A·B·C·D·E·F등 6종의 세균형으로 분류되지만, 사람에 있어서의 식중독은 주로 A 및 F형의 균에 기인될 때가 많고, 이들은 다른 형의 균보다 열에 대한 저항력이 강한 편이지만 독소의 생산 등은 비교적 약한 편이다.

● 역학

　웰시균성 식중독의 예는 증가 경향이 있는 반면에 지역적 분포발생 보다는 전국적 발생을 하는 것이 보툴리누스 식중독과 차이가 있고, 동시에 계절적 발생 양상을 보아도 마치 감염형에서와 비슷한 점이 있어 5~9월에 발생이 많고 10월부터 4월까지 사이에는 거의 발생되는 일이 없는 것이 보툴리누스 식중독과 다르다.
웰시균은 본래 토양균(soil bacteria)이지만 인축의 장관 내에서도 존재하므로 보균자와 쥐 및 곤충 등에 의해서 식품이 오염되는 일이 보통이다.

● 증상

　독소의 형에 따라 잠복기와 증상에 차이가 있다. 즉, A형균에 의한 식중독은 8~20시간의 잠복기를 거친 다음 심한 물 설사와 복통으로 시작되나, 구토증세와 발열이 없이 경과하다가 24~48시간만에 치유된다. 그러나 F형 균에 의한 식중독 중은 잠복기가 2~3시간으로 A형에서보다 짧고, 구토가 있으며 하복부의 격심한 통증과 설사로 시작하여 탈수 증상이 나타나며, 더 심해지면 허탈상태로 되어 사망하게 된다. 이의 사망률은 보툴리누스 식중독과 동일하다.

● 예방

　웰시균 식중독의 원인균의 열에 대한 저항력은 보툴리누스균의 아포보다 약하지만 100°C에서 1시간 이상 가열하여도 견디어 내는 수가 있으므로 오염식품의 가열처리는 안심할 수 없고 따라서 조리한 식품을 오랫동안 방치하는 일이 없이 5℃ 저온에서 보존하는 일만이 이 식중독 예방의 한 수단이라고 하겠다.

③ 포도상구균성 식중독

식중독 중에서 가장 발생률이 많은 독소형 식중독증으로서, 모든 식중독 증상 중에서 마치 화학물질에 의한 중독증이 때와도 같이 2시간이란 짧은 잠복기를 갖는 것이 특징이다. 이 병원균은 무아포성이며 저항력이 비교적 강한 호기성 세균이므로 자연계에 널리 분포되어 식품을 오염시킬 기회를 많이 갖고 있으며, 식중독 증상은 이른 바 이 세균이 산출하는 장염독(腸炎獨, enterotoxin)에 기인된다.

● 병인론

이 원인균은 본래 인축에게 화농성 염증의 원인균이고, 1930년 댁(Dack)에 의해서 처음으로 포도상구균성 식중독이 발생된 예가 보고된 이후부터 그 역사가 시작된다. 과거에는 이 병원균의 오염원을 추구하기가 곤란하였으나, 추정원의 식품에서뿐만 아니라 환자의 구토물과 조리인의 화농병소 또는 식품제조 종사자의 코 및 목구멍으로부터 약 22종류의 phage형별 균주를 분리해 낼 수 있으므로서 오염원을 규명하기가 쉬워졌다. 사람에게 발생되는 원인균은 주로 *Staphylococcus aureus* phage-Ⅲ인 것이 판명되었다.

● 역학과 원인식품

이 식중독은 장염독 생산 포도상구균으로 오염되어 적당한 실온에 방치하게 되면 중독이 될 충분할 정도의 장염독이 농축하게 되고, 이러한 식품을 섭취하므로서 발병을 하게 되는 것이므로 식품취급자에 의한 식품의 오염을 경계해야 한다.

이 식중독의 원인식품은 과자류나 복합 조리식품 등이며, 팥을 가미해서 가공한 빵과 떡도 높은 발병률을 나타낸다. 이 중 과자류 중에서도 크림(cream)을 사용해서 만든 슈크림, 크림빵 및 크림과자 등에 의해 발생된 예가 많다. 그러나 어패류에 의한 포도상구균성 식중독이 발생된 예는 매우 낮다. 위생학적으로 특별히 주의해야 할 일은 조리한 다음에 오랜 시간이 경과한 후에 먹게 되는 김밥이라든가 또는 도시락과 같이 주로 손이 많이 가면서도 복합된 조리방식이 취해진 식품에 의해 이 식중독이 대단히 발생이 높다는 점이다.

● 증상

이 식중독의 특징은 다른 독소형 식중독과 달리 1~6시간(평균 3시간)의 잠복기를 갖는다는 점인데, 빠를 때에는 식후 30분 만에 발병될 때도 있다.

중독증상으로서 급성위장염 증상이 주 증상으로서 처음에는 타액 분비가 많고 두통·설사·구역질 및 두통은 반드시 수반되는 것이 특징이다. 설사의 양상은 수양성-점액성으로 진전하게 된다. 발열은 없는 편이다(37.5℃). 그리고 사망률은 극히 낮거나 없는 편이며 심한 설사와 구토로 인한 탈수증으로 쇠약해지는 일이 많다.

이 식중독 증세의 강도는 섭취한 독소량이나 개체의 감수성 여하에 따라 큰 차이가 있다. 따라서 성인보다는 유아에서 더욱 큰 문제가 될 수 있다.

● 예방

병원균은 자연계에 널리 분포되어 있으므로 단지 식품을 깨끗이 하는 것만으로서 장염독에 의한 식중독을 예방하기에는 부족하다. 따라서 장염독이 산출될 수 없는 냉장온도(4~5℃)에서 보존하는 일이 가장 안전한 방법이라고 하겠다. 그리고 더욱 주의해야 할 일은 손에 화농병소가 있는 사람이 호텔이나 대중음식점의 조리사로 종사하는 일을 금지시키는 것도 중요하고, 한편 유방염(mastitis)에 걸린 젖소에서 얻은 우유로서 식품조리를 하는 일도 있어서는 안 된다. 또 하나는 복합된 조리식품 일수록 제조 후 장기간에 걸쳐 보존하거나 소비하는 일도 피해야 한다.

④ Salmonella균성 식중독

감형형 식중독의 대부분을 차지하며, 장내세균의 일종인 10여종의 살모넬라균속에 의해서 발병된다. 동물에서는 장티푸스성이나 패혈성(septicemia) 질병을 일으키고, 사람에게는 그런 동물을 매개로 하여 식품을 통한 급성위장염(acute enteritis)을 일으키는 것이 특징이다. 따라서 이 식중독은 역학적으로 볼 때 인수 공통전염병에 해당된다.

● 병인론

이 식중독의 주된 원인균은 앞에서 본 바와 같이 *Salmonella enteritidis*이지만, *Sal. pullorum*(추백리[雛白痢]균)이나 Sal. gallinarum(家禽 콜레라균)을 제외한 많은 살모넬라 균종들도 원인균으로 작용한다.

이 병원균의 특징은 편모(flagella)가 있어 운동성을 가지며, 협막(capsule)이나 아포도 형성하지 않는 통성혐기성균이다. 그리고 살모넬라균은 균체항원(somatic antigen)과 편모항원(flagella antigen)을 가지고 있으므로 이것을 이용한 혈청학직 분류를 해보면 약 700여종 가량의 항원구조로 되어 있음을 알 수 있다.

● 역학적 소견

살모넬라 식중독은 6~9월(여름~가을)에 걸쳐 발생이 많은 것은 다른 세균성 식중독과 유사하다. 원인식품으로서 주로 식육이나 계란이 가장 높은 감염원이 될 수 있다. 따라서 2차 오염이 가능한 샐러드나 마요네즈 등의 조리에 기인되는 일도 많겠으며, 또한 장기 보존에서 바퀴나 파리에 의한 식육의 오염에 기인되어 식중독이 발생하는 일이 많다. 특히 우리나라 사람들이 즐겨먹는 날계란에 의한 살모넬라 식중독은 흔한 일이면서도 모르고 넘어가는 일이 많으므로 주의를 요한다.

살모넬라 식중독의 감염경로로 첫째, 대부분의 동물들이 고유숙주이기 때문에 살모넬라균에 오염되어 있거나 보균 중인 가축의 식육이나 계란 등을 직접 섭취함이고, 둘째, 살모넬라균에 감염된 동물(쥐, 파리, 바퀴)이나 보균자에 의한 매개적인 간접적 2차 오염을 생각할 수 있다.

● 증상

이 식중독의 잠복기는 비교적 길어서 대략 24~48시간 정도이다. 그러나 이 식중독균의 독력이나 균량 내지는 감수성자의 저항력 등에 따라 이 잠복기의 기간에 차이가 생길 수 있다. 살모넬라 식중독의 주된 증상은 급성 위장염으로서 구역질, 구토, 설사, 복통, 두통 및 38~40°C의 발열이 2~5일간 지속되는 일이 다른 식중독과 차이가 있다. 발병되면 대체로 예후는 좋아 1~3일 경과하면 자연 회복되는 일이 많고 치사율(사망률)은 0.3~1.0%로 매우 낮다.

● 예방

이 식중독 발생의 주된 원인은 앞에서 기술한 바와 같이 매개동물(쥐)이나 곤충류 등에 의해 기인되는 일이 많으므로 우선 조리장, 주방, 찬장, 창고 등 식품을 취급 보관하는 장소에는 반드시 방충 및 쥐 방지 설비를 갖추어야 하며, 다음에는 원인식품에 오염된 병원균이 장기간 보존하는 과정에서 증식하는 일이 없도록 조리 후에 반드시 냉장온도에 보존하고, 섭취 전에 재가열처리해서 먹어야 한다. 또한 조리한 다음 장기간의 보존을 피하고 날계란을 섭취하지 않는 일이 중요하다.

⑤ 장염성 비브리오 식중독

한국에서 장염성 비브리오 식중독이 발생된 예는 1969년에 처음으로 보고된 바 있으며, 오염식품으로 인한 환자의 분변이나 구토물 중에서 *Pasteurella parahaemilytica*를 분리동정한 것이 시초가 된다. 따라서 여름철에 어육의 조리나 생식에 각별한 주의를 요한다.

● 병인론

이 비브리오균은 편모를 갖고 운동성이 있으며 무아포성, Gram 음성의 통성혐기성 간균이다. 이 균은 내열성이 O항원과 이열성인 K(협막)항원으로 구분되며, 혈청학적으로 26가지의 혈청형이 있다.

● 역학적 소견

이 병원균은 호염성이므로 이로 오염된 해수 중의 전갱이(일명 아지) 건포물에 의한 식중독이나, 바닷물로 절인 오이절임 등도 원인식품으로 인정될 수 있다. 그러나 우리나라에서 가장 흔한 원인식품으로 볼 수 있는 것은 낙지나 오징어를 비롯한 어육 생선회와 이것들을 재료로 한 회 덧밥과 초밥 등도 문제가 될 수 있다.

● 증상

이 식중독의 잠복기는 보통 14~20시간의 경우가 많고 발병하면 설사와 복통은 반드시 일어나는 증상이고, 37~38°C의 발열을 하여 오한 · 구토 · 권태감 및 두통 등이 있다. 1~3일이 지나면 회복되며 탈수증으로 인한 허탈상태로까지 진전될 수도 있다.

● 예방

앞에서 기술했듯이 여름철에서 가을철에 이 식중독 발생이 많다고 하니까 이 시기의 해산 어패류의 생식에 주의하고, 균체가 열에 대해 약한 점을 이용해서 열처리 후에 섭취하고, 호염성이므로 민물(수돗물)에 오래담가 잘 씻어서 요리를 하면 안전하며, 특히 오염 가능성이 많은 조리 기구나 행주 등의 소독과 청결을 철저히 하는 일도 중요하다.

⑥ 병원 대장균성 식중독

본래 대장균은 동물의 장내에 존재하는 대장균속에 속하지만, 이 병원성대장균(pathogenic enterobacteria)은 사람에게 일시적으로 장내에 존재하는 외래성인 병원균인 반면에 동물에게는 정상 대장균의 일종이므로 동물성 식품이 이 식중독의 원인식품이 될 가능성이 많은 이유가 된다.

● 병인론

이 병원성대장균은 주로 *Escherichia coliform*인데 그람 음성이고 편모를 갖는 간균에 속하며, 혈청학적으로는 항원구조에 따라 O, H 및 K 항원의 세 가지 항원을 가지고 있는데, 특히 O-124, O-136 및 O-112a, O-112c 등은 성인에서 자연감염원이 되고 있다. 그러나 유아의 설사증에는 O-111: B4, O-55 B, O-26: B5 , O-86: L 등이 관계한다. 특히 1996년 초여름 일본 초등학교 급식아동에게 광범위하게 식중독을 일으킨 O-157은 사회문제화로 대두되게 되었으며, 우리나라도 이 식중독이 발병되고 있어 각별한 주의를 기울여야 한다.

● 역학

이 식중독은 보균자의 오줌이나 분변에 의한 오염으로 소화기 계통을 통해 감염이 된다. 보균자는 병후 보균자도 문제이나 특히 건강 보균자는 더욱 문제된다. 동물의 장내 상재균(常在菌)인 병원대장균은 특히 우유를 통하여 유아의 설사원인이 된다. 발생은 연중 내내 일어나지만 봄에서 여름철에 걸쳐 더 많이 발생하는 경향이 많다. 그러므로 고아원, 탁아소 및 유치원 등에서의 병원성대장균 식중독에 주의를 요한다.

● 증상

유아의 설사증이나 성인 식중독의 잠복기간은 10~30시간으로 평균 12시간인 때가 보통이다. 주된 증상은 설사로서 마치 이질과 비슷한 증상을 나타내는 것이 특징이다. 따라서 배변하는 횟수도 1일에 2~10회 가량 되며, 발열 상태는 최고로 40℃가 되는 경우도 있었으나 대체로 열이 없는 상태로 경과할 때도 있다. 유아의 설사증 이외에 소년~성인에게 발병된 예에서는 그 예후가 비교적 좋은 편으로서 수일간이면 쉽게 회복되고, 특히 항생물질(항생제, antibiotics)의 사용은 매우 유효하다.

● 예방

동물의 장내에 늘 존재하는 장내세균임을 감안하여 이로 오염되지 않도록 각종 요리 기구를 관리하고, 항상 가열 식품을 섭취하는 습관이 필요하며, 특히 밀집된 장소에서 놀던 어린이들의 손에 의한 경구적 감염에 주의할 필요가 있다.

⑦ 아리조나 식중독

이 식중독의 병원체는 *Paracolobacterium arizona*로서 척추동물의 장관 내에 존재하는 세균이므로 돼지·닭·칠면조·오리 및 꿩을 비롯한 수육과 조육이 원인식품이 될 수 있을 뿐만 아니라 곤충류와 관련된 식품 등은 모두 아리조나 식중독의 원인이 될 소지가 다분히 많다. 잠복기는 비교적 긴 편으로서 6~40시간이며, 주된 증상은 복통과 설사증이고 38~40℃의 발열이 있으나 구토증이 없는 것이 다른 장 내 세균성 식중독과 다른 점이다. 대체로 1~2일 경과하면 자연 회복되는 일이 보통이다.

⑧ 모르가넬라 식중독

이 식중독의 병원성과 장의 감염성 여부는 아직 확인된 바 없지만, 병원체는 Proteus morganii로 여름철 어린이 설사증의 한 예로서 밝혀졌다. 그리고 발병기전에 대해서는 allergy 식중독에 관계되는 ptomaine 중독이나, 이 균이 생산하는 histamine과도 관계가 있는 것으로 추정하고 있을 따름이다.

2. 바이러스성 식중독

바이러스성 식중독(viral food poisoning)은 겨울철 설사를 주요증세로 하고 장염을 일으키는 원인 병원체 중 바이러스가 장에 감염되어 발생하는 질병을 말한다. 대부분 노로바이러스(norovirus)에 의해 발생한다.

급성 장염은 전 세계적으로 호흡기 감염에 이어 두 번째로 많이 발생하는 감염성 질환으로 21세기에 들어 매년 30-50억 명의 환자가 발생한다. 매년 5백만 명 정도의 후진국 어린이가 설사질환과 이의 합병증으로 사망한다. 최근 후진국뿐 아니라 선진국에서도 노로바이러스성 장염이 급증하면서 바이러스성 병원체의 중요성이 강조되고 있다. 미국에서만 설사환자를 치료하기 위해 지불되는 의료비가 매년 10억 불에 이른다.

주요 특징이 다음과 같다.

① 일반적 증세 : 설사·구토. 경우에 따라 두통·열·복통 수반. 감염 후 1-2일 후에 증상이 나타나며 1-10일간 지속됨

② 세균성 식중독과는 달리 미량(10-100마리)의 개체로도 발병이 가능하고, 환경에 대한 저항력이 강하며, 2차 감염으로 인해 식중독을 유발할 가능성이 있음.

③ 감염된 환자와의 물리적 접촉이나 바이러스에 오염된 음식물에 의해 전염됨. 음식물은 감염된 환자가 화장실 출입 후 손을 닦지 않은 상태로 조리할 경우 등의 부주의에 의해, 패류나 식수는 환자의 배설물들이 흘러든 하수에 의해 바이러스에 오염됨.

④ 유전자 재조합 기술에 의해 생산한 항원, 항체의 염기서열을 분석하여 얻은 정보를 활용한 종

합효소 연쇄반응법(polymerase chain reaction, PCR)으로 바이러스 분류와 질병을 진단 가능

(1) 바이러스성 식중독 종류

1) 노로바이러스 · 캘시바이러스 식중독

① 1968년 미국 오하이오주 Norwalk란 마을의 초등학교에서 집단 발생한 급성위장병 환자의 분변에서 바이러스가 검출되어 발견된 지역의 이름에서 유래됨

② 전 세계적으로 소아뿐 아니라 청소년연령층과 성인에 이르기까지 설사를 유발하는 바이러스(선진국 형 장염/설사 질환)

③ 미국의 경우 바이러스성 장염/설사의 약 42%, 네덜란드의 경우 약 90% 이상

④ 병원체 특성

소형구형(small ropund structural virus, SRSV), 표면에 컵 형태의 홈이 있는 구조단백으로 덮여있음. 내부에 27nm 크기의 단일가닥 RNA를 유전체로 지님. 유전자 다양성이 매우 심한 바이러스

- Ⅰ, Ⅱ, Ⅳ군은 인간바이러스
- Ⅲ군은 소바이러스
- Ⅴ군은 쥐바이러스

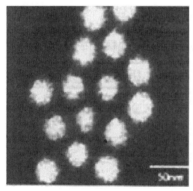 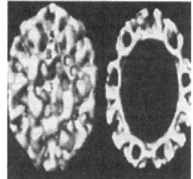

분변 증 노로바이러스　　　　　노로바이러스 캡시드 입체구조

[그림 58] 노로 바이러스

⑤ 생이나 가열이 불충분한 굴 등의 어패류 또는 이들을 사용한 식품이나 식단에 이들이 포함된 원인식품

⑥ 수인성 전염병(오염된 식수 및 어패류 등)

⑦ 사람과 사람 사이에 전파 가능. 바이러스에 감염된 조리자가 식품을 취급하였을 경우나 구토에 의한 비말 형성에 의한 감염 가능

⑧ stomach flue(위장 독감). 메스꺼움, 구토, 설사, 복통, 보통 1-2일 정도로 짧게 나타나는 증세. 바이러스에 감염된 후 24-48시간 정도 후에 증상이 나타남. 특별한 치료방법은 없고 수분 공급 및 탈수 방지. 대부분의 경우 장기간의 합병증 없이 1-2일 후 완쾌

⑨ 칼, 도마, 행주 등을 85℃ 이상 1분 이상 가열하여야 한다.

2) 로타바이러스(rotavirus) 식중독

① 전 세계적으로 5세 미만의 어린이들에게 중증 급성 위장관염을 유발

② 설사로 사망하는 사람의 약 20-25%가 로타바이러스에 의해, 5세 미만 어린이 사망원인의 6%를 차지

③ 우리나라 서울지역 설사환자의 검체를 조사한 결과에 의하면 전체의 47%가 검출되어 가장 중요한 설사 유발요인임으로 보고됨

④ 로타바이러스는 유전체가 11개의 이중가닥 RNA 절편으로 되어있음. 핵, 안쪽 층, 바깥 층의 3층에 단백에 둘러 싸여 있음

⑤ 미국 FDA에서는 샐러드, 과일이 원인식품으로 보고. 음용수와 물도 원인식품.

⑥ 병원소는 사람. 동물의 로타바이러스는 인간에게 병원성을 나타내지 아니함.

⑦ 전파는 대변에서 입으로 감염되는 것이 주 경로

⑧ 증상이 콜레라와 비슷해 '가성콜레라'라고도 하는데, 심한 경우에는 탈수 증상까지 나타난다. 보통 감기 증상에 이어 설사를 일으키며, 6~12시간 동안 구토가 지속된 다음 물같은 설사를 한다. 변의 빛깔은 엷은 노랑색이나 녹색이 많고, 토할 때는 담즙이나 소량의 피가 섞여 나오기도 한다.

⑨ 치료할 때 가장 중요한 것은 탈수증세를 막는 것이다. 탈수증을 그대로 방치하면 사망할 수도 있기 때문이다. 그러나 대부분 구토와 설사 정도의 증상을 보이다가 그치는 경우가 많으므로 탈수증이 심하지 않으면 입원하지 않아도 된다. 치료방법은 우선 구토가 심한 발병 초기에는 보리차 등 액체로 된 음료를 극소량씩 자주 먹인다. 진통제나 신경안정제·항히스타민제 등을 투여하기도 하지만 약 자체를 토하고 부작용이 나타나기도 하므로, 12시간쯤 아무 것도 먹이지 말고 탈수증이 있으면 정맥 내로 수액하는 것이 효과적이다. 구토가 멈추면 입으로 수분을 공급하고 입맛을 회복하면 보리차나 설사용 경구포도당액을 조금씩 먹인다.

3) 아스트로(astro)바이러스 식중독

① 1975년 설사와 구토를 보이는 소아의 검체에서 전자현미경을 사용하여 관찰되었음.

② 병원체 크기가 약 28nm이고 표면에 5-6개의 돌출부가 있어 별모양으로 보임

③ 일부 국가에서 로타바이러스 다음으로 어린이들에게 설사를 일으키는 중요한 원인체

④ 단일 가닥의 RNA 바이러스. 1-8형의 유전형이 존재.

⑤ 분변-경구 경로에 의하여 사람과 사람 사이에서 전파

⑥ 구토, 설사, 발열, 식욕결핍, 복통 등. 겨울철에 많이 발생.

⑦ 평균 3-4일의 잠복기. 짧은 경우는 24-36시간 잠복. 가벼운 설사증상이 2-3일 정도 지속.

4) 장관 아데노(adeno)바이러스

① 긴강한 사람의 편도나 아데노이드선에서도 발견되었으므로 아데노라는 이름을 얻었음.

② 이중나선 DNA 바이러스. 염기서열 상등성과 생화학적 특성에 따라 49개의 혈청형이 존재
(설사증 야기 형 : 40형과 41형)

③ 3세 미만 어린이, 면역억제 환자, 골수 이식을 받은 환자에게 위장염을 유발

④ 직경 75nm의 정이십면체 형태의 캡시드. 모두 14종류의 단백 중 바깥 쪽의 주 단백은
hexon. 꼭지점에 fiber가 알테나처럼 돌출되어 있음

⑤ 분변-경구 경로. 미국 질병관리센터(CDC) 보고에 의하면 오염된 물의 섭취로도 감염.

⑥ 묽은 설사변과 구토증상. 2-3일간 지속되는 낮은 온도의 발열, 탈수, 호흡기 증상 등

⑦ 잠복기는 약 7-8일 정도. 전형적으로 감염은 5-12일 동안 지속됨

⑧ 장갑, 가운 등에 의한 사람과 사람 간 전파를 차단해야 함

5) 간염(hepatitis)바이러스 식중독 A, E 형

① 간염의 원인 바이러스

② A형간염바이러스(HA바이러스)는 피코르나바이러스과(科)의 엔테로바이러스속(屬)에 속
하는 지름 27nm의 구형(球形) 바이러스로서 피막(被膜)은 없음. 외가닥사슬 모양의 RNA(리
보핵산)바이러스. E형은 증세로 판별.

③ E형 간염은 인도를 포함한 아시아와 아프리카, 중남미의 저개발 국가에서 주로 집단적으
로 발생하고 선진국에서는 거의 없음.

④ A 형 : 발열, 오한, 두통, 오심, 구토, 설사, 식욕감퇴, 복통 등. 잠복기는 15-50일 평균 4주

E 형 : 황달, 메스꺼움, 구토, 복부통증, 흑뇨, 관절통증, 발진, 설사, 가려움증 등. 잠복기는 약 7-10일 정도

⑤ A형은 생활환경이 개선되고 위생상태가 호전되면 특별한 예방대책이 없더라도 급격히 감소된다. 용변을 본 후와 식품을 조리하거나 식사하기 전에 손을 충분히 씻어야 하며 소독을 하여야 한다. 음용수는 가능한 끓여서 마시고 잘 가열한 식품을 섭취한다. 식수원의 오염배제, 적절한 하수관리 등 공중위생의 확립이 가장 중요. E형은 깨끗한 음료를 이용하고 채소나 과일의 생것을 피하며 손을 자주 씻는 습관을 갖도록 한다.

3. 자연독 식중독

(1) 동물성 식중독

1) 복어 중독(puffer fish/swell fish poisoning)

복어의 피부, 장, 난소, 고환에 함유되어 있는 tetrodotoxin($C_{16}H_{32}N_{16}O_{16} \rightarrow C_{11}H_{17}N_3$)에 의해 발생한다. 1909년 복어 독소를 순수하게 추출하여 tetradotoxin이란 명칭이 붙여졌고, 이 독소는 매우 강한 독성을 가지며 치사율이 높아 약 50%나 치사한다. 중독증상은 식후 30-5시간에서 시작하여 경과가 심한 경우에는 발병 후 5분만에 사망하는 경우도 있다. 최초의 증상으로는 입술이나 혀의 마비, 이어서 손발의 통증, 사지의 마비, 피부감각이나 미각, 청각 등의 둔화 마비가 일어난다. 중증일 경우에는 호흡중추가 침해되어 호흡곤란, cyanosis를 나타내며 사망하는 것은 호흡마비에 의한다. 먹을 경우에는 반드시 복어요리 전문가가 만든 요리를 먹도록 하며 tetradotoxin이 많은 부위인 난소, 간, 피부 등의 유독 부위를 제거한 육질부만 식용하도록 한다. 또 제거된 유독 부위는 사람이나 고양이, 개 등의 눈에 띄지 않게 비닐봉지에 담아 버리거나 땅속에 묻는다. 복어조리에 사용한 조리기구는 깨끗이 씻어둔다.

치료에는 적당한 해독제가 없으므로 섭취한 즉시 위세척 또는 설사를 하도록 하여 위장내의 독소를 제거하는 것이 중요하다.

2) 홍합 중독

패류 중독의 대표적인 것이다. mytilotoxin(saxitoxin)이 독 성분이며 대체로 복어 중독 증세와 유사하다. 무더운 여름철에 잡은 홍합은 섭취를 피하여야 한다.

3) 바지락과 굴에 의한 중독

venerupin이 독 성분이다. 구토, 두통, 변비, 비열 등을 거쳐 내장출혈이 나타난다. 여름철에 생식을 피한다.

4) 마비성 조개 중독(paralytic shellfish poisoning)

섭조개 중독증(mussel poisoning)이라고도 하는 것으로서 saxitoxin($C_{10}H_{17}O_4N_7 \cdot 2HCl$)이 독성 성분이다. 이 saxitoxin은 해수 중 발생하는 plankton의 유독과 편모조류의 일종인 *Gonyaulax catenella*가 갖는 독성분으로서 조개에 축적된다. 증세가 복어 중독의 것과 유사하고 조치로서 응급처치 밖에 없다. 응급처치시 위 내용물을 배출시키고 세척한다.

(2) 식물성 식중독

1) 독버섯 중독

버섯내의 muscarine, choline, amanitatoxin, neutrin 및 pahrin 등의 물질에 의해 발생한다. 중독증상이 버섯 중에 함유되어 있는 알카로이드(alkaloid)에 의해 나타나며, 중독증상의 발현이 빠른 것일수록 독력이 강하다고 보아야 한다. 식중독을 일으키는 버섯으로는 알광대버섯, 화경버섯, 무당버섯, 외대버섯, 땀버섯, 미치광이버섯, 웃음버섯, 깔때기버섯 등이 있고 식용버섯과 이들을 구별하는 방법이 대개 다음과 같다.

- 버섯의 줄기가 세로로 쪼개지는 것은 식용버섯이다.
- 색이 아름답고 선명한 것은 유독하다.
- 버섯특유의 향이 아니고 악취가 나는 것은 유독하다.
- 버섯을 잘랐을 때 유즙을 분비하는 것은 유독하다.
- 쓴맛, 신맛이 나는 것은 유독하다.
- 버섯을 끓인 물에 은수저를 넣었을 때 흑변이 되는 것은 유독하다.

2) 감자 중독

감자의 새싹이나 녹색으로 변색된 부분에는 solanine($C_{48}H_{73}NO_{15}$) 독성분이 0.1%이상 농축되어 있어 이것을 오용하면 수시간 내에 발병해 복통, 위장장해, 허탈, 현기증, 졸음, 가벼운 의식장해 등을 일으키며 발열은 없다. 간혹 호흡중추의 마비가 오는 수가 있다. solanine은 이열성이므로 가열로서 충분히 파괴될 수 있으므로 조리에 조심을 기울이면 예방할 수 있다.

3) 청매(靑梅), 은행, 수수 중독

덜익은 매실이나 살구씨에는 amygdaline($C_6H_5CN(CN) \cdot C_{12}H_{21}O_{11}$)이라는 cyan 배당체가 함유되어 있어 그 자체가 가지고 있는 효소에 의해 분해되어 청산(HCN)을 생성한다. 은행에도 계절적으로 cyan배당체가 함유되어 있어 미숙한 은행을 많이 먹으면 중독을 일으키는 수가 있고, 수수에는 duhrrin이란 cyan배당체가 함유되어 있다. 중독 증상으로는 소화불량, 구토, 경련 및 호흡곤란, 중추신경의 자극과 마비를 일으키며 사망할 수 있다.

4) 독미나리 중독

외관이 식용 미나리와 비슷하여 잘못 먹으면 그 독성분인 cicutoxin($C_{17}H_{22}O_2$)에 의해 중독 증상을 나타낸다. 소량의 섭취로 위통과 구토 및 경련을 일으키며 치사량은 강한 편으로 독미나리 독미나리 한 개 정도로 치명적이다.

5) 불순 면실유 중독

면실유는 미국에서 널리 식용되고 있는데, 목화씨에는 0.7~1.5% 가량의 gossypol 독성물질을 함유하고 있어 면실유 정제과정에서 충분히 제거하지 않으면 잔존의 문제로 중독의 원인이 될 수 있다. 출혈성 신염, 신장염 등의 중독증상이 있고 이 독성분을 제거하려면 제 1철 이온이나 칼슘(Ca)을 이용하여 불용성인 복합체로 만들어 제거할 수 있다.

6) 피마자씨 중독

피마자유나 그의 유분 중에는 ricin이나 alkaloid인 ricinin과 알레르기 증상을 일으키는 allegen 등을 함유하고 있다. 이들 중 적혈구를 응집시키는 hemagglutinin이라는 식물성 단백질성인 ricin은 독성은 매우 크나 열에 대하여 이열성이므로 피마자유 정유과정에서 자연적으로 제거되고 ricinin은 그 양이 극소량이므로 큰 문제가 없다. 그러나 allergen만은 피마자 유분 중에 상당한 분량 중량당 6~9%이 함유되어 있고 더욱 내열성이 강하므로 불활성화되기 어려운 점이 곧 중독증상의 발생 근원이 될 것으로 본다.

7) 기타

(3) 곰팡이 식중독

1) 황변미(黃變米) 중독

장기간 보관이 잘못 된 쌀은 *Penicillium islandicum*, *Pen. toxicarin*, *Pen, citrinum* 등과 같은 곰팡이가 생산하는 속효성인 수용성 peptide와 지효성인 지용성 색소 luteoskyrin 등에

의해서 황색으로 변한다. 이 황변미를 먹으면 간질환, 신경장애 및 신장장애 등이 나타난다.

2) 아플라 독소 중독

쌀, 보리, 콩, 옥수수, 땅콩 등을 저장하는 중 *Aspergillus flavus* 곰팡이에 의해 산출되는 aflatoxin(발암성 물질)에 의해 발생한다. 예방책으로 저장중의 오염방지는 물론이고 오염된 곡식의 섭취를 금하거나 섭취 시에 1시간 이상 가열하는 것이다.

3) 맥각 중독

보리가 개화할 무렵 특히, 우기에 보리에 기생하는 맥각균(*Claviceps purpurea*)에서 생성되는 ergotoxin 독성분이 원인이 되어 발생한다. ergotoxin이 인체 내에 0.5%이상 축적하면 위장장애나 신경증상을 나타내고 특히, 임신부인 경우에는 조산이나 유산을 한다. 이 중독은 만성중독의 위험성이 농후하며 이로 인한 사망률이 7%이다.

(4) 알레르기성 식중독

알레르기란 항원항체반응(抗原抗體反應)에 의하여 생체 내에 생기는 급격한 반응 능력의 변화이다. 알레르기성 식중독은 특히 달걀흰자·우유·메밀·새우·게 등에 의해 일어나기 쉽다. 또, 식품에 따라서는 항원항체반응(抗原抗體反應), 즉 알레르기반응을 중간에 거치지 않고, 그 식품에 함유된 화학물질의 직접작용에 의하여 알레르기 모양의 증세를 나타내는 수가 있는데, 이와 같은 식품을 가성(假性)알레르겐이라 한다. 증세로서는 복통·구토·설사 등의 위장(胃腸)증세가 많지만, 두드러기·천식·편두통·비염, 때로는 쇼크 증세 등을 일으키는 일도 있다. 음식물을 섭취한 후 바로 증세가 나타나는 것이 많으며, 수 시간 후, 경우에 따라서는 다음 날에 나타나는 경우도 있다.

식품의약품안전청은 2003년 3월 '식품 등의 표시기준' 개정안을 입안 예고했는데, 이에 의하면 앞으로 알레르기를 유발하는 식품 원료를 가공식품에 사용한 경우 이를 반드시 표시해야 한다. 표시를 의무화하는 원료는 계란 등 난류·우유·메밀·땅콩·콩·밀·고등어·게·돼지고기·복숭아·토마토 등 11가지다. 개정안은 1년의 유예기간을 거쳐 시행하기로 했다.

1) 부패 세균에 의한 식중독

Bacillus subtilis, Aerobacter aerogenes 등의 호기성 세균들이 산출하는 효소계 활성에 유래한다. 이 세균들이 식품 표면 위에서 증식하여 식품이 변색하고 악취가 발생한다. 주요 반응은 탈산소 반응과 탈아미노 반응이다.

2) Ptomaine 중독

어육류 섭취에서 오는 식중독이다. 유독성 amine의 대표 물질의 중독으로서 항원·항체 반응에 따르는 병적 증상이 나타난다. 식후 30 분의 잠복기를 거친 후 전신 피부가 홍색으로 변하고 두통, 구역, 구토 및 설사를 한다. 죽는 일은 없고 다만 발병 24시간 후 저절로 회복된다. 치료제는 항히스타민제가 있다.

3) 기타

5-3-2 화학물질 식품공해

1. 식품용기로 인한 식중독

(1) 납(Pb, lead)

납관으로 된 상수도 관 등에 기인한다. 급성 증상이 위장 증상으로서 홍분, 불면 및 망상과 같은 뇌 증상이 일어난다. 만성 증상으로는 얼굴이 파래지는 연창백증(鉛蒼白症), 잇몸의 치아쪽 끝이 1mm 정도의 넓이로 청자색으로 변하는 연녹선증(鉛綠線症, lead line disease), 맹장염과 유사한 증상을 보이는 연산통(沿疝痛) 등이 있다.

(2) 구리(Copper, Cu)

놋 그릇 등에서 많이 용출되어 식품을 오염시킨다. 구역질, 구토, 복통, 발한, 경련, 호흡곤란 등의 증세가 있다.

(3) 카드뮴(Cadmium, Cd)

금속 식기의 도금제로 사용된다. 격심한 위장 장해, 구토, 복통, 설사에도 불구하고 그 회복은 빠른 편이다.

(4) 아연(Zinc, Zn)

아연으로 된 용기에 산성식품을 장기간 보존하면 보존 식품속으로 아연이 용출 오염된다. 증세로 금속성 미각이 있고 구역질, 구토, 설사 및 복통이 수반된다.

(5) 기타

2. 과실(Fault) 식품중독

사람의 일시적인 착각이나 실수 또는 식품가공 공정상의 과실, 농약·살충 및 살서제 등의 오용 등으로 나타나는 식품중독이다.

(1) 메틸알콜 오용

메틸알콜 오용으로 발생하는 중독증상은 매우 치명적이어서 중요시된다. 자연 발효주 중에도 미량이나마 메틸 알콜이 들어 있어 그 함량을 법으로 규정해 놓고 있는데 과실주에는 1.0 mg/L이하이어야 하며 일반주에는 0.5mg/L까지 허용하고 있다. 심한 두통, 현기증, 구토, 복통, 설사를 하고 심한 경우에는 실명하는 예도 있다. 일시에 30~100mL의 메틸 알콜을 마시면 사망한다.

(2) 잔류 농약에 의한 식중독

농약 살포 당시 농약의 독성. 침투성 등에 영향을 받고 대부분 신경계 중독 증상으로 니코틴 중독(nicotine poisoning) 증상과 유사하다.

3. PCB에 의한 식중독

PCB(polychlorinaredbiphenyl)는 무색 투명한 기름 형태로 주로 절연체 등에 널리 이용되고 있다. 사회에서 문제가 된 것이 미강유(米糠油) 제조의 탈취공정에서 가열매체로 사용되는 과정에서 PCB가 누출되어 기름에 혼입되면서 부터였다. 이성체가 많고 여러 가지 유사한 화합물이 존재하기 때문에 물리적, 화학적, 생물적 성상이 다르다. 그러므로 식품을 오염하는 양상 또한 다르다. 중독 증상으로 주로 안지(眼脂) 증가, 손톱이나 발톱의 변색, 좌창양상피진(痤瘡樣相皮疹) 등을 주 증상으로 하는 피부증상을 위시하여 식욕부진, 구역질, 구토, 사지의 탈력감, 저림, 관절통, 월경이상, 체중감소 등의 증세를 보인다.

4. 항생물질에 의한 식품오염

주로, 축산·양식산업에서 가축 및 물고기의 질병을 사전에 방지하려는 목적으로 사용되는 항생제성분이 축·수산 가공식품에 축적되고 이 식품을 경구적으로 섭취한 결과로 체내에서 다시 축적되어 병원균에 대한 감수성이 높아져서 내성이 생기는 등 면역체계(immune systems)에 혼란이 야기된다. 현재, 세계보건기구에서는 가축사료에 항생제를 첨가하는 행위를 금지하고 있고 유럽공동체(EC, Europe Community)에서도 금지하고 있는 바 타이로신(Tylosion), 버지니아마이신(Virginiamycine), 스피로마이신(Spiromycine), 아연 바시트라신(Zinc Bacitracine), 칼바독스(Carbadox), 올라킨독스(Olaquindox)의 여섯가지 항생제를 가축용 사료에 첨가하는 것을 금지하고 있다.

5. 방사능물질에 의한 식품오염

방사능 오염식품이란 핵발전소 사고 또는 핵실험 등에서 발생된 방사능 오염물질이 우발적으로 오염된 식품을 이른다.

지난 1986년 소련의 우크라이나공화국에 있는 체르노빌원자력발전소의 핵 물질 누출사고의 계기로 동년 12월 유엔식량농업기구(FAO, united nations food and agriculture organization)에서 "음식물의 국제무역에 적용하는 잠정 방사능기준"을 설정하기에 이르렀다. 이때 FAO에서 잠정적으로 설정한 방사능 물질이 Cs-134, Cs-137이다. Cs-137과 유사한 특징을 나타내는 것이 Sr-90이다. Sr-90과 Cs-137은 화학적 성질이 칼슘(Ca)과 비슷한 바 조혈 기능에 장해를 주어 백혈병이나 골육종 등의 질병에 걸리기 쉽게 하고 체세포 특히 생식세포에 장해를 주는 것으로 알려져 있다. 그리고 I-131은 생성률이 커서 폭로 직후 목적장기(target organ)인 갑상선에 축적하여 갑상선 장해를 일으키는 것으로 알려져 있다.

6. 기타

　식품첨가물이란 식품의 제조, 가공 또는 보존함에 있어서 식품에 첨가, 혼합, 침윤, 기타의 방법에 의하여 식품에 사용되는 물질을 이른다. 우리나라에서는 식품첨가물을 항산화제, 보존제, 살균제, 착색료, 발색제, 표백제, 소포제(消泡劑), 껌의 기초제, 품질개량제, 소맥분개량제, 팽창제, 강화제, 유화제, 호료(糊料), 피막제, 조미료, 감미료 및 착향료 등으로 분류하고 있다. 이러한 허용식품첨가물이라 하더라도 지나치게 사용할 때에는 식품 공해원으로 작용한다. 그러므로 WHO/FAO에서는 1일에 섭취할 수 있는 이들의 최대허용량을 규정하고 있다. 최대허용량을 정하고 있는 이유는 식품첨가물이 다소의 독성을 지니고 있을 뿐만 아니라 그의 사용빈도가 많아서 체내에 누적될 염려가 있기 때문이다. 그리고 식품첨가물의 허용량은 실험동물의 장기 독성시험에서 얻어낸 실험동물에 대한 최대무작용량이기도 하며 이것으로부터 사람에 대한 안전량을 계산하는 것이다. 대체로 사람과 실험동물의 저항력이나 사람에게도 환자·어린이 및 고령자와 건강인과의 저항력의 차이가 1/10이라고 볼 때 실험동물의 최대무작용량의 1/100이 통상적 사람에 대한 최대무작용량으로 간주할 수 있기 때문이다. 따라서 이 수치가 곧 인체의 섭취 허용량일 것이며 이 수치 이하이면 사람이 일생동안 계속해서 섭취해도 아무 유해작용을 나타내지 않는 양과도 같은 수치이기도 하다. 그러므로 이 수치를 1일 섭취 허용량(ADI, acceptable daily intake)이라 하는 것으로 다음 표와 같다.

[표 44] 식품첨가물의 ADI(WHO/AFO)

식품첨가물명칭	ADI(mg/kg b.w)	식품첨가물명	ADI(mg/kg b.w)
annato추출물	0~1.25(잠정)	아질산나트륨	0~0.2
caramel	0~100	인산 및 그의 염류	0~70
β -carotene	0~5	Na, Ca-propionate	제한 없음
amaranth(적색2호)	0~0.75(잠정)	Sorbic acid(-K)	0~25
erythrosin(적색3호)	0~2.5	L-ascorbate(-Na)	0~15
sodium sacharine	0~2.5	BHA	0~0.5(잠정)
안식향산 및 그 염류	0~5	BHT	0~0.5(짐정)
과산화수소	제한 없음	구연산 및 그 염류	제한 없음
파라옥시안식향산에틸	0~10	methyl cellulose	0~25
질산나트륨	0~5	CMC	0~25
아황산 및 그 염류	0~0.7	l-monosodium glutamate	0~120

1. 유해 보존료

(1) 붕산(boric acid)

햄이나 베이컨 및 어육 연제품 등에 고농도로 첨가되어 방부역할을 한다. 소화효소의 작용을 억제하여 식욕감퇴나 소화불량이 나타나고 나아가 지방분의 분해를 촉진시킴으로써 체중감소를 유발한다.

(2) 승홍(昇汞, sublimate, HgCl₂)

강한 살균력으로 주류의 방부제로 사용된다. 독성이 수은(Hg)과 비슷하여 중독증상도 수은과 거의 비슷하다.

(3) 포름알데히드(formaldehide, HCHO)

강한 방부력으로 주류, 장류, 어육제품, 유제품 등에 사용될 소지가 많다. 소화기 계통의 중독증상을 초래한다.

(4) β-naphto

곰팡이류에 대하여 0,005%로 방부력이 있기 때문에 간장이나 된장 등의 보존에 사용되나 그 폐해로 인하여 사용이 금지되고 있다. 그러나 악덕 기업인들에 의하여 사용될 소지가 있다. 신장해를 이르켜 단백뇨나 혈뇨를 발생시킨다.

(5) Thymol

고급 페놀로서 무색 결정체이고 특유의 향기가 있어 미각을 촉진시키는 목적으로 첨가되는 수가 있다. 다량 섭취하면 신체에 유해하다.

(6) 불소 화합물

HF나 NaF 등은 강한 방부력이 있어서 과거에는 육류, 우유 및 알코올 등의 방부목적으로 많이 사용되었지만 독성이 너무 강하여 현재는 사용이 금지되어 있다. 구토와 복통을 일으키며 장과 방광점막을 침해한다. 만성중독일 경우 반상치 증상을 나타내는 동시에 골격 성장장해를 가져온다.

(7) 기타

2. 유해 인공착색료

착색료는 천연의 것과 인공의 것이 있다 인공 착색료 중에 염기성 tar 색소가 더욱 유해한 색소이다. 그 중 rhodamine-B는 독성이 가장 강한 것으로 알려져 있다. 유해 인공착색료는 대체로 간과 신장에 심한 장해를 일으키고 혈액이나 신경계통에 유해하며 암을 유발하기도 한다. 주요 착색료로 Auramine, Rhodamine B, Silk scarlet, P-nitroanline 등이 있다.

[표 45] 유해 색소류

색	상	색 소 명	분 류 명	착색 대상 식품명
적	색	rhodamine B	염기성 색소	과자류
적	색	acid fuchsin D	산성 색소	식초 절임류
적	색	amidonaphtol red	산성 색소	식초 절임류
등	색	chrisoizine	염기성 색소	과자류
등	색	orange Ⅱ	산성 색소	소세지, 과자류
황	색	auramine	염기성 색소	단무지, 과자류
녹	색	malachite green	염기성 색소	과자류, 알사탕
자	색	methyl violet	염기성 색소	과자류
갈	색	bismarck brown	염기성 색소	절임류
갈	색	direct brown	직접성 색소	과자류
흑	색	direct black	직접성 색소	참깨

5-3-4 산업폐수에 의한 식품오염

산업장의 처리되지 않은 폐수를 하천 하류나 바다 연안에 방류하고 이 폐수를 농경이나 수산양식에 사용함으로서 산업폐수의 각종 유·무기 오염 성분들이 농작물과 수산물에 축적이 되어 이 오염 성분들이 축적된 이 농작물과 수산물을 섭취한 결과로 오염성분들이 체내에 축적되어 여러 가지 질병이 발생한다. 이 오염 성분이외에 온도에 의한 피해도 수산양식에 많이 있어왔다. 온도에 의한 피해가 바다 연안에 설치되어 가동 중인 발전소 배수로부터 문제가 많이 발생한다.

산업폐수에 의한 식품오염의 결과로 나타난 질병의 대표적인 것이 미나마타병과 이타이이타이병이다. 미나마타병은 유기수은(Hg)에 의한 질병으로 공장폐수의 수은(Hg)이 어패류에 축적되고 먹이 사슬에 의해 인체 내에 축적됨으로서 발생한 질병인데 손발이 저리고 말을 잘 못하게 될 뿐만 아니라 시야가 협착되어 결국 폐인이 되고 사망에 이르게 하는 질병이다. 1956년 5월 일본 미타마타시에서 발생한 이후로 지금까지 당대의 피해자 자녀들에게도 괴롭힘을 주는 무서운 질병이다. 현재 미나마타병은 태아성 미나마타병과 불현성 미나마타병으로 나뉘어 연구되고 있다. 이타이이타이병은 카드뮴(Cd)에 의한 질병으로 공장폐수가 논밭을 오염시키고 공장폐수 중 카드뮴 성분이 농작물에 축적이 되어 먹이사슬을 통하여 인체에 만성적으로 축적이 되어 나타난 공해 질병이다. 제 2차 세계대전 말 일본 도야마현의 진즈강 연안에서 발생하였는데 주로 다산 경력의 갱년기 여성에게 발병하여 요통, 보행불능, 신장 단축, 골연화증을 가져오고 전신이 쇠약하게 되어 사망에 이르게 하는 질병이다. 미나마타병은 수산물에 대한 식품오염 결과라고 한다면 이타이이타이병은 농작물에 대한 식품오염 결과라고 할 수 있다.

5-3-5 유전자 조작식품

유전자 조작식품(GMO, Genetically Modified Organism, 이하 GMO) 생명공학의 기술을 이용하여 대량생산을 실현시켜 인류의 식량문제를 해결하겠다는 취지로 다국적 기업에서 생산하고 있는 것들이다. 그러나 인체 및 환경 위해성에 대한 우려와 식품생산 및 공급의 독점화가 우려되어 GMO의 허용에 대한 논란이 제기되고 있다.

GMO란 유전자조작에 의해 새롭게 만들어진 생명체를 뜻한다. 유전자조작(genetic manipulation)이란 특정 DNA를 삽입함으로써 식물의 성장, 구조 또는 성분을 조절하는 것d이다. 유전자조작은 전통적인 교배육종(conventional breeding)과는 차이가 있다. 전통적인 교배육종에서는 원하는 형질을 지닌 개체와 그 형질을 도입하고자 하는 개체 사이의 정상적인 교배에 의해 이루어지는 것이며, 주로 수정이 가능한 같은 종(species) 안에서만 이루어진다. 유전자조작은 원하는 형질을 나타내는 유전자를 인위적으로 절단하여 다른 생명체에 삽입(unsertion)하는 것으로 삽입되는 유전자는 다른 종의 유전자를 사용하기도 한다. 따라서 자연적으로는 일어날 수 없는 종들 사이에 유전자가 바뀌어 새로운 종이 만들어지는 것이 가능하다.

전통적인 교배육종은 원하는 형질을 얻기 위해 몇 세대를 거쳐야 하기 때문에 시간이 많이 걸리고, 또한 원하는 형질을 얻기가 상당히 어렵자. 반면에 유전자조작은 원하는 유전자를 직접 삽입하기 때문에 원하는 형질이 발현될 가능성이 높으며 시간이 적게 걸리는 장점이 있다. 그러나 다른 유전자의 기능이 사라지거나 불안정해질 수 있으며, 새로운 독성이 생길 가능성이 있고, 또한 여러 가지 생태계에 영향을 미칠 가능성이 항상 존재하게 된다.

세계 최초로 미국 칼진사의 무르지 않은 토마토(flavr-savr tomato)가 FDA 승인을 얻어 시판된 이후 몬산토(Monsanto)사의 유전자조작 콩이 상업적으로 대규모 재배가 시작되었다. 현재, 미국에서 시판중인 GMO들은 11개 품목 이상이다.

GMO 점유율 순위를 보면 미국 약 68%를 차지하여 1위이고 아르헨티나가 약 23%로 2위 캐나다가 약 7%로 3위이고 중국은 약 1%를 차지한다.

대부분의 GMO들은 제초제(74%)와 살충제(19%)에 내성을 가지도록 조작된 농작물이며, 두 가지 모두에서 내성을 갖도록 조작된 농작물도 7%나 된다. 따라서 제초제나 살충제에 내성을 갖는 농작물은 작물 내에 잔류량이 더 많을 가능성이 있다.

우리나라도 콩과 옥수수를 수입하고 있기 때문에 이미 GMO식품에 노출되고 있는 상황이다.

1. GMO의 유해성

(1) 인체 유해성

GMO는 인간이 수천년 먹어오면서 검증되어 온 식품과는 달리 급격한 과학기술의 발달에 의해 생성된 식품으로 충분한 검정과정을 거치지 못하였기 때문에 근본적인 위해성을 내재하고 있다. GMO의 유해성은 그 발생 기구에 따라 다음 3가지로 구분할 수 있으나, 대부분의 연구가 실험동물이나 GMO의 시뮬레이션에 의해 이루어진 연구여서 인간에게 적용하는 데는 많은 제한점이 있다.

① 삽입된 유전자와 발현물에 의한 위해성

관여하는 효소에 의한 문제(대사과정 중 활성효소)

② 외부 유전자 삽입으로 인한 돌연변이원성(metagenesis)

염기서열 회복은 매우 오래 걸릴 것.

③ 환경적 관점에서 생물종의 다양성 파괴 가능성

GMO급만 살고 곤충 들 모두 죽는다.(뜯어 먹는 식물체가 사라지기 때문)

현재 전 세계적으로 GMO에 대한 반대의 목소리가 거세어지고 있으며, 여러 나라에서 GMO 의무표시제를 포함한 강력한 규제제도를 수립하고 있다. 우리나라는 아무런 조치나 표시 없이 콩, 옥수수 등의 GMO를 수입하는 실정이고 정부는 안전하다는 입장만 고수하고 있다.

5-3-6 식품보존

대체로 식품이 변질 · 부패되는 것은 미생물 대사작용으로 기인되는 것이다. 식품보존 방법으로 다음과 같은 것들이 있다.

(1) 물리적 방법

냉동(0℃ 이하로 식품을 동결 보존하는 것) 및 냉장(0℃~10℃의 온도 범위로 식품을 일시 보존하는 것), 가열(heating), 탈수(drying), 자외선 및 방사선 투사(주로 Co-60이 많이 이용됨)가 있다.

(2) 화학적 방법

방부제(antiseptics) 사용, 식염과 설탕의 첨가, pH 변화(일명 酸藏法이라고도 함), 항산화제(antioxidants) 첨가가 있다.

(3) 미생물 이용법

인체에 무해한 미생물을 이용하는 방법으로 유산균(lactobacillus)이 주로 이용되고 그 대표적 식품으로 치즈(cheese)를 들 수 있다.

(4) 병용처리법

훈연(燻煙, smoking), 삶아 찌는 법이 있다.

(5) 가스 저장법

어육류, 난류, 야채저장에 주로 이용하며 탄산가스(CO_2), 질소(N_2) 가스가 주로 사용된다.

5-3-7 우리나라 식중독 발생현황

우리나라의 식중독 발생양상은 1980년도 이후부터 매년 계속해서 증가하고 있는 추세이며, 한 사건 당 환자수가 지속적으로 증가하고 있는 추세이다. 그러나 식중독에 의한 사망자수는 급격하게 감소하고 있는 실태이다. 식중독환자의 증가는 대형화된 집단급식이 늘어나고 있고, 세균성 식중독의 방지가 그만큼 어렵다는 것을 의미하며 사망자가 줄어드는 현상은 환자에 대한 조치가 적절히 이루어지고 있음을 반영한다.

원인물질별 식중독환자의 발생양상은 1993년도에 살모넬라 40.8%, 장염비브리오 36.6%, 포도상구균 13.9%로, 규명된 식중독의 91.3%를 차지한다. 1996년도에는 살모넬라 53.3%, 포도상구균 15.4%, 장염비브리오 12.3%가 주류를 이룬다.

원인식품별로는 살모넬라의 경우 돼지고기(편육)가 주 원인식품이었고, 장염비브리오 식중독은 해산물(생선회, 덜 조리된 생선 섭취)에 의해 발생되었다. 대체로 식품이 변질·부패되는 것은 미생물 대사작용에서 기인되는 것이다.

요즈음은 겨울철 설사를 주요 증세로 하는 바이러스성 식중독도 유행하고 있고 대부분 노로바리스성 식중독이다.

6 >>

인공
환경요소

6-1 상하수도

1. 상수도란?

중앙급수에 의해 일정한 인구집단에게 위생적으로 안전한 물을 공급하기 위한 설비

① 수도법

지방공공단체 및 자치단체가 위생적으로 안전한 물을 공급하여야 한다.

② Mills-Reincke 현상

미국 필라델피아에서 장티푸스(Typhoid fever) 환자발생이 사여과 하였을 경우 1만영에서 1,500명으로 감소, 염소소독을 하였을 경우 1만명에서 200명으로 감소하였다는 현상

③ 먹는 물의 일반적 수질원칙 : 무색, 무미, 무취, 위생적 안전성

④ 水源(Source of Water) : 지표수, 지하수, 복류수(spring water)

⑤ 水質(Water Quality) : 세계 인구의 70%가 비위생적인 물을 사용

⑥ 물의 검사

- 검사 종류

❶ 이학적 검사 : 온도, 냄새, 맛, 색도, 탁도 등

❷ 화학적 검사 : pH. NH_3-N, NO_2-N, NO_3-N, 알칼리도 등

❸ 세균학적 검사 : 일반세균, 대장균 등의 검사

⑦ 물의 정수방법

- 침사→폭기→응집→침전→여과→소독

⑧ 물의 소독방법

- 염소소독 : 파과점 염소소독(break point chlorination)

- UV소독

- THM 생성 방지 대체기술 : 이산화염소처리 등

1) 수인성 전염병과 *Mills-Reincke* 현상

물을 정화하여 식수로 사용하면 전염병 발생 억제에 효과가 있다는 현상으로서 밀스(Mills)와 라인케(Reincke) 두 사람이 발표한 것이다. 즉, 강물을 여과하여 급수원에 보냈더니 장티푸스로 인한 사망률(mortality)이 현저히 감소되었다는 것인데 이는 수돗물을 정화 할 때에 여과를 하는 것은 곧 장티푸스나 이질의 발병률(發病率, morbidity)을 감소시키는 것이고 설사나 장염 증상도 감소함으로써 이로 인한 사망률이 감소한다는 것이다.

[표 46] 각국의 음용수 수질기준

국명	한국	WHO	WHO(유럽)	미국
암모니아성 질소 아질산성 질소	0.5 mg/*l*이하 -	0.5 mg/*l* -	0.5 mg/*l* -	- -
질산성 질소	10 mg/*l*이하	40(80) mg/*l*	5.0 mg/*l*	45 mg/*l*
염소	150mg/*l*이하	200(400)mg/*l*	350mg/*l*	240mg/*l*
유기물등 (KMnO$_4$ 소비량)	10mg/*l*이하	10mg/*l*	-	-
일반세균수	1cc중 100mg/*l*이하	-	-	-
대장균군	50cc중 검출불가	연간을 통하여 mpn 10/100mg/*l*이하	100CC samp*l*e 100본중 15본이하	월간의 양성관 수 10%이하
시안(화합물)	검출불가	0.01mg/*l*	0.01mg/*l*	0.01mg/*l*
수은 Hg	검출불가	-	-	-
유기물	검출불가	-	-	-
동 Cu	1.0mg/*l*이하	1.0mg/*l*	0.05mg/*l*	1.0mg/*l*
철 Fe	0.3mg/*l*이하	0.3(1.0)mg/*l*이하	0.1mg/*l*이하	0.3mg/*l*이하
불소 F	1mg/*l*이하	1.0(1.5)mg/*l*	1.5mg/*l*	0.7~1.2 (1.4~2.4)mg/*l*
연 Pb	0.1mg/*l*이하	0.1mg/*l*	0.1mg/*l*	(0.05)mg/*l*
아연 Zn	1.0mg/*l*이하	5.0(15.0)mg/*l*	5.0mg/*l*	5.0mg/*l*
크롬 (육가)	0.05mg/*l*이하	0.06mg/*l*	0.05mg/*l*	(0.05)mg/*l*
비소 As	0.05mg/*l*이하	0.2mg/*l*	0.2mg/*l*	0.01(0.05)mg/*l*
Manganese Mn	0.3mg/*l*이하	0.1(0.5)mg/*l*	0.1mg/*l*	0.05mg/*l*
Pheno*l* 류	0.005mg/*l*이하	0.001(0.002)mg/*l*	0.001mg/*l*	0.001mg/*l*
Ca*l*cium Ca	-	75(200)mg/*l*	-	-
Magnecium Mg	-	50(150)mg/*l*이하	-	-
몽경도	300mg/*l*이하	100~500mg/*l*이하	100~500mg/*l*이하	-
수소이온	5.8~8.0	7.0~8.5 (6.5~9.2)	-	-
취기	이당이 있어서는 불가	-	-	3。

국명	한국	WHO	WHO(유럽)	미국
맛	이당이 있어서는 불가	-	-	이당이 있어서는 불가
색도	2。이하	-	-	15。
탁도	2。이하	-	-	5。
증발잔류물	500mg/l이하	-	-	500(1000)mg/l이하
황산	200mg/l이하	200(400)mg/l	250mg/l	250mg/l
Se/enium Se	-	0.05mg/l	0.05mg/l	(0.01)mg/l
Barium Ba	-	-	-	(1.0)mg/l
Cadmium Cd	-	0.01mg/l	0.05mg/l	(0.01)mg/l
ABS (중성세제) 음이온 활성제	-	-	함유농도에 주의	0.5mg/l
방사능	-	α선10-9μc/ml β선10-8μc/ml	α선1μc/e β선$\mu\mu$c/e	
유리잔류염소	0.2 mg/l이하	-	-	0.05~0.1mg/l

▶ 우리나라 상수도 설치

(1) 1905년 일본인 선박급수 목적 부산 범어사에 수원지를 두고 급수시설 설치

(2) 1908년 미국인이 한강 뚝섬 수원지 설치

2. 하수도란?

- 생활하수 및 산업폐수를 배제(drainage)하는 시설 및 하수처리 시설

○ 전국의 하수도 보급률 : 60~70% 정도(서울; 99%, 광역시: 90~95%, 농촌: 10~30%)

○ 우리나라 하수도 문제점

- 합류식(하수+우수)로 하수종말처리장 규모가 커지는 등 문제발생

- 분류식(하수 혹은 우수)으로 점차 개선 중(환경부 하수관거 정비 BTL 사업)

○ 하수관거에서의 침전물 생성방지 최소 유속 : 0.6m/sec.

　　▶ 관정부식(Crown Corrosion)

　　▶ 교차연결(Cross Connection)

○ 하수처리의 의의

- 병원성 미생물(소화기계 전염병)의 위생적 처리

- 상수·토양오염 방지

- 위생곤충의 서식지 제거

- 악취, 도시미관의 피해방지

○ 하수처리 방법

예비처리(스크리닝, 침사, 침전)→본처리(호기성, 혐기성, 임의성)→오니처리

❶ 물리적 처리

❷ 화학적 처리

❸ 생물학적 처리

❹ 고도처리

○ 하수시험

- COD, BOD, DO, pH, 온도 등

- 방류유역 수질배출기준

❶ 공공하수처리시설(단위, mg/L)

[표 47] 공공하수처리시설 수질기준

구분		생물화학적 산소요구량 (BOD) (mg/L)	화학적 산소요구량 (COD) (mg/L)	부유물질 (SS) (mg/L)	총질소 (T-N) (mg/L)	총인 (T-P) (mg/L)	총대장균 군수 (개/mℓ)	생태 독성 (TU)
1일 하수처리 용량 500㎥ 이상	Ⅰ지역	5 이하	20 이하	10 이하	20 이하	0.2 이하	1,000 이하	1 이하
	Ⅱ지역	5 이하	20 이하	10 이하	20 이하	0.3 이하	3,000 이하	
	Ⅲ지역	10 이하	40 이하	10 이하	20 이하	0.5 이하		
	Ⅳ지역	10 이하	40 이하	10 이하	20 이하	2 이하		
1일 하수처리용량 500㎥ 미만 50㎥ 이상		10 이하	40 이하	10 이하	20 이하	2 이하		
1일 하수처리용량 50㎥ 미만		10 이하	40 이하	10 이하	40 이하	4 이하		

<비고>

1. 공공하수처리시설의 페놀류 등 오염물질의 방류수수질기준은 해당 시설에서 처리할 수 있는 오염물질항목에 한하여 「물환경보전법 시행규칙」 별표 13 제2호나목 페놀류 등 수질오염물질 표 중 특례지역에 적용되는 배출허용기준 이내에서 그 처리시설의 설치사업 시행자의 요청에 따라 환경부장관이 정하여 고시한다.
2. 1일 하수처리용량이 500㎥ 미만인 공공하수처리시설의 겨울철(12월 1일부터 3월 31일까지)의 총질소와 총인의 방류수수질기준은 2014년 12월 31일까지 60mg/L 이하와 8mg/L 이하를 각각 적용한다.
3. 다음 각 지역에 설치된 공공하수처리시설의 방류수수질기준은 총대장균군수를 1,000개/mℓ 이하로 적용한다.
   가. 「물환경보전법 시행규칙」 별표 13에 따른 청정지역

나. 「수도법」 제7조에 따른 상수원보호구역 및 상수원보호구역의 경계로부터 상류로 유하거리(流下距離) 10km 이내의 지역

다. 「수도법」 제3조제17호에 따른 취수(取水)시설로부터 상류로 유하거리 15km 이내의 지역

4. 영 제4조제3호에 따른 수변구역에 설치된 공공하수처리시설에 대하여는 1일 하수처리용량 50㎥ 이상인 방류수수질기준을 적용한다.

5. 생태독성의 방류수수질기준은 물벼룩에 대한 급성독성시험을 기준으로 하며, 다음의 요건 모두에 해당하는 공공하수처리시설에만 적용한다.

　　가. 「물환경보전법 시행규칙」 별표 4 제2호3), 12), 14), 17)부터 20)까지, 23), 26), 27), 30), 31), 33) 부터 40)까지, 46), 48)부터 50)까지, 54), 55), 57)부터 60)까지, 63), 67), 74), 75) 및 80)에 해당하는 폐수배출시설에서 배출되는 폐수가 유입될 것

　　나. 1일 하수처리용량이 500㎥ 이상일 것

6. 생태독성(TU) 방류수수질기준 초과원인이 오직 염(산의 음이온과 염기의 양이온에 의해 만들어지는 화합물을 말한다. 이하 같다)으로 증명된 경우로서 「물환경보전법」 제2조제9호의 공공수역 중 항만·연안해역에 방류하는 경우 생태독성(TU) 방류수수질기준을 초과하지 않은 것으로 본다.

7. 제6호에 따른 생태독성(TU) 방류수수질기준 초과원인이 오직 염이라는 증명에 필요한 구비서류, 절차·방법 등에 관하여 필요한 사항은 국립환경과학원장이 정하여 고시한다.

　　가. 지역 구분

구분	범위
Ⅰ지역	가. 「수도법」 제7조에 따라 지정·공고된 상수원보호구역 나. 「환경정책기본법」 제22조제1항에 따라 지정·고시된 특별대책지역 중 수질 보전 특별대책지역으로 지정·고시된 지역 다. 「한강수계 상수원 수질개선 및 주민지원 등에 관한 법률」 제4조제1항, 「낙동강수계 물관리 및 주민지원 등에 관한 법률」 제4조제1항, 「금강수계 물관리 및 주민지원 등에 관한 법률」 제4조제1항 및 「영산강·섬진강수계 물관리 및 주민지원 등에 관한 법률」 제4조제1항에 따라 각각 지정·고시된 수변구역 라. 「새만금사업 촉진을 위한 특별법」 제2조제1호에 따른 새만금사업지역으로 유입되는 하천이 있는 지역으로서 환경부장관이 정하여 고시하는 지역
Ⅱ지역	「물환경보전법」 제22조제2항에 따라 고시된 중권역 중 화학적 산소요구량(COD) 또는 총인(T-P)의 수치가 같은 법 제24조제2항제1호에 따른 목표기준을 초과하였거나 초과할 우려가 현저한 지역으로서 환경부장관이 정하여 고시하는 지역
Ⅲ지역	「물환경보전법」 제22조제2항에 따라 고시된 중권역 중 한강·금강·낙동강·영산강·섬진강 수계에 포함되는 지역으로서 환경부장관이 정하여 고시하는 지역 (Ⅰ지역 및 Ⅱ지역을 제외한다)
Ⅳ지역	Ⅰ지역, Ⅱ지역 및 Ⅲ지역을 제외한 지역

2. 간이공공하수처리시설의 방류수수질기준

가. 방류수수질기준

구분	생물화학적 산소요구량(BOD) (mg/L)		총대장균군수 (개/mℓ)	
I 지역	2014년 7월 17일부터 2018년 12월 31일까지	60 이하	2014년 7월 17일부터 2018년 12월 31일까지	−
	2019년 1월 1일부터 2023년 12월 31일까지	60 이하	2019년 1월 1일 이후	3,000 이하
	2024년 1월 1일 이후	40 이하		
II 지역	2014년 7월 17일부터 2019년 12월 31일까지	60 이하	2014년 7월 17일부터 2019년 12월 31일까지	−
	2020년 1월 1일부터 2024년 12월 31일까지	60 이하	2020년 1월 1일 이후	3,000 이하
	2025년 1월 1일 이후	40 이하		
III IV 지역	−		−	

<비고>

1. 위 방류수수질기준은 1일 하수처리용량이 500㎥ 이상인 공공하수처리시설에 유입되는 하수가 일시적으로 늘어날 경우 이를 처리하기 위하여 설치되는 간이공공하수처리시설에 대해서만 적용한다.
2. 환경부장관은 2014년 7월 17일부터 2018년 12월 31일까지의 기간에 새로 설치되는 간이공공하수처리시설에 대해서는 위 방류수수질기준보다 완화된 기준을 정하여 고시할 수 있다.

나. 지역 구분: 제1호나목과 같다.

❷ 분뇨처리시설

[표 48] 분뇨처리시설 수질기준

구분 \ 항목	생물화학적산소요구량 (mg/L)	화학적 산소요구량 (mg/L)	부유물질 (mg/L)	총대장균군수 (개수/mL)	기타 (mg/L)
분뇨처리시설	30 이하	50 이하	30 이하	3,000 이하	총질소 : 60 이하 총인 : 8 이하

❸ 개인하수처리시설

[표 49] 개인하수처리시설 수질기준

구분	1일 처리용량	지역	항목	방류수수질기준
오수처리시설	50m³ 미만	수변구역	생물화학적 산소요구량(mg/L)	10 이하
			부유물질(mg/L)	10 이하
		특정지역 및 기타지역	생물화학적 산소요구량(mg/L)	20 이하
			부유물질(mg/L)	20 이하
	50m³ 이상	모든 지역	생물화학적 산소요구량(mg/L)	10 이하
			부유물질(mg/L)	10 이하
			총질소(mg/L)	20 이하
			총인(mg/L)	2 이하
			총대장균군수(개/mL)	3,000 이하
정화조	11인용 이상	수변구역 및 특정지역	생물화학적 산소요구량 제거율(%)	65 이상
			생물화학적 산소요구량(mg/L)	100 이하
		기타지역	생물화학적 산소요구량 제거율(%)	50 이상

토양침투처리방법에 따른 정화조의 방류수수질기준은 다음과 같다.

가. 1차 처리장치에 의한 부유물질 50퍼센트 이상 제거

나. 1차 처리장치를 거쳐 토양침투시킬 때의 방류수의 부유물질 250mg/L 이하

골프장과 스키장에 설치된 오수처리시설은 방류수수질기준 항목 중 생물화학적 산소요구량은 10mg/L 이하, 부유물질은 10mg/L 이하로 한다. 다만, 숙박시설이 있는 골프장에 설치된 오수처리시설은 방류수수질기준 항목 중 생물화학적 산소요구량은 5mg/L 이하, 부유물질은 5mg/L 이하로 한다.

<비고>

1. 이 표에서 수변구역은 영 제4조제3호에 해당하는 구역으로 하고, 특정지역은 영 제4조제1호·제2호·제4호·제5호 및 제10호에 해당하는 구역 또는 지역으로 한다.
2. 수변구역 또는 특정지역이 영 제8조에 따라 고시된 예정하수처리구역이나 「물환경보전법 시행규칙」 제67조에 따라 고시된 기본계획의 공공폐수처리시설 처리대상지역에 해당되면 그 지역에 설치된 정화조에 대하여는 기타지역의 방류수수질기준을 적용한다.
3. 특정지역이 수변구역으로 변경된 경우에는 변경 당시 그 지역에 설치된 오수처리시설에 대하여 그 변경일부터 3년까지는 특정지역의 방류수수질기준을 적용한다.
4. 기타지역이 수변구역이나 특정지역으로 변경된 경우에는 변경 당시 그 지역에 설치된 개인하수처리시설에 대하여 그 변경일부터 3년까지는 기타지역의 방류수수질기준을 적용한다.
5. 겨울철(12월 1일부터 3월 31일까지)의 총질소와 총인의 방류수수질기준은 2014년 12월 31일까지 60㎎/L 이하와 8㎎/L 이하를 각각 적용한다
6. 하나의 건축물에 2개 이상의 오수처리시설을 설치하거나 2개 이상의 오수처리시설이 설치되어 있는 경우에는 그 오수처리시설 처리용량의 합계로 방류수수질기준을 적용한다.
7. 영 제8조에 따라 고시된 예정하수처리구역이나 「물환경보전법 시행규칙」 제67조에 따라 고시된 기본계획의 공공폐수처리시설 처리대상지역에 설치된 오수처리시설에 대하여는 1일 처리용량 50㎥ 미만인 오수처리시설의 방류수수질기준을 적용한다.
8. 2001년 12월 31일까지 「하수도법」(법률 제7460호로 개정되기 전의 것을 말한다) 제6조에 따라 인가를 받은 하수종말처리시설, 같은 법 제6조의2에 따라 협의를 마친 마을하수도 또는 「수질환경보전법」(법률 제6829호로 개정되기 전의 것을 말한다) 제26조에 따른 승인을 받아 설치된 폐수종말처리시설로 유입하여 처리할 예정인 지역에 해당되는 경우 그 지역에 설치된 오수처리시설의 방류수수질기준은 2011년 12월 31일까지 아래의 표를 적용한다.

지역	항목	1일 처리용량 100㎥ 미만	1일 처리용량 100㎥ 이상 200㎥ 미만	1일 처리용량 200㎥ 이상
특정지역	생물화학적 산소요구량(㎎/L)	20 이하	20 이하	20 이하
	부유물질(㎎/L)	20 이하	20 이하	20 이하
기타지역	생물화학적 산소요구량(㎎/L)	80 이하	60 이하	40 이하
	부유물질(㎎/L)	80 이하	60 이하	40 이하

골프장에 설치된 오수처리시설의 방류수수질기준은 생물화학적 산소요구량 10㎎/L 이하, 부유물질량 10㎎/L 이하로 한다.

이 표에서 특정지역은 「수도법」 제7조에 따른 상수원보호구역과 같은 법 제3조제17호에 따른 취수시설로부터 유하거리 4킬로미터 이내의 상수원상류지역, 「환경정책기본법」 제22조제1항에 따른 특별대책지역, 「지하수법」 제12조에 따른 지하수보전구역, 「자연공원법」 제2조제1호에 따른 공원구역과 같은 법 제25조에 따른 공원보호구역으로 한다.

6-2 샘물 · 먹는 샘물

1995년 1월 5일 제정된 먹는 물 관리법에서 "먹는 물"이란 통상 사용하는 자연 상태의 물과 자연 상태의 물을 먹는데 적합하게 처리한 수돗물, 먹는 샘물 등이라고 하였으며, "샘물"이라 함은 암반 대수층 안의 지하수 또는 용천수 등 수질의 안전성을 계속 유지할 수 있는 자연 상태의 깨끗한 물을 먹는 용도로 사용하기 위한 원수이고, "먹는 샘물"이라 함은 샘물을 먹는데 적합하도록 물리적 처리 등의 방법으로 제조한 물이라고 정의하고 있다.

우리나라에서는 지역에 따라 아직도 샘물이나 각종 자연수를 먹는 물로 사용하는 경우가 많으므로 샘물 및 지하수의 오염은 국민보건 상 매우 중요한 일이다. 따라서 이러한 샘물의 오염은 대체로 샘물의 시설, 구조 및 위치의 선정에 있어서 비위생적인 경우에는 그 발생가능성이 더욱 높은 법이다. 한편 도시 근교에서 약수라 지칭되는 자연수 역시 환경오염에 의해 대장균 감염률이 높다고 보기 때문에 이로 인한 소화기 계통의 전염병 감염률도 높은 처지에 있어 국민보건 상 매우 중요시된다.

위생적인 샘물을 얻으려면 간이여과나 표백분에 의한 소독을 하는 것이 좋다.

샘물은 일반적으로 다음과 같이 위생적으로 관리하여야 한다.
① 샘물은 오염원보다 높은 위치에 있을 것.
② 샘물 근처의 지하수를 오염시키지 않도록 이웃 사람들이 서로 협동할 것.
③ 오수가 침투하는 일이 없도록 샘물 내벽이나 주변, 특히 배수지(渠, 고랑) 등은 시멘트 · 콘크리트로 구축할 것. 샘물 주위는 최소 50 cm 이상 콘크리트로 할 것.
④ 수질검사와 소독을 주기적으로 자주 할 것.
⑤ 샘물에 지붕을 하고 먼지 등의 낙하방지를 위해 뚜껑을 덮을 것.

생수의 시판이 허가됨에 따라 지하수의 위생관리가 무엇보다 중요하다. 지하수의 적절한 개발, 이용과 효율적인 보건, 관리에 관한 사항을 정함으로써 공공의 복리 증진과 국민경제의 발전에 이바지 할 목적으로 국가에서는 다음과 같은 지하수 시설의 설치기준과 지하수 보전구역 지정, 먹는 물 제조업자 수질검사기준, 허용기준을 따로 지하수법으로 정하였다.

1. 지하수 시설설치기준

(1) 지하수 개발 · 이용시설을 설치하는 경우

지표 또는 지하로부터 오염물질 유입을 방지하기 위하여 다음과 같은 시설을 갖추어야 한다.
① 출수장치, 유량계 및 압력계 등을 설치하여 지하수의 채수현황을 파악할 수 있도록 한다.
② 지름 25밀리미터 이상의 수위 측정관을 설치하여 지하수 수위를 측정할 수 있도록 한다.
③ 지하수개발, 이용시설을 설치하는 과정에서 굴착 등으로 인하여 유입된 오염물질, 줄착 등으로 인하여 깨어진 물질과 굴착시 사용된 물 등을 완전히 제거한 후 소독한다.
④ 먹는 물을 개발, 이용할 목적으로 설치하는 지하수 개발, 이용시설의 자재는 한국산업규격이나 이에 상당하는 제품을 사용하여야 한다.

(2) 지하수개발, 이용시설을 원상복구하는 경우

오염물질의 유입이나 확산을 방지하기 위해서는 다음 방법으로 원상복구 하여야 한다.
① 지표 하부에 시멘트 등이 주입되어 잇는 경우에는 굴착한 깊이까지 시멘트슬러리, 점토 등 물이 침투하기 어려운 재료를 주입하여 다짐하면서 되메움을 한다.
② 지표 하부에 시멘트 등이 주입되어 있지 아니한 경우로써 보호벽이나 구멍이 많이 뚫린 관 등이 설치되어 있는 경우에는 가능한 한 이를 제거한 후 굴착한 깊이까지 시멘트슬러리, 점토 등 물이 침투하기 어려운 재료를 주입하여 다짐하면서 되메움을 한다.

(3) 지하수 오염방지 조치

지하수 오염방지를 위하여 다음과 같은 오염방지 조치를 하여야 한다.

① 지하수개발, 이용시설의 상부보호공 및 지표 하부 보호벽을 설치하고 지하수개발, 이용시설의 주변에 일정한 경사도를 유지하여 지표 또는 다른 지하수개발, 이용시설로부터 오염물질이 유입되지 아니하도록 한다.

② 지하수개발, 이용시설의 상부보호공 안에 적산유량계 및 출수장치를 설치하여 지하수의 개발, 이용량 및 수질을 측정할 수 있어야 한다.

③ 지하수개발, 이용시설에 지하수 수위측정관을 설치하여 지하수 수위측정이 가능하도록 한다.

④ 기타 환경부장관이 지하수의 오염방지를 위하여 정하는 조치를 이행하여야 한다.

2. 지하수 보전구역

시, 도지사는 지하수의 보전, 관리를 위하여 다음을 지하수보전구역으로 지정하거나 그 지정을 변경할 수 있으며, 보전구역 안에서 부당한 행위를 제한한다.

① 지하수의 개발, 이용으로 인한 지하수의 고갈, 지반의 침하 또는 지하수의 오염을 방지하기 위하여 필요한 지역

② 지하수를 이용하는 하류지역과 수리적으로 서로 연결된 상류의 지하수 함양 지역

③ 기타 지하수의 수량이나 수질의 보전에 필요한 지역으로서 대통령령이 정하는 지역

3. 지하수 수질기준 및 먹는 물 제조업자 수질검사기준

지하수 및 시판되는 생수의 위생관리를 위하여 정부는 다음과 같이 지하수 수질기준과 먹는 물 제조업자 수질검사기준을 정하였다. 이 기준은 다음 [표 50]의 내용을 표준으로 한다.

[표 50] 먹는 샘물 제조업자의 자가 품질검사기준

구분		생활용수	농업용수	공업용수
일반 오염물질 (5개)	수소이온농도(pH)	5.8~8.5	6.0~8.5	5.0~9.0
	화학적산소요구량(COD)	6 이하	8 이하	10 이하
	대장균군수	5,000이하 (MPN/100mL)	–	–
	질산성질소	20 이하	20 이하	40 이하
	질소이온	250 이하	250 이하	500 이하
특정 유해물질 (10개)	카드뮴	0.01 이하	0.01 이하	0.02 이하
	비소	0.05 이하	0.05 이하	0.1 이하
	시안	불검출	불검출	0.2 이하
	수은	불검츨	불검출	불검출
	유기인	불검출	불검출	0.2 이하
	페놀	0.005 이하	0.005 이하	0.01 이하
	납	0.1 이하	0.1 이하	0.2 이하
	6가 크롬	0.05 이하	0.05 이하	0.1 이하
	트리클로로에틸렌	0.03 이하	0.03 이하	0.06 이하
	테트라클로로에틸렌	0.01 이하	0.01 이하	0.02 이하

주) 1. 일반세균, 대장균군, 녹농균은 3-4일 간격으로 실시
   2. 원수에 대하여 매주 1회 이상 검사하는 미생물 항목 6개 항목의 1이 기준을 초과하는 경우에 는 살모넬라, 쉬겔라에 대한 검사를 추가로 실시하여야 한다.
   3. 먹는 샘물 및 원수에 대하여 매분기 1회 이상 실시하는 검사항목 중 수질기준을 초과하는 항목에 대해서는 그 후 6개월간 매월 1회 이상 검사하여야 한다.

[표 51] 생활 · 농업 · 공업용수 수질기준

(단위 : mg/L)

구분	검사항목	검사주기
먹는 샘물	냄새, 맛, 색도, 수소이온농도(5개 항목)	매일 1회 이상
	일반세균(저온균, 중온균) 대장균군, 녹농균(4개 항목)	매주 2회 이상
	분원성 연쇄상구균, 분황산 환원혐기성 포자형성균, 살모넬라, 쉬겔라(4개 항목)	매월 1회 이상
	먹는 샘물 제품수 수질기준(51개 항목)	매분기 1회 이상
원 수	일반세균(저온균, 중온균), 대장균군, 녹농균, 아황산 환원혐기성포자형성균, 분원성 연쇄상구균(6개 항목)	매주 1회 이상
	먹는 샘물 원수 수질기준(47개 항목)	매분기 1회 이상

주) 1. 생활용수 : 가정용 및 가정용에 준하는 목적으로 이용되는 경우로서 음용수, 농업용수, 공업용수 이외의 모든 용수를 포함한다.
   2. 농업용수 : 농작물의 재배, 경작 목적으로 이용되는 경우에 한한다.
   3. 공업용수 : 수질환경보전법 제 2조 제 5호의 규정에 의한 폐수배출시설을 설치한 사업장에서 사업활동 목적으로 이용되는 경우에 한한다.
   * 공통사항 : 농업용수, 공업용수일지라도 생활용수의 목적으로 함께 이용되는 경우 생활용수 기준 적용.

집단욕수와 위생

6-3-1 수영장의 위생관리

　수영장이라 하면 일반적으로 천연과 인공수영장으로 구분하며, 천연수영장에는 하천, 호수, 강 및 바다가 있고, 인공수영장으로는 풀장(pool)을 들 수 있다. 따라서 자연수영장의 비위생적 원인은 산업폐수나 하수, 분뇨의 오염에 기인하는 일이 많고, 한편 인공수영장은 소독이나 물의 교환을 제대로 못하여 수인성 질병 내지는 안질 등의 전파가 보건 상 중요시 된다.

1. 해수욕장의 위생관리

　해수욕장의 수질오염은 다음과 같은 요인으로 발생할 수 있다.

(1) 분뇨의 투기

　주변 주민이나 수영자 등의 분뇨가 바다에 버려지면 외관상이나 심미적으로 좋지 않고 각종 전염병의 전파요인이 된다.

(2) 하천수의 유입

　하천수가 유입되는 것이 해양오염의 주요 원인이거니와 해수욕장에서는 주로 연안에 도달하는 하천수가 문제가 된다. 영국에서는 테임즈 강의 오염된 강물이 도버 해협으로 유출되었을 경우 대부분 육지로 되돌아오는 것이 모사(simulation) 실험으로 판명된 바 있다. 즉, 유입하천의 오염은 도시하수, 공장폐수 및 농, 축산 오물 등이 원인이 되어 바닷물을 오염시키고 해수의 수질을 악화시키므로 위생상 중요시 된다.

(3) 연안배수로 인한 오염

주변 민가의 분뇨나 농약을 비롯하여 여관, 관상시설, 음식점 및 공장에서 배출되는 폐수들은 바다를 오염시킨다.

(4) 수영자에 의한 오염

주변 공장이나 각종 작업장에서 일하는 사람의 몸에 부착된 유독 화학물질을 잘 씻지 않고 바닷물에 들어가 수영을 함으로서 수질을 오염시키는 일도 있다.

2. 해수욕장의 수질기준

해수욕장 및 강수영장의 위생학적 수질의 판단은 보통, 대장균군수로 본다. 일반적으로 대장균군수가 MPN(most probable number/100mL)으로서 1,000이하이면 양호하고 1,000~2,400인 경우에는 계속적으로 수질검사 및 환경조사를 하여야하며 만일, 2,400이상이면 수영을 금지시킨다. 이 기준은 나라마다 다소간 차이가 있는데 미국의 [공중보건협회]에서 규정한 급수기준을 보면 다음과 같다.

A급	대장균군수	0-50/100mL
B급	대장균군수	51-500/100mL
C급	대장균군수	501-1,000/100mL
D급	대장균군수	1,000이상/100mL

한국에서 해역 수질기준으로서 해수욕이 가능한 수질이 환경정책 기본법 시행령에 수록되어 있다. 다음의 표는 표준으로 준용되는 해역수질기준이다.

[표 52] 해역 수질기준

[생활환경]

등급	항목	기준(mg/L)
전수역	Cr6+	0.05
	As	0.05
	Cd	0.01
	Pb	0.05
	Zn	0.1
	Cu	0.02
	CN	0.01
	Hg	0.005
	PCB(poly chlorinated biphenyl)	0.005
	다이아지논	0.02
	파라티온	0.06
	말라티온	0.25
	1.1.1-트리클로로에탄	0.1
	테트라클로로에틸렌	0.01
	트리클로로에틸렌	0.03
	디클로로메탄	0.02
	벤젠	0.01
	페놀	0.005
	음이온계면활성제(ABS)	0.5

[사람 건강보호]

등급	기준						
	pH	COD(mg/L)	DO(mg/L)	MPN/100mL	용매추출유분(mg/L)	T-N(mg/L)	T-P(mg/L)
I	7.8-8.3	1이하	7.5이상	1000이하	0.01이하	0.3이하	0.03이하
II	6.5-8.5	2이하	5이상	1000이하	0.01이하	0.6이하	0.05이하
III	6.5-8.5	3이하	2이상			1.0이하	0.09이하

* 주) 1. 등급 I은 참돔, 방어 및 미역 등 수산생물의 서식, 양식 및 해수욕에 적합한 수질을 말한다.
  2. 등급 II는 해양에서의 관광 및 여가선용과 숭어 및 김 등 등급 I은 해역에서의 서식, 양식에 적합한 수산생물외의 서식, 양식에 적합한 수질을 말한다.
  3. 등급 III은 공업용 냉각수, 선박의 정박 등 기타 용도로 이용되는 수질을 말한다.

3. 하천수영장의 위생관리

하, 폐수, 분변, 분변성 오염물 등에 의하여 오염된 하천에서 수영을 하면 눈병이나 소화기계 질병에 걸릴 확률이 높아진다. 뿐만 아니라 오염물이 어류 체내에 농축된 채로 섭취될 경우 공해병에 걸릴 수 있고 위생해충 또한 사람에게 해를 나타낼 수 있다. 하천은 상류지역보다도 하류지역에서의 오염도가 더 높고 질병 발생의 가능성도 더 높은 것이 상례이다.

4. 인공수영장의 위생관리

인공수영장의 위생적 오염을 사용수 자체에 의한 오염과 수영자에 의한 오염으로 나누어 본다면 각각의 경우에 있어서의 오염 현황이 다음과 같이 설명된다.

① 사용수 자체에 의한 오염

- 분뇨, 공장폐수, 농업배수나 농약 등에 의하여 오염된 하천수나 해수

② 수영자에 의한 오염

- 가래침, 분뇨, 땀, 콧물, 몸때 등
- 특히, 가래침에서는 결핵균이나 아데노바이러스(adenovirus)가 문제되고, 피부로부터는 포도상구균, 연쇄상구균, 사상균 및 화농균 등이 오염될 수 있으며, 안질환자의 눈으로부터는 트라코마바이러스(trachoma virus)의 오염이 가능하고 아데노바이러스에 의한 유행성 각결막염(epidemic keratoconjunctivities) 등에 전염 발병할 수 있다. 소아마비성 바이러스 유행의 가능성이 많을 때는 수영장을 폐쇄하여야 하며 물은 수량이 한정되어 있어 단 시간내에 오염되기 쉬우므로 항시 청결하게 하고 각종 위생적 관리에 철저를 기하여야 한다. 소독에는 10~15%의 sodium thiosulfate가 적당하다.

인공 수영장의 위생관리법으로는 네 가지가 있다. 즉, ①환수식(換水式) ②표백분 수면 살포(표백분을 살포하면 10분간 0.1mg/l의 잔류 염소량이 소모되므로 적어도 한시간에 한 번씩 살포해 줄 것.) ③표백분이나 차아염소산나트륨 등의 주입식 소독 ④순환 여과 소독이다.

(1) 수영장 욕수의 수질기준

지난 1988년 서울특별시에서 발표한 것으로서 수영장관리 지침상의 수영장 욕수의 표준적 수질기준이 다음과 같다[표 52].

[표 53] 수영장 욕수의 수질기준(2018, 서울특별시 지침)

항 목		수질기준
유리잔류염소 (잔류염소)	염소단독 사용	0.4 ~ 1.0mg/ℓ (1.0mg/ℓ 이상)
	오존등과 병용	0.2mg/ℓ 이상(0.5mg/ℓ 이상)
수소이온 농도(pH)		5.8 ~ 8.6
탁도		2.8NTU이하
과망간산칼륨소비량		12mg/ℓ 이하
대장균군		10㎖ 시험대상 욕수 5개중 2개 이하

1) 수소이온농도(pH)

● 물의 액성을 나타내며 물에 포함되어 있는 각종 염류, 유리탄산 및 유기산 등으로 좌우됨

● 수처리 과정 중 유기물 및 무기물등의 수질 오염물질 제거에 영향을 미침

● 낮은 pH(시설의 부식), 높은 pH(쓴맛, 미끈미끈한 느낌)

● 물의 PH가 높으면 소독력이 감소됨(차아염소산 HOCl감소)

pH농도	증상
6.8~7.0	산성- 눈에 자극을 준다
7.0~7.2	좋은 상태
7.2~7.6	살균효과 최대- 이상적인 범위, 수영장 이용자를 최대한 편하게 해준다
7.6~7.8	이상적이나 염소의 살균효과가 저하됨
7.8~8.6	알카리성- 눈 등에 자극을 준다, 살균효과가 급격히 저하됨

※ 수소이온농도 8.6이상에서는 소독효과를 저하시키고, 물이 혼탁되며 스케일이 형성됨

2) 탁도(turbidity)

● 물의 탁한 정도로 점토, 콜로이드입자, 조류, 미생물, 부유물질 영향

● 탁도단위 : NTU(Nephelometric Turbidity Unit), 포마진표준법, 산란광 측정

　※ 탁도 1도 : 백도토 1mg이 증류수 1L에 포함되어 있을때의 탁도

● 살균소독 방해, 유기체에 의한 질병감염 우려, 부유물질 함유를 의미

● 소독작용으로 부터 박테리아의 성장 및 미생물을 보호하는 역할을 하여 염소 요구량을 높임

3) 잔류염소

● 염소처리 결과 수중에 잔존하는 유리 잔류염소(유리유효염소) 및 클로라민과 같은 결합형 유효염소(결합잔류염소)를 말하며, 유리염소의 세균력은 결합형 유효염소의 세균력보다

강함.

- 염소처리결과 수중에 잔류한 유효 염소로 염소를 투입하여 30분후에 잔류히는 염소의 양을 ppm으로 표시

- 실제 소독작업에서 첨가해야 하는 염소의 양을 조절하여 염소가 소실되지 않고 효율적으로 소독에 사용하는데 이용

- 목적한 소독이 이루어지는지를 즉각 판단할 수 있는 유일한 기준

- 식도자극, 구토증세 등 유발

  ※ 염소소독을 시행하는 주된 목적: 수인성 질병의 확산을 방지하기 위한 것

  ※ 염소의 살균효과에 영향을 미치는 인자 : 반응시간, 온도, PH, 염소를 소비하는 물질의 양, HOCL이나 OCL-로 존재하는 비율

염소의 농도(mg/L)	증상
1	마실 때 비교적 냄새가 많이 난다.
2	염소냄새가 많이 나나 마실 수는 있다
3	염소냄새가 많이 나므로 마시기가 어렵다
4~5	염소냄새가 몹시 나서 마실수가 없다
30	사람에 다라서 복통을 일으키거나 알레르기를 일으킨다

4) 과망간산칼륨소비량

- 물에 함유된 유기물이나 산화되기 쉬운 무기물을 산화하는데 소모된 과망간산칼륨의 양

- 소비량이 많다는 것은 유기물이 다량 함유된 오수에 의해 오염되었거나 물속에 제1철염, 아산화금속, 아황산염, 황화물, 아질산염등의 무기물이 많다는 것을 의미함

  ※ 유기물의 발생원인은 원수자체의 오염, 수영중의 소변, 생리, 땀, 콧물, 가래, 침 따위에 의해 발생되며, 이들은 수영 풀내에 용존하여 존재하며, 축적되기 때문에 여과를 하더라도 완전히 제거하기 어려움

5) 대장균군

- 대장균군 자체는 인체에 유해하지 않지만, 분변 오염의 지표로서 소화기계 병원균에 의한 오염의 가능성이 있다고 볼 수 있음

- 살균효과 : 잔류염소 0.1mg/L → 대장균 5분이내 사멸,

  (콜레라균 10~30초이내 사멸)

  잔류염소 0.2mg/L → 순간적으로 사멸

(2) 공중목욕탕 수질기준

공중목욕탕 욕수 수질기준이 공중위생관리법 시행규칙 [별표 2]에 수록되어 있다.

[표 54] 공중목욕탕 수질기준(공중위생관리법 시행규칙 [별표 2])(2014. 7.)

Ⅰ. 욕수의 수질기준

1. 원수
   가. 색도는 5도 이하로 하여야 한다.
   나. 탁도는 1NTU(Nephelometric Turbidity Unit) 이하로 하여야 한다.
   다. 수소이온농도는 5.8 이상 8.6 이하로 하여야 한다.
   라. 과망간산칼륨 소비량은 10mg/l 이하가 되어야 한다.
   마. 총대장균군은 100ml 중에서 검출되지 아니하여야 한다.
2. 욕조수
   가. 탁도는 1.6NTU(Nephelometric Turbidity Unit) 이하로 하여야 한다. 이 경우 다른 법령에 의하여 목욕장에서 사용할 수 있도록 허가받은 제품을 첨가한 때에는 당해 제품에서 발생한 탁도는 계산하지 아니한다.
   나. 과망간산칼륨 소비량은 25mg/l 이하가 되어야 한다.
   다. 대장균군은 1ml 중에서 1개를 초과하여 검출되지 아니하여야 한다. 이 경우 평판마다 30개 이하의 균체의 균락이 형성되었을 때는 원액을 접종한 평판의 균체의 균락을 평균하며, 기재는 반드시 1ml중 몇 개라고 표시한다.

5. 해수를 욕수로 하는 경우

화학적 산소 요구량(COD)(mg/L)		수소이온농도(PH)	총대장균군 (총대장균군수/100mL)
원수	욕조수		
2 이하	4 이하	7.8 ~ 8.3	1,000 이하

6-4-1　최적 구비조건

- 일조시간 : 1일 6시간 이상. 창의 방향은 남쪽으로 낼 것
- 가옥기후 : 기온 18~20도 습도 60~65%
- 난방 : 실내온도 10℃ 이하일 때 난방 필요. 국소난방, 중앙난방
- 냉방 : 25~26℃가 적당. 외부 온도차 5-8도 낮게, 국소냉방, 중앙냉방, 냉방병 주의
- 환기 : 오염된 실내공기 제거 및 갱신. 실내공기 조절. 방습. 자연환기, 인공환기
- 채광 : 창의 면적이 실내면적의 20% 이상. 세로 폭이 길어야 효과적
- 인공조명 : 주광색. 조도는 충분한 밝기(낮 200~1,000Lux, 밤 20~200Lux)
  조도는 시간과 장소에 따라 균등하게
- ▶ 부적조명(不適照明)의 피해 - 근시, 안정피로, 안구진탕증, 작업능률 저하

1. 주거기후

　주택은 외계(外界)의 기후환경을 거주하기 좋게 바꾸는 시설이다. 그러므로 주거기후(residence climate)의 조성이 주택위생이라 할 수 있다. 주거기후 인자들이 다음과 같다.

(1) 주택부지

　부지가 동남방이나 남쪽으로 위치하여 우선 햇빛 량과 햇빛 조사시간이 충분하여야 하고 지하수위가 낮고 지면이 높아야 한다. 빗물이 흘러들어 오는 저지대는 좋지 않으며 배수시설이 완벽하여야 한다. 그리고 지질이 좋고 주변 환경과 공기가 맑아야 함은 물론이고 학교나 관공서, 문화센터, 시장 등의 공공장소로의 접근이 용이한 것이 좋다. 동시에 밀집지역의 주거지는 적합지 않다.

(2) 채광

창으로 햇빛을 실내에 들어오게 하는 건축 위생기술을 이른다.

좋은 채광(natural lighting)이란 보아야 할 대상물을 확실히 볼 수가 있고, 피로감이나 불쾌감을 일으키게 하지 않는 것이다. 그러기 위해서는 밝기와 분위기의 양면이 적당히 조절되어야 한다. 채광은 작업을 위한 빛을 고려할 뿐만 아니라 사물의 형태나 음영(陰影)을 확실히 보이게 하거나, 어떤 것을 특히 인상적으로 보이게 하고, 또 예술품 등을 감상하기 좋게 하거나 방의 분위기를 만드는 목적에도 사용된다. 이를 위해서는 명암의 대비, 광선의 방향 및 색 등을 각각 그 목적에 따라 알맞게 하여야 한다

1) 햇빛 채광과 창문 크기

주거에 충분한 햇빛을 얻기 위해서는 원칙적으로 남향이 좋지만 일년 사계절 태양의 운동위치변동으로 동으로 18도, 서쪽으로 6도까지는 무방하다.

채광 량은 창문 길이의 변화보다 창호 높이 변화에 따라 변한다. 일정 공간에 대한 이상적인 창문의 면적은 바닥면적의 1/7~1/5 정도가 가장 좋으며 최저 1/12을 넘어서는 안 된다. 창의 입사각은 27도, 개각은 4도 이상이 적합한데 개각 1도의 감소를 입사각으로 보충하려면 2~5도의 증가가 필요하다. 보통 거실의 안쪽 길이는 바닥에서 창틀 윗부분의 1.5배 이하인 것이 좋다. 그리고 유리창이 청결하더라도 10~15% 조도가 감소되며, 유리창을 닦은 지 10일 후에는 35~40%, 30일 후에는 80%가 감소한다.

채광에 유효한 창의 면적이 건축법시행령 제51조에 규정되고 있다. 즉 채광을 위한 부분의 면적은 그 방의 바닥면적에 대하여 1/10 이상으로 되어 있다. 또 창문 앞에 높은 건물 등이 접근하여 있는 곳에서는 그 창의 채광효과를 기대할 수 없으므로 건물의 높이와 창에서 건물까지의 거리의 관계를 정하여 채광에 유효한 창을 규정하고 있다. 또한 천창(天窓)은 채광이 유리한 것이므로 실제의 창 면적의 3배로 쳐서 계산해도 좋으며, 특수한 건물인 영화관·극장, 지하의 공작물 내에 설치한 사무소·점포 등에는 창이 없어도 상당한 조명장치를 하였을 때는 인정할 수 있도록 규정하고 있다.

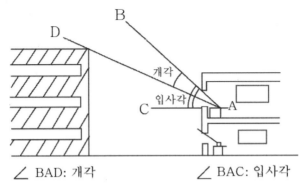

∠ BAD: 개각   ∠ BAC: 입사각

[그림 59] 차광물과 건축물의 개각과 입사각

2) 인공 조명

물체가 연소할 때 발생하는 빛을 조명으로 이용하는 기술이다.

① 빛과 시력

사람의 눈은 예민하고 인내력 있는 감각장치이다. 이 눈은 전자 스펙트럼 중에서 가시 스펙트럼이라고 부르는 아주 좁은 범위의 빛만을 식별할 수 있다. 그리고 이 좁은 띠 안에서 사람의 눈은 빛의 색깔과 상대적 강도의 적은 변화까지도 감지할 수 있다.

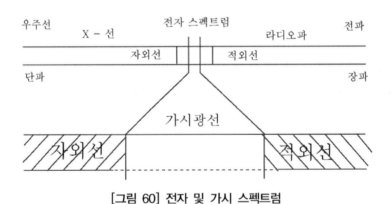

[그림 60] 전자 및 가시 스펙트럼

- 시각적 쾌적감

  인공 조명장치를 통해 얻어 진 주택 실내 사물의 식별능력이 시각적 쾌적감 효과를 나타내어야 한다. 사람의 시각의 역할은 두 가지의 넓은 범주, 즉 공간 지각을 요구하는 것과 사물 세부의 식별을 요구하는 것으로 분류되는데 각각의 요구에 대해서 독특한 조명조건들이 시각적 쾌적기준을 설정하는 것에 기초가 된다. 예를 들어 독서나 제도 등 세밀한 부분의 식별을 요구하는 행위에 대해서는 높은 조도와 30도 시각원추 내에 시각적으로 산만한 것이 없어야 한다.

  이외에도 희미한 그림자, 숨겨진 반사, 광원으로로부터의 높은 눈부심(輝度), 작업대와 그 주위사이의 지나친 대비 등이 시각적 쾌적감에 영향을 준다.

- 조명설계

  실내 거주자들에게 시각적 쾌적감을 주기 위한 조명설계는 두가지 단계로 나누어 실시하는데 그 개요가 다음과 같다.

ⅰ. 첫 번째 단계

▶ 재실자

  공간의 사용자들과 그들의 행위들이다.

▶ 시각적 임무

  재실자에 의해 수행되어질 공간적, 세부적인 임무를 말한다.

▶ 광량

  빛의 강도로서 고도의 시각적 정밀성을 요구하는 경우에 매우 중요하다.

▶ 광질

  주광색에 가까운 것이 좋다.

▶ 공간의 물리적인 특성 들

  빛의 반사, 흡수 등을 나타낼 우려가 있는 재료와 그 표면들인데 청색표면은 적, 황, 록, 자색파장을 흡수하고 청색광만 반사한다. 그리고 황색유리는 자, 청, 록, 적색파장을 흡수하고 황색광은 투과시킨다.

ⅱ. 두 번째 단계

▶ 조명의 방법

  넓은 공장 등에 사용되는 전체조명과 정밀작업에 쓰이는 국소조명이 있다. 그리고 조사방법에 따라 직접조명, 간접조명, 반간접조명이 있다.

▶ 전구

　백열등, 형광등, 수은등, 나트륨등 등이 있다.

▶ 등기구

▶ 등기구의 배치

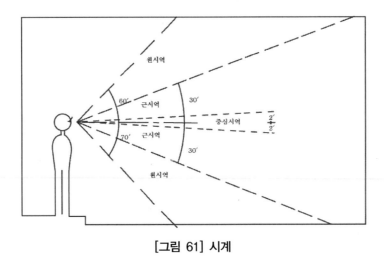

[그림 61] 시계

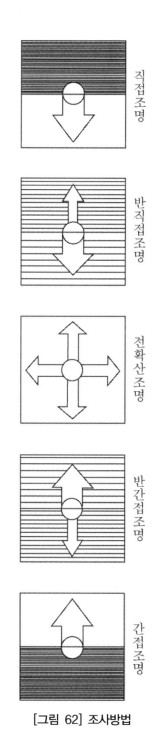

[그림 62] 조사방법

[표 55] 작업방법에 따른 기준 조명도

작업구분	기준 조명(lux)
초 정 밀 작 업	750 이상
정 밀 작 업	300 이상
보 통 작 업	150 이상
기 타 작 업	75 이상

[표 56] 작업장소에 따른 기준 조명도

작업장	표준조도(lux)	작업장	표준조도(lux)
사무실 · 도서실 · 교실	80~120	일 반 상 점	50~100
높은 천정의 실내(강당)	30~80	백화점(지하층, 상층)	100~200, 80~120
실내 체육관 · 대합실	30~80	제 도 실 · 재 봉 실	100~200
정 밀 작 업 실	100~200	아동공부방 · 욕 실	150~300
일 반 작 업 실	50~100, 25~50	응 접 실	50~100
이 발 관 · 시 계 점	100~200		

1. 의복의 정의

"신체 표면과 의복의 대외 표면 간을 구성하고 있는 한정된 공간": 함유하고 있는 공기층을 포함

2. 의복의 목적

① 체온조절 : 체온발산, 신진대사조절, 방한, 방서
② 신체의 청결과 보호 : 오염방지, 위해방지
③ 용자의 미화와 표식 : 예의 · 품격표시, 소속 · 종별표시

3. 의복의 기후조절작용

(1) 의복기후

① 나체시 체온조절을 위한 기온 : 25-26℃
② 안정시의 의복기후 : 온도 : 32±1℃, 습도 : 50±10%, 기류 : 10cm/sec이하
③ 체온방열 요인 : 전도, 복사, 의복재료의 함기성, 통기성, 보온성
④ 인체 수분증발 요인 : 통기성, 흡수성, 방습성, 의복내의 환기
  • 피부건조증(皮膚乾燥症, xeroderma)
    피부 수분이 10% 이하로 줄어들어 피부가 하얗게 일어나거나 울긋불긋해지면서 가려움
    증이 생기고, 심한 경우에는 갈라지는 피부 상태
⑤ 전염병의 간접전파매체
  눈 전염병(트라코마, 바이러스성 안질환), 전염성피부질환(기계충, 옴, 습진 등)

(2) 의복기후의 조절작용

① 체표면의 80-90%가 의복 기후대 내에 있으며 의복은 체열방산의 억제 및 촉진작용
② 체열방산에는 의복재료의 함기성, 보온성, 통기성, 흡수성, 방습성 등이 관여

(3) 의복의 방한력 단위

① CLO : 열차단 단위

② 1 CLO는 기온 21℃, 기습 50%, 기류 0.1m/sec에서 신진대사율이 50Kcal/m^2/hr로 피부온
   도가 33.1℃(97℉)로 유지될 때의 방한력임

③ 보온효과가 가장 좋은 의복의 두께는 1cm 정도임 : 1cm 이상 두꺼워지면 오히려 보온효과
   가 없음. 겨울철에 두꺼운 옷 한 벌 입히는 것보다 얇은 옷 여러벌 입히는 것이 좋음.

(4) 의복의 위생학적 성질

① 온도조절능력이 우수할 것
② 피부의 감촉이 좋을 것
③ 쉽게 더럽혀지지 않을 것
④ 세탁에 적합할 것
⑤ 가벼울 것
⑥ 외부의 위험에 대한 방어력이 강할 것
⑦ 신체활동에 적합할 것

4. 의복과 건강

① 의복의 중량 : 의복착용에 의한 혈액순환·호흡방해 없도록
   (남자) : 겨울 6~7kg이하, 여름 3~4kg이하(전 중량 5kg이하)→그 이상일 경우 활동이 부자
   유 스러움
② 피복압 : 신체 각 부위의 운동방해, 생리기능에 영향
   여성의 Corset, 남성의 혁대→Spleen(脾臟)변화, 자궁압박, 호흡장애의 원인
③ 후착의 피해
   체열방산 저해, 신진대사 장애, 피부저항력 약화, 영유아의 울혈성(鬱血性) 설사(여름철
   소화기계 질환 이외에 까닭 없이 몸이 빨갛게 되면서 설사하는 것)
④ 의복전염병 매개 : 습진, 결핵, 피부염(유해물질 부착 시), 이, 벼룩, 옴 진드기(Scabies
   mite) 등

7 ≫

사회 환경요소

산업위생이란 건강문제를 주요 목적으로 하는 작업환경개선의 공학 기술면의 문제를 다루는 학문 분야로서 근로자들이 작업현장에서 어떻게 하면 건강한 심신으로 오랜 시간동안 높은 작업능률을 유지하면서 생산성을 높일 수 있느냐를 연구하는 과학이자 기술이라 할 수 있다.

1. 산업위생의 정의

세계 보건 기구(WHO)와 국제 노동 기구(ILO)에서는 산업위생을 다음과 같이 정의하였다.

"The promotion and maintenance of the highest degree of physical, mental and social well being of workers in all occupation"

"모든 직업에 종사하는 근로자들이 신체적, 정신적 또는 사회적으로 안녕상태를 최고도로 유지 증진되도록 하는 데 있다."

미국산업위생학회(AIHA, American Industrial Hygiene Association)는 다음과 같이 정의하였다.

"Industrial Hygiene is that science and art devoted to the anticipation, recognition, evaluation, and control of those environment factors or stresses arising in or from the workplace that may cause sickness, impaired health and well-being, or significant discomfort and inefficiency among workers or among the citizens of the community"

"산업위생이란, 근로자나 일반 대중에게 질병, 건강장애와 안녕 방해, 심각한 불쾌감 및 능률 저하 등을 초래하는 요인과 스트레스를 예측, 측정, 평가하고 관리하는 과학과 기술이다."

2. 산업위생의 목표와 영역

1950년 ILO와 WHO의 합동위원회에서는 산업위생의 목표를 다음과 같이 정의하였다.
① 근로자가 정신적으로나 육체적으로나 또는 사회적으로 건전하며

② 작업장의 환경관리를 철저히 하여 유해요인에 기인한 손상을 사전에 예방하고

③ 합리적인 노동조건을 설정함으로써 건강유지를 도모하며

④ 정신적 · 육체적 적성에 맞는 직종에 종사하게 함으로써 사고를 예방하고 작업능률을 최대로 올리는 것을 기본목표로 한다.

그리고 이상의 기본 목표들을 성공적으로 달성하기 위하여 환경공학 · 안전시스템공학 · 제어계측공학 · 사회학 · 법학 등으로부터 우선적 산업재해 예방 및 관리의 기술적 대책 등을 수립하고 산업위생학을 ①산업생리학 ②산업심리학 ③인간공학 ④산업병리학과 유기적으로 관련시켜 그 합리적인 해결책을 유도하여야 할 것이다.

7-1-1 　작업환경관리

밴크로프트(Bancroft)는 그의 순응 법칙(adaptation law)에서 이르기를 "생물은 그들 생육에 부족한 환경조건 아래에서도 스스로 조정 반응하여 생명을 유지한다"하였다. 어떤 생물 개체나 집단의 생존과 번영은 복합된 여러 가지조건에 의존하되 생물개체나 집단의 내성한도에 가깝거나 그것을 초과하는 조건이 어느 것이든 제한 조건과 제한 요인이 된다. 인간도 마찬가지로서 인간들은 어느 환경 조건에서 그들의 최대 항상성(homeostasis)을 가져오는 환경조건에 적응하여 생활한다. 작업환경을 작은 생태계라고 할 수 있다. 어느 작업환경의 근로자들은 그 작업환경에 순응 또는 순화하여 일에 종사하지만 어느 생리적 한계에 도달하게 되면 쓸쓸히 생명을 다하거나 병석에 눕는 일 등이 생기게 마련이다. 그러므로 작업환경의 각종 조건을 개선하여 쾌적한 환경을 만들므로서 근로자로 하여금 건강을 유지하게 하는 것이 무엇보다도 중요하며 산업 능률을 향상시켜서 인간 중심이 되는 생태계의 안정성(stability)을 가져오도록 하여야 하겠다.

1. 작업환경의 위생적 관리

작업환경을 위생적으로 관리하는 것이 중요하다.

관리 사항으로서 산업장 입지조건, 작업 환경 시설, 근로자 후생 복지 시설 등으로 나누어 볼 수 있다.

(1) 산업장 입지조건

① 홍수나 지진 등의 자연재해와 가스 폭발 등의 인공재해로부터 안전한 지의 여부
② 자가용 및 지하철 등 대중교통수단의 산업장으로의 접근성
③ 근로와 관련한 주변 기후, 풍토, 용수 확보 등의 충족도
④ 기타

(2) 작업 환경 시설

① 냉·난방, 온·습도 및 환기와 채광, 조명 시설이 적절한 지의 여부
② 분진·유해가스·악취·소음·진동 등의 방지시설의 점검 및 보완
③ 기타

(3) 근로자 후생 복지 시설

① 휴게실, 탈의실, 욕실, 세탁실, 세면장 및 화장실의 점검
② 식당의 위생 관리 및 필수품 보급실 조사
③ 오락실, 진료실 등의 후생 복지 시설의 점검
④ 기타

2. 근로자 중심의 산업 합리화

(1) 근로자의 적정 배치

① 신체 계측(신장·체중·흉위·앉은 키)
② 기능 검사 : 심폐 기능·시력·색신·청력·악력·배근력
③ 건강 진단 : 결핵·고혈압·간질
④ 정신적 적성 검사 : 일반 지능 검사·성격 검사·일반 직업 적성 검사

(2) 작업 동작의 합리화

동작 연구를 위해 순간 사진 촬영을 이용한다.
① 자세의 안정도 ② 동작의 경제도 ③ 동작의 안정도 ④ 동작의 능률성 등 네 가지가 작업 동작의 능률화를 위해 필요하다.

(3) 작업(생활) 시간의 시간 배분율 합리화

근로 시간과 생활 시간(몸차림 · 식사 · 가사근로 · 휴식 · 교양 · 오락 · 수면) 등에 대하여 추적조사 기록을 함으로써 시간 배분이 합리적인지를 추구한다.

(4) 작업 강도(labour intensity)에 따라 작업 관리를 합리화

육체적 작업 강도의 지표로서 에너지 대사율(RMR; relative metabolic rate)이 사용된다.

$$RMR = \frac{작업시소비에너지 - 그와같은시간의안정시소비에너지}{기초대사량} = \frac{근로대사량}{기초대사량}$$

RMR = 0~1(경노동), 1~2(중등노동), 4~7(중노동), 7이상 격노동으로 구분한다.

[표 57] RMR에 의한 작업 강도와 분류

구분	노동강도	실효율(%)	주작업의 RMR	근무시간중의 RMR	1일 소비 열량(cal)	근무시간중 소비열량(cal)	비 고
A	경노동	80이상	0~1	0~0.8	남 920이하 여 720이하	2200이하 1920이하	의자에 앉아서 손으로 하는 작업(2200cal)
B	중등노동	80~76	1~2	0.8~1.5	남 920~1250 여 720~1020	2200~2550 1970~2220	지속작업.6시간 이상 쉬지 않고 하는 작업 (2500)
C	강노동	76~67	2~4	1.5~2.7	남1250~1750 여1020~1420	2550~3050 2220~2620	전형적인 지속업 (3000cal)
D	중노동	67~50	4~7	2.7~3.5	남 1740~2170 여 1420~2920	3050~3500 2620~2920	휴식의 필요가 있는 작업 (3500cal)
E	격노동	50이하	7 이상	3.5 이상	남 2170이상 여 1780이상	3500 이상 2980 이상	중도적 작업 (4000cal)

(5) 작업 조건의 합리화

① 작업 자세를 편리하고 알맞도록 한다. 작업대의 고저와 불안정, 서있는 곳의 불편, 기계장치의 불편, 습관, 장해물의 개선 등을 실시한다.

② 작업 속도를 조정한다. 작업 속도를 경제적 속도에서 생리적 속도에 접근시키도록 한다.

③ 운반 방법을 개선한다. 중량 · 속도 · 시간을 고려하여 인력 운반을 기계력 운반으로 전환한다.

④ 작업 시간과 휴식은 그 기간과 횟수를 노동의 성격(육체 노동·정신 노동·신경 감각 노동)과 강도에 따라 조정한다.

⑤ 작업의 종류에 따라 노동 시간의 교대제 실시를 한다. 교대 시간의 간격과 교대 순서, 야근 교대, 휴일 조정을 실시한다.

⑥ 기기의 설계와 조작에 있어서 인간공학적인 견지에서 고려한다. 공구의 무게·크기·굵기·길이·각도·디자인 및 손잡이의 적합성 등을 고려한다.

⑦ 휴일과 여가를 제도화하여 유효하게 지내게 한다.

(6) 기술 훈련 및 보수 교육을 실시한다.

일반근로자와 신규채용자는 각각 그에 알맞은 교육 훈련이 필요하며, 직책에 따라 그에 필요한 교육을 실시한다.

7-1-2　작업환경 유해요인

1. 작업장의 유해요인

(1) 물리적 요인

1) 온열

고온과 고습 환경 내에서 활동하면 열 방산이 적은 조건 하에서 급격하게 활동 능력이 소모되고 심하면 졸도하게 되는 열증증(熱重症)에 걸린다. 원인이 고열, 고습, 무풍, 복사열에 있으며 작업자 체질과 예비적 조건에도 기인한다. 고열에 의한 장해는 체온 조절의 부조화, 순환기계의 기능 이상, 식염 및 수분의 상실이다. 이러한 장해는 수면이 부족하거나 과로한 사람 그리고 위장 장해를 갖고 있는 사람이 잘 걸린다.

① 온열 작업의 생리적 한계와 허용 기준

계절별 쾌적선(최다수인 97%에게 쾌적감을 줄 수 있는 감각온도)이 다음과 같다.

여름 : 71°F(21.7℃), 겨울 : 66°F(18.9℃)

열 생산과 발산이 균형을 유지하여 가장 적당한 온감과 쾌적감을 느끼는 온도를 지적 온도 (Optimal temperature)라 하는데 이 지적온도를 좌우하는 인자가 다음과 같다.

ⓐ 작업의 종류와 작업량 ⓑ 계절 ⓒ 민족 ⓓ 의복 ⓔ 연령 ⓕ 성별 ⓖ 음식물
ⓗ 낮 근무와 밤 근무

② 고온 작업의 생리적 한계
- 직장 온도가 38.3℃(101°F), 맥박수 125 beat/min까지는 고온 작업을 계속해도 무방하다.
- 한계 : 직장 온도 38.9℃(102°F), 맥박수 160~170 beat/min
- 고온 환경에서 심박출량은 1.4~1.7 l/min 증가한다.
- 고온 환경에서 흘리는 땀(發汗, perspiration) 량의 상한은 안정시 1.8 kg/hr, 작업시 3.9 kg/hr이다.

③ 온열 작업의 허용 한계
- 고온에 순환되지 않는 옷을 입은 남자의 고온 폭로 한계로서 Haldone의 습구 온도계로 나타낸 것이 다음과 같다.
  ⓐ 안정시 : 무풍에서 31.1℃
  ⓑ 안정시 : 풍속 170 ft/min에서 33.9℃
  ⓒ 중등도 작업시 : 무풍에서 25.6℃
- 사람이 실제로 느끼는 온도를 감각온도(effective temperature)라 하는 것으로서 이 감각 온도에 의한 허용한계가 하루 8시간 작업을 통하여 직장내 온도가 38.3℃ 이하로 유지되고 맥박수는 125 beat/min을 넘지 않아야 한다. 단, 잠깐 동안 폭로될 때 고온 한계는 직장 온도 38.9℃, 맥박수 160~170beat/min이다.
- 작업자의 생리 상태를 보다 잘 알 수 있도록 4시간 발한량을 예측하는데 기온, 기습, 기류, 복사열, 착의상태, 작업량을 파악하여 모노그램(monogram)에서 산정한다.

2) 한냉

저온 환경에서 오랫동안 일을 하면 전신 체온 강하나 동상 등에 걸린다. 각각의 경우에 있어서 진행상태가 다음과 같다. 다. 이것은 지속적인 국소의 산소 결핍 때문이다.

① 한냉 폭로의 허용 기준

야그로우(Yaglou)에 설파된 앉아서 추위에 견딜 수 있는 한계가 다음과 같다.

- 12.1℃(10℉)에서 6시간
- 23.3℃(-10℉)에서 4시간
- 40℃(-40℉)에서 1.5시간
- 56.7℃(-70℉)에서 25분

물에 빠졌을 때 수온에 따라 견딜 수 있는 한계가 다음과 같다.

- 15.6℃(60℉)에서 2~5시간
- 4.4℃(40℉)에서 1시간 이내
- 16.7℃(62℉)에서 나체로 8시간 생존

기온이 7.8℃(46℉)에서는 나체로 8시간 생존이 가능하다.

3) 소음 및 진동

앞에서의 소음 및 진동 편에서 설명한 것으로 갈음한다.

4) 유해광선

앞에서의 대기환경과 건강 편에서 설명한 것으로 갈음한다.

5) 먼지

모래보다 미소(微小)한 고체물질로서 일반적으로 분진(粉塵)이라고도 한다. 공중에 부유하는 먼지는 호흡기로 침입하여 폐에 침착하여 진폐증을 일으키고 흡수되어 중독증을 일으키며 그 밖의 병변을 나타낸다. 먼지에 의한 질병에 걸리지 않으려면 근본적으로 그 산업현장에서 떠나는 것이 좋다. 먼지로부터 신체를 보호하기 위하여 방진(防塵, dustproof) 마스크를 착용할 수 있다. 방진 마스크란 공기 중에 부유하는 분진을 들이마시지 않도록 하기 위해 사용하는 마스크인데 예전부터 분진이 많은 작업장, 즉 광산·채석장 등에서 규폐(珪肺)증이나 진폐(塵肺)증을 예방하기 위해 사용하여 왔다. 이와 같은 마스크에는 특수한 필터가 장치되어 있어 분진을 막아주는 한편 흡기(吸氣)의 능률에 지장이 없도록 고안되어 있다. 오늘날은 대부분 다공질의 플라스틱으로 만들어진다.

① 먼지로 인한 질병

• 진폐증(pneumoconiosis)

일반적으로는 유해한 분진을 장기간 흡인할 때 폐 조직 내에 분진이 침착하여 만성의 섬유 증식반응(섬유증)을 일으킨 상태를 말한다. 유해한 분진을 취급하는 직업에 종사하는 사람에게서 볼 수 있으므로 직업병에 포함된다. 분진은 유기성과 무기성 분진으로 나눈다. 유기성 분진인 양모분말(羊毛粉末)·목화가루·목가루·담뱃가루 등을 흡인할 때는 폐 보다도 오히려 기도가 침해되어 만성기관지염과 기관지천식과 같은 증세를 일으키는 일이 많다. 무기성 분진은 광석에서 나온 것으로서, 침착하는 분진의 종류에 따라 규폐(硅肺)·석면폐·활석폐(滑石肺)·탄폐·규조토폐(硅藻土肺)·철폐·베릴륨폐·시멘트폐 등이 있다. 이들 중 규폐가 그 빈도나 결핵을 합병하는 점에서 중요시된다.

일반적으로 폐포 내에 흡입된 분진, 특히 규산의 미립자는 림프관에 들어가고 일부는 폐포 상피세포나 림프구에 섭취되어 림프와 함께 기관지 림프절에 이른다. 분진이 소량이면 장애가 거의 없으나, 다량인 경우는 폐조직 내에 머물러서 폐 및 림프관에 염증을 일으키고, 결절상 변화나 결합직 형성을 일으키게 된다.

• 규폐증(silicosis)

유리규산의 미립자(微粒子)가 섞여 있는 공기를 장기간 마심으로써 증세가 발생하는 만성 질환이다. 오래 전부터 광산 등지에서 그 존재가 알려진 직업병의 하나이다. 직업으로는 채광업(採鑛業:금속광산이나 탄광 등)·채석업(採石業)·요업(窯業)·연마업(硏磨業)·야금업(冶金業)·규산 사용의 화학공업 등을 들 수 있다. 규산의 유해작용은 기계적인 것보다는 오히려 그 일부가 녹아서 나타나는 화학적인 것으로 알려졌다. 일반적으로 경도발진(輕度發塵) 정도의 순수 규산을 포함한 공기 중에서 일을 할 경우 발증까지 15~20년이 걸리지만, 분진의 농도가 상승함에 따라 발병까지의 기간은 단축된다. 병리학적으로는 폐 조직의 섬유성 결절(結節)과 반흔(瘢痕)의 형성으로서, 결핵성 병변이 합병될 때가 많다. 자각증세는 X선 진단을 받아도 알 수 없는 경우가 있다. 증세는 1~4도로 나누어진다. 최초의 증세는 운동시 호흡의 곤란을 가져오며 나중에는 기침·담(痰)이 나오면서 피부가 검 푸르고 호흡장애를 일으키기도 한다. 중증이 되면 폐활량이 격감되어 폐기능 부전에 빠진다. 특수한 치료방법은 없고 만성기관지염이나 폐기종(肺氣腫) 등의 요법에 따른다. 수산 화알루미늄의 흡입은 규폐의 발생과 진행을 저지시킨다. 결핵을 합병하였을 경우에는 결핵 치료를 하고, 스테로이드 요법도 좋다. 이 병의 발생 가능성이 있는 직장의 종사자는 정기적으로 흉부 X선 검사를 하여 조기발견에 노력해야 한다.

- 폐성심(肺性心, pulmonary heart disease)

  폐질환 때문에 폐동맥의 혈관저항이 증대하여 혈액의 흐름이 나빠져 우심실의 기능부전을 일으킨 상태이다. 급성과 만성으로 나뉘는데 급성은 폐색전·폐경색에 의한 것이다. 만성은 폐기종·기관지천식·폐결핵·규폐(珪肺)·만성기관지염·기관지확장증 등 만성 폐질환이 원인이 된다. 증세는 호흡곤란·심계항진·기침·담(痰)·치아노제·안면부종·간종대 등을 볼 수 있다. 심장은 우심실이 비대하고 폐동맥은 항진, 심전도에서도 우심실 비대를 나타낸다. 심장 카테테르법으로는 폐고혈압이 나타난다. 치료는 기관절개·산소흡입을 실시하고 강심제·이뇨제를 투여한다. 만성인 경우에는 평소부터 기관지확장제나 객담용해효소를 사용하여 병의 악화를 예방한다.

- 기타

(2) 화학적 요인

1) 유해가스 및 증기

가스(gas)란 실내공기 표준상태(25℃ 1기압)에서 기체로 존재하지만 온도나 압력의 변화로 액체나 고체로 변화될 수 있는 화학물질을 이른다. 증기(vapor)란 실내공기 표준상태에서 액체나 고체가 기화나 승화에 의하여 기체가 되는 화학물질을 이른다. 금속이 고온에서 승화하여 화학적 변화를 거친 후 금속 산화물로 된 기체물질이나 이 금속 산화물의 기체가 공기 중에서 냉각되어 미립자(직경 0.1µm이하)형태로 분산하는 흄(fume) 그리고 신너(thinner) 등의 유기용제로부터의 유기성 증기, 황산이나 질산, 염산과 같은 무기산과 가성소다 등의 알칼리로부터의 증기 등이 해당된다. 인체에 미치는 영향으로 단순질식제(simple asphyxiants), 화학질식제(chemical asphyxiants), 자극가스(irritant noxious gases), 전신독성제(systematic toxicants)로 나뉜다.

- 단순질식제

  이산화탄소, 질소, 메탄, 에탄, 아세틸렌 등으로 독성은 타나내지 않으나 고농도로 발생하면 산소농도가 10%이하로 되어 산소결핍상태로 만드는 가스

- 화학질식제

  일산화탄소, 시안화합물, 유화수소 등으로 폐에는 별다른 장해가 없으나 산소의 이용을 저해하는 가스

- 자극가스

  NH_3, Cl_2, SO_2, O_3, 포스겐($COCl_2$)등과 같이 상기도, 폐, 종말기관지와 폐포에 자극을 주는 가스

- 전신독성제

  주로 광석 제련 및 정련 공정 등에서 발생하거나 반도체 전자공업 등에서 사용하는 AsH_3, PH_3, SiH_4 등으로 신체 전체에 해를 입히는 가스

① 유해가스 및 증기로 인한 질병

- 직업성폐질환(occupational lung disease)

  각종 분진이나 화학물질에서 나오는 가스, 흄 등 유해인자들에 복합적으로 노출되어 여러 질환이 동시에 나타나는 것이 특징이다. 보통 작업을 하고 있는 동안보다는 대부분 정년퇴직이나 휴직 등 직장을 떠났을 때 증세가 나타난다. 만성기관지염·폐기종·폐암·결핵·천식 등이 대부분을 차지하며 크게 기도질환과 폐 실질질환으로 나뉜다. 기도질환은 다시 만성기관지염과 같은 단순자극에 의한 질환과 천식·면폐증 등 알레르기 면역반응에 의한 질환, 악성종양 등으로 나눌 수 있다.

2) 유해물질

유해물질이란 흡입, 섭취, 또는 피부를 통하여 급성 또는 만성 독성을 일으킬 우려가 있는 물질을 이른다. 자극물질(irritants), 질식물질, 휘발성물질로 나뉜다.

① 유해물질의 분류

- 자극물질

  ㉮ 1차 자극물질 : 수용성으로 국소적 작용

    ⓐ 암모니아, 염산 : 급격한 수용성

    ⓑ 아황산, 요오드, 불소의 할로겐화합물 : 중급의 수용성

    ⓒ 오존, 포스겐, 질소화합물 : 난용성

    ⓓ 유기성 할로겐화합물 : 비수용성

    ⓐ와 ⓑ는 기도에서 작용, ⓒ는 폐와 관련을 갖는다.

  ㉯ 2차 자극물질

ⓐ 황화수소

ⓑ 휘발성 탄화수소 화합물

ⓒ 산화에틸렌

- 질식물질

㉮ 단순성 질식

ⓐ 수소, 질소와 같이 산소결핍을 주는 물질

ⓑ 메탄, 에탄, 프로판, 에틸렌 등의 흡입에 따른 질식

㉯ 화학적 질식 : 혈액 중의 작용을 갖는다. 시안화합물, 황화수소 등

- 휘발성 물질

㉮ 마취성 물질 : 에테르, 알데히드, 케톤, 올레핀 등

㉯ 신경계 침입 : 4에칠납, 2황화탄소, 메틸알콜 등

㉰ 간, 신장의 침입물질 : 벤젠 및 그 동족체

㉱ 용혈성 물질 : 비소, H3As 등

㉲ 발암성 물질 : 크롬화합물, 니켈, 석면, 비소, Tar 믈질, 방사선 등

② 유해물질의 중독

중독현상이 주요 질병이다. 독물이 흡수될 때 다소의 차이는 있으나, As, Hg, U의 염 및 인은 국소 작용을 나타내지 않고 전신 중독을 일으키는데 충분한 양이 흡수된다. 유기인은 흡수되더라도 쉽게 분해 배설되는데 Pb은 체내에 오래 머물러 서서히 배설된다. 특정의 장기와 세포가 친화성이 있어서 그들의 기능장애를 일으키는 것들이 있는데, CO는 헤모글로빈, Hg, Pb, Mn, benzol은 신경, 인 및 납은 골과의 관계가 있음은 유명한 예이다.

독물의 배설은 주로 신장에서 이루어지며, 그 밖의 장에서도 배설되는데 한선ㆍ유선ㆍ타액선을 통해서도 분비된다. 일반적으로 소변으로 대변의 5~10배가 배설된다. 대개 소변 중의 배설량으로 혈중 농도를 추정한다.

배설특징에 따라 다음과 같이 구분할 수 있다.

❶ 소변으로 직접 배설되는 것 : 유기인제

❷ 장기에 축적된 것이 서서히 혈중으로 동원되어 소변 중에 배설되는 것 : Pb, Cd, Bi, Hg

❸ 타액선으로 분비되어 치아에 금속연(金屬緣)을 만드는 것 : Pb, Mn, Bi, As

❹ 젖으로 분비되어 영아에 중독을 일으키는 것 : Pb, PCB

　2011년 대한의학회 국제학술지(JKMS)네 질환별 국내 직업병을 분석한 논문 17편을 보면 1970년대에는 광산노동자에게 많은 진폐증이, 1980년대에는 중금속 중독이나 독성화학물질에 의한 피부질환이 주요 직업병이었다. 개인용 컴퓨터가 등장한 1990년대부터는 뇌심혈관계 질환과 근골격계 질환이 2000년대부터는 직무 스트레스와 관련한 정신과적 질환이 늘고 있다.

　직무 스트레스와 관련한 정신과적 질환은 우울·불안으로서 정서적 장애를 낳는다.

　① 자율신경계의 중추성 조절 : 직무스트레스가 인체를 자극하면 고위중추인 시상하부나 대뇌피질의 자극적 흥분(전압변화)에 의해 뇌간의 연수가 심장기능과 호흡, 혈압을 자동으로 조절한다. 이런 작용은 수의적 조작이다.

이러한 스트레스는 자율신경계에 영향을 미쳐 교감신경을 자극해 인체가 긴장상태를 계속유지한다. 즉, 자극을 받은 인체에는 탄수화물과 무기질 대사에 주로 관여하는 스테로이드성 부신껍질 호르몬(ACTH, Adreno Cortico Tropic Hormone)이 과다하게 분비하여 인체가 긴장상태를 유지하게 하는 것은 물론이요 부신수질(속질, modulla)에서는 교감신경계에 의한 자극으로 에피네프린(아드레날린)을 분비하고 적게나마 노에피네프린(노르아드레날린)도 분비한다.

　② 부신수질의 아드레날린에 의한 혈압조절효과 : 부신수질세포의 교감절전섬유(preganglionic fiber , 節前纖維, 신경절 내의 신경세 포에 시냅스 결합하여 끝나는 신경섬유. 이것과 시냅스 결합하여 신경절에서 나가는 섬유를 절후섬유라고 함)는 신경자극에 반응하여 에피네플린(이후 아드레날린)을 혈류로 분비한다. 아드레날린의 효과는 척수의 회색교통가지(gray rami[branch] communicantes)인 교감신경절이후신경((sympathetic preganglionic fiber))의 끝에서 분비되는 신경전달물질인 노에피네프린과 상호보완적이다. 아드레날린에는 리간드(ligand)형 수용체(receptor)로서 α, β수용체가 있다. α수용체는 혈관수축 기능을 수행하고 β수용체는 혈관이완 기능을 수행한다.

직무스트레스는 혈관 내에 아드레날린 흐르몬을 과도하게 흐르게 하여 혈압이 올라가고 면역계에 혼란이 온다. 여기에 동맥경화·고지혈증·당뇨병과 같은 기존 질병이 방아쇠(trigger) 역할을 하면 돌연사로 이어진다.

[자료] 나의 직무 스트레스는?

(1) 요즘 우울하다.

(2) 별 이유없이 긴장하거나 불안하다.

(3) 잠을 잘 설친다.

(4) 짜증이 나서 가족 동료와 자주 다툰다.

(5) 혼자 지내는 시간이 많다.

(6) 대인관계가 원만하지 못할 때가 있다.

(7) 체중이 갑자기 늘었거나 혹은 지나치게 빠진다.

(8) 이유없이 피곤하다.

(9) 삶이 재미가 없고 무기력하다.

(10) 직장·가정을 영위하기 힘들고 직무수행이 어렵다.

* 4개 이상 해당하면 스트레스 경보상황, 6개 이상이면 위험한 상황이다.

공석기
- 시립서울산업대학 위생공학과 공학사
- 숭전대학교 환경공학과 공학석사
- 충남대학교 보건학과 보건학석사
- 서울시립대학교 환경공학과 공학박사
- 일본 에히메대학교 생물지구과학과 방문교수
- 캐나다 맥길대학교 화학공학과 방문교수
- 중부대학교 환경공학과·환경보건학과·보건행정학과 교수

환경 위생학

1판 1쇄 발행 2018년 07월 20일
1판 2쇄 발행 2023년 03월 20일
저   자 공석기
발 행 인 이범만
발 행 처 **21세기사** (제406-2004-00015호)
경기도 파주시 산남로 72-16 (10882)
Tel. 031-942-7861   Fax. 031-942-7864
E-mail : 21cbook@naver.com
Home-page : www.21cbook.co.kr
ISBN 978-89-8468-756-1

정가 30,000원